수학고통 ZERO

MATH PAIN ZERO

공통수학 1

오지연수학 | 원탑 수학과학영어학원 | 토나아카데미 | 영인학원 | 프라우드영수학원 | 더바른수학전문학원 | 미소에듀학원
코스터디수학학원 | 스마트에듀학원 | 락수학학원 | 더블랙에듀학원 | 고수학학원 | 티오피에듀학원 | 제공수학 | 더매드학원

수학 고수의 비법

① 하나를 알아도 제대로 정확하게 알아라!

➡ 고등수학은 개념 싸움이다.

② 문제를 완벽하게 이해하고 문제를 풀어라!

➡ 문제를 제대로 이해만 해도 문제의 50%는 푼 것이다. (시작이 반이다!)

③ 수학은 미지수 찾기 게임이다. 게임 룰을 배웠으면 본인이 직접 꼭 해봐라!

➡ 설명만 보고 본인이 직접 풀지 않으면 새된다.
본인이 직접 풀어서... 본인의 답과 정답이 일치하는지 반드시 확인해야 한다.

④ 수학 개념과 공식은 친구 이름 외우듯이 하지 말고 친구 별명처럼 체득하라!

➡ 몇 년 후 만난 친구... 이름은 가물가물해도 별명은 금방 생각이 난다.
수학 개념과 공식도 별명처럼 특징을 잘 파악하여 이해하면 쉽게 익혀지고
이렇게 체득한 개념과 공식은 절대 잊어버리지 않게 된다.

※ 이 노하우를 책에 담았다.

⑤ 항상 조건을 철저히 따지는 습관을 가져라!

➡ 이게 안 되면 문제는 잘 푼 것 같은데 꼭 답이 틀린다.

⑥ 수학의 풀이과정에서 우연은 없다!

➡ 풀이과정에서 각각의 단계... 단계...로 넘어갈 때, 반드시 합당한 이유가 있다.

⑦ 노력보다 더 큰 재능은 없다!

➡ 여러분들도 수학을 잘 할 수 있다.

보다 **빨리** / 보다 **쉽게** / 보다 **완벽하게**

MPZ

공통수학 1

수고zero 공통수학 1

집필진

고성관	고승진	김길상	김수진	문승민	변재성	서동범	엄태자
예광일	오지연	이민성	이민지	정재우	차순엽	최광락	허진혁

수학고통제로 시리즈를 업그레이드 시켜주신
모든 선생님께 깊이 감사드립니다.

- 강민종(명석학원)
- 강병중(AMPKOR)
- 고성관(티오피에듀학원)
- 고승진(고수학학원)
- 고은우(다원수학)
- 김길상(영인학원)
- 김동영(이룸수학학원)
- 김범진(라플라스수학학원)
- 김수진(토나아카데미)
- 김지은(최고수학학원)
- 김철호(더블랙에듀학원)
- 김태훈(베리타스수학학원)
- 김호영(미래영재학원)
- 권세욱(하피수학학원)
- 노명훈(노명훈쌤의 알수학학원)
- 문승민(더바른수학전문학원)
- 문창숙(지엔비스페셜입시학원)
- 박주현(장훈고등학교)
- 변재성(프라우드영수학원)
- 서경도(보승수학study)
- 서동범(더블랙에듀학원)
- 서평승(신의학원)
- 성명현(수학코칭과외)
- 성준우(광양제철고등학교)
- 손충모(공감수학)
- 신재섭(뉴fine수학학원)
- 엄태경(린파수학)
- 엄태자(원탑수학과학학원)
- 여준영(더블랙에듀학원)
- 예광일(제공수학)
- 오지연(오지연수학)
- 우성훈(상승에듀)
- 윤여창(매스원수학학원)
- 이경민(더블랙에듀학원)
- 이민성(더매드)
- 이민지(미소에듀학원)
- 이승연(다빈치영재학원)
- 이주연(에스학원)
- 이하랑(쌤쌔미수학)
- 조성율(국립인천해사고등학교)
- 정민기(더블랙에듀학원)
- 차순엽(스마트에듀학원)
- 최광락(락수학학원)
- 최정원(다오름수학)
- 최재욱(몬스터수학학원)
- 한성필(더프라임학원)
- 허진혁(코스터디수학학원)

저작권등록 제 C-2015-001128호

수고제

공통수학 1

• 중위권 학생

오로지 문제만 많이 푸는 무식한 방법이 아니라 한 문제를 풀어도 개념이 잡히고 하면 할수록 쉬워지는 수학 공부 방법으로 다시 시작해 보자!

1) 많은 문제를 푸는 데도 왜 실력은 늘지 않고 제자리이거나 점점 내려갈까?

무조건 많은 양을 풀어야 실력이 는다고 생각하는 것은 착각이다.

⇨ 우리가 배우는 개념이 나오는 문제, 즉 중요한 개념이 포함되어 있는 문제를 잘 해결할 수 있는 능력을 기르는 게 핵심이다.

따라서 반드시 해야 할 문제(중요한 개념이 포함되어 있는 문제)를 확실히 공부해야 한다.

(∵시험에서 묻는 1순위이기 때문)

2) 공부해놓고 점수를 얻지 못하는 억울한 경우 이것도 실력이다!

시간이 5분만 더 있었으면, 아! 이건 빼기를 나누기로 잘못 봤잖아 ㅠㅠ; 등과 같은 실수를 줄이려면 숙달되어야 한다.

숙달은 본인이 눈이 아닌 직접 손으로 정답까지 구해내는 반복된 과정에서 자연스럽게 형성된다.

3) **수학에서 안다는 것은** 눈으로 한번 보고 '아! 그렇구나' 하는 수준이 아니라 자신의 말로 설명할 수 있어야 하고 중요 공식은 입에서 **술술 나올 정도가 되어야 한다.**

4) 수학은 정의, 정리, 성질, 공식을 이해하고 있지 않으면 시작할 수 없는 과목이다.

왜냐하면 수학은 정의, 정리, 성질, 공식을 알고 있어야 비로소 수학 문제와 의사소통이 가능해지기 때문이다.

5) 각 단원에서 가장 중요한 뼈대(개념)가 무엇인지 알아야 한다.

뼈대 문제만 잘 해도 중위권은 유지된다.

6) 중학과정은 기본 정의나 정리를 적용해서 쉽게 문제가 풀리도록 되어 있기 때문에 이해보다는 외우는 데 초점이 맞춰져 있다.

고등과정은 암기보다 이해에 더 초점이 맞춰져 있다.

하지만 어느 과정이든 개념과 공식을 반드시 내 것으로 만들어야 한다.

7) 개념과 공식을 내 것으로 만든다는 것은 문제와 별개로 이것만을 달달 외우는 것이 아니다.

개념과 공식을 이용하여 문제를 풀면... 시행착오를 겪으면서 개념과 공식이 명확하게 분석되고 정리되어 내 것이 된다.

8) 개념과 공식을 안다면 설명할 수 있어야 한다.

설명이 제대로 된다는 것은 머릿속에 명확하게 정리되어 있다는 것을 뜻하며 문제를 풀 때 쉽게 떠올려서 바로 써먹을 수 있다는 뜻이기도 하다.

9) **수학은 공부하는 당사자가 *직접 문제를 풀면서 실력을 키우는 과목이다.**

자신의 힘만으로 문제를 처음부터 끝까지 풀어서 답을 구했을 때 비로소 자신의 실력이 된다.

– 이런 경우 다시 문제를 풀어야 한다 –

i) 직접 풀이 과정을 적지 않고 눈으로만 푼 문제

ii) 풀다가 막혀서 풀이 과정을 보면서 푼 문제

iii) 남에게 도움을 받아서 푼 문제

따라서 스스로 끝까지 풀어내는 것... 이것이 공부했던 문제를 시험에서 다시 만났을 때 막히지 않고 풀 수 있는 비결이다.

10) **문제를 풀면서 생긴 의문을 지나치지 않고 파고드는 것이 수학을 정상으로 이끄는 힘이다.**

시간이 많이 걸려 귀찮게 느껴질 때도 있지만 이 의문을 해결하기 위해 질문하고 고민하고 생각하면서 수학 실력이 향상된다.

11) **문제지 선택 요령**

고른 문제지의 30%도 제대로 풀어내지 못하면 쉽게 지치고 재미도 없게 된다.

따라서 본인이 풀 수 있는 문제가 60~80% 정도인 문제지가 난이도로 적당하다.

12) **문제지는 몇 개 정도가 적당한가?**

기본서(수학고통제로)와 교과서는 기본으로 깔리게 되므로... 문제지는 2~3권 정도 더 선정한다.

13) **기본서와 문제지를 지그재그 식으로 번갈아 가면서 푸는 게 좋다.**

기본서와 문제지를 왔다 갔다 하면서 풀면 중요한 문제(대개 중복되는 문제)를 쉽게 알 수 있고 재차 반복하는 셈이어서 효과적이다.

14) **틀린 문제는 표시해 두었다가 시험 공부할 때나 학기가 끝났을 때 다시 반복한다.**

수학 실력은 그만큼 더 완벽해진다.

15) **본인에게 너무 어려운 문제는 지나칠 수 있는 용기가 필요하다.**

해설서를 봐도 모르겠고 선생님이나 친구에게 설명을 들어도 이해가 안 되면 자신의 능력 밖이므로 그 문제는 포기할 줄도 알아야 한다.

지금은 못 풀지만 좀 더 실력이 쌓이면 그때 쉽게 해결되는 경우가 많다.

16) **고등수학 문제는 풀이 방법이 4~5개까지 되는 것도 많다.**

한 가지 방법이 막혀도 당황하지 말고 다른 방법을 시도한다. 이렇게 하면 문제를 푸는 기술도 늘어나고, 어떻게 풀어나갈 것인가를 생각하는 능력도 커진다.

따라서 문제가 풀리지 않는다고 바로 해설서를 보지 말고 최소 3번까지는 생각해 보고 그래도 풀리지 않으면 그때 풀이를 본다.

17) **문제의 지문이 복잡하면 밑줄이나 슬래시(/)를 적절히 그으면서 읽어나간다.**

이것이 문제의 지문이 복잡해도 해결할 수 있는 최선의 방법이다.

팁 수학 문제에서 쓸데없이 주는 조건은 없다.

• 상위권 학생

수학에 약점이 없는 학생은 거의 없다. 그런데 그 약점을 그대로 놔두는 학생이 의외로 많다.
자신의 약점을 인정하고 그것에 적극적으로 대처하여 약점을 그대로 놔두지 않아야 한다.
시험을 칠 때, 많은 문제를 새로 보는 것 같지만 그중에는 한 번 정도는 풀었던 문제이거나 그 비슷한 문제가 대부분이다.
그런데 또 틀리는 것은 약점을 고치지 않았기 때문이다.
반드시 약점을 기록해서 해결해야 한다. 이때, 오답노트가 효과적이다.

(오답노트를 만드는 요령)

1) 오답노트는 풀고 있는 문제지에 만든다.
   ⇨ 다른 공책에 만들면 문제와 그림을 옮겨 적거나 그려야 하므로 많은 시간과 노력이 낭비된다.
2) 문제는 직접 문제지 위에 샤프로 풀이를 적어가며 푼다.
   ⇨ 풀이를 샤프로 적으면 문제지의 종이 전체가 검은색을 띄게 된다.
   이때, 틀린 문제의 풀이를 지우개로 지우고 파란색 볼펜으로 오답풀이를 정리해 놓으면 틀린 문제가 눈에 확 들어오는 장점이 생긴다.
3) 채점은 빨간색 색연필로 하되 맞은 문제의 번호에 ○ 표시를 하지 않고, 틀린 문제의 번호에만 / 표시를 한다.
   ⇨ 일반적으로 틀린 문제가 또 틀리므로 오답문제만 잘 챙기면 된다.
4) 해답지 풀이를 보고 이해가 되면 틀린 문제의 / 표시를 ☆로 만든 후, 해답지를 덮고 연습장에 본인이 직접 풀어 정답을 구한다.
   ⇨ 문제지의 틀린 풀이를 지우개로 지운 후, 연습장에서 바르게 푼 풀이를 파란색 볼펜으로 문제지에 깨끗이 옮겨 적는다.
   틀린 문제를 다시 풀 때는 파란색 볼펜으로 정리해 놓은 풀이를 4등분으로 접은 A_4용지로 가리고 이 용지 위에 풀이를 적어가며 푼다.
5) 계산 실수이거나 단순한 착각으로 틀린 경우는 틀린 문제의 / 표시를 △로 만든다.
   ⇨ 굳이 문제지에 풀이 과정을 정리할 필요는 없다.
6) 해답지를 보고도 이해가 안되면 틀린 문제의 / 표시를 X 로 만든다.
   ⇨ 지금은 풀지 못해 일단은 넘어가지만 실력이 쌓여 풀 수 있게 되면 X 표시를 ✡로 만들고 4)번과 같은 방법으로 문제지에 오답풀이를 정리한다.

결론 틀린 문제는 시험 공부할 때와 학기가 끝났을 때 푼다. 수시로 반복하여 풀면 더 좋다.
틀리는 문제까지 정복하라.

• 하위권 학생

수학은 앞부분, 즉 기초를 모르면 그다음의 내용을 제대로 공부할 수 없게 만들어져 있는 과목이다.
자신이 모르는 내용이면 초등학교 교재라도 다시 들춰봐야 한다.
또한 모르는 것이 이해될 때까지 끊임없이 친구나 선생님에게 질문해야 한다.
한 예로 이차함수를 배울 때, 중학교 때 배우는 이차함수가 전혀 되어 있지 않다면 중학교 이차함수 개념을 잡고 고등학교로 넘어와야 한다.
지금 다시 중학교 교재를 본다면 한번 배웠던 것이고 필요한 것만 공부하기 때문에 분량도 그리 많지 않아 여러분의 생각보다 훨씬 쉽게 목표한 것을 끝낼 수 있다.
저학년 기초 파트는 기본 개념, 공식, 기본 문제만 공부해도 충분하다.
고등학교 때 필요하지 않은 부분은 과감히 건너뛰고 연습 문제, 종합 문제와 같은 부수적인 문제들은 풀 필요도 없다.

수학을 공부하는 자세

1) 무식하다는 것을 솔직히 인정하라!
2) 저학년 교재를 보면서도 당당하라!
3) 모르는 것은 이해될 때까지 집요하게 질문하라!

이런 식으로 공부하면 진도를 나가면 나갈수록 점차 모르는 것이 줄어들게 되고 머지않아 배우는 내용에서 기초적인 것을 모르는 일은 더 이상 생기지 않게 된다.

수학을 공부하는 자세(재차 강조)

모르는 것, 특히 개념은 알 때까지 질문하여 해결한다.
진도를 나가다가 모르는 부분이 나오면 관련된 저학년 교과서나 참고서로 내려간다.
기초가 많이 부족하면 저학년 과정을 먼저 공부한다. 이때, 현재 공부하는 것과 관련된 것을 중심으로 빠르게 공부한다.

책의 구성과 특징

- **집필의도**

  선생님들의 수학적 능력을 속성으로 전수시켜 줄 목적으로 집필했습니다.

- ★**수학 개념과 공식을 친구들의 이름 외우듯이 무작정 외우면 안됩니다.**

  ⇨ 수학 개념과 공식은 친구의 별명처럼 특징을 잘 파악하여 이해하면 쉽게 체득됩니다.

  참고 몇 년 후 만난 친구들... 이름은 가물가물해도 별명은 바로 떠오르죠. 이처럼 수학 개념과 공식도 친구의 별명처럼 특징을 잘 파악하여 이해하면 쉽게 익혀지고 이렇게 체득된 개념과 공식은 절대 잊지 않게 된다.

  ※ 이 노하우를 책에 담았습니다.

- **중요도에 따라 아래와 같이 표시했습니다.**

  ① (★)=(빨간색 글)=(빨간색 선)=(바탕이 빨간색인 내용)은 완벽히 익혀야 합니다.

  ⇨ 각 단원에서 가장 중요한 부분이며 쉽게 익힐 수 있도록 도와 드립니다.

  ② (★)=(녹색 글)=(녹색 선)=(바탕이 녹색인 내용)은 주로 이해를 해야 합니다.

  ⇨ 빨간색 다음으로 중요한 부분이며 빨간색만큼 철저히 익힐 필요는 없지만 충분히 이해는 하고 있어야 합니다.

  ③ 바탕이 노란색인 내용은 암기할 필요는 없지만 충분히 이해는 하고 있어야 합니다.

- **기존의 기본서와 차이점** ⇨ 개념과 공식을 쉽게 내 것으로 만드는 노하우를 담았습니다.

  기존의 기본서와 다르게 개념 설명과 공식 유도만으로 끝내지 않고 (익히는 방법)이나 핵심, 결론, 주의, 참고 등을 추가하여 개념과 공식을 쉽게 내 것으로 만들 수 있게 했습니다.

- **문제를 풀면서 개념과 공식이 자연스럽게 익혀지도록 했습니다.**

  (익히는 방법)이나 핵심, 결론, 주의, 참고 등을 통해 쉽게 체득한 개념과 공식을...

  아주 쉬운 『씨앗 문제』를 통하여 어렴풋이나마 문제에 적용할 수 있게 한 다음 뿌리 및 줄기 문제를 풀면서 어렴풋이 알고 있던 개념과 공식을 명확하게 알게 되게 했습니다.

  즉, 개념과 공식이 문제를 풀면서 자연스럽게 익혀지도록 했습니다.

  따라서 **뿌리 문제** 나 **[줄기 문제]** 는 개념 확립과 공식을 적용하는 능력을 기르기 위해 반드시 풀어야 하는 문제들로 엄선했습니다.

- **기발한 풀이 방법이 많습니다.**
  보다 빨리, 보다 쉽게, 보다 완벽하게 문제를 푸는 선생님들의 노하우가 담겨 있습니다.

- **『씨앗 문제』는 체득한 개념과 공식을 문제에 적용할 수 있도록 돕는 기초 문제입니다.**

- **뿌리 문제 는 개념과 공식을 본인의 것으로 만들기 위해 꼭 풀어야 하는 기본 문제입니다.**

- **[줄기 문제] 는 뿌리 문제에서 한 단계 더 발전하기 위해 풀어야 하는 유제 문제입니다.**

- **• 잎 문제 는 학습한 내용을 마무리하는 연습 문제입니다.**
  수능과 교육청·평가원의 모의고사 기출문제를 중심으로 출제 가능성이 높은 대표 유형을 선별하여 다루었습니다.
  궁극적으로 학교시험과 수능에서 변별력이 높은 고난도 문제를 대비할 수 있게 했습니다.

- **첨삭지도 하는 내용 설명**

(익히는 방법) 수학 개념과 공식이 쉽게 익혀지도록 저자가 자의적으로 만든 내용으로 수학적이지 않은 경우도 극히 드물지만 존재합니다.
따라서 수학적으로 검증하려 하거나 참·거짓을 따지려 하지 말고 그냥 쉽게 익히는 요령 정도로 받아 들여야 합니다.

(증명) 공식이 유도되는 과정을 보여줍니다.

(핵심) 전반적인 내용을 한 두 단어나 한 두 문장으로 압축한 것입니다.

(참고) 반드시 참고해야 할 내용으로 엄선했습니다.

(주의) 실수하기 쉬운 부분입니다.

(결론) 최종적 결론을 내린 것으로 이것만으로도 충분하다는 의미입니다.

cf) 서로 비교해보고 꼭 구분해서 익혀야 할 것들입니다.

공통수학 1 목차

8. 연립방정식

Ⅲ 부등식

9. 여러 가지 부등식

Ⅳ 순열과 조합

10. 순열과 조합

Ⅴ 행렬

11. 행렬

늘 생각하고 되새기며 삶의 지침으로 삼을 만한 문구

己所不欲 勿施於人

(기소불욕 물시어인)

–論語–

내가 하기 싫은 일을 남에게 시키지 마라!

–논어–

見利思義 見危授命

(견리사의 견위수명)

–安重根–

사사로운 이익을 보면 의로움을 생각하고

조국의 위태로움을 보면 목숨을 받친다.

–안중근–

MATH

1. 다항식의 연산

01 다항식

1 다항식에서 사용하는 용어 정리

2 다항식의 정리 방법

02 다항식의 덧셈과 뺄셈

1 다항식의 덧셈과 뺄셈

2 다항식의 덧셈에 대한 성질

03 다항식의 곱셈

1 지수법칙

2 다항식의 곱셈에 대한 성질

3 다항식의 곱셈

04 곱셈 공식과 곱셈 공식의 변형

1 곱셈 공식 vs 인수분해

2 곱셈 공식

3 인수분해 공식

4 곱셈 공식의 변형

5 곱셈 공식의 변형이 특히 중요한 이유

6 $x^2+y^2+z^2+xy+yz+zx=\frac{1}{2}\{(x+y)^2+(y+z)^2+(z+x)^2\}$

7 $x^2+y^2+z^2-xy-yz-zx=\frac{1}{2}\{(x-y)^2+(y-z)^2+(z-x)^2\}$

05 다항식의 나눗셈

1 다항식의 나눗셈

2 자연수 또는 다항식의 나눗셈의 성질

3 조립제법

연습문제

01 다항식

1 다항식에서 사용하는 용어 정리

1) **단항식** : 항이 한 개인 식으로 숫자 또는 문자의 곱으로 이루어진 식이다.

ex) $-5,\ x,\ 2\times3,\ 2\times x,\ x^3,\ 2x^2,\ xy^5,\ 3xy^7, \cdots$

※ 하나의 숫자 혹은 하나의 문자만 있는 것은 1을 곱한 것으로 볼 수 있으므로 단항식이다.

주의 $\frac{1}{x}$, $\sqrt{x}$, $|x|$ 등은 문자 x를 곱하여 만들 수 있는 식이 아니므로 단항식이 아니다.
⇨ $\frac{1}{x}$은 유리식, $\sqrt{x}$는 무리식으로 2학기 때 배울 내용이다.

2) **다항식** : *단항식 또는 단항식의 합으로 이루어진 식이다.

ex) *$-5,\ x,\ 2\times3,\ 2\times x,\ x^3,\ 2x^2,\ xy^5,\ 3xy^7,\ x^3+2x^2,\ 3xy^7+(-5)+x^4,\ 7x^3-10, \cdots$

3) **항** : 다항식을 이루고 있는 각각의 **단항식을 항이라 한다.**

4) **차수**

① 항의 차수 : 항에서 특정한 문자가 곱해진 개수를 항의 차수라 한다.

② 다항식의 차수 : 다항식에서 특정한 문자에 대하여 차수가 가장 높은 항의 차수를 다항식의 차수라 한다.

예) 다항식 xy^5은
i) x에 대한 일차항이다. ii) y에 대한 오차항이다. iii) $x,\ y$에 대한 육차항이다.
i) x에 대한 일차식이다. ii) y에 대한 오차식이다. iii) $x,\ y$에 대한 육차식이다.

5) **상수항** : 특정한 문자를 포함하지 않은 항을 상수항이라 한다.

예) 다항식 $4x^5-2x^3y^6+3xy^7-1$은
i) x에 대한 오차식이고 상수항은 -1이다.
ii) y에 대한 칠차식이고 상수항은 $4x^5-1$이다.
iii) $x,\ y$에 대한 구차식이고 상수항은 -1이다.

6) **동류항** : 계수는 다르더라도 문자와 차수가 같은 항이다.

ex) $3x^2,\ 5x^2$

주의 $3x^2,\ 5y^2$ ⇨ 차수는 같지만 문자가 다르므로 동류항이 아니다.

7) **계수** : 항에서 특정한 문자를 제외한 나머지 부분이다.

예) 다항식 $-3a^2b$에서
i) a^2의 계수는 $-3b$이다. ii) b의 계수는 $-3a^2$이다. iii) a^2b의 계수는 -3이다.

cf 단항식 ⇨ 항이 한 개인 식이다. ※ 단(單): 혼자 단, 다(多): 많을 다
*다항식 ⇨ 단항식 또는 단항식의 합(덧셈)으로 이루어진 식이다. (익히는 방법) (다항식) ≥ (단항식)

참고 다항식의 뺄셈은 빼는 식의 각 항의 부호를 바꾸어서 더하므로 계산하는 방법을 다항식의 덧셈으로 바꿀 수 있다. 즉, A에서 B를 빼는 것은 A에서 $-B$를 더하는 것으로 변형할 수 있다.
예) $A-B=A+(-B)$

뿌리 1-1 다항식에서 사용하는 용어

다항식 $3x^4 - x^3y + 2x^2y - 3xy^2 - 2$에 대하여 다음을 구하여라.

1) 삼차항 2) 상수항 3) x에 대한 상수항
4) y에 대한 상수항 5) x에 대한 사차항의 계수
6) y^2의 계수 7) y에 대한 일차항의 계수

풀이 $3x^4 + (-x^3y) + 2x^2y + (-3xy^2) + (-2)$ ⇨ 단항식의 합으로 이루어진 식으로 변형한다.
$3x^4$(사차항), $-x^3y$(사차항), $2x^2y$(삼차항), $-3xy^2$(삼차항), -2(상수항) ⇨ 항의 차수
1) $\mathbf{2x^2y, -3xy^2}$ 2) $\mathbf{-2}$ 3) x를 포함하지 않은 항 : $\mathbf{-2}$
4) y를 포함하지 않은 항 : $\mathbf{3x^4-2}$ 5) $3x^4$ $\therefore$ (x^4의 계수)$=\mathbf{3}$
6) $-3xy^2$ $\therefore$ (y^2의 계수)$=\mathbf{-3x}$ 7) $-x^3y+2x^2y=(-x^3+2x^2)y$ $\therefore$ (y의 계수)$=\mathbf{-x^3+2x^2}$

2 다항식의 정리 방법

다항식은 어느 한 문자를 기준으로 차수가 낮아지거나 높아지도록 정리한다.
1)*****내림차순**
한 문자에 대하여 차수가 높은 항부터 낮은 항의 순서로 정리한다.
2) **오름차순**
한 문자에 대하여 차수가 낮은 항부터 높은 항의 순서로 정리한다.
※ 다항식을 정리할 때는 보통 내림차순으로 정리한다.

ex) x에 대한 내림차순 정리의 예
일차식 : $ax+b$, 이차식 : ax^2+bx+c, 삼차식 : ax^3+bx^2+cx+d, $\cdots$ (단, $a\neq 0$)

주의 사차식 $ax^4+bx^3+cx^2+dx+e$는 $ax^4+bx^3+cx^2+dx^1+ex^0$ ($\because x^1=x, x^0=1$)이므로 상수항 e는 x^0의 계수이다. $\therefore$ *상수항도 계수이다.

뿌리 1-2 다항식의 정리 방법

다항식 $6xy^3+4x^2y+2x^2+2-3x$를 x에 대하여 내림차순으로 정리하여라.

풀이 x에 대하여 차수가 높은 항부터 낮은 항의 순서로 정리하면
(주어진 식)$=4x^2y+2x^2+6xy^3-3x+2=\mathbf{(4y+2)x^2+(6y^3-3)x+2}$

[줄기 1-1] 다항식 $x^3y-2x^2+3y^2-xy+2y+1$을 다음 조건에 따라 정리하여라.

1) x에 대한 내림차순 2) y에 대한 내림차순

02 다항식의 덧셈과 뺄셈

1 다항식의 덧셈과 뺄셈

다항식의 덧셈과 뺄셈을 다음과 같은 순서로 계산한다.

i) 괄호가 있는 경우 **괄호를 푼다.**

ii) 각 항을 **동류항끼리 모아서 간단히 정리한다.**

참고 동류항 : 계수는 다르더라도 문자와 차수가 같은 항이다.

ex) $\underbrace{3x^2,\ 5x^2}_{\text{동류항}}$, $2y^2$ (×) ↳ 차수는 같지만 문자가 다르므로 동류항이 아니다.

$\underbrace{2xy^2,\ 3xy^2}_{\text{동류항}}$, $4x^2y^2$ (×) ↳ 문자는 같지만 차수가 다르므로 동류항이 아니다.

씨앗. 1 다음을 계산하여라.

1) $(2x^3+x^2-5)+(3x^3-2x^2-4x+2)$ 2) $(7x^2-2xy)-(3x^2-4xy-y^2)$

풀이 1) (주어진 식) $=2x^3+x^2-5+3x^3-2x^2-4x+2$ ← 괄호를 푼다.

$=(2x^3+3x^3)+(x^2-2x^2)-4x+(-5+2)$ ← 동류항끼리 모아 계산한다.

$=\mathbf{5x^3-x^2-4x-3}$

2) (주어진 식) $=7x^2-2xy-3x^2+4xy+y^2$ ← 괄호를 푼다.

$=(7x^3-3x^3)+(-2xy+4xy)+y^2$ ← 동류항끼리 모아 계산한다.

$=\mathbf{4x^3+2xy+y^2}$

2 다항식의 덧셈에 대한 성질

수의 덧셈과 마찬가지로 다항식의 덧셈에서도 다음과 같은 성질이 성립한다.

세 다항식 A, B, C에 대하여

1) **교환법칙 :** $A+B=B+A$

2) **결합법칙 :** $(A+B)+C=A+(B+C)$

증명 다항식의 덧셈의 결과는 다항식이므로 수의 덧셈과 마찬가지로 다항식의 덧셈에서도 교환법칙, 결합법칙이 성립한다.

(익히는 방법)
수의 덧셈과 다항식의 덧셈이 다를 게 없다.

뿌리 2-1 다항식의 덧셈과 뺄셈 (1)

두 다항식 $A=x^2-2xy+2y^2$, $B=3x^2+xy-y^2$에 대하여 다음을 계산하여라.

1) $B-2A$ 2) $5A-13B-3(2A-4B)$

핵심 다항식의 덧셈과 뺄셈 ⇨ 괄호를 풀고, 동류항끼리 모아서 간단히 정리한다.

풀이 1) $B-2A=(3x^2+xy-y^2)-2(x^2-2xy+2y^2)=3x^2+xy-y^2-2x^2+4xy-4y^2$

$=(3x^2-2x^2)+(xy+4xy)+(-y^2-4y^2)=\boldsymbol{x^2+5xy-5y^2}$

2) $5A-13B-3(2A-4B)=5A-13B-6A+12B=-A-B$

$=-(x^2-2xy+2y^2)-(3x^2+xy-y^2)$

$=-x^2+2xy-2y^2-3x^2-xy+y^2$

$=(-x^2-3x^2)+(2xy-xy)+(-2y^2+y^2)=\boldsymbol{-4x^2+xy-y^2}$

[줄기 2-1] 세 다항식 $A=2x^2-2xy+3y^2$, $B=3x^2-xy-6y^2$, $C=-x^2+3xy$에 대하여 다음을 계산하여라.

1) $2A-(B-C)$ 2) $6A-3\{B+2(A-C)\}+3B-7C$

뿌리 2-2 다항식의 덧셈과 뺄셈 (2)

두 다항식 A, B에 대하여 연산 $\circ$를 $A\circ B=A-3B$라고 정의할 때, $(2x^2+xy+x+3y+4)\circ(x+y-1)$을 계산하여라.

핵심 $A\circ B=A-3B$에서 연산 $\circ$의 정의
⇨ 앞의 것에서 뒤의 것의 3배를 빼라는 의미이다.

풀이 $(2x^2+xy+x+3y+4)\circ(x+y-1)=(2x^2+xy+x+3y+4)-3(x+y-1)$

$=2x^2+xy+x+3y+4-3x-3y+3$

$=2x^2+xy+(x-3x)+(3y-3y)+(4+3)$

$=\boldsymbol{2x^2+xy-2x+7}$

참고 $A\circ B=A-3B$
⇨ A를 앞의 것, B를 뒤의 것으로 보고 연산 $\circ$의 정의를 파악하면 쉽다.

[줄기 2-2] 두 다항식 A, B에 대하여 연산 $\circ$를 $A\circ B=A-3B$라고 정의할 때, $(x^2+y)\circ(x+y+1)\circ(2x^2+y)$를 계산하여라.

[줄기 2-3] 두 다항식 A, B에 대하여 두 연산 $\oplus$, $\ominus$를 $A\oplus B=5A+2B$, $A\ominus B=A-3B$로 정의한다. $A=3x^2-2$, $B=x^3-1$일 때, $A\oplus(B\ominus A)$를 계산하여라.

03 다항식의 곱셈

1 지수법칙

a, b는 실수, m, n은 자연수일 때, 다음 법칙이 성립한다.

1) $a^m \times a^n = a^{m+n}$

(익히는 방법) $x \times x = x^2$임을 알고 있으므로
$x^1 \times x^1 = x^{1+1} = x^2$(○), $x^1 \times x^1 = x^{1\times 1} = x^1$(×)

2) $a^m \div a^n = \dfrac{a^m}{a^n} = a^{m-n}$ (단, $a \neq 0$ ∵ 분모는 0이 될 수 없다.)

(익히는 방법) $x \div x = 1$임을 알고 있으므로
$x^1 \div x^1 = x^{1-1} = x^0 = 1$(○), $x^1 \div x^1 = x^{1\div 1} = x^1$(×)

3) $(a^m)^n = a^{mn}$

증명 $\underbrace{a^m \times a^m \times \cdots \times a^m}_{n\text{개}} = a^{\overbrace{m+m+\cdots+m}^{n\text{개}}} = a^{mn}$

4) $(ab)^n = a^n b^n$

증명 $\underbrace{ab \times ab \times \cdots \times ab}_{n\text{개}} = \underbrace{(a \times a \times \cdots \times a)}_{n\text{개}}\underbrace{(b \times b \times \cdots \times b)}_{n\text{개}} = a^n b^n$

5) $\left(\dfrac{a}{b}\right)^n = \dfrac{a^n}{b^n}$ (단, $b \neq 0$ ∵ 분모는 0이 될 수 없다.)

증명 $\underbrace{\dfrac{a}{b} \times \dfrac{a}{b} \times \cdots \times \dfrac{a}{b}}_{n\text{개}} = \dfrac{\overbrace{a \times a \times \cdots \times a}^{n\text{개}}}{\underbrace{b \times b \times \cdots \times b}_{n\text{개}}} = \dfrac{a^n}{b^n}$

2 다항식의 곱셈에 대한 성질 [참고] 2 다항식의 덧셈에 대한 성질 p.14

수의 곱셈과 마찬가지로 다항식의 곱셈에서도 다음과 같은 성질이 성립한다.
세 다항식 A, B, C에 대하여

1) **교환법칙** : $AB = BA$

2) **결합법칙** : $(AB)C = A(BC)$

3) **분배법칙** : $A(B+C) = AB + AC$, $(A+B)C = AC + BC$

증명 다항식의 곱셈의 결과는 다항식이므로 수의 곱셈과 마찬가지로 다항식의 곱셈에서도 교환법칙, 결합법칙, 분배법칙이 성립한다.

(익히는 방법)
수의 곱셈과 다항식의 곱셈이 다를 게 없다.

3 다항식의 곱셈

몇 개의 다항식의 곱을 하나의 다항식으로 나타내는 것을 **전개한다**고 하고 전개하여 얻은 다항식을 **전개식**이라 한다. 이때, 다항식의 곱셈은 **분배법칙**을 이용하여 전개한다.

1) $m(x+y)=mx+my$, $(x+y)m=mx+my$ ⇦ 분배법칙을 이용한다.

2) $(a+b)(x+y)$에서 $x+y=m$이라 하면

$(a+b)(x+y)=(a+b)m=am+bm=a(x+y)+b(x+y)=ax+ay+bx+by$

$(a+b)(x+y)=\underset{①}{ax}+\underset{②}{ay}+\underset{③}{bx}+\underset{④}{by}$ ⇦ 분배법칙을 이용한다.

$(a+b)(x+y+z)=\underset{①}{ax}+\underset{②}{ay}+\underset{③}{az}+\underset{④}{bx}+\underset{⑤}{by}+\underset{⑥}{bz}$ ⇦ 분배법칙을 이용한다.

씨앗. 1 다음 식을 전개하여라.

1) $(x+2)(x^2+x+3)$　　2) $(x^2+xy-3y)(y-x)$

풀이 1) (주어진 식)$=x^3+x^2+3x+2x^2+2x+6=\boldsymbol{x^3+3x^2+5x+6}$

2) (주어진 식)$=x^2y-x^3+xy^2-x^2y-3y^2+3xy=\boldsymbol{-x^3+xy^2+3xy-3y^2}$

뿌리 3-1 지수법칙 (1)

다음 식을 간단히 하여라.

1) $x^2(-2x^2y)^3$　　2) $2x^2y^3\times\dfrac{1}{6}x^3y^2$　　3) $(2xy)^2\times(3x^2y)^2$

4) $(-x)^2(-x)^4(-x)^3$　　5) $(-2xy)^2(-3xy^2)^3$　　6) $\{(x^a)^b\}^c$

풀이 1) (주어진 식)$=x^2(-8x^6y^3)=-8x^{2+6}y^3=\boldsymbol{-8x^8y^3}$

2) (주어진 식)$=\dfrac{1}{3}x^{2+3}y^{3+2}=\boldsymbol{\dfrac{1}{3}x^5y^5}$

3) (주어진 식)$=4x^2y^2\times9x^4y^2=36x^{2+4}y^{2+2}=\boldsymbol{36x^6y^4}$

3) (주어진 식)$=(2xy\times3x^2y)^2=(6x^{1+2}y^{1+1})^2=(6x^3y^2)^2=\boldsymbol{36x^6y^4}$

4) (주어진 식)$=x^2\cdot x^4\cdot(-x^3)=-x^{2+4+3}=\boldsymbol{-x^9}$

5) (주어진 식)$=(4x^2y^2)(-27x^3y^6)=-108x^{2+3}y^{2+6}=\boldsymbol{-108x^5y^8}$

6) (주어진 식)$=(x^{ab})^c=\boldsymbol{x^{abc}}$

뿌리 3-2 지수법칙 (2)

다음 식을 간단히 하여라.

1) $8x^6 \div 6x^3$ 2) $(-x^2y^3)^2 \div (-xy)^3$ 3) $3x^5yz \div xy^3z$

핵심 곱셈 기호를 생략한 것은 하나의 덩어리로 생각한다. [p.21 주의]

$1 \div 3a = 1 \div (3 \times a) = \frac{1}{3a}$ (○), $1 \div 3a = 1 \div 3 \times a = \frac{1}{3}a$ (×)

풀이 1) (주어진 식)$= 8x^6 \div (6 \times x^3) = \frac{8}{6}x^{6-3} = \boldsymbol{\frac{4}{3}x^3}$

2) (주어진 식)$= x^4y^6 \div (-x^3y^3) = -x^{4-3}y^{6-3} = \boldsymbol{-xy^3}$

3) (주어진 식)$= 3x^{5-1}y^{1-3}z^{1-1} = 3x^4y^{-2}z^0 = \boldsymbol{\frac{3x^4}{y^2}}$ $(\because y^{-2} = \frac{1}{y^2},\ z^0 = 1)$

3) (주어진 식)$= 3x^5yz \times \frac{1}{xy^3z} = \boldsymbol{\frac{3x^4}{y^2}}$

참고 $1 \div 3 \cdot a = 1 \div 3 \times a = \frac{1}{3}a$ ※ 곱셈기호로 × 대신 ·를 사용하기도 한다.

뿌리 3-3 다항식의 곱셈의 전개

다음 식을 전개하여라.

1) $(x-2y+3)(3x+y-5)$ 2) $(x+4)(x-1)(x+2)$

3) $(x+y-5)(3x-2y-4)$ 4) $(3x-2y)^2(y-1)$

풀이 1) (주어진 식)$= 3x^2 + xy - 5x - 6xy - 2y^2 + 10y + 9x + 3y - 15$

$= \boldsymbol{3x^2 - 5xy + 4x - 2y^2 + 13y - 15}$

2) (주어진 식)$= (x^2 - x + 4x - 4)(x+2)$

$= (x^2 + 3x - 4)(x+2)$

$= x^3 + 2x^2 + 3x^2 + 6x - 4x - 8$

$= \boldsymbol{x^3 + 5x^2 + 2x - 8}$

3) (주어진 식)$= 3x^2 - 2xy - 4x + 3xy - 2y^2 - 4y - 15x + 10y + 20$

$= \boldsymbol{3x^2 + xy - 19x - 2y^2 + 6y + 20}$

4) (주어진 식)$= (9x^2 - 12xy + 4y^2)(y-1)$

$= \boldsymbol{9x^2y - 9x^2 - 12xy^2 + 12xy + 4y^3 - 4y^2}$

[줄기3-1] 다음 식을 전개하여라.

1) $(2x+3)(x-1)^2$ 2) $(a-2b)^2(3a+b-4)$ 3) $(2t+k)(t-k)(3t+2k-1)$

뿌리 3-4 다항식의 전개식에서 계수 구하기

다음 물음에 답하여라.

1) $(3x^2+x-2)(x^2-4x+5)$의 전개식에서 x^2의 계수를 구하여라.

2) $(x^3+2x^2+3x+4)(5x^3+4x^2+3x+2)$의 전개식에서 x^3의 계수, x^5의 계수를 각각 구하여라.

3) $(5-4x+3x^2-2x^3+x^4)^2$의 전개식에서 x^5의 계수를 구하여라.

4) $(x+1)(x+2)(x+3)\cdots(x+10)$의 전개식에서 x^9의 계수를 구하여라.

핵심 주어진 식을 모두 전개하면 시간이 많이 걸리므로 구하고자 하는 항이 나오는 부분만 전개한다.

풀이 1) $(3x^2+x-2)(x^2-4x+5)$의 전개식에서 x^2항은

$3x^2\cdot5+x\cdot(-4x)+(-2)\cdot x^2=15x^2-4x^2-2x^2=9x^2$ $\quad\therefore$ **(x^2의 계수)$=9$**

2) $(x^3+2x^2+3x+4)(5x^3+4x^2+3x+2)$의 전개식에서 x^3항은

$x^3\cdot2+2x^2\cdot3x+3x\cdot4x^2+4\cdot5x^3=2x^3+6x^3+12x^3+20x^3=40x^3$ $\quad\therefore$ **(x^3의 계수)$=40$**

$(x^3+2x^2+3x+4)(5x^3+4x^2+3x+2)$의 전개식에서 x^5항은

$x^3\cdot4x^2+2x^2\cdot5x^3=4x^5+10x^5=14x^5$ $\quad\therefore$ **(x^5의 계수)$=14$**

3) $(5-4x+3x^2-2x^3+x^4)^2$, 즉

$(5-4x+3x^2-2x^3+x^4)(5-4x+3x^2-2x^3+x^4)$의 전개식에서 x^5항은

$(-4x)\cdot x^4+3x^2\cdot(-2x^3)+(-2x^3)\cdot3x^2+x^4\cdot(-4x)=-4x^5-6x^5-6x^5-4x^5=-20x^5$

$\therefore$ **(x^5의 계수)$=-20$**

4) $(x+1)(x+2)(x+3)\cdots(x+10)$의 전개식에서 x^9항은

$x^9\cdot10+x^9\cdot9+x^9\cdot8+\cdots+x^9\cdot1=(1+2+3+\cdots+8+9+10)x^9=(11\times5)x^9=55x^9$

참고
$(x+1)(x+2)(x+3)\cdots(x+7)(x+8)(x+9)(x+\mathbf{10})$에서 $x^9\cdot10$
$(x+1)(x+2)(x+3)\cdots(x+7)(x+8)(x+10)(x+\mathbf{9})$에서 $x^9\cdot9$
$(x+1)(x+2)(x+3)\cdots(x+7)(x+9)(x+10)(x+\mathbf{8})$에서 $x^9\cdot8$
$\vdots$
$(x+2)(x+3)(x+4)\cdots(x+8)(x+9)(x+10)(x+\mathbf{1})$에서 $x^9\cdot1$

$\therefore$ **(x^9의 계수)$=55$**

[줄기3-2] $(2x-3)(x^2-4x+5)(3x^4+x^2-6x-7)$의 전개식에서 x^3의 계수를 구하여라.

[줄기3-3] $(x-5)(7x^2+x-1)(2x-3)^2$을 전개했을 때, 계수들의 총합을 구하여라.

[줄기3-4] $(x+3y-2z)^7$의 전개식에서 y를 포함하지 않는 항의 계수들의 총합을 구하여라.

04 곱셈 공식과 곱셈 공식의 변형

1 곱셈 공식 vs 인수분해

$$(x+2)(x-2) \underset{\text{인수분해(곱의 꼴)}}{\overset{\text{곱셈 공식(전개)}}{\rightleftarrows}} x^2-4$$

증명 곱셈 공식 (특수한 꼴의 다항식의 곱)은 분배법칙을 이용하여 전개하면 쉽게 증명이 되므로 곱셈 공식의 증명을 생략한다.

익히는 방법
곱셈 공식과 인수분해 공식은 서로 뗄 수 없는 동전의 양면과 같다. 따라서 두 공식을 비교하여 기억하기 쉬운 쪽을 선택하여 익히면 된다.

2 곱셈 공식 (곱의 꼴을 전개하는 공식)

다항식의 곱셈은 분배법칙을 이용하여 전개할 수도 있지만 특수한 꼴의 다항식의 곱은 다음과 같은 곱셈 공식을 이용하면 더 쉽고 빠르게 전개할 수 있다.

1) $(a+b)^2=a^2+2ab+b^2=a^2+b^2+2ab$

2) $(a-b)^2=a^2-2ab+b^2=a^2+b^2-2ab$

3) $(a+b+c)^2=a^2+b^2+c^2+2ab+2bc+2ca$
$\qquad\qquad\qquad =a^2+b^2+c^2+2(ab+bc+ca)$

익히는 방법 규칙을 알면 쉽다.
1) $(a+b)^2=a^2+b^2+2ab$
1st a^2+b^2 ⇨ 제곱한 것의 합이다.
2nd $(a+b)^{②}$이므로 ab의 계수가 ②이다.
3) $(a+b+c)^2=a^2+b^2+c^2+2(ab+bc+ca)$
1st $a^2+b^2+c^2$ ⇨ 제곱한 것의 합이다.
2nd $(a+b+c)^{②}$이므로 $(ab+bc+ca)$의 계수가 ②이다.

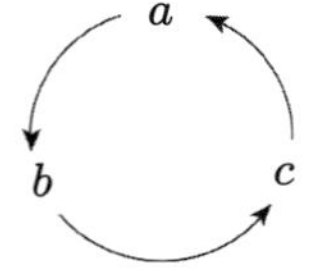

[윤환(동그라미)의 꼴]
$ab \to bc \to ca$

4) $(a+b)^3=a^3+3a^2b+3ab^2+b^3$

익히는 방법 규칙을 알면 쉽다.
1) $(a+b)^2=a^2+2ab+b^2$
1st a^2, ab, b^2 ⇨ a에 대한 내림차순이고, 각 항은 모두 이차항이다.
2nd $(a+b)^{②}$이므로 ab의 계수가 ②이다.
4) $(a+b)^3=a^3+3a^2b+3ab^2+b^3$
1st a^3, a^2b, ab^2, b^3 ⇨ a에 대한 내림차순이고, 각 항은 모두 삼차항이다.
2nd $(a+b)^{③}$이므로 a^2b, ab^2의 계수가 ③이다.

5) $(a-b)^3=a^3-3a^2b+3ab^2-b^3$

(익히는 방법) 규칙을 알면 쉽다.

2) $(a-b)^2=a^2-2ab+b^2$

1st a^2, ab, b^2 ⇨ a에 대한 내림차순이고, 각 항은 모두 이차항이다.

2nd $(a-b)^{②}$이므로 ab의 |계수|가 ②이다.

3rd *항의 부호는 +, −, + 순으로 +, −가 엇갈려 있다.

5) $(a-b)^3=a^3-3a^2b+3ab^2-b^3$

1st a^3, a^2b, ab^2, b^3 ⇨ a에 대한 내림차순이고, 각 항은 모두 삼차항이다.

2nd $(a-b)^{③}$이므로 a^2b, ab^2의 |계수|가 ③이다.

3rd *항의 부호는 +, −, +, − 순으로 +, −가 엇갈려 있다.

6) $(x+a)(x+b)=x^2+(a+b)x+ab$

7) $(x+a)(x+b)(x+c)=x^3+(a+b+c)x^2+(ab+bc+ca)x+abc$

(익히는 방법) 규칙을 알면 쉽다.

6) $(x+a)(x+b)=x^2+(a+b)x+ab$

1st x^2의 계수 : 1 ⇨ 최고차항의 계수는 1이다.

2nd x의 계수 : $a+b$ (모두 합) ⇨ 최고차항의 계수 1 다음은 모두 합이다.

3rd 상수항 : ab (모두 곱) ⇨ 마지막은 모두 곱이다.

$\therefore (x+a)(x+b)=x^2+$(모두 합)$x+$(모두 곱)

7) $(x+a)(x+b)(x+c)=x^3+(a+b+c)x^2+(ab+bc+ca)x+abc$

1st x^3의 계수 : 1 ⇨ 최고차항의 계수는 1이다.

2nd x^2의 계수 : $a+b+c$ (모두 합) ⇨ 최고차항의 계수 1 다음은 모두 합이다.

3rd x의 계수 : $ab+bc+ca$ (곱의 합) ⇨ 이때의 곱은 윤환의 꼴로 나타낸다.

4th 상수항 : abc (모두 곱) ⇨ 마지막은 모두 곱이다.

$\therefore (x+a)(x+b)(x+c)=x^3+$(모두 합)$x^2+$(곱의 합)$x+$ (모두 곱)

참고 [곱셈 표기법]

곱셈을 표기하는 방법은 여러 가지가 있다. 7과 2의 곱셈을 수식으로 다음과 같이 표기할 수 있다.

$7\times2=7\cdot2=(7)2=2(7)=(7)(2)=[7]2=7[2]=[7][2]=\cdots$

※ [곱셈 기호의 생략]

① 수와 문자의 곱에서는 곱셈 기호를 생략하고 수를 문자 앞에 쓴다.

ex) $a\times5=5a$

② 문자와 문자의 곱에서는 곱셈 기호를 생략하고 보통 알파벳 순서로 쓴다.

ex) $y\times x=xy$

③ 괄호가 있는 곱셈에서는 곱셈 기호를 생략하고 곱해지는 수나 문자를 보통 괄호 앞에 쓴다.

ex) $(a-b)\times7=7(a-b)$, $(x+y)\times(-3)=-3(x+y)$, $(a+b)\times x=x(a-b)$

주의 [곱셈 기호를 생략한 것은 하나의 덩어리로 생각한다.]

① $6\div2a=6\div2\times a=3a$ (×), $6\div2a=\dfrac{6}{2a}=\dfrac{3}{a}$ (○)

② $9\div3(1+2)=9\div3\times(1+2)=9\div3\times3=3\times3=9$ (×)

$9\div3(1+2)=9\div\{3\times(1+2)\}=9\div(3\times3)=9\div9=1$ (○)

3 인수분해 공식 (곱의 꼴로 만드는 공식 : 규칙을 알면 쉽다.)

8) $a^2-b^2=(a-b)(a+b)$

익히는 방법 앞^2−뒤^2 꼴의 인수분해

1st 지수 2를 왼손 엄지를 이용하여 가로로 모두 가린다.
그러면 (앞−뒤)가 된다. 이것을 반드시 인수로 갖는다.

2nd (앞−뒤)(앞+뒤)
⇨ 먼저 −가 나오면 다음은 +가 나온다.

∴ 앞^2−뒤^2=(앞−뒤)(앞+뒤)

9) $a^3-b^3=(a-b)(a^2+ab+b^2)$

익히는 방법 앞^3−뒤^3 꼴의 인수분해

1st 지수 3을 왼손 엄지를 이용하여 가로로 모두 가린다.
그러면 (앞−뒤)가 된다. 이것을 반드시 인수로 갖는다.

2nd (앞−뒤)(앞^2+ 앞·뒤+뒤^2)
⇨ 먼저 −가 나오면 다음은 +가 나오고 마지막은 무조건 +이다.

∴ 앞^3−뒤^3=(앞−뒤)(앞^2+ 앞·뒤+뒤^2)

ex) $x^3-1=x^3-1^3=(x-1)(x^2+x\cdot1+1^2)$

10) $a^3+b^3=(a+b)(a^2-ab+b^2)$

익히는 방법 앞^3+뒤^3 꼴의 인수분해

1st 지수 3을 왼손 엄지를 이용하여 가로로 모두 가린다.
그러면 (앞+뒤)가 된다. 이것을 반드시 인수로 갖는다.

2nd (앞+뒤)(앞^2− 앞·뒤+뒤^2)
⇨ 먼저 +가 나오면 다음은 −가 나오고 마지막은 무조건 +이다.

∴ 앞^3+뒤^3=(앞+뒤)(앞^2− 앞·뒤+뒤^2)

ex) $x^3+1=x^3+1^3=(x+1)(x^2-x\cdot1+1^2)$

11) $a^3+b^3+c^3-3abc=(a+b+c)(a^2+b^2+c^2-ab-bc-ca)$

익히는 방법 $a^3+b^3+c^3-3abc$ 꼴의 인수분해

1st 지수 3을 왼손 엄지를 이용하여 가로로 모두 가린다. 그러면 지수가 3인 항은 $(a+b+c)$가 된다. 이것을 반드시 인수로 갖는다.

2nd $a^3+b^3+c^3\cdots=(a+b+c)(a^2+b^2+c^2\cdots)$
(∵ 좌변 $a^3+b^3+c^3\cdots$ 이 되려면 우변은 $(a+b+c)$가 인수이므로 $(a^2+b^2+c^2\cdots)$ 꼴의 인수를 가질 수밖에 없다.)

3rd 좌변에 $-3abc$, 우변에 윤환의 꼴 $-ab-bc-ca$가 있다고 기억한다.
$a^3+b^3+c^3-3abc=(a+b+c)(a^2+b^2+c^2-ab-bc-ca)$

TIP ○^{3}+□^{3}+△^{3} 꼴이 보이면 가장 먼저 11번) 공식을 이용해 본다.
(∵ ○^{3}+□^{3}+△^{3} 꼴은 고등과정에서 이것 말고는 쓸 공식이 없다.)

뿌리 4-1 **곱셈 공식 (1)**

다음 식을 전개하여라.

1) $(2x-3y)(4x^2+6xy+9y^2)$
2) $(x-1)(x-3)(x-5)$
3) $(3x^2-5xy+2y^2)(3x^2+5xy+2y^2)$
4) $(x-y-2z)^2$
5) $(x+2y)^3$
6) $(2x-3y)^3$
7) $(2x-y-1)(4x^2+y^2+1+2xy-y+2x)$

풀이 1) (앞 − 뒤)(앞^2 + 앞 · 뒤 + 뒤^2) = 앞^3 − 뒤^3

(주어진 식) $=(2x-3y)\{(2x)^2+2x\cdot 3y+(3y)^2\}=(2x)^3-(3y)^3=\mathbf{8x^3-27y^3}$

2) (주어진 식) $=\{x+(-1)\}\{x+(-3)\}\{x+(-5)\}$

$=x^3+$(모두 합)x^2+(곱의 합)$x+$(모두 곱)

$=x^3+\{(-1)+(-3)+(-5)\}x^2$
$+\{(-1)\cdot(-3)+(-3)\cdot(-5)+(-5)\cdot(-1)\}x+(-1)\cdot(-3)\cdot(-5)$

$=\mathbf{x^3-9x^2+23x-15}$

3) (앞 − 뒤)(앞 + 뒤) = 앞^2 − 뒤^2

(주어진 식) $=\{(3x^2+2y^2)-5xy\}\{(3x^2+2y^2)+5xy\}$

$=(3x^2+2y^2)^2-(5xy)^2$

$=9x^4+4y^4+12x^2y^2-25x^2y^2$

$=\mathbf{9x^4+4y^4-13x^2y^2}$

4) $(a+b+c)^2=a^2+b^2+c^2+2(ab+bc+ca)$

(주어진 식) $=\{x+(-y)+(-2z)\}^2$

$=x^2+(-y)^2+(-2z)^2+2\{x(-y)+(-y)(-2z)+(-2z)x\}$

$=\mathbf{x^2+y^2+4z^2-2xy+4yz-4zx}$

5) $(a+b)^3=a^3+3a^2b+3ab^2+b^3$

(주어진 식) $=\{x+(2y)\}^3=x^3+3x^2(2y)+3x(2y)^2+(2y)^3$

$=\mathbf{x^3+6x^2y+12xy^2+8y^3}$

6) $(a-b)^3=a^3-3a^2b+3ab^2-b^3$

(주어진 식) $=\{(2x)-(3y)\}^3=(2x)^3-3(2x)^2(3y)+3(2x)(3y)^2-(3y)^3$

$=\mathbf{8x^3-36x^2y+54xy^2-27y^3}$

7) $a^3+b^3+c^3-3abc=(a+b+c)(a^2+b^2+c^2-ab-bc-ca)$

(주어진 식) $=\{2x+(-y)+(-1)\}\{(2x)^2+(-y)^2+(-1)^2-2x(-y)-(-y)(-1)-(-1)2x\}$

$=(2x)^3+(-y)^3+(-1)^3-3(2x)(-y)(-1)$

$=\mathbf{8x^3-y^3-1-6xy}$

팁 처음에는 공식의 꼴이 보이지 않는 게 정상이다. ⇨ 7)번이 가장 어렵다.
↳ 반복해서 하다보면 점차 공식이 눈에 들어온다.

뿌리 4-2 공통부분이 있는 다항식의 전개

다음 식을 전개하여라.

1) $(x+y)(x-y)(x^2+y^2)(x^4+y^4)$　　2) $(x^2-5x+1)(x^2-5x-2)$

3) $(x-2)(x-1)(x+3)(x+4)$　　4) $(x-1)^3(x^2+x+1)^3$

풀이 1) (주어진 식)$=(x^2-y^2)(x^2+y^2)(x^4+y^4)$

$=(x^4-y^4)(x^4+y^4)$

$=\boldsymbol{x^8-y^8}$

2) 공통부분 $x^2-5x=t$라 하면

(주어진 식)$=(t+1)(t-2)$

$=t^2-t-2$　　$\leftarrow$ $t=x^2-5x$를 대입

$=(x^2-5x)^2-(x^2-5x)-2$

$=x^4-10x^3+25x^2-x^2+5x-2$

$=\boldsymbol{x^4-10x^3+24x^2+5x-2}$

3) ( )( )( )( ) 꼴은 공통부분이 생기도록 두 개씩 짝을 짓는다.

⇨ 상수항의 합이 같도록 두 개씩 짝을 지어면 공통부분이 만들어진다.

$(\underline{x-2)(x+4})(\underline{\underline{x-1)(x+3}})=(x^2+2x-8)(x^2+2x-3)$

$x^2+2x=t$라 하면

$(x^2+2x-8)(x^2+2x-3)=(t-8)(t-3)$

$=t^2-11t+24$　　$\leftarrow$ $t=x^2+2x$를 대입

$=(x^2+2x)^2-11(x^2+2x)+24$

$=x^4+4x^3+4x^2-11x^2-22x+24$

$=\boldsymbol{x^4+4x^3-7x^2-22x+24}$

4) $(x-1)^3(x^2+x+1)^3=\{(x-1)(x^2+x+1)\}^3=(x^3-1^3)^3=(x^3-1)^3$

$=(x^3)^3-3\cdot(x^3)^2\cdot1+3\cdot(x^3)\cdot1^2-1^3=\boldsymbol{x^9-3x^6+3x^3-1}$

[줄기 4-1] 다음 식을 전개하여라.

1) $(3x+2y)(9x^2-6xy+4y^2)$　　2) $(x-1)(x+2)(x-3)$

3) $(x^2+x+y^2)(x^2-x+y^2)$　　4) $(2x-y+z)^2$

5) $(2x+3y)^3$　　6) $(x-3y)^3$

7) $(x-2y-z)(x^2+4y^2+z^2+2xy-2yz+xz)$

[줄기 4-2] 다음 식을 전개하여라.

1) $(x+2)(x-1)(x+4)(x+7)$　　2) $(x+2)^2(x^2-2x+4)^2$

4 곱셈 공식의 변형 (합, 곱, 차 꼴로 변형 : 규칙을 알면 쉽다.)

합 $(a+b)$, 곱 ab, 차 $(a-b)$ 꼴로 변형하면 계산이 편리한 경우가 많다.

1) $a^2+b^2=(a+b)^2-2ab=(a-b)^2+2ab$ $\therefore$ ★$(a-b)^2=(a+b)^2-4ab$

2) $a^3+b^3=(a+b)^3-3ab(a+b)$

증명 $(a+b)^3=a^3+3a^2b+3ab^2+b^3$에서 $a^3+b^3=(a+b)^3-3a^2b-3ab^2$ $\therefore a^3+b^3=(a+b)^3-3ab(a+b)$

익히는 방법 앞^3+뒤^3 꼴의 곱셈 공식의 변형

1st 지수 3을 왼손 엄지를 이용하여 가로로 모두 가린다.
그러면 (앞+뒤) 가 된다. 이것을 이용한다.

2nd 앞^3+뒤^3=(앞+뒤)^{3}이 되면 좌변과 우변이 같지 않다.

3rd 그래서 먼저 + 가 나오면 다음은 − 가 나오고, 3제곱이므로 앞·뒤의 계수는 3이다.
앞^3+뒤^3=(앞+뒤)^3 − 3·앞·뒤
($cf.$ 2제곱이면 앞·뒤의 계수는 2이다. $a^2+b^2=(a+b)^2-2ab$)

4th 끝으로 끝에 (앞+뒤)를 붙인다.
앞^3+뒤^3=(앞+뒤)^3 − 3·앞·뒤(앞+뒤)

3) $a^3-b^3=(a-b)^3+3ab(a-b)$

증명 $(a-b)^3=a^3-3a^2b+3ab^2-b^3$에서 $a^3-b^3=(a-b)^3+3a^2b-3ab^2$ $\therefore a^3-b^3=(a-b)^3+3ab(a-b)$

익히는 방법 앞^3−뒤^3 꼴의 곱셈 공식의 변형

1st 지수 3을 왼손 엄지를 이용하여 가로로 모두 가린다.
그러면 (앞−뒤) 가 된다. 이것을 이용한다.

2nd 앞^3−뒤^3=(앞−뒤)^{3}이 되면 좌변과 우변이 같지 않다.

3rd 그래서 먼저 − 가 나오면 다음은 + 가 나오고, 3제곱이므로 앞·뒤의 계수는 3이다.
앞^3−뒤^3=(앞−뒤)^3 + 3·앞·뒤
($cf.$ 2제곱이면 앞·뒤의 계수는 2이다. $a^2+b^2=(a-b)^2+2ab$)

4th 끝으로 끝에 (앞−뒤)를 붙인다.
앞^3−뒤^3=(앞−뒤)^3 + 3·앞·뒤(앞−뒤)

씨앗. 1 다음 물음에 답하여라.

1) $a+2b=1$, $ab=-2$일 때, a^3+8b^3의 값을 구하여라.

2) $2x-3y=-1$, $xy=2$일 때, $8x^3-27y^3$의 값을 구하여라.

핵심 1) 앞^3+뒤^3=(앞+뒤)^3−3·앞·뒤(앞+뒤)
2) 앞^3−뒤^3=(앞−뒤)^3+3·앞·뒤(앞−뒤)

풀이 1) $a^3+(2b)^3=(a+2b)^3-3\cdot a\cdot 2b(a+2b)$
$=(a+2b)^3-6ab(a+2b)=1^3-6\cdot(-2)\cdot 1=\mathbf{13}$

2) $(2x)^3-(3y)^3=(2x-3y)^3+3\cdot 2x\cdot 3y(2x-3y)$
$=(2x-3y)^3+18xy(2x-3y)=(-1)^3+18\cdot 2\cdot(-1)=\mathbf{-37}$

5 곱셈 공식의 변형이 특히 중요한 이유

합 $(a+b)$, 곱 ab, 차 $(a-b)$의 값을 이용하면 답을 쉽게 구할 수 있다.

또한, ${}^{*}(a-b)^2=(a+b)^2-4ab$를 이용하면

1) 합, 곱의 값을 알면 차의 값을 알 수 있다.

2) 합, 차의 값을 알면 곱의 값을 알 수 있다.

3) 곱, 차의 값을 알면 합의 값을 알 수 있다.

뿌리 4-3 곱셈 공식의 변형 (1)

다음 물음에 답하여라.

1) $x+y=1$, $x^2+y^2=3$일 때, x^3+y^3의 값을 구하여라.

2) $x+y=1$, $x^3+y^3=7$일 때, x^2+y^2의 값을 구하여라.

3) $a+b+c=3$, $a^2+b^2+c^2=5$일 때, $ab+bc+ca$의 값을 구하여라.

4) $a^2+b^2+c^2=5$, $ab+bc+ca=-2$일 때, $a+b+c$의 값을 구하여라.

5) $x+y+z=3$, $xy+yz+zx=2$일 때, $x^2+y^2+z^2$의 값을 구하여라.

핵심 합과 곱의 값을 알면 답을 구할 수 있다. ⇨ 1), 2)

풀이

1) $(x+y)^2=x^2+y^2+2xy$에서 $1^2=3+2xy$ $\quad\therefore xy=-1$

$x+y=1$ (합의 값), $xy=-1$ (곱의 값)

$x^3+y^3=(x+y)^3-3xy(x+y)=1^3-3\cdot(-1)\cdot1=\mathbf{4}$

2) $x^3+y^3=(x+y)^3-3xy(x+y)$에서 $7=1^3-3xy\cdot1$ $\quad\therefore xy=-2$

$x+y=1$ (합의 값), $xy=-2$ (곱의 값)

$x^2+y^2=(x+y)^2-2xy=1^2-2\cdot(-2)=\mathbf{5}$

3) $(a+b+c)^2=a^2+b^2+c^2+2(ab+bc+ca)$

$a+b+c=3$, $a^2+b^2+c^2=5$일 때

$3^2=5+2(ab+bc+ca)$ $\quad\therefore ab+bc+ca=\mathbf{2}$

4) $(a+b+c)^2=a^2+b^2+c^2+2(ab+bc+ca)$

$a^2+b^2+c^2=5$, $ab+bc+ca=-2$일 때

$(a+b+c)^2=5+2\cdot(-2)$

$(a+b+c)^2=1$ $\quad\therefore a+b+c=\mathbf{\pm1}$

5) $(x+y+z)^2=x^2+y^2+z^2+2(xy+yz+zx)$

$x+y+z=3$, $xy+yz+zx=2$일 때

$3^2=x^2+y^2+z^2+2\cdot2$ $\quad\therefore x^2+y^2+z^2=\mathbf{5}$

뿌리 4-4 곱셈 공식 (2)

$a+b+c=2$, $ab+bc+ca=3$, $abc=4$일 때, $(a+b)(b+c)(c+a)$의 값을 구하여라.

핵심 $(x+p)(x+q)(x+r)=x^3+(\text{모두 합})x^2+(\text{곱의 합})x+(\text{모두 곱})$
$=x^3+(p+q+r)x^2+(pq+qr+rp)x+pqr$

풀이 $a+b+c=2$에서 $a+b=2-c, b+c=2-a, c+a=2-b$이므로

$$\begin{aligned}(a+b)(b+c)(c+a)&=(2-c)(2-a)(2-b)\\&=\{2+(-a)\}\{2+(-b)\}\{2+(-c)\}\\&=2^3+\{(-a)+(-b)+(-c)\}\cdot 2^2\\&\quad+\{(-a)(-b)+(-b)(-c)+(-c)(-a)\}\cdot 2+(-a)(-b)(-c)\\&=8-(a+b+c)\cdot 4+(ab+bc+ca)\cdot 2-abc\\&=8-2\cdot 4+3\cdot 2-4=\mathbf{2}\end{aligned}$$

참고 **윤환 (동그라미)의 꼴** ※ 윤(輪): 바퀴 륜, 환(環): 고리 환
식을 정리할 때 $ab+bc+ca$와 같이 윤환의 꼴로 나타낼 수 있으면 윤환의 꼴로 나타내는 것이 계산에 편리한 경우가 99% 이상이다.
∴ 윤환의 꼴로 정리하는 습관을 갖자!

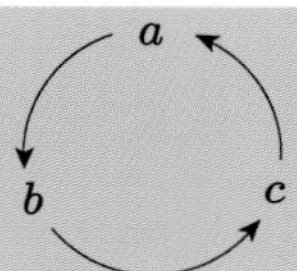

[줄기 4-3] $x+y+z=2$, $xy+yz+zx=-3$, $xyz=4$일 때, $x^3+y^3+z^3$의 값을 구하여라.

[줄기 4-4] $a+b+c=1$, $a^2+b^2+c^2=5$, $abc=2$일 때, $a^4+b^4+c^4$의 값을 구하여라.

[줄기 4-5] $x+y+z=2$, $x^2+y^2+z^2=10$, $xyz=4$일 때, $\dfrac{1}{x}+\dfrac{1}{y}+\dfrac{1}{z}$의 값을 구하여라.

뿌리 4-5 곱셈 공식의 변형 (2)

$x=1+\sqrt{2}$, $y=1-\sqrt{2}$일 때, $\dfrac{y^2}{x+1}+\dfrac{x^2}{y+1}$의 값을 구하여라.

핵심 합과 곱의 값을 알면 답을 구할 수 있다.

풀이 $x+y=2$ (합의 값), $xy=-1$ (곱의 값)

$$\begin{aligned}\frac{y^2}{x+1}+\frac{x^2}{y+1}&=\frac{y^2(y+1)+x^2(x+1)}{(x+1)(y+1)}=\frac{x^3+y^3+x^2+y^2}{xy+x+y+1}\\&=\frac{(x+y)^3-3xy(x+y)+(x+y)^2-2xy}{xy+(x+y)+1}\\&=\frac{2^3-3\cdot(-1)\cdot 2+2^2-2\cdot(-1)}{-1+2+1}=\frac{8+6+4+2}{2}=\mathbf{10}\end{aligned}$$

뿌리 4-6 곱셈 공식의 변형 (3)

$x+\dfrac{1}{x}=\sqrt{5}$ 일 때, $x^3-\dfrac{1}{x^3}$ 의 값을 구하여라.

풀이 $x+\dfrac{1}{x}=\sqrt{5}$ (합의 값), $x\cdot\dfrac{1}{x}=1$ (곱의 값)

$$x^3-\frac{1}{x^3}=x^3-\left(\frac{1}{x}\right)^3=\left(x-\frac{1}{x}\right)^3+3\cdot x\cdot\frac{1}{x}\left(x-\frac{1}{x}\right)$$

$$=\left(x-\frac{1}{x}\right)^3+3\left(x-\frac{1}{x}\right)\ \cdots ㉠$$

$(a-b)^2=(a+b)^2-4ab$를 이용하면 차의 값을 알 수 있다.

$$\left(x-\frac{1}{x}\right)^2=\left(x+\frac{1}{x}\right)^2-4\cdot x\cdot\frac{1}{x}=5-4=1 \qquad \therefore x-\frac{1}{x}=\pm1\ (\text{차의 값})$$

이것을 ㉠에 대입하면

$$x^3-\frac{1}{x^3}=(\pm1)^3+3(\pm1)=\pm1\pm3=\pm4\ (\text{복부호 동순})$$

참고 합과 곱의 값만으로 답을 구할 수 없으면 차의 값을 마저 알면 답을 구할 수 있다.

[줄기4-6] $x=\dfrac{\sqrt{6}+\sqrt{2}}{2}$, $y=\dfrac{\sqrt{6}-\sqrt{2}}{2}$ 일 때, $\dfrac{x^2}{y}+\dfrac{y^2}{x}$ 의 값을 구하여라.

[줄기4-7] $x+\dfrac{1}{x}=2$ 일 때, $x^3+\dfrac{1}{x^3}$ 의 값을 구하여라.

[줄기4-8] $x^2+\dfrac{1}{x^2}=7$ 일 때, $x^3+\dfrac{1}{x^3}$ 의 값을 구하여라. (단, $x>0$)

6 $x^2+y^2+z^2+xy+yz+zx=\dfrac{1}{2}\{(x+y)^2+(y+z)^2+(z+x)^2\}$

증명

$$x^2+y^2+z^2+xy+yz+zx=\frac{1}{2}(2x^2+2y^2+2z^2+2xy+2yz+2zx)$$

$$=\frac{1}{2}\{(x^2+2xy+y^2)+(y^2+2yz+z^2)+(z^2+2zx+x^2)\}$$

$$=\frac{1}{2}\{(x+y)^2+(y+z)^2+(z+x)^2\}$$

익히는 방법 (*key: 밑줄을 비교하면서 익히면 쉽다.)

$x^2+y^2+z^2\underline{+2xy+2yz+2zx}=(x+y+z)^2$

$x^2+y^2+z^2\underline{+xy+yz+zx}=\dfrac{1}{2}\{(x+y)^2+(y+z)^2+(z+x)^2\}$

7 $x^2+y^2+z^2-xy-yz-zx=\frac{1}{2}\{(x-y)^2+(y-z)^2+(z-x)^2\}$

증명 $x^2+y^2+z^2-xy-yz-zx=\frac{1}{2}(2x^2+2y^2+2z^2-2xy-2yz-2zx)$

$=\frac{1}{2}\{(x^2-2xy+y^2)+(y^2-2yz+z^2)+(z^2-2zx+x^2)\}$

$=\frac{1}{2}\{(x-y)^2+(y-z)^2+(z-x)^2\}$

익히는 방법 (*key: 밑줄을 비교하면서 익히면 쉽다.)

$x^2+y^2+z^2\underline{+xy+yz+zx}=\frac{1}{2}\{(x+y)^2+(y+z)^2+(z+x)^2\}$

$x^2+y^2+z^2\underline{-xy-yz-zx}=\frac{1}{2}\{(x-y)^2+(y-z)^2+(z-x)^2\}$

뿌리 4-7 곱셈 공식의 변형 (4)

$x-y=3,\ y-z=5$일 때, $x^2+y^2+z^2-xy-yz-zx$의 값을 구하여라.

풀이 $x-y=3,\ y-z=5$에서 변끼리 더하면

$x-z=8 \quad \therefore z-x=-8$

$x^2+y^2+z^2-xy-yz-zx=\frac{1}{2}\{(x-y)^2+(y-z)^2+(z-x)^2\}$

$=\frac{1}{2}\{3^2+5^2+(-8)^2\}=\frac{98}{2}=\mathbf{49}$

[줄기4-9] $a-b=3-\sqrt{2},\ b-c=3+\sqrt{2}$일 때, $a^2+b^2+c^2-ab-bc-ca$의 값을 구하여라.

[줄기4-10] $x=-a+b+c,\ y=a-b+c,\ z=a+b-c$일 때, $x^2+y^2+z^2+xy+yz+zx$를 상수 $a,\ b,\ c$로 나타내어라.

[줄기4-11] $a,\ b,\ c$가 양수일 때, $a^3+b^3+c^3-3abc\geq 0$임을 보여라.

[줄기4-12] 다음 물음에 답하여라.

1) 세 실수 $a,\ b,\ c$에 대하여 $a^2+b^2+c^2=3,\ ab+bc+ca=3$일 때, $a^7+b^7+c^7$의 값을 구하여라.

2) 세 실수 $a,\ b,\ c$에 대하여 $a+b+c=3\sqrt{3},\ a^2+b^2+c^2=9$일 때, $a^3+b^3+c^3$의 값을 구하여라.

뿌리 4-8 곱셈 공식의 변형(5)

세 다항식 A, B, C에 대하여 연산 $< A, B, C >$를 $< A, B, C > = A^2 + BC$로 정의한다.

$$x + y = 3a, \ y + z = 3b, \ z + x = 3c$$

일 때, 다음 각 식을 a, b, c를 써서 나타내어라.

1) $< x, z, y > + < y, x, z > + < z, y, x >$
2) $< x, z, 2y > + < y, 2x, z > + < z, y, 2x >$

풀이 $< A, B, C > = A^2 + BC$이므로 <첫번째, 두번째, 세번째>의 정의는 첫번째를 제곱한 것에 두번째와 세번째의 곱을 합하라는 것이다. 따라서

1) (주어진 식)$= x^2 + zy + y^2 + xz + z^2 + yx$

$$= x^2 + y^2 + z^2 + xy + yz + zx$$
$$= \frac{1}{2}\{(x+y)^2 + (y+z)^2 + (z+x)^2\}$$
$$= \frac{1}{2}\{(3a)^2 + (3b)^2 + (3c)^2\} = \mathbf{\frac{9}{2}(a^2+b^2+c^2)}$$

2) (주어진 식)$= x^2 + z(2y) + y^2 + (2x)z + z^2 + y(2x)$

$$= x^2 + y^2 + z^2 + 2xy + 2yz + 2zx$$
$$= (x+y+z)^2$$

$x + y = 3a, \ y + z = 3b, \ z + x = 3c$에서 변끼리 더하면

$$2(x+y+z) = 3(a+b+c)$$
$$x + y + z = \frac{3}{2}(a+b+c)$$
$$\therefore (x+y+z)^2 = \mathbf{\frac{9}{4}(a+b+c)^2}$$

참고 연산의 정의는 문자의 위치로 파악해야 쉽다. 예) 뿌리 2-2), 줄기 2-2), 줄기 2-3) [p.15]

줄기 4-13 세 다항식 A, B, C에 대하여 연산 $[A, B, C]$를 $[A, B, C] = AC + B^2$으로 정의한다.

$$x = a - b + c, \ y = a + b - c, \ z = -a + b + c$$

일 때, 다음 각 식을 a, b, c를 써서 나타내어라.

1) $[x, z, y] + [y, x, z] + [z, y, x]$
2) $[2y, x, z] + [z, y, 2x] + [2x, z, y]$

줄기 4-14 $x + y + z = 0, \ x^3 + y^3 + z^3 = -12$일 때, xyz의 값을 구하여라.

05 다항식의 나눗셈

1 다항식의 나눗셈 ※ 다항식 : 단항식 또는 단항식의 합으로 이루어진 식이다. [p.12]

두 다항식의 나눗셈은 다음과 같은 방법으로 계산한다.

1) **단항식으로 나눌 때**

$(a+b)\div m=(a+b)\times\frac{1}{m}=\frac{a}{m}+\frac{b}{m}$ (단, $m\neq 0$ ∵ 분모는 0이 될 수 없다.)

2) **단항식의 합으로 이루어진 식으로 나눌 때**

두 다항식을 내림차순으로 정리한 후, **자연수의 나눗셈과 같은 방법**으로 계산하여 몫과 나머지를 구한다. 이때, 나머지의 차수가 나누는 식의 차수보다 작을 때까지 나눈다.

즉, *(나머지의 차수)<(나누는 식의 차수)

(비슷한 예)

자연수의 나눗셈에서 나머지는 나누는 수보다 작다. 즉, (나머지)<(나누는 수)

주의 **분모가 0이 될 수 없는 이유**

$\frac{3}{0}$의 값 k가 존재한다고 가정하면 $\frac{3}{0}=k \Leftrightarrow 3=k\times 0$, 즉 $3=0$ (모순)

∴ 분모가 0일 때의 값은 존재하지 않는다. 따라서 분모는 0이 될 수 없다.

뿌리 5-1 다항식의 나눗셈 – 단항식으로 나눌 때

다음 식을 계산하여라.

1) $(2x^4-3x^3+4x^2)\div 2x$ 2) $(3x^3y^4+4x^3y^3-4x^2y^3-8x^2y^2)\div(2xy)^2$

풀이 1) (주어진 식)$=\frac{2x^4}{2x}-\frac{3x^3}{2x}+\frac{4x^2}{2x}=\boldsymbol{x^3-\frac{3}{2}x^2+2x}$

2) (주어진 식)$=\frac{3x^3y^4}{4x^2y^2}+\frac{4x^3y^3}{4x^2y^2}-\frac{4x^2y^3}{4x^2y^2}-\frac{8x^2y^2}{4x^2y^2}=\boldsymbol{\frac{3}{4}xy^2+xy-y-2}$

※ 단항식의 합으로 이루어진 식으로 나눌 때 먼저 주어진 두 다항식을 내림차순으로 정리한 다음 자연수의 나눗셈과 같은 방법으로 계산한다.

```
         [3x] + [1]      ⇦ 몫
x-1 ) (3x²) - 2x + 10
       3x² - 3x          ← (x-1)×[3x]
       ---------
            (x) + 10
             x  - 1      ← (x-1)×[1]
            --------
                 11      ⇦ 나머지
```

```
      [2][1]      ⇦ 몫
43 ) (9) 1 2
      8 6         ← 43×[2]
      -----
      (5) 2
       4 3        ← 43×[1]
      -----
         9        ⇦ 나머지
```

뿌리 5-2 다항식의 나눗셈 – 단항식의 합으로 이루어진 식으로 나눌 때

다음 다항식의 나눗셈의 몫과 나머지를 구하여라.

1) $(10-2x^2+3x^3+x)\div(-x+2+x^2)$ 2) $(2x^4-8x)\div(x^2-3x+1)$

핵심 단항식의 합으로 이루어진 식으로 나눌 때
⇨ 두 다항식을 내림차순으로 정리한 후 직접 나눗셈을 한다.

풀이 1) $(3x^3-2x^2+x+10)\div(x^2-x+2)$는 자연수의 나눗셈과 같은 방법으로 계산한다. 이때, 최고차항을 순서대로 없애나간다.

$$\begin{array}{r l}
\boxed{3x}+\boxed{1} & \Leftarrow \text{몫} \\
x^2-x+2\,\big)\,3x^3-2x^2+x+10 & \\
3x^3-3x^2+6x & \leftarrow (x^2-x+2)\times\boxed{3x} \\
\hline
x^2-5x+10 & \\
x^2-x+2 & \leftarrow (x^2-x+2)\times\boxed{1} \\
\hline
-4x+8 & \Leftarrow \text{나머지}
\end{array}$$

∴ **몫 : $3x+1$, 나머지 : $-4x+8$**

2) 단항식이 아닌 다항식으로 나눌 때는 먼저 주어진 두 다항식을 내림차순으로 정리한다. 이때, *계수가 0인 항은 0을 이용하여 항을 만들어 놓는다.

$(2x^4+0\cdot x^3+0\cdot x^2-8x+0)\div(x^2-3x+1)$

$$\begin{array}{r l}
\boxed{2x^2}+\boxed{6x}+\boxed{16} & \Leftarrow \text{몫} \\
x^2-3x+1\,\big)\,2x^4+0\cdot x^3+0\cdot x^2-8x+0 & \\
2x^4-6x^3+2x^2 & \leftarrow (x^2-3x+1)\times\boxed{2x^2} \\
\hline
6x^3-2x^2-8x & \\
6x^3-18x^2+6x & \leftarrow (x^2-3x+1)\times\boxed{6x} \\
\hline
16x^2-14x+0 & \\
16x^2-48x+16 & \leftarrow (x^2-3x+1)\times\boxed{16} \\
\hline
34x-16 & \Leftarrow \text{나머지}
\end{array}$$

∴ **몫 : $2x^2+6x+16$, 나머지 : $34x-16$**

참고 나머지의 차수가 나누는 식의 차수보다 작을 때까지 나눈다.
즉, (나머지의 차수)<(나누는 식의 차수)

줄기5-1 다음 다항식의 나눗셈의 몫과 나머지를 구하여라.

1) $(x^3-2x)\div(x^2+1)$ 2) $(6x^4+2x+7)\div(2x^2+2)$

2 자연수 또는 다항식의 나눗셈의 성질

자연수 또는 다항식에서 A를 $B\,(B\neq 0)$로 나눌 때 몫을 Q, 나머지를 R이라 하면
*$\boldsymbol{A=B\cdot Q+R}$로 나타낼 수 있다.

$cf\begin{cases}\text{자연수에서 } R\text{은 } B\text{보다 항상 작고 } 0 \text{ 이상이다. 즉, } 0\le R<B \\ \text{다항식에서 } R\text{은 } B\text{보다 항상 차수가 낮다. 즉, } (R\text{의 차수})<(B\text{의 차수}) \text{ [p.31]}\end{cases}$

특히, $R=0$이면 A는 B로 나누어떨어진다고 한다.

※ Q는 Quotient (몫), R은 Remainder (나머지)의 첫 글자를 이용했다.

ex) $17=5\cdot\underset{\text{몫}}{\underline{3}}+\underset{\text{나머지}}{\underline{2}}$ (○), $17=5\cdot\underset{\text{몫}}{\underline{2}}+\underset{\text{나머지}}{\underline{7}}$ (×), $17=5\cdot\underset{\text{몫}}{\underline{4}}+\underset{\text{나머지}}{\underline{(-3)}}$ (×)

$20=5\cdot\underset{\text{몫}}{\underline{4}}+\underset{\text{나머지}}{\underline{0}}$ ⇨ 20은 5로 나누어떨어진다.

주의 다항식의 나눗셈은 (나머지의 차수)<(나누는 식의 차수)이므로 나머지 *$R<0$인 경우도 있다.
예) 뿌리 5-3)의 1)번 [p.34], 뿌리 5-4)의 3)번 [p.35] cf) 자연수의 나눗셈의 나머지 $R\geq 0$이다.

씨앗. 1 ▟ 다항식 $f(x)$를 x로 나누었을 때의 몫이 $5x^2$, 나머지가 4일 때, $f(x)$를 구하여라.

풀이 $A=B\cdot\underset{\text{몫}}{\underline{Q}}+\underset{\text{나머지}}{\underline{R}}$ 이므로 $f(x)=x\cdot 5x^2+4=\boldsymbol{5x^3+4}$

3 조립제법 ※ 조립(組立): 짜 맞추다. 제(除): 나눌 제, 법(法): 방법 법

다항식을 $x-\alpha$ 꼴의 일차식으로 나눌 때, 계수만을 사용하여 몫과 나머지를 구하는 방법을 **조립제법**이라 한다. 즉, ***<u>일차항의 계수가 1인 일차식</u>으로 나누는 방법이다.**

[조립제법] 아래의 방식으로 짜 맞춰 나누는 방법
$(ax^2+bx+c)\div(\boxed{x+d})$
$x+d=0$을 만족시키는 x의 값이 $\boxed{-d}$이다.

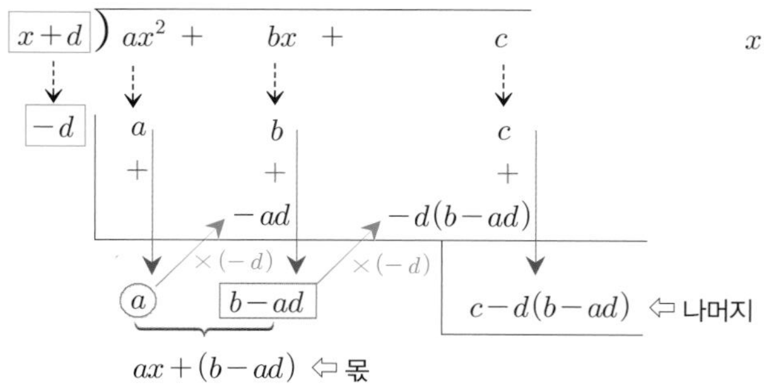

[나눗셈]
$(ax^2+bx+c)\div(x+d)$

$$\begin{array}{r l}
 & ⓐx+\boxed{b-ad} \quad ⇦ \text{몫} \\
x+d \,\big)\!\! & \overline{ax^2+bx+c} \\
 & \underline{ax^2+adx} \\
 & (b-ad)x+c \\
 & \underline{(b-ad)x+d(b-ad)} \\
 & c-d(b-ad) \quad ⇦ \text{나머지}
\end{array}$$

(익히는 방법)
i) 수직으로 떨어질 (↓) 때는 더하기 (+)를 한다.
ii) 우측 대각선 (↗) 방향으로 올라갈 때는 곱하기 (×)를 한다.

씨앗. 2 조립제법을 이용하여 다음 나눗셈의 몫과 나머지를 구하여라.

$$(2x^3-x^2+4x-3)\div(x-3)$$

풀이 $x-3=0$을 만족시키는 x의 값이 $\boxed{3}$이다.

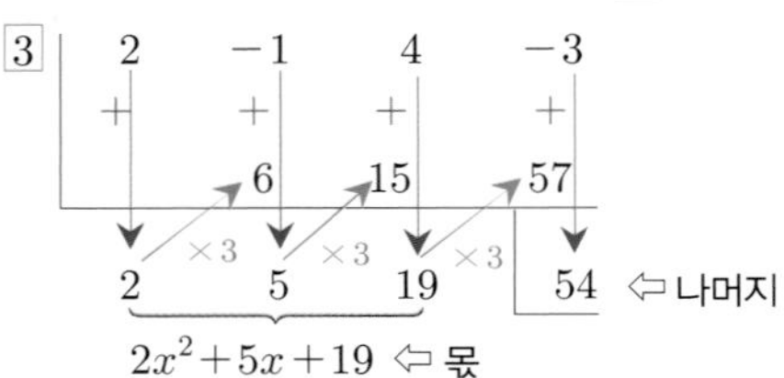

익히는 방법
i) 수직으로 떨어질(↓) 때는 더하기(+)를 한다.
ii) 우측 대각선(↗) 방향으로 올라갈 때는 곱하기(×)를 한다.

정답 몫: $2x^2+5x+19$, 나머지: 54

뿌리 5-3 조립제법을 이용한 다항식의 나눗셈 (1)

조립제법을 이용하여 다음 나눗셈의 몫과 나머지를 구하여라.

1) $(3x^3-3x^2+3x-19)\div(x-2)$ 2) $(3x^3+4x)\div(x-1)$

핵심 1) 조립제법을 이용할 때, 다항식을 내림차순으로 정리한 후 계수만을 사용한다.
2) 조립제법을 이용할 때, * 계수가 0인 경우는 그 자리에 0을 놓는다.

풀이 1) $x-2=0$을 만족시키는 x의 값이 $\boxed{2}$이다.

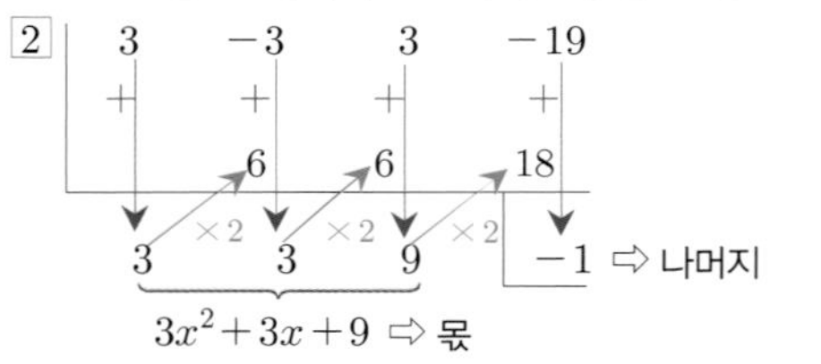

$\therefore 3x^3-3x^2+3x-19=(x-2)(\underset{\text{몫}}{\underline{\mathbf{3x^2+3x+9}}})+(\underset{\text{나머지}}{\underline{\mathbf{-1}}})$

2) $x-1=0$을 만족시키는 x의 값이 $\boxed{1}$이다.

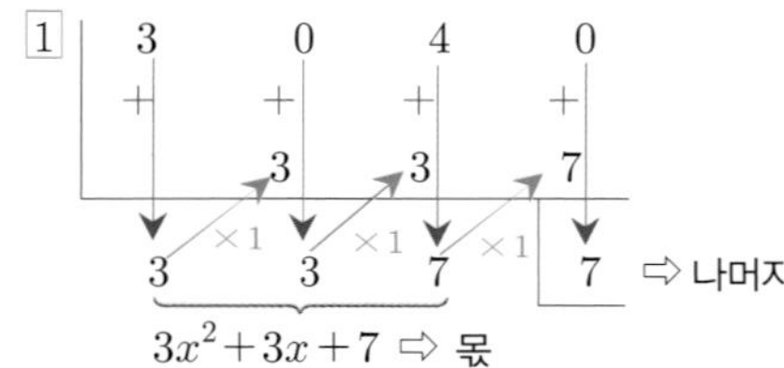

$\therefore 3x^3+4x=(x-1)(\underset{\text{몫}}{\underline{\mathbf{3x^2+3x+7}}})+\underset{\text{나머지}}{\underline{\mathbf{7}}}$

참고 자연수 또는 다항식에서 A를 B로 나눌 때 몫을 Q, 나머지를 R이라고 하면 $A=B\cdot Q+R$로 나타낼 수 있다.

주의 다항식의 나눗셈은 자연수의 나눗셈과 다르게 나머지 $R<0$인 경우도 있다.

[줄기5-2] 조립제법을 이용하여 다음 나눗셈의 몫과 나머지를 구하여라.

$$(x^4+x^3-2x+1)\div(x-3)$$

뿌리 5-4 조립제법을 이용한 다항식의 나눗셈 (2)

조립제법을 이용하여 다음 나눗셈의 몫과 나머지를 구하여라.

1) $(2x^3-6x^2+8x-3)\div(2x-4)$　　2) $(3x^4+8x^3+5x-1)\div(3x-1)$

3) $(8x^3-3)\div\left(\frac{1}{2}x-\frac{1}{4}\right)$

핵심 조립제법은 *일차항의 계수가 1인 일차식으로 나누는 방법이다. [p.33 3 조립제법]

풀이 1) 주어진 식은 일차항의 계수가 2인 일차식으로 나누는 경우이므로 조립제법을 이용하면 틀린다. 따라서 나누는 식의 일차항의 계수를 1로 변형한 후 조립제법을 이용해야 한다.

$2x^3-6x^2+8x-3=(2x-4)\cdot Q+R$ ⇨ 조립제법(×)

$=(x-2)\cdot 2Q+R$ ⇨ 조립제법(○)

2	2	−6	8	−3
		4	−4	8
	2	−2	4	5 ⇨ R

$2x^2-2x+4=2Q$

$\therefore Q=x^2-x+2, R=5$　$\therefore$ **몫 : x^2-x+2, 나머지 : 5**

2) 주어진 식은 일차항의 계수가 3인 일차식으로 나누는 경우이므로 조립제법을 이용하면 틀린다.

$3x^4+8x^3+5x-1=(3x-1)\cdot Q+R$ ⇨ 조립제법(×)

$=\left(x-\frac{1}{3}\right)\cdot 3Q+R$ ⇨ 조립제법(○)

$\frac{1}{3}$	3	8	0	5	−1
		1	3	1	2
	3	9	3	6	1 ⇨ R

$3x^3+9x^2+3x+6=3Q$

$\therefore Q=x^3+3x^2+x+2, R=1$　$\therefore$ **몫 : x^3+3x^2+x+2, 나머지 : 1**

3) $8x^3-3=\left(\frac{1}{2}x-\frac{1}{4}\right)\cdot Q+R$ ⇨ 조립제법(×)

$=\left(x-\frac{1}{2}\right)\cdot\frac{1}{2}Q+R$ ⇨ 조립제법(○)

$\frac{1}{2}$	8	0	0	−3
		4	2	1
	8	4	2	−2 ⇨ R

$8x^2+4x+2=\frac{1}{2}Q$

$\therefore Q=16x^2+8x+4, R=-2$　$\therefore$ **몫 : $16x^2+8x+4$, 나머지 : −2**

주의 다항식의 나눗셈은 (나머지의 차수)<(나누는 식의 차수)이므로 나머지 *$R<0$인 경우도 있다.
cf) 자연수의 나눗셈의 나머지 $R\geq 0$이다.

뿌리 5-5 조립제법의 활용 (1)

다항식 $S=2x^3+x^2-3x+2$에 대하여 다음 물음에 답하여라.

1) $S=a(x-1)^3+b(x-1)^2+c(x-1)+d$ 꼴로 변형하였을 때, 실수 a, b, c, d의 값을 구하여라.

2) 1)의 결과를 이용하여 $x=1.1$일 때의 S의 값을 구하여라.

풀이 1) $S=a(x-1)^3+b(x-1)^2+c(x-1)+d$

$=(x-1)\cdot\underbrace{\{a(x-1)^2+b(x-1)+c\}}_{Q}+d \cdots ㉠$

$Q=a(x-1)^2+b(x-1)+c$

$=(x-1)\cdot\underbrace{\{a(x-1)+b\}}_{P}+c \cdots ㉡$

$P=a(x-1)+b$

$=(x-1)\cdot \underset{\smile}{a}+b \cdots ㉢$

㉠, ㉡, ㉢은 *일차항의 계수가 1인 일차식으로 나누는 경우이다. 따라서 오른쪽 그림과 같이 조립제법을 이용하면

$a=2, b=7, c=5, d=2$

1	2	1	−3	2
		2	3	0
	2	3	0	2 ⇨ d

(2, 3, 0 : Q)

1	2	3	0
		2	5
	2	5	5 ⇨ c

(2, 5 : P)

1	2	5
		2
	2	7 ⇨ b

(2 : a)

(익히는 방법)

$x-\alpha$에 대한 내림차순으로 정리하는 문제는 조립제법을 연속 시행하는 문제임을 기억하자.

1st 몫이 상수가 될 때까지 조립제법을 연속 시행한다.

2nd 몫이 상수가 되면 조립제법을 종료한다.

3rd 상수인 몫부터 각각의 나머지들이 순서대로 $x-\alpha$에 대한 내림차순으로 정리한 것의 계수가 된다.

1	2	1	−3	2
		2	3	0
1	2	3	0	2 ⇨ d
		2	5	
1	2	5	5 ⇨ c	
		2		
	2	7 ⇨ b		

⇩ a (몫이 상수)

따라서

$2x^3+x^2-3x+2$

$=a(x-1)^3+b(x-1)^2+c(x-1)+d$

$=2(x-1)^3+7(x-1)^2+5(x-1)+2$

2) $S=2(x-1)^3+7(x-1)^2+5(x-1)+2$에 $x=1.1$을 대입하면

$S=2\cdot(1.1-1)^3+7\cdot(1.1-1)^2+5\cdot(1.1-1)+2$

$=2\cdot(0.1)^3+7\cdot(0.1)^2+5\cdot(0.1)+2=0.002+0.07+0.5+2=\mathbf{2.572}$

[줄기 5-3] 다항식 $f(x)=x^3-2x^2+6x-7$에 대하여 다음 물음에 답하여라.

1) $f(x)$를 $x-1$에 대한 내림차순으로 정리하여라.

2) 1)의 결과를 이용하여 $f(1.1)$의 값을 구하여라.

뿌리 5-6 조립제법의 활용 (2)

다항식 $f(x)=x^4-6x^3+x+8$일 때, $f(x)$를 $x-1$에 대한 내림차순으로 정리하여라.

풀이 $f(x)$는 4차식이므로 $x-1$에 대한 내림차순으로 정리하면

$f(x)=a(x-1)^4+b(x-1)^3+c(x-1)^2+d(x-1)+e$

$$\begin{array}{c|ccccc}
1 & 1 & -6 & 0 & 1 & 8 \\
 & & 1 & -5 & -5 & -4 \\ \hline
1 & 1 & -5 & -5 & -4 & \boxed{4} \Rightarrow e \\
 & & 1 & -4 & -9 & \\ \hline
1 & 1 & -4 & -9 & \boxed{-13} \Rightarrow d & \\
 & & 1 & -3 & & \\ \hline
1 & 1 & -3 & \boxed{-12} \Rightarrow c & & \\
 & & 1 & & & \\ \hline
 & 1 & \boxed{-2} \Rightarrow b & & & \\
 & \Downarrow & & & & \\
 & a & & & &
\end{array}$$

$\therefore a=1,\ b=-2,\ c=-12,\ d=-13,\ e=4$

$\therefore \boldsymbol{f(x)=(x-1)^4-2(x-1)^3-12(x-1)^2-13(x-1)+4}$

[줄기5-4] 다항식 $x^4-2x^3-5x^2+8x+6$을 $a(x-2)^4+b(x-2)^3+c(x-2)^2+d(x-2)+e$ 꼴로 나타내었을 때, 다항식 bx^3-cx^2-dx+e를 $2x-1$로 나누었을 때의 몫과 나머지를 구하여라. (단, a, b, c, d, e는 상수)

뿌리 5-7 조립제법의 활용 (3)

다항식 $2x^3-8x-1$을 $a(x+2)^3+b(x+2)^2+c(x+2)+d$ 꼴로 나타내었을 때, 상수 a, b, c, d의 값을 구하여라.

풀이

$$\begin{array}{c|cccc}
-2 & 2 & 0 & -8 & -1 \\
 & & -4 & 8 & 0 \\ \hline
-2 & 2 & -4 & 0 & \boxed{-1} \Rightarrow d \\
 & & -4 & 16 & \\ \hline
-2 & 2 & -8 & \boxed{16} \Rightarrow c & \\
 & & -4 & & \\ \hline
 & 2 & \boxed{-12} \Rightarrow b & & \\
 & \Downarrow & & & \\
 & a & & &
\end{array}$$

$\therefore \boldsymbol{a=2,\ b=-12,\ c=16,\ d=-1}$

1 다항식의 연산

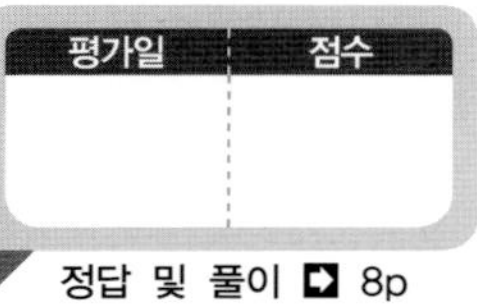

정답 및 풀이 8p

잎 1-1

다항식 $(x-1)(x+1)(x^2+1)(x^4+1)+1$을 간단히 하여라.

잎 1-2

다음 물음에 답하여라.

1) $a=1+\sqrt{2}$, $b=-1+\sqrt{2}$일 때, a^3+b^3의 값을 구하여라.

2) $a=1+\sqrt{2}$, $b=-1+\sqrt{2}$일 때, a^3-b^3의 값을 구하여라.

3) $a=1-\sqrt{2}+\sqrt{3}$, $b=1+\sqrt{2}-\sqrt{3}$일 때, a^3+b^3의 값을 구하여라.

잎 1-3

다음 물음에 답하여라.

1) $(3+2)(3^2+2^2)(3^4+2^4)(3^8+2^8)$을 간단히 하여라.

2) $(6+1)(6^2+1)(6^4+1)(6^8+1)(6^{16}+1)$을 간단히 하여라.

잎 1-4

세 실수 a, b, c에 대하여 $a+b+c=0$, $a^2+b^2+c^2=5$일 때, $a^2b^2+b^2c^2+c^2a^2=\dfrac{q}{p}$이다. p, q의 값을 구하여라. (단, p, q는 서로소인 자연수이다.) [교육청 기출]

잎 1-5

$(2x^2+x-4)^3(3x^2-2)^2$을 전개했을 때 계수들의 총합을 구하여라.

• 잎 1-6

$(1+2x+3x^2+\cdots+100x^{99})^2$의 전개식에서 x^5의 계수를 구하여라.

• 잎 1-7

두 양수 x, y에 대하여 $x^2=2+\sqrt{3}$, $y^2=2-\sqrt{3}$일 때, $\dfrac{x^2}{y}+\dfrac{y^2}{x}$의 값을 구하여라.

• 잎 1-8

$x^2-x-1=0$일 때, $x^3+\dfrac{1}{x^3}$의 값을 구하여라.

• 잎 1-9

$x^2+\dfrac{1}{x^2}=3$일 때, $x^3-\dfrac{1}{x^3}$의 값을 구하여라.

• 잎 1-10

$x-y+z=2$, $xy+yz-zx=3$, $xyz=-4$일 때, $x^3-y^3+z^3$의 값을 구하여라.

• 잎 1-11

모든 실수 x에 대하여 등식 $3x^2+x-2=a(x-1)^2+b(x-1)+c$가 성립할 때, 상수 a, b, c의 값을 구하여라. [교육청 기출]

– p.27 뿌리 4–4)의 더 빠른 풀이 방법도 꼭 알아두자! –

뿌리 4–4 $(a+b)(b+c)(c+a)$인 윤환의 꼴의 값을 쉽게 계산하는 요령

$a+b+c=2$, $ab+bc+ca=3$, $abc=4$일 때, $(a+b)(b+c)(c+a)$의 값을 구하여라.

핵심 $(a+b)(b+c)(c+a)=(a+b+c)(ab+bc+ca)-abc$

(익히는 방법)
$(a+b)(b+c)(c+a)=$(모두 합)·(곱의 합)−(모두 곱)

증명 *$a+b+c=x$라 하면 $a+b=x-c$, $b+c=x-a$, $c+a=x-b$이므로

$$\begin{aligned}(a+b)(b+c)(c+a)&=(x-c)(x-a)(x-b)=\{x+(-a)\}\{x+(-b)\}\{x+(-c)\}\\&=x^3+\{(-a)+(-b)+(-c)\}\cdot x^2\\&\quad+\{(-a)(-b)+(-b)(-c)+(-c)(-a)\}\cdot x+(-a)(-b)(-c)\\&=x^3-(a+b+c)x^2+(ab+bc+ca)x-abc \cdots ㉠\end{aligned}$$

$x=a+b+c$이므로 이것을 ㉠에 대입하면

$$\begin{aligned}&=(a+b+c)^3-(a+b+c)^3+(ab+bc+ca)(a+b+c)-abc\\&=(a+b+c)(ab+bc+ca)-abc\end{aligned}$$

풀이 $(a+b)(b+c)(c+a)=(a+b+c)(ab+bc+ca)-abc$
$=2\cdot3-4=$**2**

열매 4–1 $(a+b)(b+c)(c+a)$인 윤환의 꼴의 값을 쉽게 계산하는 요령

$x+2y+3z=1$, $2xy+6yz+3zx=0$, $6xyz=5$일 때, $(x+2y)(2y+3z)(3z+x)$의 값을 구하여라.

풀이 $(x+2y)(2y+3z)(3z+x)$ ⇨ 윤환의 꼴
=(모두 합)·(곱의 합)−(모두 곱)
$=(x+2y+3z)(x\cdot2y+2y\cdot3z+3z\cdot x)-x\cdot2y\cdot3z$
$=(x+2y+3z)(2xy+6yz+3zx)-6xyz=1\cdot0-5=$**−5**

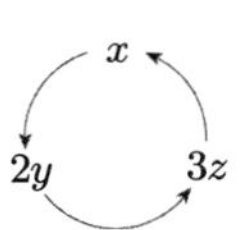

열매 4–2 $(a+b)(b+c)(c+a)$인 윤환의 꼴의 값을 쉽게 계산하는 요령

$x+2y+3z=1$, $2xy+6yz+3zx=0$, $xyz=5$일 때, $(x+2y)(2y+3z)(3z+x)$의 값을 구하여라.

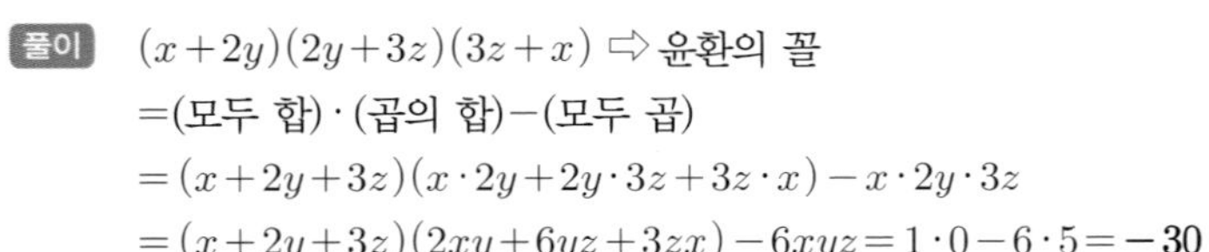

풀이 $(x+2y)(2y+3z)(3z+x)$ ⇨ 윤환의 꼴
=(모두 합)·(곱의 합)−(모두 곱)
$=(x+2y+3z)(x\cdot2y+2y\cdot3z+3z\cdot x)-x\cdot2y\cdot3z$
$=(x+2y+3z)(2xy+6yz+3zx)-6xyz=1\cdot0-6\cdot5=$**−30**

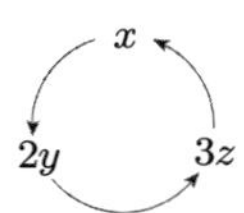

2. 항등식과 나머지정리

01 항등식

1 등식

2 방정식

3 항등식

4 x에 대한 항등식임을 알려주는 표현들

5 항등식의 성질

02 미정계수법과 다항식의 나눗셈의 성질

1 미정계수법

2 변수가 2개 이상인 항등식에서도 항등식의 성질은 성립한다.

3 다항식의 나눗셈과 항등식

4 다항식의 나눗셈의 나머지

03 나머지정리와 인수정리

1 다항식의 나눗셈의 나머지

2 나머지정리

3 인수분해

4 인수

5 인수정리

연습문제

01 항등식

1 등식 (등호 '='가 있는 식)

둘 이상의 수나 식의 값이 서로 같다는 것을 등호(=)로 나타낸 식을 **등식**이라 한다.
※ 항등식과 방정식이 등식에 속한다.

2 방정식 (특정한 값에만 성립하는 등식)

변수를 포함하는 등식으로 변수의 값에 따라 참 또는 거짓이 되는 식을 그 변수에 대한 **방정식**이라 한다. 이때, 등식을 성립시키는 특정한 값을 방정식의 **근** 또는 **해**라 하고, 근을 구하는 것을 '**방정식을 푼다**'고 한다.
ex) $2x+1=3$ ⇨ 변수 x에 1을 대입할 때만 등식이 성립한다. ∴ 방정식

참고 1) 변수 ※ 변(變): 변할 변, 수(數): 수 수
변수란 값이 특정 지어지지 않아 임의의 값을 가질 수 있는 문자를 뜻한다.
2) 상수 ※ 상(常): 항상 상, 수(數): 수 수
상수란 수식에서 변하지 않는 값을 뜻한다. 즉, 변수와 반대되는 개념이다.

3 항등식 (모든 값에 대하여 항상 성립하는 등식)

변수를 포함하는 등식으로 변수에 임의의 값을 대입하여도 항상 성립하는 등식을 그 변수에 대한 **항등식**이라 한다.
ex) $2x+1=2x+1$ ⇨ 변수 x에 어떤 값을 대입하여도 등식이 성립한다. ∴ 항등식

주의 $3=3$은 변수를 포함하지 않았으므로 항등식이라 하지 않고 참인 등식이라 한다.
$3=5$는 거짓인 등식이라 한다.

암기 변수를 포함하는 등식 { 방정식 : 특정한 값에만 성립하는 등식 / 항등식 : 모든 값에 대하여 항상 성립하는 등식 }

씨앗. 1 다음 중 x에 대한 항등식인 것을 골라라.

① $3x+1$　② $2x-3<7$　③ $4x=x+6$
④ $1-2x=-2x+1$　⑤ $2x+4x=6x+3$　⑥ $3\times2-1=5$

풀이 ① 다항식　② 부등식　③ $3x-6=0$ ∴ $x=2$ ∴ 방정식
④ $1-2x+2x-1=0$ ∴ $0\cdot x-0=0$ ∴ 항등식
⑤ $2x+4x-6x-3=0$ ∴ $0\cdot x-3\neq0$ ∴ 항상 거짓인 등식
⑥ $3\times2-1=5$는 변수를 포함하지 않았으므로 항등식이라 하지 않고 참인 등식이라 한다.

정답 ④

4 x에 대한 항등식임을 알려주는 표현들

다음 표현이 있는 등식은 모두 x에 대한 항등식임을 나타낸다.

1) **모든** x에 대하여 성립할 때,
2) **임의의** x에 대하여 성립할 때,
3) x**의 값에 관계없이** 항상 성립할 때,
4) **어떤** x**의 값**에 대하여도 성립할 때,
5) x**에 대하여 항상 성립**할 때,

5 항등식의 성질

항등식에서는 다음과 같은 성질이 성립한다.

1) $ax+b=0$이 x에 대한 항등식이면 $a=0$, $b=0$이다.
2) $ax+b=a'x+b'$이 x에 대한 항등식이면 $a=a'$, $b=b'$이다.
3) $ax^2+bx+c=0$이 x에 대한 항등식이면 $a=0$, $b=0$, $c=0$이다.
4) $ax^2+bx+c=a'x^2+b'x+c'$이 x에 대한 항등식이면 $a=a'$, $b=b'$, $c=c'$이다.

증명 1) i) $ax+b=0$이 x에 대한 항등식이면 x에 어떤 값을 대입하여도 성립한다.
$x=-1$, $x=1$일 때도 이 등식이 성립하므로
$x=-1$일 때, $a\cdot(-1)+b=0 \quad \therefore -a+b=0 \cdots$ ㉠
$x=1$일 때, $a\cdot 1+b=0 \quad \therefore a+b=0 \cdots$ ㉡
㉠, ㉡을 연립하여 풀면 $a=0$, $b=0$
$\therefore ax+b=0$이 항등식이면 $a=0$, $b=0$이다.
ii) 역으로 $a=0$, $b=0$이면 이 등식은 $0\cdot x+0=0$이 되므로 모든 x의 값에 대하여 성립한다.
$\therefore a=0$, $b=0$이면 $ax+b=0$은 항등식이다.
따라서 i), ii)에 의하여 $ax+b=0$이 x에 대한 항등식이기 위한 조건 $a=0$, $b=0$이다.

2) $ax+b=a'x+b'$에서
$(a-a')x+(b-b')=0$
이 식이 x에 대한 항등식이면 1)에 의하여
$a-a'=0$, $b-b'=0 \quad \therefore a=a'$, $b=b'$
따라서 $ax+b=a'x+b'$가 x에 대한 항등식이 될 조건은 $a=a'$, $b=b'$
ex) $3x-2=3x-2$, $-5x+1=-5x+1, \cdots$

3) 1)번과 같은 방법으로 증명한다.

4) 2)번과 같은 방법으로 증명한다.

참고 수학에서는 어떤 내용이 $99.99\cdots 9\%$가 옳다하더라도 $0.00\cdots 1\%$가 만족하지 않으면 그 내용을 틀린 것으로 간주한다. 즉 수학에서는 100% 만족할 때 옳다고 한다.
따라서 [반례]가 참, 거짓을 판별하는 데 유용하다.
⇨ 반례가 1개만 있어도 그 내용을 틀린 것으로 간주한다.

뿌리 1-1 항등식의 정의

다음 등식 중 x에 대한 항등식인 것을 모두 골라라.

① $-2x+3=2x-3$ ② $x^3=1$

③ $7=5+2$ ④ $x(x+2)-3=x^2+2x-3$

⑤ $x(x+2)-3-x^2-2x+3=0$

핵심 항등식은 변수에 어떤 값을 대입해도 항상 성립한다.

참고 수학에서 어떤 내용에 반례가 1개만 있어도 그 내용을 틀린 것으로 간주한다. [p.43 참고]

풀이 ① [반례] $x=0$일 때, $-2\cdot0+3\neq2\cdot0-3$

② [반례] $x=0$일 때, $0\neq1$

③ $7=5+2$는 변수를 포함하지 않았으므로 항등식이라 하지 않고 참인 등식이라 한다.

④ 주어진 등식의 좌변을 전개하면 x^2+2x-3이므로 좌변과 우변이 같다. 따라서 이 등식은 x에 어떤 값을 대입해도 항상 성립하므로 항등식이다.

⑤ $x^2+2x-3-x^2-2x+3=0$, 즉 $0\cdot x^2+0\cdot x+0=0$이 되므로 이 등식은 x에 어떤 값을 대입해도 항상 성립한다. ※ 주어진 등식은 ④번의 우변을 좌변으로 이항한 것이다.

정답 ④, ⑤

뿌리 1-2 항등식의 성질

다음 물음에 답하여라.

1) 등식 $(a+2)x^2-(b-3)x+1-c=0$이 x에 대한 항등식일 때, 상수 a, b, c의 값을 구하여라.

2) 임의의 실수 x에 대하여 등식 $ax^2-3x-c=4x^2-(1-b)x+2$가 항상 성립할 때, 상수 a, b, c의 값을 구하여라.

핵심 1) $px^2+qx+r=0$이 x에 대한 항등식이 되기 위한 조건
⇨ $p=0,\ q=0,\ r=0$
2) $px^2+qx+r=p'x^2+q'x+r'$이 x에 대한 항등식이 되기 위한 조건
⇨ $p=p',\ q=q',\ r=r'$

풀이 1) $(a+2)x^2-(b-3)x+1-c=0$이 x에 대한 항등식이므로

$a+2=0,\ -(b-3)=0,\ 1-c=0$

$\therefore\ \boldsymbol{a=-2,\ b=3,\ c=1}$

2) $ax^2-3x-c=4x^2-(1-b)x+2$가 x에 대한 항등식이므로

$a=4,\ -3=-(1-b),\ -c=2$

$\therefore\ \boldsymbol{a=4,\ b=-2,\ c=-2}$

참고 임의의 x에 대하여 항상 성립하는 등식은 항등식이다.

02 미정계수법과 다항식의 나눗셈의 성질

1 미정계수법 (미정인 계수를 정하는 방법)

항등식의 성질과 뜻을 이용하여 주어진 등식에서 미지의 계수를 정하는 방법을 **미정계수법**이라 하고, 그 방법으로는 다음의 두 가지가 있다.

1) **계수비교법** (계수를 비교하는 방법)

항등식의 양변에 있는 **동류항의 계수는 서로 같다**는 항등식의 성질을 이용하여 미정계수를 구하는 방법이다.

ex) 등식 $ax^2+bx+c=a'x^2+b'x+c'$ 이 x에 대한 항등식이면 $a=a'$, $b=b'$, $c=c'$ 이다.

참고 상수항은 x^0의 계수이다. 따라서 상수항도 계수비교에 포함된다.

2) **수치대입법** (수를 대입하는 방법)

항등식은 변수에 **어떤 수를 대입하여도 항상 성립한다**라는 항등식의 뜻을 이용하여 미정계수를 구하는 방법이다.

팁 특히 0이 되는 부분이 생기게 하는 숫자를 변수에 제일 먼저 대입한다.

주의 미정계수법(계수비교법, 수치대입법)은 항등식일 때만 이용할 수 있다.
즉, 방정식일 때는 이용할 수 없다.

씨앗. 1 등식 $a(x-1)+b=2x+3$이 x에 대한 항등식이 되도록 상수 a, b의 값을 정하여라.

풀이 [계수비교법]

좌변을 전개하여 정리하면

$ax-a+b=2x+3$

양변의 동류항의 계수를 비교하면

$a=2, -a+b=3$

$\therefore$ $\boldsymbol{a=2, b=5}$

[수치대입법]

양변에 $x=1$을 대입하면

$a(1-1)+b=2\cdot1+3$ $\quad\therefore$ $\boldsymbol{b=5}$

양변에 $x=2$를 대입하면

$a(2-1)+b=2\cdot2+3$

$a+b=7$ $\quad\therefore$ $\boldsymbol{a=2}$ $(\because b=5)$

2 변수가 2개 이상인 항등식에서도 항등식의 성질이 성립한다.

항등식에서는 다음과 같은 성질이 성립한다.

1) $ax+by=0$이 x, y에 대한 항등식이면 $a=0, b=0$이다.
2) $ax+by+c=0$이 x, y에 대한 항등식이면 $a=0, b=0, c=0$이다.
3) $ax+by+cz=0$이 x, y, z에 대한 항등식이면 $a=0, b=0, c=0$이다.
4) $ax+by+cz+d=0$이 x, y, z에 대한 항등식이면 $a=0, b=0, c=0, d=0$이다.

증명 5 항등식의 성질에 있는 증명으로 갈음한다. [p.43]

뿌리 2-1 항등식과 미정계수법

다음 등식이 모든 x에 대하여 항상 성립할 때, 상수 a, b, c의 값을 구하여라.

1) $7x^2-2x=ax^2+bx+c$　　2) $a(x-1)(x+2)+b(x-1)+c=2x^2$

풀이 1) [계수비교법] ⇨ 상수항은 x^0의 계수이다. 따라서 상수항도 계수비교에 포함된다. [p.45 참고]

$7x^2-2x+0=ax^2+bx+c$　$\therefore$ **$a=7$, $b=-2$, $c=0$**

2) [수치대입법] ⇨ 0이 되는 부분이 생기게 하는 숫자를 변수에 제일 먼저 대입한다. [p.45 팁]

i) 양변에 $x=1$을 대입하면 $a(1-1)(1+2)+b(1-1)+c=2\cdot1^2$　$\therefore$ **$c=2$**

ii) 양변에 $x=-2$를 대입하면 $a(-2-1)(-2+2)+b(-2-1)+c=2\cdot(-2)^2$

$-3b+c=8$　$\therefore$ **$b=-2$** ($\because c=2$)

iii) 양변에 $x=0$을 대입하면 $a(0-1)(0+2)+b(0-1)+c=2\cdot0$

$-2a-b+c=0$　$\therefore$ **$a=2$** ($\because b=-2, c=2$)

참고 모든 x에 대하여 성립할 때 ⇨ x에 대한 항등식임을 알려주는 표현이다.

[줄기2-1] 임의의 x에 대하여 등식 $a(x+1)+b(x-1)=3x+5$가 항상 성립할 때, 상수 a, b의 값을 구하여라.

뿌리 2-2 여러 가지 항등식 (1)

등식 $ax-kx+2a+k+3=0$이 a의 값에 관계없이 항상 성립할 때, 상수 k, x의 값을 구하여라.

핵심 a의 값에 관계없이 성립할 때 ⇨ a에 대한 항등식임을 알려주는 표현이다.
$\therefore$ a에 대하여 정리한다. 즉, $(\quad)a+(\quad)=0$ 꼴로 정리한다.

풀이 $(x+2)a+(-kx+k+3)=0$

이 등식이 a에 대한 항등식이므로

$x+2=0,\ -kx+k+3=0$

두 식을 연립하여 풀면

$x=-2$, $k=-1$

[줄기2-2] 다음 물음에 답하여라.

1) 등식 $ax-kx+2a+k+3=0$이 임의의 x에 대하여 항상 성립할 때, 상수 a, k의 값을 구하여라.

2) 등식 $ax-kx+2a+k+3=0$이 어떤 k의 값에 대하여도 성립할 때, 상수 a, x의 값을 구하여라.

3) 등식 $ax-kx+ay+k-a+3y=0$이 모든 실수 x, y에 대하여 성립할 때, 상수 a, k의 값을 구하여라.

뿌리 2-3 여러 가지 항등식 (2)

$\frac{4x+2a}{2x+1}$가 x의 값에 관계없이 항상 일정한 값을 가질 때, 상수 a의 값을 구하여라.

풀이 $\frac{4x+2a}{2x+1}=k$ (k는 일정, 즉 k는 상수)로 놓으면 $4x+2a=k(2x+1)$ ⋯ ㉠
x의 값에 관계없이 항상 ∼ ⇨ x에 대한 항등식임을 알려주는 표현이므로
㉠의 등식을 x에 대하여 정리한다. 즉, $(\quad)x+(\quad)=0$ 꼴로 정리하면
$(4-2k)x+(2a-k)=0$
이 등식이 x에 대한 항등식이므로
$4-2k=0,\ 2a-k=0 \quad \therefore k=2,\ \boldsymbol{a=1}$

참고 x의 값에 관계없이 ∼ ⇨ x에 대한 항등식임을 알려주는 표현이다.

[줄기2-3] $\frac{x+2ay+b}{2x+y+1}$가 x, y의 값에 관계없이 항상 일정한 값을 갖도록 하는 상수 a, b의 값을 구하여라.

[줄기2-4] 등식 $\frac{x+5}{(x-1)(x+2)}=\frac{a}{x-1}+\frac{b}{x+2}$가 모든 실수 x에 대하여 성립하도록 하는 상수 a, b의 값을 구하여라.

뿌리 2-4 여러 가지 항등식 (3)

다항식 $f(x)$에 대하여 $x^7+ax^5+b=(x+1)(x-1)f(x)+2x+3$이 x의 값에 관계없이 항상 성립할 때, 상수 a, b의 값을 구하여라.

풀이 [수치대입법]
i) 양변에 $x=-1$을 대입하면
$(-1)^7+a(-1)^5+b=(-1+1)(-1-1)f(-1)+2\cdot(-1)+3$
$-1-a+b=0-2+3 \quad \therefore -a+b=2$ ⋯ ㉠
ii) 양변에 $x=1$을 대입하면
$1^7+a\cdot 1^5+b=(1+1)(1-1)f(1)+2\cdot 1+3$
$1+a+b=0+2+3 \quad \therefore a+b=4$ ⋯ ㉡
㉠, ㉡을 연립하여 풀면 $\boldsymbol{a=1,\ b=3}$

참고 x의 값에 관계없이 성립할 때 ⇨ x에 대한 항등식임을 알려주는 표현이다.

[줄기2-5] 다항식 $f(x)=ax^2+bx$에 대하여 x의 값에 관계없이 $f(x+1)-f(x)=x$가 항상 성립할 때, 상수 a, b의 값을 구하여라.

3 다항식의 나눗셈과 항등식 ⇨ ⋆다항식의 나눗셈은 항등식이다.

다항식 $f(x)$를 다항식 $g(x)$로 나눌 때, 몫을 $Q(x)$, 나머지를 $R(x)$라고 하면

$\boldsymbol{f(x)=g(x)\underbrace{Q(x)}_{\text{몫}}+\underbrace{R(x)}_{\text{나머지}}}$ ⇨ 항등식 ~~방정식~~

(단, $R(x)$의 차수 $<g(x)$의 차수 p.31)

특히, $R(x)=0$이면 $f(x)$는 $g(x)$로 나누어떨어진다고 한다.

※ Q는 Quotient (몫), R은 Remainder (나머지)의 첫 글자를 이용했다.

ex) $2x^2+4x+3=2x\underbrace{(x+2)}_{\text{몫}}+\underbrace{3}_{\text{나머지}}$ ⇨ 항등식이다. ($\because 2x^2+4x+3=2x\cdot x+2x\cdot 2+3$)

$3x^2-x=(3x-1)\underbrace{x}_{\text{몫}}$ ⇨ 항등식이다. ($\because 3x^2-x=3x\cdot x-1\cdot x$)

⋆ 다항식의 나눗셈은 항등식이다.

익히는 방법

⋆(다항식) = (나누는 식)·(몫) + (나머지) ⇨ 이렇게 항등식을 만들면 대부분의 문제는 해결된다.

뿌리 2-5 다항식의 나눗셈과 항등식 (1)

다항식 x^3+ax^2+bx+4를 x^2-3x+2로 나누었을 때의 나머지가 $3x+2$가 되도록 하는 상수 a, b의 값을 구하여라.

풀이 x^3+ax^2+bx+4를 x^2-3x+2로 나누었을 때의 몫을 $Q(x)$라 하면 나머지가 $3x+2$이므로

$x^3+ax^2+bx+4=(x^2-3x+2)Q(x)+3x+2$

$=(x-1)(x-2)Q(x)+3x+2$

이 등식은 x에 대한 항등식이므로

i) 양변에 $x=1$을 대입하면

$1+a+b+4=(1-1)(1-2)Q(1)+3\cdot 1+2$

$a+b+5=0+3+2 \quad \therefore a+b=0 \cdots ㉠$

ii) 양변에 $x=2$를 대입하면

$8+4a+2b+4=(2-1)(2-2)Q(2)+3\cdot 2+2$

$4a+2b+12=0+6+2 \quad \therefore 2a+b=-2 \cdots ㉡$

㉠, ㉡을 연립하여 풀면 $\boldsymbol{a=-2,\ b=2}$

참고 (다항식) = (나누는 식)·(몫) + (나머지) 이렇게 항등식을 만들면 대부분의 문제는 해결된다.

[줄기 2-6] 다항식 x^3+x^2+px+q가 x^2-x-2로 나누어떨어질 때, 상수 p, q의 값을 구하여라.

뿌리 2-6 다항식의 나눗셈과 항등식 (2)

다항식 x^3+ax^2+bx-3을 x^2-x+1로 나누었을 때, 나누어떨어지도록 상수 a, b의 값을 구하여라.

방법 I x^3+ax^2+bx-3을 x^2-x+1로 나누었을 때의 몫을 $Q(x)$라 하면 나머지가 0이므로
$x^3+ax^2+bx-3=(x^2-x+1)Q(x)$ ⇨ 수치대입법으로는 답을 못 구함. ㅠㅠ

방법 II 직접 나눗셈을 하여 나머지가 0인 것을 이용한다. 즉,

$$\begin{array}{r}
x+(a+1) \\
x^2-x+1\overline{)\,x^3+ax^2+bx-3} \\
x^3-x^2+x \\
\hline
(a+1)x^2+(b-1)x-3 \\
(a+1)x^2-(a+1)x+(a+1) \\
\hline
(b+a)x+(-4-a)
\end{array}$$

$(b+a)x+(-4-a)=0$
이 등식은 x에 대한 항등식이므로
$b+a=0, -4-a=0$
$\therefore$ **$a=-4, b=4$**

방법 III 「중요」 x^3+ax^2+bx-3을 x^2-x+1로 나누었을 때의 몫을 $x+q$(q는 상수)라 하면 나머지가 0이므로

삼차식을 이차식으로 나누면 몫은 일차식이 되고, 나누어지는 다항식과 나누는 다항식의 최고차항의 계수가 모두 1이므로 몫의 최고차항의 계수도 1이 된다. $\therefore$ 몫을 $x+q$(q는 상수)로 놓는다.

$x^3+ax^2+bx-3=(x^2-x+1)(x+q)$
$\qquad=x^3+(q-1)x^2+(-q+1)x+q$
이 등식은 x에 대한 항등식이므로 양변의 동류항의 계수를 비교하면
$a=q-1, b=-q+1, -3=q \quad \therefore q=-3,$ **$a=-4, b=4$**

참고 나누어떨어질 때 ⇨ 나머지가 0이다.

[줄기 2-7] 다항식 x^3+ax^2+bx-3을 x^2-x+1로 나누었을 때의 나머지가 $3x+2$가 되도록 하는 상수 a, b의 값을 구하여라.

4 다항식의 나눗셈의 나머지 ⇨ ★(나머지의 차수) < (나누는 식의 차수)

다항식의 나눗셈에서 **나머지의 차수는 나누는 식의 차수보다 항상 낮다.**
예를 들면 주어진 다항식을 이차식으로 나누었을 때의 나머지는 일차식 또는 상수이다. 따라서 이때는 나머지를 $ax+b$ (a, b는 상수)로 놓은 다음 항등식의 성질을 이용하여 a, b의 값을 구한다.
1) 일차식으로 나누었을 때, 나머지를 상수 R로 놓는다.
2) 이차식으로 나누었을 때, 나머지를 $ax+b$ (a, b는 상수)로 놓는다.
3) 삼차식으로 나누었을 때, 나머지를 ax^2+bx+c (a, b, c는 상수)로 놓는다.
⇨ n차식으로 나누었을 때, 나머지를 $(n-1)$차식 꼴로 놓는다.

뿌리 2-7 다항식의 나머지 구하기 (1)

다항식 $x^{103}+1$을 x^2-1로 나누었을 때의 나머지를 구하여라.

핵심 다항식의 나눗셈에서 나머지의 차수는 나누는 식의 차수보다 항상 낮다.
따라서 이차식으로 나누었을 때는 나머지를 $ax+b$ (a, b는 상수)로 놓는다.

풀이 $x^{103}+1$을 x^2-1로 나누었을 때의 몫을 $Q(x)$, 나머지를 $ax+b$ (a, b는 상수)라 하면

$x^{103}+1=(x^2-1)Q(x)+ax+b$
$\quad=(x-1)(x+1)Q(x)+ax+b$

이 등식은 x에 대한 항등식이므로

i) 양변에 $x=1$을 대입하면 $1+1=0+a+b$ $\quad\therefore a+b=2 \cdots$ ㉠

ii) 양변에 $x=-1$을 대입하면 $-1+1=0-a+b$ $\quad\therefore -a+b=0 \cdots$ ㉡

㉠, ㉡을 연립하여 풀면 $a=1, b=1$ $\quad\therefore$ 나머지는 $\boldsymbol{x+1}$

[줄기 2-8] 다항식 $x^{54}-x^{35}+2$를 $x(x-1)(x+1)$로 나누었을 때의 나머지를 구하여라.

뿌리 2-8 다항식의 나머지 구하기 (2)

다항식 $x^4-3x^3-2x^2+x-3$을 x^2-x+a로 나누었을 때의 몫이 x^2-2x-1이다. 이때, 나머지를 구하여라.

풀이 $x^4-3x^3-2x^2+x-3$을 x^2-x+a로 나누었을 때의 몫은 x^2-2x-1이다.
이때, 나머지를 $mx+n$ (m, n은 상수)이라 하면

$x^4-3x^3-2x^2+x-3=(x^2-x+a)(x^2-2x-1)+mx+n$
$\quad=x^4+(-2-1)x^3+(-1+2+a)x^2+(1-2a+m)x-a+n$

이 등식은 x에 대한 항등식이므로 양변의 동류항의 계수를 비교하면

$-2=-1+2+a,\ 1=1-2a+m,\ -3=-a+n$

이 세 식을 연립하여 풀면 $a=-3, m=-6, n=-6$

따라서 구하는 나머지 $mx+n$은 $\boldsymbol{-6x-6}$

주의

$x^4-3x^3-2x^2+x-3=\underset{\text{나누는 식}}{\underline{(x^2-x+a)}}\underset{\text{몫}}{\underline{(x^2-2x-1)}}+\underset{\text{나머지}}{\underline{mx+n}}$

$\quad=\underset{\text{나누는 식}}{\underline{(x^2-2x-1)}}\underset{\text{몫}}{\underline{(x^2-x+a)}}+\underset{\text{나머지}}{\underline{mx+n}}$ 으로 변형한 후 직접 나눗셈을 하여

나머지를 구하는 방식은 오류가 생길 수도 있다. 하지만 이 문제는 나누는 식과 몫의 차수가 이차식으로 같아서 이렇게 풀어도 오류가 생기지 않는다.

1) 나누는 식의 차수가 몫의 차수보다 클 때 위와 같은 방식으로 풀면 나머지에서 오류가 생길 수 있다. 그 이유는 아래의 자연수의 나눗셈의 예로 갈음한다.
예) $41=\underset{\text{나누는 수}}{\underline{9}}\cdot\underset{\text{몫}}{\underline{4}}+\underset{\text{나머지}}{\underline{5}}$ ⇨ $41=\underset{\text{나누는 수}}{\underline{4}}\cdot\underset{\text{몫}}{\underline{10}}+\underset{\text{나머지}}{\underline{1}}$ ⇨ 오류가 발생했다.

2) 나누는 식의 차수가 몫의 차수보다 같거나 작을 때 위와 같은 방식으로 풀면 나머지에서 오류가 생기지 않는다. 그 이유는 아래의 자연수의 나눗셈의 예로 갈음한다.
예) $43=\underset{\text{나누는 수}}{\underline{5}}\cdot\underset{\text{몫}}{\underline{8}}+\underset{\text{나머지}}{\underline{3}}$ ⇨ $43=\underset{\text{나누는 수}}{\underline{8}}\cdot\underset{\text{몫}}{\underline{5}}+\underset{\text{나머지}}{\underline{3}}$ ⇨ 오류가 발생하지 않는다.

03 나머지정리와 인수정리

1 다항식의 나눗셈의 나머지 ⇨ ★(나머지의 차수) < (나누는 식의 차수)

다항식의 나눗셈에서 나머지의 차수는 나누는 식의 차수보다 항상 낮다. [p.49 4]
따라서 다항식을 **일차식으로 나누었을 때의 나머지는 상수이다.**

2 나머지정리 (다항식을 일차식으로 나누었을 때, 나머지를 구하는 방법)

다항식을 **일차식으로 나누었을 때의 나머지**를 구하고자 할 때, 나눗셈을 직접 하지 않고 다음 성질을 이용하여 구할 수 있는데 이 성질을 **나머지정리**라 한다.

※ 다항식을 일차식으로 나누었을 때의 나머지는 상수이다.

1) 다항식 $f(x)$를 $x-\alpha$로 나누었을 때의 나머지를 상수 R이라 하면 $R=f(\alpha)$

2) 다항식 $f(x)$를 $ax+b$로 나누었을 때의 나머지를 상수 R이라 하면 $R=f\left(-\dfrac{b}{a}\right)$

증명 1) 다항식 $f(x)$를 $x-\alpha$로 나누었을 때 몫을 $Q(x)$, 나머지를 상수 R이라 하면
$f(x)=(x-\alpha)Q(x)+R$
이 등식은 x에 대한 항등식이므로 양변에 $x-\alpha=0$을 만족하는 x의 값, 즉 $x=\alpha$를 대입하면
$f(\alpha)=(\alpha-\alpha)Q(\alpha)+R,\quad f(\alpha)=0\cdot Q(\alpha)+R \qquad \therefore R=f(\alpha)$

2) 다항식 $f(x)$를 $ax+b$로 나누었을 때 몫을 $Q(x)$, 나머지를 상수 R이라 하면
$f(x)=(ax+b)Q(x)+R$
이 등식은 x에 대한 항등식이므로 양변에 $ax+b=0$을 만족하는 x의 값, 즉 $x=\dfrac{-b}{a}$를 대입하면
$f\left(\dfrac{-b}{a}\right)=(-b+b)Q\left(\dfrac{-b}{a}\right)+R,\quad f\left(\dfrac{-b}{a}\right)=0\cdot Q\left(\dfrac{-b}{a}\right)+R \qquad \therefore R=f\left(\dfrac{-b}{a}\right)$

익히는 방법
★(다항식) = (나누는 식)·(몫) + (나머지) 꼴을 만드는 게 숙달되면 나머지 정리는 저절로 체득된다.

씨앗. 1 다항식 $f(x)=x^3-16x^2+8x+1$을 다음 식으로 나누었을 때의 나머지를 구하여라.

1) $x-2$ 2) $4x+1$

핵심 (다항식) = (나누는 식)·(몫) + (나머지) 이렇게 항등식을 만드는 연습이 중요하다.
이게 숙달되면 나머지 정리는 자연스럽게 체득된다.

풀이 1) $f(x)=x^3-16x^2+8x+1$을 $x-2$로 나누었을 때의 몫을 $Q(x)$, 나머지를 상수 R이라 하면
$f(x)=(x-2)Q(x)+R$ ⇨ 이 등식은 x에 대한 항등식이다.
$f(2)=8-64+16+1=R \qquad \therefore R=-39$

2) $f(x)=x^3-16x^2+8x+1$을 $4x+1$로 나누었을 때의 몫을 $Q(x)$, 나머지를 상수 R이라 하면
$f(x)=(4x+1)Q(x)+R$ ⇨ 이 등식은 x에 대한 항등식이다.
$f\left(\dfrac{-1}{4}\right)=-\dfrac{1}{64}-1-2+1=R \qquad \therefore R=-\dfrac{129}{64}$

3 인수분해

하나의 다항식을 두 개 이상의 다항식의 곱으로 나타내는 것을 **인수분해**라 한다.
즉, 다항식을 **곱의 꼴로 나타내는 것**을 인수분해라 한다.

4 인수

하나의 다항식을 두 개 이상의 다항식의 곱으로 나타낼 때, 곱을 이루는 각각의 다항식을 본래의 것의 **인수**라 한다. 즉 다항식이 **곱의 꼴일 때, 그 곱의 구성 성분**을 인수라 한다.

5 인수정리

나머지정리에 의하여 다음과 같은 **인수정리**가 성립한다. 다항식 $f(x)$에 대하여

i) $f(x)$가 **$x-\alpha$로 나누어떨어지면** $f(x)$가 $x-\alpha$를 인수로 갖는다. $\therefore f(\alpha)=0$

ii) **$f(\alpha)=0$이면** $f(x)$가 $x-\alpha$를 인수로 갖는다. $\therefore$ **$f(x)$는 $x-\alpha$로 나누어떨어진다.**

증명 i) 다항식 $f(x)$를 $x-\alpha$로 나누어떨어질 때, 몫을 $Q(x)$라 하면 나머지가 0이므로
$f(x)=(x-\alpha)Q(x)$ $\therefore f(\alpha)=0$
ii) $f(\alpha)=0$이면 $f(x)$가 $x-\alpha$를 인수로 가지므로, 즉 $f(x)=(x-\alpha)Q(x)$ 꼴이므로
$f(x)$는 $x-\alpha$로 나누어떨어진다.

(익히는 방법)
나누어떨어질 때(나머지가 0일 때)
(다항식)=(나누는 식)·(몫) ⇨ (나누는 식)이 (다항식)의 *인수가 되므로 인수정리라 한다.

cf
- 나머지정리: 다항식을 일차식으로 나누었을 때, 나눗셈을 하지 않고 상수인 나머지를 구하는 방법이다.
- 인수정리: 다항식을 일차식으로 나누었을 때, 나머지가 0이면 그 일차식이 그 다항식의 인수이다.

씨앗. 2 다음 물음에 답하여라.

1) 다항식 $f(x)=2x^3+ax-4$가 $x-1$로 나누어떨어질 때, 상수 a의 값을 구하여라.

2) 다항식 $f(x)=x^4+ax^3-6$이 $x+1$을 인수로 가질 때, 상수 a의 값을 구하여라.

핵심 (다항식)=(나누는 식)·(몫) 이렇게 항등식을 만드는 연습이 중요하다.
이게 숙달되면 인수정리는 자연스럽게 체득된다.

풀이 1) $f(x)=2x^3+ax-4$를 $x-1$로 나누었을 때의 몫을 $Q(x)$라 하면 나머지가 0이므로
$f(x)=(x-1)Q(x)$ ⇨ 이 등식은 x에 대한 항등식이다.
$f(1)=2+a-4=0$ $\therefore \boldsymbol{a=2}$

2) $f(x)=x^4+ax^3-6$을 $x+1$로 나누었을 때의 몫을 $Q(x)$라 하면 나머지가 0이므로
$f(x)=(x+1)Q(x)$ ⇨ 이 등식은 x에 대한 항등식이다.
$f(-1)=1-a-6=0$ $\therefore \boldsymbol{a=-5}$

뿌리 3-1 나머지정리 – 일차식으로 나누는 경우

다항식 $2x^3+px^2+qx-3$은 $x+1$로 나누어떨어지고, $x-1$로 나누면 나머지가 2이다. 이때, 상수 p, q의 값을 구하여라.

풀이 $f(x)=2x^3+px^2+qx-3$이라 하면 나머지정리에 의하여
$f(-1)=0$, $f(1)=2$
$f(-1)=0$에서 $-2+p-q-3=0$ $\quad\therefore p-q=5$ ⋯ ㉠
$f(1)=2$에서 $2+p+q-3=2$ $\quad\therefore p+q=3$ ⋯ ㉡
㉠, ㉡을 연립하여 풀면 $\boldsymbol{p=4,\ q=-1}$

[줄기3-1] 다항식 $f(x)=x^3+ax^2+3x-2$를 $x+2$로 나눈 나머지와 $x+1$로 나눈 나머지가 같다. 이때, 상수 a의 값을 구하여라.

뿌리 3-2 나머지정리 – 이차식으로 나누는 경우

다항식 $f(x)$를 $x+2$로 나누면 나머지가 3이고, $x-1$로 나누면 나머지가 9이다. $f(x)$를 $(x+2)(x-1)$로 나누었을 때의 나머지를 구하여라.

핵심 다항식의 나눗셈에서 나머지의 차수는 나누는 식의 차수보다 항상 낮다.
따라서 이차식으로 나누었을 때는 나머지를 $ax+b$(a, b는 상수)로 놓는다.

풀이 $f(x)$를 $x+2$, $x-1$로 나누었을 때의 나머지가 각각 3, 9이므로 나머지정리에 의하여
$f(-2)=3$, $f(1)=9$
다항식 $f(x)$를 $(x+2)(x-1)$로 나누었을 때의 몫을 $Q(x)$, 나머지를 $ax+b$ (a, b는 상수)라 하면
$f(x)=(x+2)(x-1)Q(x)+ax+b$ ⇨ 이 등식은 x에 대한 항등식이다.
양변에 $x=-2$, $x=1$을 각각 대입하면
$f(-2)=-2a+b$ $\quad\therefore -2a+b=3$ ⋯ ㉠
$f(1)=a+b$ $\quad\therefore a+b=9$ ⋯ ㉡
㉠, ㉡을 연립하여 풀면 $a=2$, $b=7$
따라서 구하는 나머지 $ax+b$는 $\boldsymbol{2x+7}$

[줄기3-2] 다항식 $f(x)$를 x^2+2x-3으로 나누면 나머지가 $3x+2$이고, x^2+3x+2로 나누면 나머지가 3이다. $f(x)$를 x^2-1로 나누었을 때의 나머지를 구하여라.

[줄기3-3] 다항식 $f(x)$를 $x-1$, x, $x+1$로 나누었을 때의 나머지가 각각 3, 7, 13이다. $f(x)$를 $(x-1)x(x+1)$로 나누었을 때의 나머지를 구하여라.

[줄기3-4] 다항식 $f(x)$를 $x-2$로 나누었을 때의 나머지가 3이고, x로 나누었을 때의 나머지가 1이다. $(x^2-x+2)f(x)$를 x^2-2x로 나누었을 때의 나머지를 구하여라.

뿌리 3-3 나머지정리 – 삼차식으로 나누는 경우

다항식 $f(x)$를 $(x-1)^2$으로 나누었을 때의 나머지가 $2x+1$이고, $x+1$로 나누었을 때의 나머지는 7이다. $f(x)$를 $(x-1)^2(x+1)$로 나누었을 때의 나머지를 구하여라.

핵심 나머지정리는 다항식을 일차식으로 나누었을 때, 나머지를 구하는 방법이다.

풀이 i) $f(x)$를 $(x-1)^2$으로 나누었을 때의 몫을 $Q(x)$라 하면 나머지가 $2x+1$이므로

$f(x)=(x-1)^2Q(x)+2x+1 \quad \therefore f(1)=3 \cdots$㉠

ii) $f(x)$를 $x+1$로 나누었을 때의 나머지는 7이므로 나머지정리에 의하여

$f(-1)=7 \cdots$㉡

iii) $f(x)$를 $(x-1)^2(x+1)$로 나누었을 때의 몫을 $Q'(x)$, 나머지를 ax^2+bx+c (a, b, c는 상수)라 하면

$f(x)=(x-1)^2(x+1)Q'(x)+ax^2+bx+c \cdots$㉢

> $f(x)$를 $(x-1)^2$으로 나누었을 때의 나머지가 $2x+1$이므로 ㉢에서
> $(x-1)^2(x+1)Q'(x)$는 $(x-1)^2$으로 나누어떨어지므로 ax^2+bx+c를
> $(x-1)^2$으로 나누었을 때의 나머지가 $2x+1$이어야 한다.
> 즉, $ax^2+bx+c=a(x-1)^2+2x+1$이다.
> ↳ 나머지의 *문자 a, b, c를 문자 a 하나로 줄였다.

$f(x)=(x-1)^2(x+1)Q'(x)+a(x-1)^2+2x+1 \cdots$㉣

㉣의 양변에 $x=1$을 대입하면

$f(1)=2+1 \quad \therefore 2+1=3\ (\because$ ㉠$)$ ⇨ 도움이 안 된다. ㅠㅠ

㉣의 양변에 $x=-1$을 대입하면

$f(-1)=4a-2+1 \quad \therefore 4a-1=7\ (\because$ ㉡$) \quad \therefore a=2$

따라서 구하는 나머지는 ㉣에서 $\mathbf{2(x-1)^2+2x+1}=2x^2-2x+3$

참고 다항식의 나눗셈에서 나머지의 차수는 나누는 식의 차수보다 항상 낮다.
따라서 삼차식으로 나누었을 때는 나머지를 ax^2+bx+c (a, b, c는 상수)로 놓는다.

정답 $2x^2-2x+3$

[줄기3-5] 다항식 $f(x)$를 $(x-1)^2$으로 나누어떨어지고 $x-3$으로 나누었을 때의 나머지는 3이다. $f(x)$를 $(x-1)^2(x-3)$으로 나누었을 때의 나머지를 구하여라.

[줄기3-6] 다항식 $f(x)$를 $x+2$로 나누었을 때의 나머지가 21이고, x^2-x+5로 나누었을 때의 나머지가 $2x+3$이라고 한다. $f(x)$를 $(x+2)(x^2-x+5)$로 나누었을 때의 나머지를 구하여라.

뿌리 3-4 나머지정리(1)

다항식 $f(x)$를 $x+1$로 나누었을 때의 나머지가 1이다. 다항식 $(x+5)f(x+1)$을 $x+2$로 나누었을 때, 나머지를 구하여라.

풀이 $f(x)$를 $x+1$로 나누었을 때의 나머지가 1이므로 나머지정리에 의하여
$f(-1)=1$
$(x+5)f(x+1)$을 $x+2$로 나누었을 때의 나머지는 나머지정리에 의하여
$(-2+5)f(-2+1)=3f(-1)=3\cdot1=\mathbf{3}$

참고 나머지정리(다항식을 일차식으로 나누었을 때, 나눗셈을 하지 않고 나머지를 구하는 방법)
1) 다항식 $f(x)$를 $x-\alpha$로 나누었을 때, 나머지는 $f(\alpha)$이다.
2) 다항식 $f(x)$를 $ax+b$로 나누었을 때, 나머지는 $f\left(\frac{-b}{a}\right)$이다.

줄기3-7 다항식 $f(x)$를 $x+2$로 나누었을 때의 몫이 $Q(x)$, 나머지가 -4이고, 다항식 $Q(x)$를 $x-1$로 나누었을 때의 나머지가 3이다. $f(x)$를 $x-1$로 나누었을 때의 나머지를 구하여라.

줄기3-8 두 다항식 $f(x)$, $g(x)$를 $x-2$로 나누었을 때, 나머지가 각각 2, -3이다. 다항식 $2f(x)-3g(x)$를 $x-2$로 나누었을 때의 나머지를 구하여라.

뿌리 3-5 나머지정리(2)

다항식 $f(x)$를 x^2+x-6으로 나누었을 때의 나머지가 $2x-5$일 때, 다항식 $f(4x+8)$을 $2x+3$으로 나누었을 때, 나머지를 구하여라.

풀이 $f(4x+8)$을 $2x+3$으로 나누었을 때의 나머지는
$f\left(4\cdot\left(\frac{-3}{2}\right)+8\right)$, 즉 $f(2)$
$f(x)$를 x^2+x-6으로 나누었을 때의 몫을 $Q(x)$라 하면
$f(x)=(x^2+x-6)Q(x)+2x-5$
$\quad=(x+3)(x-2)Q(x)+2x-5$
양변에 $x=2$를 대입하면
$f(2)=0+2\cdot2-5=\mathbf{-1}$

뿌리 3-6 인수정리 (1)

다항식 x^3+ax^2+bx-4가 $x-2$, $x+1$로 모두 나누어떨어질 때, 상수 a, b의 값을 구하여라.

풀이 $f(x)=x^3+ax^2+bx-4$라 하면
$f(x)$가 $x-2$, $x+1$로 모두 나누어떨어지므로 $f(2)=0$, $f(-1)=0$
($\because f(x)=\star(x-2)Q(x)$, $f(x)=\star(x+1)Q'(x)$ 꼴)
$f(2)=0$에서 $8+4a+2b-4=0$ $\therefore 2a+b=-2$ ⋯㉠
$f(-1)=0$에서 $-1+a-b-4=0$ $\therefore a-b=5$ ⋯㉡
㉠, ㉡을 연립하여 풀면 $\boldsymbol{a=1, b=-4}$

참고 인수정리(다항식이 일차식으로 나누어떨어질 때, 그 일차식은 그 다항식의 인수이다.)
1) $f(x)$가 $x-\alpha$로 나누어떨어지면 $f(x)=\star(x-\alpha)Q(x)$ 꼴이므로 $f(\alpha)=0$이다.
2) $f(\alpha)=0$이면 $f(x)=\star(x-\alpha)Q(x)$ 꼴이므로 $f(x)$는 $x-\alpha$로 나누어떨어진다.

[줄기3-9] 다항식 $4x^3-3x^2+ax+b$가 x^2-1로 나누어떨어질 때, 상수 a, b의 값을 구하여라.

[줄기3-10] x에 대한 다항식 $f(x)$가 $f(3)=0$을 만족시킬 때, 다음 중 항상 $f(x^2-2x)$의 인수인 것을 모두 골라라.

① $x+1$ ② $x-4$ ③ $2x-1$ ④ x ⑤ $x-3$

뿌리 3-7 인수정리 (2)

다항식 $3x^3+9x^2+ax+b$가 $x+1$, $x-1$을 인수로 가질 때, 상수 a, b의 값을 구하여라.

핵심 인수 ⇨ 다항식을 곱의 꼴로 나타낼 때, 그 곱의 구성 성분을 인수라 한다. [p.52 4 인수]

풀이 $f(x)=3x^3+9x^2+ax+b$라 하면
$f(x)$는 $x+1$, $x-1$을 인수로 가지므로 $f(x)=\star(x+1)(x-1)Q(x)$ 꼴이다.
$\therefore f(-1)=0$, $f(1)=0$
$f(-1)=0$에서 $-3+9-a+b=0$ $\therefore -a+b=-6$ ⋯㉠
$f(1)=0$에서 $3+9+a+b=0$ $\therefore a+b=-12$ ⋯㉡
㉠, ㉡을 연립하여 풀면 $\boldsymbol{a=-3, b=-9}$

[줄기3-11] 다항식 $2x^3+ax^2+bx-24$가 x^2-4를 인수로 가질 때, 다항식 $x^2-2ax+b$를 $x+1$로 나누었을 때의 나머지를 구하여라. (단, a, b는 상수)

2 항등식과 나머지정리

평가일 | 점수

정답 및 풀이 ▶ 15p

잎 2-1

등식 $(a+b-2)x+3=ab$이 x의 값에 관계없이 항상 성립할 때, 상수 a, b에 대하여 a^3+b^3의 값을 구하여라.

잎 2-2

모든 실수 x에 대하여 $(x+1)^4=x^4+ax^3+bx^2+4x+1$이 성립할 때, 두 상수 a, b의 값을 구하여라. [교육청 기출]

잎 2-3

모든 실수 x에 대하여 유리식 $\dfrac{2x^2+3px+1}{x^2+px+q}$의 값이 항상 일정할 때, 상수 p, q의 값을 구하여라. [교육청 기출]

잎 2-4

등식 $x^5-ax^3+x^2+b=(x+1)(x-1)f(x)$가 x에 대한 항등식일 때, $f(x)$를 구하여라.

잎 2-5

등식 $(5x^2-3x-4)^3=a_0+a_1x+a_2x^2+\cdots+a_6x^6$이 모든 x에 대하여 성립할 때, 다음을 구하여라.

1) $a_0+a_1+a_2+\cdots+a_6$ 2) $a_1+a_2+a_3+\cdots+a_6$ 3) $a_0+a_2+a_4+a_6$

잎 2-6

모든 실수 x에 대하여 등식 $x^{10}+1=a_{10}(x-2)^{10}+a_9(x-2)^9+\cdots+a_1(x-2)+a_0$이 성립할 때, 상수 a_0, a_1, a_3, $\cdots$, a_{10}에 대하여 $a_{10}+a_8+a_6+\cdots+a_0$의 값은?

① $\dfrac{3^{10}+3}{2}$ ② $\dfrac{2^{10}+2}{3}$ ③ $\dfrac{3^{10}+2}{2}$ ④ $\dfrac{2^{10}+3}{3}$ ⑤ $\dfrac{3^{10}+2}{3}$

• 잎 2-7

다항식 $4x^4-2x^2+4x-1$을 x^2-x+1로 나누었을 때의 몫을 $Q(x)$, 나머지를 $R(x)$라 할 때, $Q(-1)$과 $R(1)$의 값을 구하여라.

• 잎 2-8

다음 물음에 답하여라.

1) 다항식 x^4-2x^2+ax-b를 x^2-1로 나눈 나머지가 $2x-4$일 때, 상수 a, b의 값을 구하여라.

2) 다항식 $3x^3+9x^2+ax+b$가 $x+1$, $x-1$을 인수로 가질 때, 상수 a, b의 값을 구하여라.

• 잎 2-9

다항식 $f(x)$를 $x^2-8x+12$로 나누었을 때의 나머지가 $2x+1$이다. $(x^2+1)f(x+3)$을 x^2-2x-3으로 나누었을 때의 나머지가 $R(x)$일 때, $R(x)$를 구하여라. [교육청 기출]

• 잎 2-10

다항식 $f(x)$는 x^2-2x-3으로 나누어떨어지고, $f(x)-4$는 $x-1$로 나누어떨어진다. 이때, $f(x)+6$을 x^2-1로 나누었을 때의 나머지를 구하여라.

• 잎 2-11

다음 물음에 답하여라.

1) 최고차항의 계수가 1인 x에 대한 삼차다항식 $P(x)$가 서로 다른 세 자연수 a, b, c에 대하여 $P(a)=P(b)=P(c)=0$, $P(a)=-6$을 만족할 때, 다항식 $P(x)$를 $x-6$으로 나눈 나머지는?

[교육청 기출]

① 30 ② 40 ③ 50 ④ 60 ⑤ 70

2) 최고차항의 계수가 1인 x에 대한 삼차다항식 $P(x)$에 대하여 $P(1)=1, P(2)=2, P(3)=3$일 때, $P(x)$를 $x+2$로 나누었을 때의 나머지를 구하여라.

• 잎 2-12

다음 물음에 답하여라.

1) $18^{30}+18^{15}+18$을 17로 나누었을 때의 나머지를 각각 구하여라.

2) 2^{1005}을 17로 나누었을 때의 나머지를 각각 구하여라.

잎 2-13

두 다항식 $f(x)$, $g(x)$가 모든 실수 x에 대하여 다음 조건을 만족시킬 때, $g(x)$를 $x-4$로 나눈 나머지는? [교육청 기출]

(가) $g(x)=x^2f(x)$ (나) $g(x)+(3x^2+4x)f(x)=x^3+ax^2+2x+b$ (단, a, b는 상수이다.)

① 16　② 18　③ 20　④ 22　⑤ 24

잎 2-14

모든 실수 x에 대하여 등식 $x^5-1=a(x+1)^5+b(x+1)^4+c(x+1)^3+d(x+1)^2+e(x+1)+f$가 성립할 때, 상수 a, b, c, d, e, f의 값을 구하여라.

잎 2-15

다항식 $f(x)=2x^3-3x^2+4x+5$일 때, $f(1.01)$의 값을 구하여라.

잎 2-16

등식 $8x^3-1=a(2x+1)^3+b(2x+1)^2+c(2x+1)+d$가 x에 대한 항등식이 되도록 하는 상수 a, b, c, d의 값을 구하여라.

잎 2-17

다음 물음에 답하여라.

1) 등식 $ax^3+bx^2+cx+d=2(x-2)^3+(x-2)^2-3(x-2)-2$가 x에 대한 항등식일 때, 상수 a, b, c, d의 값을 구하여라.
2) 등식 $4(x-3)^3-2(x-3)^2-1=a(x-2)^3+b(x-2)^2+c(x-2)+d$가 x에 대한 항등식일 때, 상수 a, b, c, d의 값을 구하여라.

• 잎 2-18

다음 물음에 답하여라.

1) 다항식 $f(x)$를 $x-\dfrac{1}{3}$로 나누었을 때의 몫을 $Q(x)$, 나머지를 R이라 할 때, 다항식 $f(x)$를 $3x-1$로 나누었을 때의 몫과 나머지를 $Q(x)$와 R로 나타내어라.
2) 다항식 $f(x)$를 $3x-1$로 나누었을 때의 몫을 $Q(x)$, 나머지를 R이라 할 때, 다항식 $f(x)$를 $x-\dfrac{1}{3}$로 나누었을 때의 몫과 나머지를 $Q(x)$와 R로 나타내어라.

• 잎 2-19

다항식 $f(x)$를 $(3x-1)^2$으로 나누었을 때의 몫을 $Q(x)$, 나머지를 $R(x)$라 할 때, 다항식 $f(x)$를 $3\left(x-\dfrac{1}{3}\right)^2$으로 나누었을 때의 몫과 나머지를 $Q(x)$와 $R(x)$로 나타내어라.

• 잎 2-20

다음 물음에 답하여라.

1) 다항식 $f(x)=x^5+ax^2+15x+b$가 $(x+1)^3$으로 나누어떨어질 때, 몫과 상수 a, b의 값을 구하여라.
2) 다항식 $f(x)=x^5+ax^2+15x+b$를 $(x+1)^2$로 나누었을 때의 나머지가 $2x-3$이다. 이때, 몫과 상수 a, b의 값을 구하여라.

• 잎 2-21

다항식 $x^{3000}-1$을 $(x-1)^2$으로 나누었을 때, 나머지를 구하여라.

• 잎 2-22

다항식 $x^n(x^2+ax+b)$를 $(x-3)^2$으로 나누었을 때, 나머지가 $3^n(x-3)$이 되도록 하는 상수 a, b의 값을 구하여라. (단, n은 자연수이다.)

• 잎 2-23

삼차다항식 $f(x)$에 대하여 $f(x)$는 x^2+x+1로 나누어떨어지고, $f(x)+12$는 x^2+2로 나누어떨어진다. $f(0)=4$일 때, $f(1)$의 값을 구하여라. [교육청 기출]

3. 인수분해

01 인수분해

02 인수분해 공식

03 복잡한 식과 고차식의 인수분해

연습문제

01 인수분해

• 자연수 $\begin{cases} 1\text{: 약수의 개수가 한 개인 자연수로 소수도 합성수도 아니다.} \\ \text{소수: 약수의 개수가 두 개인 자연수이다.} \\ \text{합성수: 약수의 개수가 세 개 이상인 자연수이다.} \end{cases}$

※ 소수 : 약수가 1과 자신인 자연수이다. ex) 2, 3, 5, 7, 11, 13, ⋯

※ 합성수 : 소수의 곱(소인수분해)으로 나타낼 수 있다. ex) 4, 6, 8, 9, 10, 12, ⋯

(익히는 방법)
자연수는 약수의 개수가 한 개인 1, 두 개인 소수, 세 개 이상인 합성수로 구성되어 있다.
따라서 약수의 개수가 한 개인 1은 소수도 합성수도 아니다.

1 소인수와 소인수분해 ※ (자연수) ⇔ (양의 정수)

양의 정수에서 주어진 합성수를 소수의 곱으로 나타낸 것을 **소인수분해**라 하고, 그 곱의 구성 성분인 소수를 **소인수**라 한다.

※ '⇔'는 두 개의 문장이나 수식이 서로 같은 의미임을 나타낸다.

씨앗. 1 다음 물음에 답하여라.

1) 12를 소인수분해 하여라. 2) 12의 소인수를 구하여라.

풀이 1) 12를 소수의 곱으로 나타내어라.
$12=2\times2\times3=\mathbf{2^2\times3}$

2) 12를 소수의 곱으로 나타낼 때, 그 곱의 구성 성분인 소수가 소인수이다.
$12=2\times2\times3=2^2\times3$ $\quad\therefore$ 12의 소인수 : **2, 3**

2 인수분해

하나의 다항식을 두 개 이상의 다항식의 곱으로 나타내는 것을 **인수분해**라 한다.

(익히는 방법)
(인수분해) ⇔ (곱의 꼴)

$cf)$ $\begin{cases} \text{소인수분해는 자연수의 범위에서 정의된다.} \\ \text{인수분해는 다항식에서 정의된다.} \end{cases}$

주의 $\begin{cases} \text{중등과정에서 약수는 자연수의 범위에서 정의된다. ex) 6의 약수 : } 1, 2, 3, 6 \\ \text{고등과정에서 약수는 정수의 범위에서 정의된다. ex) 6의 약수 : } \pm1, \pm2, \pm3, \pm6 \end{cases}$

※ 약수의 범위를 유리수까지 확장하면 약수의 개수가 무한개가 된다.
따라서 약수의 범위는 정수까지만 확장한다.

씨앗. 2 다항식 x^2+2x를 인수분해하여라.

핵심 (인수분해하여라.) ⇔ (주어진 다항식을 곱의 꼴로 나타내어라.)

풀이 $x^2+2x=\boldsymbol{x(x+2)}$

주의 인수분해에서는 상수배(수의 인수)는 인수로 고려하지 않아도 된다.
$\left(\because x(x-2)=2\cdot\frac{1}{2}\cdot x(x-2)=\frac{1}{3}x(3x-6)=\cdots\right.$ 과 같이 상수를 다항식의 인수로 고려하면 인수분해의 방법이 무한개가 되므로...$\left.\right)$

3 인수

하나의 다항식을 두 개 이상의 다항식의 곱으로 나타낼 때, 곱을 이루는 각각의 다항식을 본래의 것의 **인수**라 한다. 즉 다항식이 **곱의 꼴일 때, 그 곱의 구성 성분**을 인수라 한다.

씨앗. 3 다음 물음에 답하여라.

1) 다항식 $3x$의 인수를 구하여라. 2) 다항식 x^2+2x의 인수를 구하여라.

풀이 1) $3x=1\times 3x=3\times x=1\times 3\times x$

$\therefore 3x$의 인수 : $\boldsymbol{1,\ 3,\ x,\ 3x}$

(이때 수의 인수 1, 3은 인수로 취급하지 않아도 된다. ∵ 씨앗.2 주의)

2) $x^2+2x=x(x+2)$

$\therefore x^2+2x$의 인수 : $\boldsymbol{1,\ x,\ x+2,\ x(x+2)}$

(이때 수의 인수 1은 인수로 취급하지 않아도 된다. ∵ 씨앗.2 주의)

- **고등수학의 가장 기본인 인수분해의 개념을 제대로 정확하게 알자 !**

수학의 개념들은 톱니바퀴처럼 맞물려 있어 앞 내용을 모르면 다음 내용을 제대로 알 수 없다. 즉, 다항식의 개념을 정확하게 모르면 인수분해의 개념을 제대로 알 수 없다.

$cf)$ 단항식 : 항이 한 개인 식이다. ※ 단(單) : 혼자 단, 다(多) : 많을 다
다항식 : 단항식 또는 단항식의 합으로 이루어진 식이다.

주의 '3은 다항식이다.'의 참, 거짓을 판별하여라.
정답) 참(∵ 단항식도 다항식이라 하기 때문이다.)

익히는 방법 [p.12]
(다항식) ≥ (단항식)

따라서 인수분해의 정의는 다음과 같다.

하나의 다항식을 두 개 이상의 다항식의 곱으로 나타내는 것을 '인수분해'라고 정의한다. (○)

[예] $x^2-1=(x-1)(x+1)$, $x^2-x=x(x-1)$, $3=1\times 3$

하나의 다항식을 두 개 이상의 단항식의 곱으로 나타내는 것을 '인수분해'라고 정의한다. (×)

[반례] $x^2-1=(x-1)(x+1)$, $x^2-x=x(x-1)$

02 인수분해 공식

1 인수분해 vs 곱셈 공식

$$a^3+3a^2b+3ab^2+b^3 \underset{\text{곱셈 공식(전개)}}{\overset{\text{인수분해(곱의 꼴)}}{\rightleftarrows}} (a+b)^3$$

인수분해 공식과 곱셈 공식을 비교하여 기억하기 쉬운 쪽을 선택하여 익히면 된다.

2 곱셈 공식 (곱의 꼴을 전개하는 공식)

1) $(a+b)^2=a^2+2ab+b^2=a^2+b^2+2ab$

2) $(a-b)^2=a^2-2ab+b^2=a^2+b^2-2ab$

3) $(a+b+c)^2=a^2+b^2+c^2+2ab+2bc+2ca$

$\qquad\qquad\quad =a^2+b^2+c^2+2(ab+bc+ca)$

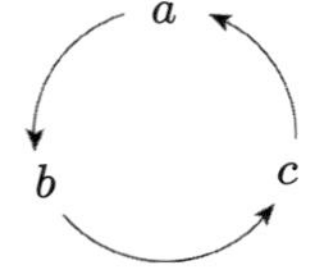

[윤환(동그라미)의 꼴]
$ab \rightarrow bc \rightarrow ca$

익히는 방법 규칙을 알면 쉽다.

1) $(a+b)^2=a^2+b^2+2ab$

1st a^2+b^2 ⇨ 제곱한 것의 합이다.

2nd $(a+b)^{②}$이므로 ab의 계수가 ②이다.

3) $(a+b+c)^2=a^2+b^2+c^2+2(ab+bc+ca)$

1st $a^2+b^2+c^2$ ⇨ 제곱한 것의 합이다.

2nd $(a+b+c)^{②}$이므로 $(ab+bc+ca)$의 계수가 ②이다.

4) $(a+b)^3=a^3+3a^2b+3ab^2+b^3$

익히는 방법 규칙을 알면 쉽다.

1) $(a+b)^2=a^2+2ab+b^2$

1st a^2, ab, b^2 ⇨ a에 대한 내림차순이고, 각 항은 모두 이차항이다.

2nd $(a+b)^{②}$이므로 ab의 계수가 ②이다.

4) $(a+b)^3=a^3+3a^2b+3ab^2+b^3$

1st a^3, a^2b, ab^2, b^3 ⇨ a에 대한 내림차순이고, 각 항은 모두 삼차항이다.

2nd $(a+b)^{③}$이므로 a^2b, ab^2의 계수가 ③이다.

5) $(a-b)^3=a^3-3a^2b+3ab^2-b^3$

익히는 방법 규칙을 알면 쉽다.

2) $(a-b)^2=a^2-2ab+b^2$

1st a^2, ab, b^2 ⇨ a에 대한 내림차순이고, 각 항은 모두 이차항이다.

2nd $(a-b)^{②}$이므로 ab의 |계수|가 ②이다.

3rd *항의 부호는 +, −, + 순으로 +, −가 엇갈려 있다.

5) $(a-b)^3=a^3-3a^2b+3ab^2-b^3$

1st a^3, a^2b, ab^2, b^3 ⇨ a에 대한 내림차순이고, 각 항은 모두 삼차항이다.

2nd $(a-b)^{③}$이므로 a^2b, ab^2의 |계수|가 ③이다.

3rd *항의 부호는 +, −, +, − 순으로 +, −가 엇갈려 있다.

6) $(x+a)(x+b)=x^2+(a+b)x+ab$

7) $(x+a)(x+b)(x+c)=x^3+(a+b+c)x^2+(ab+bc+ca)x+abc$

(익히는 방법) 규칙을 알면 쉽다.

6) $(x+a)(x+b)=x^2+(a+b)x+ab$

1st x^2의 계수 : 1 ⇨ 최고차항의 계수는 1이다.

2nd x의 계수 : $a+b$ (모두 합) ⇨ 최고차항의 계수 1 다음은 모두 합이다.

3rd 상수항 : ab (모두 곱) ⇨ 마지막은 모두 곱이다.

$\therefore (x+a)(x+b)=x^2+$(모두 합)$x+$(모두 곱)

7) $(x+a)(x+b)(x+c)=x^3+(a+b+c)x^2+(ab+bc+ca)x+abc$

1st x^3의 계수 : 1 ⇨ 최고차항의 계수는 1이다.

2nd x^2의 계수 : $a+b+c$ (모두 합) ⇨ 최고차항의 계수 1 다음은 모두 합이다.

3rd x의 계수 : $ab+bc+ca$ (곱의 합) ⇨ 이때의 곱은 유환의 꼴로 나타낸다.

4th 상수항 : abc (모두 곱) ⇨ 마지막은 모두 곱이다.

$\therefore (x+a)(x+b)(x+c)=x^3+$(모두 합)$x^2+$(곱의 합)$x+$ (모두 곱)

열매 2-1 다항식의 전개식에서 계수 구하기

다음 물음에 답하여라.

1) $(x+a)(x+b)(x+c)(x+d)$의 전개식에서 x^3의 계수를 구하여라.

2) $(x+1)(x+2)(x+3)\cdots(x+10)$의 전개식에서 x^9의 계수를 구하여라.

3) $(x+1)(x-2)(x+3)\cdots(x-20)$의 전개식에서 x^{19}의 계수를 구하여라.

풀이 1) x^4의 계수 : 1 ⇨ 최고차항의 계수는 1이다.

x^3의 계수 : $\boldsymbol{a+b+c+d}$ (모두 합) ⇨ 최고차항의 계수 1다음은 모두 합이다.

x^2의 계수 : $ab+ac+ad+bc+bd+cd$ (둘 끼리의 곱의 합)

x의 계수 : $abc+abd+acd+bcd$ (셋 끼리의 곱의 합)

상수항 : $abcd$ (모두 곱) ⇨ 마지막은 모두 곱이다.

2) p.19 뿌리 3-4)의 4)번과 같은 문제이다.

x^{10}의 계수 : 1 ⇨ 최고차항의 계수는 1이다.

x^9의 계수 : 최고차항의 계수 1다음은 모두 합이다.

$1+2+3+\cdots+8+9+10$ (모두 합) $\quad \therefore 11\times5=\mathbf{55}$

3) x^{20}의 계수 : 1 ⇨ 최고차항의 계수는 1이다.

x^{19}의 계수 : 최고차항의 계수 1다음은 모두 합이다.

$1+(-2)+3+(-4)+\cdots+19+(-20)$ (모두 합) $\quad \therefore (-1)\times10=\mathbf{-10}$

3 인수분해 공식 (곱의 꼴로 만드는 공식 : 규칙을 알면 쉽다.)

8) $a^2-b^2=(a-b)(a+b)$

(익히는 방법) 앞^2－뒤^2 꼴의 인수분해

1st 지수 2를 왼손 엄지를 이용하여 가로로 모두 가린다.
그러면 (앞－뒤)가 된다. 이것을 반드시 인수로 갖는다.

2nd (앞－뒤)(앞＋뒤)
⇨ 먼저 －가 나오면 다음은 ＋가 나온다.

∴ 앞^2－뒤^2＝(앞－뒤)(앞＋뒤)

9) $a^3-b^3=(a-b)(a^2+ab+b^2)$

(익히는 방법) 앞^3－뒤^3 꼴의 인수분해

1st 지수 3을 왼손 엄지를 이용하여 가로로 모두 가린다.
그러면 (앞－뒤)가 된다. 이것을 반드시 인수로 갖는다.

2nd (앞－뒤)(앞^2＋ 앞·뒤＋뒤^2)
⇨ 먼저 －가 나오면 다음은 ＋가 나오고 마지막은 무조건 ＋이다.

∴ 앞^3－뒤^3＝(앞－뒤)(앞^2＋ 앞·뒤＋뒤^2)

ex) $x^3-1=x^3-1^3=(x-1)(x^2+x\cdot 1+1^2)$

10) $a^3+b^3=(a+b)(a^2-ab+b^2)$

(익히는 방법) 앞^3＋뒤^3 꼴의 인수분해

1st 지수 3을 왼손 엄지를 이용하여 가로로 모두 가린다.
그러면 (앞＋뒤)가 된다. 이것을 반드시 인수로 갖는다.

2nd (앞＋뒤)(앞^2－ 앞·뒤＋뒤^2)
⇨ 먼저 ＋가 나오면 다음은 －가 나오고 마지막은 무조건 ＋이다.

∴ 앞^3＋뒤^3＝(앞＋뒤)(앞^2－ 앞·뒤＋뒤^2)

ex) $x^3+1=x^3+1^3=(x+1)(x^2-x\cdot 1+1^2)$

11) $a^3+b^3+c^3-3abc=(a+b+c)(a^2+b^2+c^2-ab-bc-ca)$

(익히는 방법) $a^3+b^3+c^3-3abc$ 꼴의 인수분해

1st 지수 3을 왼손 엄지를 이용하여 가로로 모두 가린다. 그러면 지수가 3인 항은 $(a+b+c)$가 된다. 이것을 반드시 인수로 갖는다.

2nd $a^3+b^3+c^3\cdots=(a+b+c)(a^2+b^2+c^2\cdots)$
(∵ 좌변 $a^3+b^3+c^3\cdots$ 이 되려면 우변은 $(a+b+c)$가 인수이므로 $(a^2+b^2+c^2\cdots)$ 꼴의 인수를 가질 수밖에 없다.)

3rd 좌변에 $-3abc$, 우변에 윤환의 꼴 $-ab-bc-ca$가 있다고 기억한다.
$a^3+b^3+c^3-3abc=(a+b+c)(a^2+b^2+c^2-ab-bc-ca)$

TIP ○^{3}＋□^{3}＋△^{3} 꼴이 보이면 가장 먼저 11번) 공식을 이용해 본다.
(∵ ○^{3}＋□^{3}＋△^{3} 꼴은 고등과정에서 이것 말고는 쓸 공식이 없다.)

4 인수분해의 가장 기본적인 방법 (분배법칙)

인수분해의 기본은 $ma-mb+mc=m(a-b+c)$와 같이 분배법칙을 이용하여 **공통인수를 찾아 내어 묶는 것**이다. 간단한 방법이지만 가장 많이 쓰이는 인수분해 방법이다.

주의
$x^2-2x-3=x(x-2)-3$: 인수분해 × ($\because$ 곱의 꼴이 아니다.)
$x^2-2x-3=(x+1)(x-3)$: 인수분해 ○ ($\because$ 곱의 꼴이다.)

참고 인수분해할 때, 특별한 언급이 없으면 계수의 범위를 유리수로 한정한다.
ex) $(x-1)(x^2-4)=(x-1)(x-2)(x+2)$ (○)
$(x-1)(x^2-2)=(x-1)(x-\sqrt{2})(x+\sqrt{2})$ (△)

뿌리 2-1 공통인수가 있을 때 (1)

다음 식을 인수분해하여라.

1) $x(a-b)-y(b-a)$
2) $1-b-a+ab$
3) $ab-cd+ac-bd$
4) $8xy+4xy^2$
5) $(a+b)xy^2-(a+b)x^2y$
6) $6a^3b^2-2a^2b^2+8a^2b^3$

핵심 인수분해하여라. ⇨ 제일 먼저 공통인수를 찾는다. ($\because$ 인수분해 방법 중 가장 쉽다.)
ex) $ma+mb-mc=m(a+b-c)$

풀이 1) (주어진 식)$=x(a-b)+y(a-b)=\mathbf{(a-b)(x+y)}$
2) (주어진 식)$=1\cdot(1-b)-a(1-b)=\mathbf{(1-b)(1-a)}$
3) (주어진 식)$=ab+ac-cd-bd=a(b+c)-d(b+c)=\mathbf{(b+c)(a-d)}$
4) (주어진 식)$=4xy\cdot2+4xy\cdot y=\mathbf{4xy(2+y)}$
5) (주어진 식)$=(a+b)xy\cdot y-(a+b)xy\cdot x=\mathbf{(a+b)xy(y-x)}$
6) (주어진 식)$=2a^2b^2\cdot3a-2a^2b^2\cdot1+2a^2b^2\cdot4b=\mathbf{2a^2b^2(3a-1+4b)}$

뿌리 2-2 공통인수가 있을 때 (2)

임의의 세 실수 a, b, c에 대하여 $[a, b, c]=(a-b)(a-c)$로 정의할 때, $[a, b, b]+4[b, a, c]$를 인수분해하여라.

풀이 $[a, b, c]=(a-b)(a-c)$, 즉
[첫번째, 두번째, 세번째]의 정의는 첫번째에서 두번째를 뺀 것과, 첫번째에서 세번째를 뺀 것을 곱하라는 것이므로

$$\begin{aligned}[a,b,b]+4[b,a,c]&=(a-b)(a-b)+4(b-a)(b-c)\\&=(a-b)^2-4(a-b)(b-c)\\&=(a-b)\{(a-b)-4(b-c)\}\\&=\mathbf{(a-b)(a-5b+4c)}\end{aligned}$$

뿌리 2-3 앞^2 − 뒤^2 꼴의 인수분해

다음 식을 인수분해하여라.

1) x^4-1 2) $(3a-2b)^2-4a^2$

3) a^8-b^8 4) $a^2+b^2-8c^2+2ab+2bc+2ca$

핵심 앞^2−뒤^2=(앞−뒤)(앞+뒤)

풀이 1) (주어진 식)$=(x^2)^2-1^2=(x^2-1)(x^2+1)=\mathbf{(x-1)(x+1)(x^2+1)}$

2) (주어진 식)$=(3a-2b)^2-(2a)^2=\{(3a-2b)-2a\}\{(3a-2b)+2a\}=\mathbf{(a-2b)(5a-2b)}$

3) (주어진 식)$=(a^4)^2-(b^4)^2=(a^4-b^4)(a^4+b^4)=\{(a^2)^2-(b^2)^2\}(a^4+b^4)$

$=(a^2-b^2)(a^2+b^2)(a^4+b^4)=\mathbf{(a-b)(a+b)(a^2+b^2)(a^4+b^4)}$

4) (주어진 식)$=a^2+b^2+c^2+2ab+2bc+2ca-9c^2=(a+b+c)^2-(3c)^2$

$=\{(a+b+c)-3c\}\{(a+b+c)+3c\}=\mathbf{(a+b-2c)(a+b+4c)}$

[줄기 2-1] 다음 식을 인수분해하여라.

1) $(x+1)^2-1$ 2) $(2x-1)^2-(3x+y)^2$ 3) $a^2+b^2-3c^2-2ab-2bc+2ca$

뿌리 2-4 앞^3 ± 뒤^3 꼴의 인수분해

다음 식을 인수분해하여라.

1) a^3+1 2) $1-b^3$ 3) a^6-b^6 4) $(x+y)^3-(x-y)^3$

핵심 앞^3+뒤^3=(앞+뒤)(앞^2−앞·뒤+뒤^2)

앞^3−뒤^3=(앞−뒤)(앞^2+앞·뒤+뒤^2)

풀이 1) (주어진 식)$=a^3+1^3=(a+1)(a^2-a\cdot1+1^2)=\mathbf{(a+1)(a^2-a+1)}$

2) (주어진 식)$=1^3-b^3=(1-b)(1^2+1\cdot b+b^2)=\mathbf{(1-b)(b^2+b+1)}$

3) (주어진 식)$=(a^3)^2-(b^3)^2=(a^3-b^3)(a^3+b^3)=\mathbf{(a-b)(a^2+ab+b^2)(a+b)(a^2-ab+b^2)}$

3) (주어진 식)$=(a^2)^3-(b^2)^3=(a^2-b^2)(a^4+a^2b^2+b^4)=\mathbf{(a-b)(a+b)(a^4+a^2b^2+b^4)}$

⇨ 객관식에서는 보통 $(a-b)(a^2+ab+b^2)(a+b)(a^2-ab+b^2)$을 답으로 하는 문제가 출제된다.

4) (주어진 식)$=\{(x+y)-(x-y)\}\{(x+y)^2+(x+y)(x-y)+(x-y)^2\}$

$=(x+y-x+y)(x^2+2xy+y^2+x^2-y^2+x^2-2xy+y^2)=\mathbf{2y(3x^2+y^2)}$

[줄기 2-2] 다음 식을 인수분해하여라.

1) x^5-x^2 2) $27a^3+8b^3$

뿌리 2-5 $x^2+(a+b)x+ab$ 꼴의 인수분해

$x^2-(3a+4)x+(2a+1)(a+3)$을 인수분해하여라.

풀이 $x^2-(3a+4)x+(2a+1)(a+3)=\{x-(2a+1)\}\{x-(a+3)\}=\mathbf{(x-2a-1)(x-a-3)}$

$x \quad -(2a+1) \quad \rightarrow \quad -(2a+1)x$

$x \quad -(a+3) \quad \rightarrow \quad -(a+3)x$ (+

$-(3a+4)x$

[줄기2-3] $x^2+3x-(y^2-y-2)$을 인수분해하여라.

5 공통부분이 있는 식의 인수분해

다항식에 공통부분이 있으면 그 공통부분을 하나의 문자로 바꾸어 인수분해한다.

뿌리 2-6 공통부분이 있는 식의 인수분해

다음 식을 인수분해하여라.

1) $(x+y)^2-2(x+y)z-3z^2$
2) $2(x+1)^2+3(x+1)(y-2)+(y-2)^2$
3) $(x-3)(x-1)(x+2)(x+4)+25$

풀이 1) 공통부분 $x+y=t$라 하면

(주어진 식)$=t^2-2tz-3z^2=(t-3z)(t+z)$

$=\mathbf{(x+y-3z)(x+y+z)}$

2) 공통부분 $x+1=t, y-2=k$라 하면

(주어진 식)$=2t^2+3tk+k^2=(2t+k)(t+k)$

$=\{2(x+1)+(y-2)\}\{(x+1)+(y-2)\}=\mathbf{(2x+y)(x+y-1)}$

3) (주어진 식)$=(x-3)(x+4)(x-1)(x+2)+25$ ← 상수항의 합이 같도록 짝을 짓는다. [p.24]

$=(x^2+x-12)(x^2+x-2)+25$ ⇨ 공통부분 $x^2+x=t$라 하면

$=(t-12)(t-2)+25=t^2-14t+49=(t-7)^2$

$=\mathbf{(x^2+x-7)^2}$

[줄기2-4] 다음 식을 인수분해하여라.

1) $(x^2+2x)^2+2x^2+4x-8$
2) $(a^2+a+3)(a^2-3a+3)-5a^2$
3) $(1-2a-a^2)(1-2a+3a^2)+4a^4$
4) $x(x+1)(x+2)(x+3)-3$

6 복이차식 ※복(複): 겹칠 복

이차식으로 겹치게 되는 사차식을 **복이차식**이라 한다. 즉, $ax^4+bx^2+c\,(a\neq0)$는 x에 대한 사차식이지만 $x^2=t$라 하면 at^2+bt+c로 되어 t에 대한 이차식으로 겹치게 된다.
따라서 ax^4+bx^2+c와 같이 짝수 차수의 항만으로 이루어진 사차식을 **복이차식**이라 한다.

주의 상수항은 짝수 차수의 항이다.($\because$ 0차항)
$ax^4+bx^2+c=ax^4+bx^2+cx^0$ ($\because x^0=1$)

7 복이차식의 인수분해

$ax^4+bx^2+c\,(a\neq0)$ 꼴의 복이차식은 다음과 같은 방법으로 인수분해한다.
[방법 I] $x^2=t$로 치환한 at^2+bt+c를 인수분해한다.
[방법 II] 방법 I이 안 될 때, A^2-B^2 꼴로 변형하여 인수분해한다.

뿌리 2-7 복이차식의 인수분해

다음 식을 인수분해하여라.

1) $4x^4-2x^2-6$ 2) x^4-3x^2+9 3) $x^4-18x^2y^2+y^4$

풀이 짝수 차수의 항만으로 이루어진 사차식, 즉 복이차식이다!

1) $x^2=t$로 치환하면 $4x^4-2x^2-6=4t^2-2t-6=(2t+2)(2t-3)=\mathbf{(2x^2+2)(2x^2-3)}$

2) $x^2=t$로 치환하여 인수분해가 되지 않으므로 A^2-B^2 꼴로 변형한다.

$x^4-3x^2+9=(x^4-6x^2+9)+3x^2=(x^2-3)^2+3x^2$ (×)
$=(x^4+6x^2+9)-9x^2=(x^2+3)^2-(3x)^2$ (○)
$=\{(x^2+3)-3x\}\{(x^2+3)+3x\}=\mathbf{(x^2-3x+3)(x^2+3x+3)}$

3) $x^2=t,\ y^2=k$로 치환하여 인수분해가 되지 않으므로 A^2-B^2 꼴로 변형한다.

$x^4-18x^2y^2+y^4=(x^4+2x^2y^2+y^4)-20x^2y^2=(x^2+y^2)^2-(2\sqrt{5}xy)^2$ (△)
$=(x^4-2x^2y^2+y^4)-16x^2y^2=(x^2-y^2)^2-(4xy)^2$ (○)
$=\{(x^2-y^2)-4xy\}\{(x^2-y^2)+4xy\}=\mathbf{(x^2-y^2-4xy)(x^2-y^2+4xy)}$

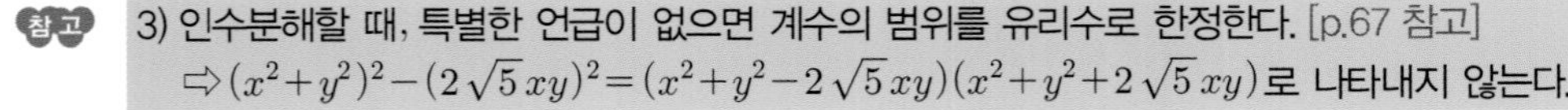
참고 3) 인수분해할 때, 특별한 언급이 없으면 계수의 범위를 유리수로 한정한다. [p.67 참고]
⇨ $(x^2+y^2)^2-(2\sqrt{5}xy)^2=(x^2+y^2-2\sqrt{5}xy)(x^2+y^2+2\sqrt{5}xy)$로 나타내지 않는다.

[줄기2-5] 다음 식을 인수분해하여라.

1) x^4+2x^2-3 2) x^4-5x^2+4 3) x^4+64 4) $a^4+a^2b^2+b^4$

03 복잡한 식과 고차식의 인수분해

1 2개 이상의 문자를 포함한 다항식의 인수분해

2개 이상의 문자, 항이 4개 이상의 다항식은 다음과 같은 순서로 인수분해한다.

1st 차수가 가장 낮은 문자에 대하여 내림차순으로 정리한다.

(차수가 모두 같을 때는 그 중의 한 문자에 대하여 내림차순으로 정리한다.)

2nd 공통인수로 묶어 내거나 인수분해 공식을 이용한다.

뿌리 3-1 복잡한 식의 인수분해(1)

다음 식을 인수분해하여라.

1) $x^2y-x^3z+yz-xz^2$

2) $x^3+x^2z+xz^2-y^3-y^2z-yz^2$

3) $a^2(b-c)+b^2(c-a)+c^2(a-b)$

4) $a^2+b^2-8c^2+2ab+2bc+2ca$

핵심 2개 이상의 문자를 포함하고 있는 복잡한 다항식의 인수분해
⇨ 차수가 가장 낮은 문자에 대하여 내림차순으로 정리한다.
(차수가 모두 같을 때는 그 중의 한 문자에 대하여 내림차순으로 정리한다.)

풀이 1) $x:3$차, $y:1$차, $z:2$차 ⇨ 차수가 가장 낮은 y에 대하여 내림차순으로 정리한다.

(주어진 식)$=(x^2+z)y-x^3z-xz^2=(x^2+z)y-xz(x^2+z)=\boldsymbol{(x^2+z)(y-xz)}$

2) $x:3$차, $y:3$차, $z:2$차 ⇨ 차수가 가장 낮은 z에 대하여 내림차순으로 정리한다.

(주어진 식)$=(x-y)z^2+(x^2-y^2)z+x^3-y^3$

$=(x-y)z^2+(x-y)(x+y)z+(x-y)(x^2+xy+y^2)$

$=(x-y)\{z^2+(x+y)z+(x^2+xy+y^2)\}$

$=\boldsymbol{(x-y)(x^2+y^2+z^2+xy+yz+zx)}$

3) $a:2$차, $b:2$차, $c:2$차 ⇨ 차수가 같으므로 이 중 한 문자에 대하여 내림차순으로 정리한다.

b, c보다 a가 더 친숙하므로 a에 대하여 내림차순으로 정리하면

(주어진 식)$=(b-c)a^2+b^2c-ab^2+ac^2-bc^2$

$=(b-c)a^2-(b^2-c^2)a+bc(b-c)$

$=(b-c)a^2-(b-c)(b+c)a+bc(b-c)$

$=(b-c)\{a^2-(b+c)a+bc\}$

$=(b-c)(a-b)(a-c)=(a-b)(b-c)\{-(c-a)\}=\boldsymbol{-(a-b)(b-c)(c-a)}$

4) $a:2$차, $b:2$차, $c:2$차 ⇨ 차수가 같으므로 이 중 한 문자에 대하여 내림차순으로 정리한다.

b, c보다 a가 더 친숙하므로 a에 대하여 내림차순으로 정리하면

(주어진 식)$=a^2+(2b+2c)a+b^2+2bc-8c^2$

$=a^2+(2b+2c)a+(b+4c)(b-2c)$

$=\{a+(b+4c)\}\{a+(b-2c)\}=\boldsymbol{(a+b+4c)(a+b-2c)}$

참고 4)번은 뿌리 2-3)의 4)번과 같은 문제이다. [p.68]

뿌리 3-2 복잡한 식의 인수분해(2)

다음 식을 인수분해하여라.

1) $(x-1)^3+(x+1)^3-(2x)^3$ 2) $(a-2b+1)^3+(2b-c-2)^3-(a-c-1)^3$

핵심 ○^{3}+□^{3}+△^{3}꼴은 아래 공식을 이용한다.(∵ 고등과정에서 이것 말고는 쓸 공식이 없다.)
$a^3+b^3+c^3-3abc=(a+b+c)(a^2+b^2+c^2-ab-bc-ca)$
이때, $a+b+c=0$이면 $a^3+b^3+c^3-3abc=0$ $\therefore a^3+b^3+c^3=3abc$

풀이 1) $(x-1)^3+(x+1)^3+(-2x)^3$ ⇨ ○^{3}+□^{3}+△^{3}꼴
$(x-1)+(x+1)+(-2x)=0$이므로
$(x-1)^3+(x+1)^3+(-2x)^3-3(x-1)(x+1)(-2x)=0$
$(x-1)^3+(x+1)^3+(-2x)^3=3(x-1)(x+1)(-2x)$
$=\mathbf{-6x(x-1)(x+1)}$

2) $(a-2b+1)^3+(2b-c-2)^3+(-a+c+1)^3$ ⇨ ○^{3}+□^{3}+△^{3}꼴
$(a-2b+1)+(2b-c-2)+(-a+c+1)=0$이므로
$(a-2b+1)^3+(2b-c-2)^3+(-a+c+1)^3-3(a-2b+1)(2b-c-2)(-a+c+1)=0$
$(a-2b+1)^3+(2b-c-2)^3+(-a+c+1)^3=3(a-2b+1)(2b-c-2)(-a+c+1)$
$=\mathbf{-3(a-2b+1)(2b-c-2)(a-c-1)}$

뿌리 3-3 복잡한 식의 인수분해(3)

다음 식을 인수분해하여라.

1) $x^3+y^3+3xy-1$ 2) $27x^3-8y^3+18xy+1$

핵심 ○^{3}+□^{3}+△^{3}꼴이 처음에는 보이지 않는 게 정상이다.
⇨ 반복해서 하다 보면 점차 ○^{3}+□^{3}+△^{3}꼴이 눈에 들어온다.

풀이 1) (주어진 식)$=x^3+y^3+(-1)^3+3xy$ ⇨ ○^{3}+□^{3}+△^{3}꼴을 가지고 있다.
$=x^3+y^3+(-1)^3-3xy(-1)$
$=\{x+y+(-1)\}\{x^2+y^2+(-1)^2-xy-y(-1)-(-1)x\}$
$=\mathbf{(x+y-1)(x^2+y^2+1-xy+y+x)}$

2) (주어진 식)$=(3x)^3+(-2y)^3+1^3+18xy$ ⇨ ○^{3}+□^{3}+△^{3}꼴을 가지고 있다.
$=(3x)^3+(-2y)^3+1^3-3\cdot(3x)\cdot(-2y)\cdot 1$
$=\{(3x)+(-2y)+1\}\{(3x)^2+(-2y)^2+1^2-(3x)(-2y)-(-2y)\cdot 1-1\cdot(3x)\}$
$=\mathbf{(3x-2y+1)(9x^2+4y^2+1+6xy+2y-3x)}$

[줄기3-1] 다음 식을 인수분해하여라.

1) $x^2y-y^2z-y^3+zx^2$ 2) $x^3-(a-1)x^2-(a+2)x+2a$

3) $x^2-y^2+3x+y+2$ 4) $a^2+b^2-3c^2-2ab-2bc+2ca$

2 고차식의 인수분해 ⇨ 인수정리와 조립제법을 이용한다.

삼차 이상의 다항식 $f(x)$는 다음과 같은 순서로 인수분해할 수 있다.

1st $f(\alpha)=0$을 만족시키는 상수 α의 값을 구한다.

※ $f(\alpha)=0$이면 $f(x)$는 $x-\alpha$를 인수로 갖는다. (인수정리 p.52)

2nd 조립제법을 이용하여 $f(x)$를 $x-\alpha$로 나누었을 때의 몫 $Q(x)$를 구하여
$f(x)=(x-\alpha)Q(x)$ 꼴로 나타낸다.

3rd **$Q(x)$가 인수분해**되면 인수분해한다.

※ 삼차 이상의 다항식을 고차식이라 한다.

3 1st $f(\alpha)=0$을 만족시키는 α를 찾는 방법

다항식 $f(x)$의 계수가 모두 정수일 때, $f(\alpha)=0$을 만족시키는 α는

$\pm\dfrac{(f(x)\text{의 상수항의 약수})}{(f(x)\text{의 최고차항의 계수의 약수})}$ 중에서 찾는다.

⇨ 이게 원칙이지만 이렇게 α를 구하면 시간도 많이 걸리고 복잡하고 힘들다. ㅠㅠ

4 *1st $f(\alpha)=0$을 만족시키는 α를 찾는 더 쉬운 방법

다항식 $f(x)$의 계수가 모두 정수일 때, **$f(\alpha)=0$**을 만족시키는 **α는 $f(x)$의 상수항의 약수** 중에서 찾는다.

이렇게 해서 α를 찾을 수 없으면 $\pm\dfrac{(f(x)\text{의 상수항의 약수})}{(f(x)\text{의 최고차항의 계수의 약수})}$ 중에서 찾는다.

대부분의 **α는 $f(x)$의 상수항의 약수** 중에서 찾아진다.

증명 i) $f(x)=ax^2+bx+c$ (a, b, c는 정수, $a\neq0$)가 정수를 계수로 하는 두 다항식의 곱으로
$ax^2+bx+c=a(x-\alpha)(x-\beta)$ (α, β는 정수)와 같이 인수분해된다고 할 때,
양변의 상수항을 비교하여 보면 $c=a\alpha\beta$이므로 α는 c의 약수가 된다.
$\therefore$ α를 $f(x)$의 상수항의 약수 중에서 찾는다.

ii) $f(x)=ax^3+bx^2+cx+d$ (a, b, c, d는 정수, $a\neq0$)가 정수를 계수로 하는 세 다항식의 곱으로
$ax^3+bx^2+cx+d=a(x-\alpha)(x-\beta)(x-\gamma)$ (α, β, γ는 정수)와 같이 인수분해된다고 할 때,
양변의 상수항을 비교하여 보면 $d=-a\alpha\beta\gamma$이므로 α는 d의 약수가 된다.
$\therefore$ α를 $f(x)$의 상수항의 약수 중에서 찾는다.

iii) $f(x)=ax^4+bx^3+cx^2+dx+e$ (a, b, c, d, e는 정수, $a\neq0$)가 정수를 계수로 하는 네 다항식의 곱 ~
⋮

따라서 $f(\alpha)=0$을 만족시키는 α는 $f(x)$의 상수항의 약수 중에서 찾는다.

※ 약수는 정수의 범위에서 정의된다. [p.62 주의]
ex) 6의 약수 : ±1, ±2, ±3, ±6

뿌리 3-4 인수정리를 이용한 고차식의 인수분해(1)

x^3-4x^2+x+6을 인수분해하여라.

풀이 $f(x)=x^3-4x^2+x+⑥$ < 1, 2, 3, 6 / -1, -2, -3, -6 중에서 $f(\alpha)=0$을 만족시키는 α의 값을 찾는다.

$f(-1)=-1-4-1+6=0$이므로
$f(x)$는 $x+1$을 인수로 갖는다. 즉,
$f(x)=(x+1)Q(x)$, 이때 몫
$Q(x)$를 조립제법으로 구하면 ⇨

-1	1	-4	1	6
		-1	5	-6
	1	-5	6	0

$Q(x)=x^2-5x+6$

$f(x)=(x+1)(x^2-5x+6)$
$\quad=\mathbf{(x+1)(x-2)(x-3)}$

참고 $f(x)$가 삼차식일 때, $f(\alpha)=0$을 만족시키는 α를 찾는 방법
⇨ $f(x)$의 상수항의 약수 중에서 찾는다.

※ 약수는 정수의 범위에서 정의된다. [p.62 주의]
ex) 6의 약수 : ±1, ±2, ±3, ±6

[줄기3-2] $2x^3-5x^2+6x-3$을 인수분해하여라.

뿌리 3-5 인수정리를 이용한 고차식의 인수분해(2)

$6x^4-17x^3+8x^2+5x-2$를 인수분해하여라.

풀이 $f(x)=6x^4-17x^3+8x^2+5x-②$ < ①, ② / -1, -2 중에서 $f(\alpha)=0$을 만족시키는 α의 값을 찾는다.

$f(1)=0$, $f(2)=0$이므로 $f(x)$는
$(x-1)(x-2)$를 인수로 갖는다.
$f(x)=(x-1)(x-2)Q(x)$, 이때
몫 $Q(x)$를 조립제법으로 구하면 ⇨

1	6	-17	8	5	-2
		6	-11	-3	2
2	6	-11	-3	2	0
		12	2	-2	
	6	1	-1	0	

$Q(x)=6x^2+x-1$

$f(x)=(x-1)(x-2)(6x^2+x-1)$
$\quad=\mathbf{(x-1)(x-2)(3x-1)(2x+1)}$

참고 $f(x)$가 사차식일 때, $f(\alpha)=0$, $f(\beta)=0$을 만족시키는 α, β를 찾는 방법
⇨ $f(x)$의 상수항의 약수 중에서 찾는다.

※ 약수는 정수의 범위에서 정의된다. [p.62 주의]
ex) -2의 약수 : ±1, ±2

[줄기3-3] x^4-4x^3+4x-1을 인수분해하여라.

뿌리 3-6 인수정리를 이용한 고차식의 인수분해(3)

다음 식을 인수분해하여라.

1) $3x^3-4x^2+4x-1$ 2) $2x^4+x^3+2x^2+3x+1$

핵심 $f(\alpha)=0$을 만족시키는 α를 찾는 방법
⇨ $f(x)$의 상수항의 약수 중에서 찾는다. 이렇게 해서 α를 찾을 수 없으면
$\pm\dfrac{(f(x)\text{의 상수항의 약수})}{(f(x)\text{의 최고차항의 계수의 약수})}$ 중에서 찾는다.

풀이 1) $f(x)=3x^3-4x^2+4x-①\begin{smallmatrix}1\\-1\end{smallmatrix}$ 중에서 $f(\alpha)=0$을 만족시키는 α의 값이 없다.

$\therefore \pm\dfrac{(1\text{의 약수})}{(3\text{의 약수})}$ 중에서 $f(\alpha)=0$을 만족시키는 α의 값을 찾는다.

$f\left(\dfrac{1}{3}\right)=0$이므로 $f(x)$는 $x-\dfrac{1}{3}$을 인수로 갖는다. 즉,

$f(x)=\left(x-\dfrac{1}{3}\right)Q(x)$, 이때 몫 $Q(x)$를 조립제법으로 구하면

$\frac{1}{3}$	3	−4	4	−1
		1	−1	1
	3	−3	3	0

$Q(x)=3x^2-3x+3$

$f(x)=\left(x-\dfrac{1}{3}\right)(3x^2-3x+3)$

$=\mathbf{(3x-1)(x^2-x+1)}$

2) $f(x)=2x^4+x^3+2x^2+3x+①\begin{smallmatrix}1\\-1\end{smallmatrix}$ 중에서 $f(\alpha)=0$을 만족시키는 α의 값이 없다.

$\therefore \pm\dfrac{(1\text{의 약수})}{(2\text{의 약수})}$ 중에서 $f(\alpha)=0$을 만족시키는 α의 값을 찾는다.

$f\left(-\dfrac{1}{2}\right)=0$이므로 $f(x)$는 $x+\dfrac{1}{2}$을 인수로 갖는다. 즉,

$f(x)=\left(x+\dfrac{1}{2}\right)Q(x)$, 이때 몫 $Q(x)$를 조립제법으로 구하면

$-\frac{1}{2}$	2	1	2	3	1
		−1	0	−1	−1
	2	0	2	2	0

$Q(x)=2x^3+2x+2$

$f(x)=\left(x+\dfrac{1}{2}\right)(2x^3+2x+2)$

$=\mathbf{(2x+1)(x^3+x+1)}$

주의 사차식일 때는 보통 두 개의 인수를 수를 대입하는 방법으로 구한다. 예) 뿌리 3–5), 줄기 3–3)
하지만 2)번에서와 같이 수를 대입하는 방법으로 한 개의 인수밖에 구할 수 없는 문제도 드물지만 출제된다.

[줄기3–4] $4x^3+x-1$을 인수분해하여라.

3 인수분해

평가일	점수

정답 및 풀이 ▶ 24p

• 잎 3-1

다음 중 $x^4-4x^3+x^2+6x$의 인수가 아닌 것을 모두 골라라.

① $x-3$ ② $x+1$ ③ $(x-2)(x-3)$
④ x ⑤ 1 ⑥ $x(x-2)(x-3)(x+1)$
⑦ $x(x-2)(x-3)$ ⑧ $x(x+2)$ ⑨ $(x-1)(x+3)$

• 잎 3-2

다음 물음에 답하여라.

1) 삼각형의 세 변의 길이가 각각 a, b, c이고, $a^3+c^3+a^2c+ac^2-ab^2-b^2c=0$을 만족할 때, 이 삼각형은 어떤 삼각형인가? [교육청 기출]

① 정삼각형 ② $a=b$인 이등변삼각형 ③ $b=c$인 이등변삼각형
④ a가 빗변인 직각삼각형 ⑤ b가 빗변인 직각삼각형

2) 다항식 $(a^2-1)(b^2-1)-4ab$를 인수분해하여라.

• 잎 3-3

다음 물음에 답하여라.

1) 삼각형의 세 변 a, b, c가 $a^3+b^3+c^3=3abc$를 만족할 때, $\frac{3b}{a}+\frac{c}{b}-\frac{2a}{c}$의 값을 구하여라.

2) $a+b+c=2$, $a^2+b^2+c^2=\frac{4}{3}$일 때, a, b, c의 값을 구하여라.

• 잎 3-4

$x+\frac{1}{x}=5$일 때, $x^3+2x+\frac{1}{x^3}+\frac{2}{x}$의 값을 구하여라.

• 잎 3-5

다항식 $(x+1)(x+2)(x+3)(x+4)+k$가 x에 대한 이차식의 완전제곱으로 인수분해될 때, 상수 k의 값을 구하여라.

• 잎 3-6

1이 아닌 두 자연수 a, b에 대하여 $3587=15^3+15^2-15+2=a\times b$로 나타낼 때, $a+b$의 값을 구하여라. [교육청 기출]

• 잎 3-7

다음 값을 구하여라.

1) $\dfrac{2015^3+1}{2014\times2015+1}$

2) $\dfrac{1998^3-27}{2001\times1998+9}$

3) $\dfrac{2^{154}-2^{150}+2^4-1}{2^{150}+1}$

• 잎 3-8

다음 값을 구하여라.

1) $13^2-12^2+11^2-10^2+9^2-8^2$

2) $6^2-8^2+10^2-12^2+14^2-16^2$

• 잎 3-9

$\alpha+\beta+\gamma=-1$, $\alpha\beta+\beta\gamma+\gamma\alpha=0$, $\alpha\beta\gamma=-3$일 때, $\alpha^2(\alpha-2)\beta^2(\beta-2)\gamma^2(\gamma-2)$의 값을 구하여라.

• 잎 3-10

다항식 x^4-8x^2+4가 x^2의 계수가 1인 두 이차식의 곱으로 인수분해될 때, 두 이차식을 구하여라.

• 잎 3-11

다항식 $x^5+ax^2+15x+b$가 $(x+1)^3$을 인수로 가질 때, 상수 a, b의 값을 구하여라.

• 잎 3-12

다음 물음에 답하여라.

1) 다항식 $3x^4+8x^3+5x-2$가 $(3x-1)Q(x)$로 인수분해될 때, 다항식 $Q(x)$를 구하여라.
2) 다항식 $9x^3-12x^2+3ax+b$가 $(3x-1)^2Q(x)$로 인수분해될 때, 다항식 $Q(x)$와 실수 a, b의 값을 구하여라.

• 잎 3-13

다음 물음에 답하여라.

1) $a+b+c=0$일 때, $\dfrac{a^3+b^3+c^3}{5abc}$의 값을 구하여라. (단, $abc\neq0$)
2) 삼각형의 세 변의 길이 a, b, c에 대하여 $(a-b)^3+(b-c)^3+(c-a)^3=0$이 성립할 때, 이 삼각형은 어떤 삼각형인지 말하여라.
3) 다음 중 $\left(\dfrac{103}{100}\right)^3-\left(\dfrac{3}{100}\right)^3-1$의 값과 같은 것은?

① $\dfrac{3^2\cdot103}{10^2}$ ② $\dfrac{3^2\cdot103}{10^4}$ ③ $\dfrac{3^2\cdot103}{10^6}$ ④ $-\dfrac{3^2\cdot103}{10^4}$ ⑤ $-\dfrac{3^2\cdot103}{10^2}$

4) 삼각형의 세 변의 길이 a, b, c에 대하여 $a^3+b^3+c^3=3abc$가 성립할 때, 이 삼각형은 어떤 삼각형인지 말하여라.

• 잎 3-14

최고차항의 계수가 1인 다항식 $f(x)$가 모든 실수 x에 대하여 등식
$f(x^2)=x^3f(x+3)+6x^2(x+3)(x-1)(x-3)$을 만족시킬 때, $f(x)$를 구하여라.

4. 복소수

01 복소수

1 실수 (real number)
2 실수
3 허수 (imaginary number)
4 허수
5 허수단위 i
6 복소수
7 복소수가 서로 같을 조건

02 복소수의 연산

1 켤레복소수
2 복소수의 사칙연산
3 복소수의 연산에 대한 성질
4 켤레복소수의 성질
5 복소수와 그 켤레복소수는 서로가 서로의 켤레복소수이다.
6 복소수와 그 켤레복소수의 합과 곱의 값은 항상 실수이다.
7 ⋆복소수 z가 '순허수'임을 알려주는 표현
8 복소수 z가 '실수'임을 알려주는 표현

03 i의 거듭제곱, 음수의 제곱근

1 i의 거듭제곱
2 음수의 제곱근
3 음수의 제곱근의 성질(곱셈)
4 음수의 제곱근의 성질(나눗셈)
5 음수의 제곱근의 성질
6 음수의 제곱근의 성질의 역

연습문제

01 복소수

1 실수 (real number) ※ '실제로 존재하는 수' 정도로 해석이 가능하다.

수직선 위에 나타낼 수 있는 수를 **실수**라 한다.

2 실수

0이 아닌 실수를 제곱한 값은 양수이고, 0을 제곱한 값은 0이다.

따라서 임의의 실수 x를 제곱하면 0 또는 양수가 되므로 다음이 성립한다.

$\boldsymbol{x^2=a}$ $(\boldsymbol{a\geq 0})$ → $x=\pm\sqrt{a}$ $(a\geq 0)$

ex) $x^2=0$ → $x=\pm\sqrt{0}=0$

$x^2=4$ → $x=\pm\sqrt{4}=\pm 2$ ⇨ 유리수

$x^2=2$ → $x=\pm\sqrt{2}=\pm 1.414\cdots$

$x^2=3$ → $x=\pm\sqrt{3}=\pm 1.732\cdots$ ⇨ 무리수

(유리수, 무리수 } 실수)

실수는 $\sqrt{}$ 안의 값이 0 이상인 수이다.

3 허수 (imaginary number) ※ '상상의 수' 정도로 해석이 가능하다.

수직선 위에 나타낼 수 없는 수를 **허수**라 한다.

4 허수

제곱하여 음수가 되는 수가 있다고 상상해 보자.

$\boldsymbol{x^2=-1}$ → $x=\pm\sqrt{-1}$

ex) $x^2=-4$ → $x=\pm\sqrt{-4}$ $x^2=-3$ → $x=\pm\sqrt{-3}$

허수는 $\sqrt{}$ 안의 값이 음수인 수이다.

5 허수단위 i

1) 제곱하여 -1이 되는 수인 $\pm\sqrt{-1}$ 중에서 $\sqrt{-1}$을 i로 나타내고, 이 새로운 수 i를 **허수 단위**라 한다. 즉 $i=\sqrt{-1}$을 제곱하면 * $\boldsymbol{i^2=-1}$이 된다.

따라서 $i^3=i^2\cdot i=-i$, $i^4=i^2\cdot i^2=1$이므로 $i+i^2+i^3+i^4=0$이다.

※ 허수단위 i는 $i$maginary number의 첫 글자를 따온 것이다.

2) $a>0$일 때, $\boldsymbol{\sqrt{-a}=\sqrt{a}\,i}$로 정의 (약속)한다.

뿌리 1-1 허수단위 i (1)

다음을 허수단위 i를 사용하여 나타내어라. (단, $i=\sqrt{-1}$)

1) $\sqrt{-2}$ 2) $\sqrt{-9}$ 3) $-\sqrt{-7}$ 4) $-\sqrt{-4}$ 5) $-\sqrt{-8}$

핵심 $a>0$일 때, $\sqrt{-a}=\sqrt{a}\,i$로 정의(약속)한다.

풀이 1) $\sqrt{-2}=\boldsymbol{\sqrt{2}i}$ 2) $\sqrt{-9}=\sqrt{9}\,i=\boldsymbol{3i}$ 3) $-\sqrt{-7}=\boldsymbol{-\sqrt{7}i}$

4) $-\sqrt{-4}=-\sqrt{4}\,i=\boldsymbol{-2i}$ 5) $-\sqrt{-8}=-\sqrt{8}\,i=\boldsymbol{-2\sqrt{2}i}$

뿌리 1-2 허수단위 i (2)

다음 수의 제곱근을 구하여라. (단, $i=\sqrt{-1}$)

1) 4 2) 3 3) -3 4) -4 5) 8 6) -8

핵심 제곱하여 a가 되게 하는 수를 a의 제곱근이라고 한다.

풀이 1) $x^2=4$ $\therefore x=\pm\sqrt{4}=\boldsymbol{\pm 2}$ 2) $x^2=3$ $\therefore x=\boldsymbol{\pm\sqrt{3}}$

3) $x^2=-3$ $\therefore x=\pm\sqrt{-3}=\boldsymbol{\pm\sqrt{3}i}$ 4) $x^2=-4$ $\therefore x=\pm\sqrt{-4}=\pm\sqrt{4}\,i=\boldsymbol{\pm 2i}$

5) $x^2=8$ $\therefore x=\pm\sqrt{8}=\boldsymbol{\pm 2\sqrt{2}}$ 6) $x^2=-8$ $\therefore x=\pm\sqrt{-8}=\pm\sqrt{8}\,i=\boldsymbol{\pm 2\sqrt{2}i}$

6 복소수

임의의 <u>실수 a, b</u>에 대하여 $a+bi$ 꼴의 수를 **복소수**라 하고, a를 **실수부분**, b를 **허수부분**이라 한다.

이때, 임의의 실수 a는 $a+0\cdot i$ 꼴로 나타낼 수 있으므로 실수 전체의 집합은 복소수 전체의 집합에 포함된다.

또, $a+bi\,(b\neq 0)$ 꼴로 나타낼 수 있으므로 이 같은 실수가 아닌 복소수를 **허수**라 한다.

특히 $a=0$, $b\neq 0$인 bi를 **순허수**라 한다.

복소수 $a+bi$ (<u>a, b는 실수</u>)
- 실수 $(b=0)$
- 허수 $(b\neq 0)$
  - 순허수 $(a=0, b\neq 0)$ ex) $i, -3i, 2\sqrt{2}i$
  - 순허수가 아닌 허수 $(a\neq 0, b\neq 0)$ ex) $3-i, 2+2i$

복소수 $a+bi\,(a, b$는 실수)에서 허수부분은 bi가 아니라 b이다. 즉, 허수부분도 실수이다.

① $2+\sqrt{5}i$의 실수부분은 2, 허수부분은 $\sqrt{5}$ 이다.

② 4는 $4+0\cdot i$로 나타낼 수 있으므로 실수부분은 4, 허수부분은 0이다.

③ $-3i$는 $0+(-3)i$로 나타낼 수 있으므로 실수부분은 0, 허수부분은 -3이다.

씨앗. 1 다음 복소수의 실수부분과 허수부분을 구하여라.

1) $i-2$ 2) $\frac{3}{2}$ 3) $-\sqrt{5}i$

풀이 1) 실수부분 : -2, 허수부분 : 1 2) 실수부분 : $\frac{3}{2}$, 허수부분 : 0

3) 실수부분 : 0, 허수부분 : $-\sqrt{5}$

7 복소수가 서로 같을 조건

두 복소수에서 실수부분은 실수부분끼리, 허수부분은 허수부분끼리 서로 같을 때, **두 복소수는 서로 같다**고 한다.

*a, b, c, d가 실수일 때

1) $a+bi=c+di$이면 $a=c$, $b=d$이다.

2) $a+bi=0$이면 $a=0$, $b=0$이다. ($\because a+bi=0+0\cdot i$)

주의 $a+bi=c+di$에서 복소수가 서로 같을 조건을 이용하려면 *a, b, c, d가 실수라는 조건이 있어야 한다.
($\because$ 실수라는 조건이 없으면 $a=di$, $b=-ci$일 때도 등식이 성립한다.)

뿌리 1-3 복소수가 서로 같을 조건

다음 등식이 성립하도록 실수 x, y의 값을 구하여라. (단, $i=\sqrt{-1}$)

1) $x+yi=-3+2\sqrt{2}i$ 2) $x-yi=-\sqrt{3}i$ 3) $(x+2)-(y-\sqrt{3})i=0$

핵심 a, b, c, d가 실수일 때
$a+bi=c+di \Leftrightarrow a=c, b=d$
$a+bi=0 \Leftrightarrow a=0, b=0$

풀이 두 복소수가 같으려면 실수부분은 실수부분끼리, 허수부분은 허수부분끼리 같아야 한다.

1) x, y가 실수이므로 $\boldsymbol{x=-3, y=2\sqrt{2}}$

2) x, y가 실수이므로 x, $-y$도 실수이다.
$x-yi=0-\sqrt{3}i$ 에서 $x=0$, $-y=-\sqrt{3}$
$\therefore \boldsymbol{x=0, y=\sqrt{3}}$

3) x, y가 실수이므로 $x+2$, $-(y-\sqrt{3})$도 실수이다.
$(x+2)-(y-\sqrt{3})i=0+0\cdot i$ 에서 $x+2=0$, $-(y-\sqrt{3})=0$
$\therefore \boldsymbol{x=-2, y=\sqrt{3}}$

[줄기 1-1] 다음 등식이 성립하도록 실수 a, b의 값을 구하여라. (단, $i=\sqrt{-1}$)

1) $(2a-b)-(a-b)i=4-i$ 2) $(a-b)+(a+b-1)i=\sqrt{3}+(-1+\sqrt{3})i$

02 복소수의 연산

1 켤레복소수 (비슷한 예) 신발 한 켤레, 장갑 한 켤레

복소수 $a+bi$ (a, b는 실수)에 대하여 **허수부분의 부호를 바꾼** 복소수 $a-bi$를 $a+bi$의 **켤레복소수**라 하고, 이것을 기호로 $\overline{a+bi}$로 나타낸다. 즉, $\overline{\boldsymbol{a+bi}}=\boldsymbol{a-bi}$

※ 복소수 z의 켤레복소수는 $\bar{z}$이고, 이를 'z bar'라 읽는다.

뿌리 2-1 켤레복소수

다음 복소수의 켤레복소수를 구하여라.

1) $a=1+i$ 2) $b=2-\sqrt{3}i$ 3) $c=i$
4) $d=-2i$ 5) $e=3$ 6) $f=-15$

풀이 1) $\bar{a}=\overline{1+i}=\boldsymbol{1-i}$ 2) $\bar{b}=\overline{2-\sqrt{3}i}=\boldsymbol{2+\sqrt{3}i}$ 3) $\bar{c}=\overline{0+i}=0-i=\boldsymbol{-i}$
4) $\bar{d}=\overline{0-2i}=\boldsymbol{2i}$ 5) $\bar{e}=\overline{3+0\cdot i}=3-0\cdot i=\boldsymbol{3}$ 6) $\bar{f}=\overline{-15+0\cdot i}=-15-0\cdot i=\boldsymbol{-15}$

참고 주어진 복소수의 허수부분의 부호를 바꾸면 주어진 복소수의 켤레복소수가 된다.

[줄기2-1] 다음 복소수의 켤레복소수를 구하여라.

1) $\sqrt{2}i-1$ 2) $-7i$ 3) 5 4) $-2+\sqrt{3}$

2 복소수의 사칙연산 $(+, -, \times, \div)$

복소수의 사칙연산은 허수단위 i를 문자처럼 생각하여 다음과 같이 계산한다.
a, b, c, d가 실수일 때,

덧셈 : $(\underbrace{a}_{\text{실수부분}}+\underbrace{bi}_{\text{허수부분}})+(\underbrace{c}_{\text{실수부분}}+\underbrace{di}_{\text{허수부분}})=(\underbrace{a+c}_{\text{실수부분}})+(\underbrace{b+d}_{\text{허수부분}})i$

뺄셈 : $(\underbrace{a}_{\text{실수부분}}+\underbrace{bi}_{\text{허수부분}})-(\underbrace{c}_{\text{실수부분}}+\underbrace{di}_{\text{허수부분}})=(\underbrace{a-c}_{\text{실수부분}})+(\underbrace{b-d}_{\text{허수부분}})i$

곱셈 : $(a+bi)(c+di)=ac+adi+bci+bdi^2=ac+adi+bci-bd=(ac-bd)+(ad+bc)i$

나눗셈 : $\dfrac{a+bi}{c+di}=\dfrac{(a+bi)(c-di)}{(c+di)(c-di)}=\dfrac{ac-adi+bci-bdi^2}{c^2-d^2i^2}=\dfrac{ac+bd}{c^2+d^2}+\dfrac{bc-ad}{c^2+d^2}i$

(단, $c+di\neq 0$ ∵ 분모는 0이 될 수 없다.)

뿌리 2-2 복소수의 사칙연산(1)

다음을 계산하여라.

1) $(2+i)+(3-4i)$ 2) $(2-i)(2+3i)$ 3) $(2-2i)(2+2i)$

4) $(3+2i)^2$ 5) $\dfrac{2}{1+i}$ 6) $\dfrac{1}{i^{11}}$

풀이 1) (주어진 식)$=2+i+3-4i=(2+3)+(1-4)i=\mathbf{5-3i}$

2) (주어진 식)$=4+6i-2i-3i^2=4+(6-2)i+3=\mathbf{7+4i}$

3) (주어진 식)$=4+4i-4i-4i^2=4+(4-4)i+4=\mathbf{8}$

3) $(x-y)(x+y)=x^2-y^2$이므로

(주어진 식)$=2^2-(2i)^2=4-4i^2=4+4=\mathbf{8}$

4) $(x+y)^2=x^2+2xy+y^2$이므로

(주어진 식)$=3^2+2\cdot3\cdot2i+(2i)^2=9+12i+4i^2=9+12i-4=\mathbf{5+12i}$

5) (주어진 식)$=\dfrac{2(1-i)}{(1+i)(1-i)}=\dfrac{2(1-i)}{1-i^2}=\dfrac{2(1-i)}{2}=\mathbf{1-i}$

6) $i^2=-1,\ i^3=-i,\ i^4=1$이므로

(주어진 식)$=\dfrac{1}{(i^4)^2\cdot i^3}=\dfrac{1}{1\cdot(-i)}=-\dfrac{1}{i}=-\dfrac{1\cdot i}{i\cdot i}=-\dfrac{i}{i^2}=-\dfrac{i}{(-1)}=\mathbf{i}$

[줄기2-2] 다음을 계산하여라.

1) $(2-i)-(\sqrt{3}-\sqrt{2}i)$ 2) $(\sqrt{3}+\sqrt{2}i)(\sqrt{3}-\sqrt{2}i)$ 3) $\dfrac{1+i}{3-2i}$

뿌리 2-3 복소수의 사칙연산(2)

등식 $\dfrac{x}{1+i}-\dfrac{y}{1-i}=2+3i$을 만족하는 실수 x, y의 값을 구하여라.

핵심 a, b, c, d가 실수일 때, $a+bi=c+di \Leftrightarrow a=c,\ b=d$

풀이 주어진 등식의 좌변을 통분하면

$$\frac{x}{1+i}-\frac{y}{1-i}=\frac{x(1-i)-y(1+i)}{(1+i)(1-i)}=\frac{x-xi-y-yi}{1-i^2}=\frac{x-y}{2}+\frac{-x-y}{2}i$$

이므로 주어진 등식은 $\dfrac{x-y}{2}+\dfrac{-x-y}{2}i=2+3i$

x, y가 실수이므로 $\dfrac{x-y}{2}$, $\dfrac{-x-y}{2}$도 실수이다.

따라서 복소수가 서로 같을 조건에 의하여

$\dfrac{x-y}{2}=2,\ \dfrac{-x-y}{2}=3 \quad \therefore x-y=4,\ -x-y=6$

두 식을 연립하여 풀면 $\mathbf{x=-1,\ y=-5}$

뿌리 2-4 복소수의 사칙연산(3)

등식 $(1-i)x+(-2-i)y=1-4i$을 만족하는 실수 x, y의 값을 구하여라.

풀이 주어진 등식을 전개하면 $x-xi-2y-yi=1-4i$

$\therefore (x-2y)+(-x-y)i=1-4i$

x, y가 실수이므로 $x-2y$, $-x-y$도 실수이다.

따라서 복소수가 서로 같을 조건에 의하여

$x-2y=1$, $-x-y=-4$

두 식을 연립하여 풀면 $\boldsymbol{x=3,\ y=1}$

참고 a, b, c, d가 실수일 때, $a+bi=c+di \Leftrightarrow a=c, b=d$

[줄기2-3] 다음 등식을 만족하는 실수 x, y의 값을 구하여라.

1) $2x(1+i)+y(1-i)-4-4i=0$　　2) $\dfrac{x}{2+3i}-\dfrac{y}{2-3i}=\dfrac{2+3i}{13}$

뿌리 2-5 복소수의 사칙연산(4)

다음 식을 간단히 하여라.

1) $1+i+i^2+i^3+i^4+i^5+\cdots+i^{1001}$　　2) $\left(\dfrac{1+i}{1-i}\right)^{2014}$

풀이 1) $i+i^2+i^3+i^4=0$이므로

$1+(i+i^2+i^3+i^4)+i^4(i+i^2+i^3+i^4)+\cdots+i^{996}(i+i^2+i^3+i^4)+(i^4)^{250}\cdot i=\boldsymbol{1+i}$

1) i^n에서 지수 n이 연속하는 자연수일 때, 이것의 네 개의 합이 0이므로

「강추」 $1+i+(i^2+i^3+i^4+i^5)+(i^6+i^7+i^8+i^9)+\cdots+(i^{998}+i^{999}+i^{1000}+i^{1001})$

$=1+i+0\times 250=\boldsymbol{1+i}$

2) $\left(\dfrac{1+i}{1-i}\right)^2=\dfrac{2i}{-2i}=-1$　$\therefore \left(\dfrac{1+i}{1-i}\right)^{2014}=\left\{\left(\dfrac{1+i}{1-i}\right)^2\right\}^{1007}=(-1)^{1007}=\boldsymbol{-1}$

2) $\dfrac{1+i}{1-i}=i$　$\therefore \left(\dfrac{1+i}{1-i}\right)^{2014}=i^{2014}=(i^4)^{503}\cdot i^2=1\cdot(-1)=\boldsymbol{-1}$

참고 2) $(1+i)^2=2i\,(\because 1+i^2+2i)$, $(1-i)^2=-2i\,(\because 1+i^2-2i)$는 매우 자주 쓰이므로 기억하자!

$\boldsymbol{\dfrac{1+i}{1-i}=+i}\left(\because \dfrac{(1+i)^2}{(1-i)(1+i)}=\dfrac{2i}{2}\right)$, $\boldsymbol{\dfrac{1-i}{1+i}=-i}\left(\because \dfrac{(1-i)^2}{(1+i)(1-i)}=\dfrac{-2i}{2}\right)$는 기억하자!

[줄기2-4] 다음 식을 간단히 하여라. (단, $i=\sqrt{-1}$)

1) $\left(\dfrac{1-i}{1+i}\right)^{101}$　　2) $\left(\dfrac{1-i}{\sqrt{2}}\right)^{108}$　　3) $\left(\dfrac{1+i}{\sqrt{2}}\right)^{50}+\left(\dfrac{1-i}{\sqrt{2}}\right)^{50}$

3 복소수의 연산에 대한 성질

실수의 연산에서와 같이 복소수의 연산에서도 다음 성질이 성립한다.

복소수 z_1, z_2, z_3에 대하여

1) **교환법칙** : $z_1+z_2=z_2+z_1$, $z_1z_2=z_2z_1$ ⋯㉠

2) **결합법칙** : $(z_1+z_2)+z_3=z_1+(z_2+z_3)$, $(z_1z_2)z_3=z_1(z_2z_3)$ ⋯㉡

3) **분배법칙** : $z_1(z_2+z_3)=z_1z_2+z_1z_3$, $(z_1+z_2)z_3=z_1z_3+z_2z_3$ ⋯㉢

증명 $z_1=a+bi$, $z_2=c+di$, $z_3=e+fi$ (a, b, c, d, e, f는 실수)를 ㉠, ㉡, ㉢에 대입하여 계산하면 쉽게 증명이 된다.

참고 실수의 사칙연산의 결과는 모두 실수이다. 마찬가지로 복소수의 사칙연산의 결과는 모두 복소수이다.
즉, 실수와 마찬가지로 복소수에서도 0으로 나누는 경우를 제외하면 사칙연산이 가능하다.
따라서 실수와 마찬가지로 복소수에서도 덧셈, 곱셈에 대하여 교환법칙, 결합법칙, 분배법칙이 성립한다.

(익히는 방법)
실수의 사칙연산과 복소수의 사칙연산은 다를 게 없다.

4 켤레복소수의 성질

복소수 z_1, z_2와 그 켤레복소수 $\overline{z_1}$, $\overline{z_2}$에 대하여 다음이 성립한다.

1) $\overline{(\overline{z_1})}=z_1$ ⋯㉠

2) $\overline{z_1+z_2}=\overline{z_1}+\overline{z_2}$, $\overline{z_1-z_2}=\overline{z_1}-\overline{z_2}$ ⋯㉡

3) $\overline{z_1z_2}=\overline{z_1}\cdot\overline{z_2}$ ⋯㉢

4) $\overline{\left(\dfrac{z_1}{z_2}\right)}=\dfrac{\overline{z_1}}{\overline{z_2}}$ (단, $z_2\neq0$) ⋯㉣

증명 $z_1=a+bi$, $z_2=c+di$ (a, b, c, d는 실수)를 ㉠, ㉡, ㉢, ㉣에 대입하여 계산하면 쉽게 증명이 된다.

5 복소수와 그 켤레복소수는 서로가 서로의 켤레복소수이다.

z의 켤레복소수는 $\overline{z}$이고, $\overline{z}$의 켤레복소수는 z이다.

즉, ⋆**복소수와 그 켤레복소수는 서로가 서로의 켤레복소수이다.**

증명 i) $z=a+bi$의 켤레복소수 $\overline{z}=\overline{a+bi}=a-bi$

ii) $\overline{z}=a-bi$의 켤레복소수 $\overline{(\overline{z})}=\overline{a-bi}=a+bi=z$ $\quad\therefore\ \overline{(\overline{z})}=z$

즉, 복소수 z의 켤레복소수는 $\overline{z}$이고, 복소수 $\overline{z}$의 켤레복소수는 z이다.

(익히는 방법)
복소수 z의 켤레복소수는 $\overline{z}$이고, $\overline{z}$의 켤레복소수는 z이다.

6 복소수와 그 켤레복소수의 합과 곱은 항상 실수이다.

복소수 $z=a+bi$, $\bar{z}=a-bi$ (a, b는 실수)에 대하여 다음이 성립한다.

i) $z+\bar{z}=a+bi+a-bi=2a$ $\therefore$ $z+\bar{z}$ **는 실수**이다.

ii) $z\bar{z}=(a+bi)(a-bi)=a^2+b^2$ $\therefore$ $z\bar{z}$ **는 실수**이다.

(익히는 방법) $z=a+bi$ (a, b는 실수)라 하면
i) $z+\bar{z}=2a$임을 기억한다.
ii) $z\bar{z}=a^2+b^2$임을 기억한다.
⇨ a, b를 즉시 구할 수 있는 이점이 있다.

※ $z-\bar{z}=2bi$임도 기억해야 한다. 예) 잎 4–5) [p.96]

뿌리 2-6 $z=a+bi$ (a, b는 실수)로 놓고 복소수 z 구하기(1)

복소수 z와 켤레복소수 $\bar{z}$에 대하여 $z-3\bar{z}=4+16i$를 만족할 때, 복소수 z를 구하여라.

풀이 $z=a+bi$ (a, b는 실수)로 놓으면 $\bar{z}=a-bi$
이것을 주어진 식에 대입하면
$a+bi-3(a-bi)=4+16i$
$-2a+4bi=4+16i$
a, b는 실수이므로 $-2a, 4b$도 실수이다.
따라서 복소수가 서로 같을 조건에 의하여
$-2a=4$, $4b=16$ $\therefore a=-2, b=4$ $\therefore$ $\boldsymbol{z=-2+4i}$

뿌리 2-7 $z=a+bi$ (a, b는 실수)로 놓고 복소수 z 구하기(2)

복소수 z와 켤레복소수 $\bar{z}$에 대하여 $z+\bar{z}=4$, $z\bar{z}=8$을 만족하는 복소수 z를 구하여라.

핵심 $z=a+bi$ (a, b는 실수)라 하면
i) $z+\bar{z}=2a$ ($\because a+bi+a-bi$)
ii) $z\bar{z}=a^2+b^2$ ($\because (a+bi)(a-bi)$)
iii) $z-\bar{z}=2bi$ ($\because (a+bi)-(a-bi)$)

풀이 $z=a+bi$ (a, b는 실수)라 하면
i) $z+\bar{z}=4$에서 $2a=4$ $\therefore a=2$
ii) $z\bar{z}=8$에서 $a^2+b^2=8$
$2^2+b^2=8$, $b^2=4$ $\therefore b=\pm 2$
$\therefore$ $\boldsymbol{z=2+2i}$ **또는** $\boldsymbol{z=2-2i}$

뿌리 2-8 켤레복소수의 성질을 이용한 계산

α, β는 복소수이고 $\alpha+\beta=1+i, \alpha\beta=2i-3$일 때, $\overline{\alpha}+\overline{\beta}+\overline{\alpha}\cdot\overline{\beta}$의 값을 구하여라.
(단, $\overline{\alpha}, \overline{\beta}$는 각각 α, β의 켤레복소수이다.)

핵심 $\overline{z_1+z_2}=\overline{z_1}+\overline{z_2}$, $\overline{z_1z_2}=\overline{z_1}\cdot\overline{z_2}$

풀이 $\overline{\alpha}+\overline{\beta}+\overline{\alpha}\cdot\overline{\beta}=\overline{\alpha+\beta}+\overline{\alpha\beta}$

$\alpha+\beta=1+i$에서 $\overline{\alpha+\beta}=\overline{1+i}$ $\therefore \overline{\alpha+\beta}=1-i$

$\alpha\beta=2i-3$에서 $\overline{\alpha\beta}=\overline{2i-3}$ $\therefore \overline{\alpha\beta}=-2i-3$

따라서 $\overline{\alpha+\beta}+\overline{\alpha\beta}=(1-i)+(-2i-3)=\mathbf{-2-3i}$

주의 $\overline{2i-3}=2i+3$ (×), $\overline{2i-3}=-2i-3$ (○) (∵ 켤레복소수는 허수부분의 부호를 바꾼다.)

[줄기2-5] $z=1+i$일 때, $\dfrac{\overline{z}-1}{z}+\dfrac{z-1}{\overline{z}}$의 값을 구하여라. (단, $\overline{z}$는 z의 켤레복소수이다.)

뿌리 2-9 복소수가 실수, 순허수가 되는 조건

복소수 $z=(2+i)x-3x+4-5i$에 대하여 z가 실수가 되도록 하는 실수 x의 값을 a라 하고, z가 순허수가 되도록 하는 실수 x의 값을 b라 할 때, a, b의 값을 구하여라.

풀이 $z=2x+xi-3x+4-5i$

$=(-x+4)+(x-5)i$

z가 실수가 되려면 (허수부분)$=0$이므로

$x-5=0$ $\therefore x=5$ $\therefore \mathbf{a=5}$

z가 순허수가 되려면 (실수부분)$=0$, (허수부분)$\neq 0$이므로

$-x+4=0, x-5\neq 0$ $\therefore x=4$ $\therefore \mathbf{b=4}$

[줄기2-6] 복소수 $z=x^2-(2+i)x-8+4i$가 순허수일 때, 실수 x의 값을 구하여라.

[줄기2-7] 복소수 $z=a^2-2a+(a^2+a-6)i$가 순허수일 때, 실수 a의 값을 구하여라.

뿌리 2-10 복소수의 값이 주어졌을 때, 식의 값 구하기

$x=3-i$일 때, x^3-6x^2+7x+2의 값을 구하여라.

풀이 주어진 식에 $x=3-i$을 대입하면 계산이 너무 복잡하므로
$x=3-i$에서 $x-3=-i$
양변을 제곱하면 $x^2-6x+9=-1$ $\therefore x^2-6x+10=0$
$x^3-6x^2+7x+2=x(x^2-6x+10)-3x+2$
$=-3x+2$ $(\because x^2-6x+10=0)$
$=-3(3-i)+2$ $(\because x=3-i)$
$=\mathbf{-7+3i}$

[줄기2-8] $z=\dfrac{3+i}{1-i}$일 때, z^3-2z^2+3의 값을 구하여라.

뿌리 2-11 합과 곱의 값을 알면 답을 구할 수 있다.

$x=1+i,\ y=1-i$일 때, $\dfrac{y}{x}+\dfrac{x}{y}$의 값을 구하여라.

풀이 $x+y=2$ (합의 값), $xy=2$ (곱의 값)
$\dfrac{y}{x}+\dfrac{x}{y}=\dfrac{y^2+x^2}{xy}=\dfrac{(x+y)^2-2xy}{xy}=\dfrac{2^2-2\cdot 2}{2}=\mathbf{0}$

참고 합과 곱의 값을 알면 답을 구할 수 있다.

[줄기2-9] $x=2+\sqrt{3}i,\ y=2-\sqrt{3}i$일 때, $\dfrac{x}{x+yi}+\dfrac{yi}{x-yi}$의 값을 구하여라.

7 *복소수 z가 '순허수'임을 알려주는 표현

복소수 z와 그 켤레복소수 $\overline{z}$에 대하여 다음이 성립한다.

1) **z^2이 음수일 때** ⇨ z는 '순허수'이다. ※ (음수) ⇔ (음의 실수)

증명 순허수 $z=bi$ (b는 실수, $b\neq 0$)일 때를 생각해 보면 된다.

2) **$\overline{z}=-z$, 즉 $\overline{z}+z=0$일 때** ⇨ z는 '순허수' 또는 '0'이다.

증명 순허수 $z=bi$, $\overline{z}=-bi$ (b는 실수, $b\neq 0$) 또는 $z=0$일 때를 생각해 보면 된다.

주의 음수는 0보다 작은 실수를 말한다. 즉, (음수) ⇔ (음의 실수)
따라서 음수와 음의 정수를 헷갈리지 않도록 한다. 즉, (음수) ≠ (음의 정수)

8 복소수 z가 '실수'임을 알려주는 표현

복소수 z와 그 켤레복소수 $\overline{z}$에 대하여 다음이 성립한다.

1) **z^2이 0 이상일 때** ⇨ z는 '실수'이다.

증명 실수 $z=a$(a는 실수)일 때를 생각해 보면 된다.

2) **$\overline{z}=z$, 즉 $\overline{z}-z=0$일 때** ⇨ z는 '실수'이다.

증명 실수 $z=a$, $\overline{z}=a$(a는 실수)일 때를 생각해 보면 된다.

익히는 방법 복소수 z가 '순허수' 또는 '실수'임을 알려주는 표현

1) z^2이 실수일 때, z는 '순허수' 또는 '실수'이다.

i)* z^2이 음수이면 z는 '순허수'이다. ex) $i^2=-1$

ii) z^2이 0 이상이면 z는 '실수'이다. ex) (실수)$^2 \geq 0$

2) 복소수와 그 켤레복소수의 합 또는 차의 값이 0일 때, z는 '순허수' 또는 '실수'이다.

i)* $z+\overline{z}=0$ ($z=-\overline{z}$)이면 z는 '순허수' 또는 '0'이다. ex) $i+\overline{i}=0$, $i=-\overline{i}$, $0+\overline{0}=0$, $0=-\overline{0}$

ii) $z-\overline{z}=0$ ($z=\overline{z}$)이면 z는 '실수'이다. ex) (실수)$-\overline{(\text{실수})}=0$, (실수)$=\overline{(\text{실수})}$

주의 $z=0$이면 복소수 z와 그 켤레복소수 $\overline{z}$의 합 또는 차의 값이 0이다.
즉, $z=0$이면 $z+\overline{z}=0$, $z-\overline{z}=0$ ($\because \overline{z}=0$)

뿌리 2-12 복소수 z가 순허수임을 알려주는 표현

다음에서 $z=-\overline{z}$를 만족하는 복소수 z를 모두 골라라. (단, $\overline{z}$는 z의 켤레복소수이다.)

① $-\sqrt{2}i+1$ ② $3i$ ③ $(\sqrt{3}-1)i$ ④ $-\sqrt{3}+2$ ⑤ $-i$ ⑥ 0

풀이 $z=-\overline{z}$이면 z는 '순허수' 또는 '0'이다. ex) $i=-\overline{i}$, $0=-\overline{0}$

주의 *0을 빠트리지 않도록 주의한다.

팁 $z=0$이면 $z=\overline{z}$, $z=-\overline{z}$, $z+\overline{z}=0$, $z-\overline{z}=0$ ($\because \overline{z}=0$)

정답 ②, ③, ⑤, ⑥

[줄기 2-10] 다음에서 $z=\overline{z}$를 만족하는 복소수 z를 모두 골라라. (단, $\overline{z}$는 z의 켤레복소수이다.)

① $-\sqrt{2}i+1$ ② $3i$ ③ $(\sqrt{3}-1)i$ ④ $-\sqrt{3}+2$ ⑤ $-i$ ⑥ 0

[줄기 2-11] 복소수 $z=(1+xi)(1-2i)$에 대하여 z^2이 음의 실수가 되도록 하는 실수 x의 값을 구하여라.

[줄기 2-12] 등식 $\{a(2+i)-b(3-i)\}^2=-1$이 성립할 때, 실수 a, b의 값을 구하여라.

03 i 의 거듭제곱, 음수의 제곱근

1 i 의 거듭제곱 (i의 주기성)

$i^2=-1$을 이용하여 $i, i^2, i^3, i^4, \cdots$의 값을 차례로 구하면 $i, -1, -i, 1, \cdots$이 반복되어 나타나므로 i^n (n은 자연수)의 값은 다음과 같은 규칙성을 갖는다.

1) $i=i^5=i^9=i^{13}=i^{17}=\cdots\cdots=(i^4)^n\cdot i=i^{4n+1}$ $\quad\therefore \boldsymbol{i^{4n+1}=i^1=i}$

2) $i^2=i^6=i^{10}=i^{14}=i^{18}=\cdots\cdots=(i^4)^n\cdot i^2=i^{4n+2}$ $\quad\therefore \boldsymbol{i^{4n+2}=i^2=-1}$

3) $i^3=i^7=i^{11}=i^{15}=i^{19}=\cdots\cdots=(i^4)^n\cdot i^3=i^{4n+3}$ $\quad\therefore \boldsymbol{i^{4n+3}=i^3=-i}$

4) $i^4=i^8=i^{12}=i^{16}=\cdots\cdots=i^{4n}=(i^4)^n\cdot i^4=i^{4n+4}$ $\quad\therefore \boldsymbol{i^{4n}=1}$

참고 i^n (n은 자연수)의 값은 n을 4로 나누었을 때의 나머지를 생각한다.
$i^{4k}=i^0=1,\ i^{4k+1}=i^1=i,\ i^{4k+2}=i^2=-1,\ i^{4k+3}=i^3=-i$ (단, k는 자연수)

※ $\star i+i^2+i^3+i^4=0$이므로

$i^3+i^4+i^5+i^6=i^2(i+i^2+i^3+i^4)=0,\ i^5+i^6+i^7+i^8=i^4(i+i^2+i^3+i^4)=0$

$i^{198}+i^{199}+i^{200}+i^{201}=i^{197}(i+i^2+i^3+i^4)=0$

$i^{4755}+i^{4756}+i^{4757}+i^{4758}=0,\ i^{70999}+i^{71000}+i^{71001}+i^{71002}=0, \cdots$

(익히는 방법)
i^n에서 지수 $\star n$이 연속하는 자연수일 때, 이것의 네 개의 합은 0이다.

씨앗. 1 $1+i+i^2+i^3+i^4+i^5+\cdots+i^{101}$을 간단히 하여라. (단, $i=\sqrt{-1}$)

방법 I $i+i^2+i^3+i^4=0$이므로

$1+(i+i^2+i^3+i^4)+i^4(i+i^2+i^3+i^4)+\cdots+i^{96}(i+i^2+i^3+i^4)+(i^4)^{25}\cdot i=\boldsymbol{1+i}$

방법 II 「강추」 i^n에서 지수 $\star n$이 연속하는 자연수일 때, 이것의 네 개의 합이 0이므로

$1+i+(i^2+i^3+i^4+i^5)+(i^6+i^7+i^8+i^9)+\cdots+(i^{98}+i^{99}+i^{100}+i^{101})$

$=1+i+0\times 25=\boldsymbol{1+i}$

씨앗. 2 $1+\dfrac{1}{i}+\dfrac{1}{i^2}+\dfrac{1}{i^3}+\cdots+\dfrac{1}{i^{90}}$을 간단히 하여라. (단, $i=\sqrt{-1}$)

핵심 $\dfrac{1}{i}=\dfrac{1\cdot i^3}{i\cdot i^3}=-i,\ \dfrac{1}{i^2}=-1,\ \dfrac{1}{i^3}=\dfrac{1\cdot i}{i^3\cdot i}=i,\ \dfrac{1}{i^4}=1$

풀이 $\dfrac{1}{i}+\dfrac{1}{i^2}+\dfrac{1}{i^3}+\dfrac{1}{i^4}=-i-1+i+1=0$이므로

$1+\left(\dfrac{1}{i}+\dfrac{1}{i^2}+\dfrac{1}{i^3}+\dfrac{1}{i^4}\right)+\dfrac{1}{i^4}\left(\dfrac{1}{i}+\dfrac{1}{i^2}+\dfrac{1}{i^3}+\dfrac{1}{i^4}\right)+\cdots+\dfrac{1}{i^{84}}\left(\dfrac{1}{i}+\dfrac{1}{i^2}+\dfrac{1}{i^3}+\dfrac{1}{i^4}\right)+\dfrac{1}{i^{88}}\left(\dfrac{1}{i}+\dfrac{1}{i^2}\right)$

$=1+\dfrac{1}{i}+\dfrac{1}{i^2}=1-i-1=\boldsymbol{-i}$

2 음수의 제곱근 ※ k의 제곱근은 제곱하여 k가 되는 수, 즉 방정식 $x^2=k$의 근이다.

$-a$의 제곱근은 제곱하여 $-a$가 되는 수, 즉 방정식 $x^2=-a$의 근이다. 이때, $a>0$이면 $(\sqrt{a}i)^2=-a$, $(-\sqrt{a}i)^2=-a$이므로 $-a$ $(a>0)$의 제곱근은 $\sqrt{a}i$와 $-\sqrt{a}i$이다.

따라서 $-a$ $(a>0)$의 제곱근은 $\pm\sqrt{a}i$이다.

즉, $x^2=-a(a>0)$ $\therefore x=\pm\sqrt{-a}=\pm\sqrt{a}i$ ※ $a>0$일 때, $\sqrt{-a}=\sqrt{a}i$로 정의한다. [p.80]

뿌리 3-1 음수의 제곱근의 성질(곱셈)

다음을 계산하여라.

1) $\sqrt{3}\sqrt{5}$ 2) $\sqrt{-3}\sqrt{5}$ 3) $\sqrt{3}\sqrt{-5}$ 4) $\sqrt{-5}\sqrt{-3}$

풀이 1) $\sqrt{3}\sqrt{5}=\sqrt{3\cdot5}=\boldsymbol{\sqrt{15}}$

2) $\sqrt{-3}\sqrt{5}=\sqrt{3}i\times\sqrt{5}=\boldsymbol{\sqrt{15}i}$

2) $\sqrt{-3}\sqrt{5}=\sqrt{(-3)\cdot5}=\sqrt{-15}=\boldsymbol{\sqrt{15}i}$

3) $\sqrt{3}\sqrt{-5}=\sqrt{3}\times\sqrt{5}i=\boldsymbol{\sqrt{15}i}$

3) $\sqrt{3}\sqrt{-5}=\sqrt{3\cdot(-5)}=\sqrt{-15}=\boldsymbol{\sqrt{15}i}$

4) $\sqrt{-5}\sqrt{-3}=\sqrt{5}i\times\sqrt{3}i=\sqrt{15}i^2=\boldsymbol{-\sqrt{15}}$

4) $\sqrt{-5}\sqrt{-3}=\sqrt{(-5)\cdot(-3)}=\sqrt{15}$ ⇨ 오류

3 음수의 제곱근의 성질(곱셈)

뿌리 3-1)에서 보듯이 다음의 성질이 성립한다.

i) $a<0$, $b<0$일 때, * $\sqrt{a}\sqrt{b}=-\sqrt{ab}$

ii) $a<0$, $b<0$일 때를 제외하면 $\sqrt{a}\sqrt{b}=\sqrt{ab}$

증명 $a<0$, $b<0$이면 $-a>0$, $-b>0$이므로

$\sqrt{a}\sqrt{b}=\sqrt{-a}i\times\sqrt{-b}i=\sqrt{(-a)(-b)}i^2=-\sqrt{ab}$

(익히는 방법)

$\sqrt{\ }$ 두 개의 곱은 $\sqrt{\ }$ 하나의 곱으로 합칠 수 있다. ⇨ $\sqrt{a}\sqrt{b}=\sqrt{ab}$

단 $\sqrt{\ }$ 두 개의 곱에서 $\sqrt{\ }$ 안의 값이 모두 음수인 경우는 $\sqrt{\ }$ 하나의 곱으로 합칠 때, 앞에 '−'가 붙는다.

⇨ * $\sqrt{음}\sqrt{음}=-\sqrt{음\cdot음}$, 즉 $\sqrt{a}\sqrt{b}=-\sqrt{ab}$ (단, $a<0$, $b<0$)

[줄기3-1] 다음을 계산하여라.

1) $\sqrt{-5}\sqrt{-3}$ 2) $\sqrt{2}\sqrt{-8}$ 3) $\sqrt{-2}\sqrt{-8}$

뿌리 3-2 음수의 제곱근의 성질(나눗셈)

다음을 계산하여라.

1) $\dfrac{\sqrt{15}}{\sqrt{3}}$ 2) $\dfrac{\sqrt{-15}}{\sqrt{3}}$ 3) $\dfrac{\sqrt{-15}}{\sqrt{-3}}$ 4) $\dfrac{\sqrt{15}}{\sqrt{-3}}$

풀이 1) $\dfrac{\sqrt{15}}{\sqrt{3}}=\sqrt{\dfrac{15}{3}}=\sqrt{5}$

2) $\dfrac{\sqrt{-15}}{\sqrt{3}}=\dfrac{\sqrt{15}\,i}{\sqrt{3}}=\dfrac{\sqrt{15}}{\sqrt{3}}i=\sqrt{\dfrac{15}{3}}\,i=\sqrt{5}\,i$

2) $\dfrac{\sqrt{-15}}{\sqrt{3}}=\sqrt{\dfrac{-15}{3}}=\sqrt{-5}=\sqrt{5}\,i$

3) $\dfrac{\sqrt{-15}}{\sqrt{-3}}=\dfrac{\sqrt{15}\,i}{\sqrt{3}\,i}=\dfrac{\sqrt{15}}{\sqrt{3}}=\sqrt{\dfrac{15}{3}}=\sqrt{5}$

3) $\dfrac{\sqrt{-15}}{\sqrt{-3}}=\sqrt{\dfrac{-15}{-3}}=\sqrt{5}$

4) $\dfrac{\sqrt{15}}{\sqrt{-3}}=\dfrac{\sqrt{15}}{\sqrt{3}\,i}=\dfrac{\sqrt{15}\,i}{\sqrt{3}\,i^2}=\dfrac{\sqrt{15}\,i}{-\sqrt{3}}=-\dfrac{\sqrt{15}}{\sqrt{3}}i=-\sqrt{\dfrac{15}{3}}\,i=-\sqrt{5}\,i$

4) $\dfrac{\sqrt{15}}{\sqrt{-3}}=\sqrt{\dfrac{15}{-3}}=\sqrt{-5}=\sqrt{5}\,i$ ⇨ 오류

4 음수의 제곱근의 성질(나눗셈)

뿌리 3-2)에서 보듯이 다음의 성질이 성립한다.

i) $a>0,\ b<0$일 때, ⋆ $\dfrac{\sqrt{a}}{\sqrt{b}}=-\sqrt{\dfrac{a}{b}}$

ii) $a>0,\ b<0$일 때를 제외하면 $\dfrac{\sqrt{a}}{\sqrt{b}}=\sqrt{\dfrac{a}{b}}$ (단, $b\neq 0$ ∵ 분모는 0이 될 수 없다.)

증명 $a>0,\ b<0$이면 $a>0,\ -b>0$이므로

$$\dfrac{\sqrt{a}}{\sqrt{b}}=\dfrac{\sqrt{a}}{\sqrt{-b}\,i}=\dfrac{\sqrt{a}\,i}{\sqrt{-b}\,i^2}=-\dfrac{\sqrt{a}}{\sqrt{-b}}i=-\sqrt{\dfrac{a}{-b}}\,i=-\sqrt{\dfrac{a}{b}}$$

(익히는 방법)

$\sqrt{\ }$ 두 개의 나누기는 $\sqrt{\ }$ 하나의 나누기로 합칠 수 있다. ⇨ $\dfrac{\sqrt{a}}{\sqrt{b}}=\sqrt{\dfrac{a}{b}}$

단 $\sqrt{\ }$ 두 개의 나누기에서 분모의 $\sqrt{\ }$ 안의 값만 음수인 경우는 $\sqrt{\ }$ 하나의 나누기로 합칠 때, 앞에 '−'가 붙는다.

⇨ ⋆ $\dfrac{\sqrt{\text{양}}}{\sqrt{\text{음}}}=-\sqrt{\dfrac{\text{양}}{\text{음}}}$, 즉 $\dfrac{\sqrt{a}}{\sqrt{b}}=-\sqrt{\dfrac{a}{b}}$ (단, $a>0,\ b<0$)

뿌리 3-3 음수의 제곱근의 성질(곱셈과 나눗셈)

다음을 계산하여라.

1) $\sqrt{-3}\sqrt{-12}-\sqrt{2}\sqrt{-8}$　　2) $\dfrac{\sqrt{36}}{\sqrt{-4}}+\dfrac{\sqrt{-24}}{\sqrt{-2}}+\sqrt{-3}\sqrt{-4}$

핵심 $\sqrt{음}\sqrt{음}=-\sqrt{음\cdot음}$, $\dfrac{\sqrt{양}}{\sqrt{음}}=-\sqrt{\dfrac{양}{음}}$

풀이 1) (주어진 식)$=-\sqrt{(-3)\cdot(-12)}-\sqrt{2\cdot(-8)}=-\sqrt{36}-\sqrt{-16}=\mathbf{-6-4i}$

2) (주어진 식)$=-\sqrt{\dfrac{36}{-4}}+\sqrt{\dfrac{-24}{-2}}-\sqrt{(-3)\cdot(-4)}=-\sqrt{9}i+\sqrt{12}-\sqrt{12}=\mathbf{-3i}$

[줄기3-2] 다음을 계산하여라.

1) $\dfrac{\sqrt{-3}}{\sqrt{2}}$　　2) $\dfrac{\sqrt{3}}{\sqrt{-2}}$　　3) $\dfrac{\sqrt{-3}}{\sqrt{-2}}$　　4) $\sqrt{-8}\sqrt{-2}+\dfrac{\sqrt{8}}{\sqrt{-2}}$

[줄기3-3] 다음 중 옳지 않은 것을 모두 골라라.

① $\sqrt{-2}\sqrt{5}=\sqrt{(-2)\cdot5}$　　② $\sqrt{-2}\sqrt{-5}=\sqrt{(-2)\cdot(-5)}$

③ $\dfrac{\sqrt{2}}{\sqrt{-5}}=\sqrt{\dfrac{2}{-5}}$　　④ $\dfrac{\sqrt{-2}}{\sqrt{-5}}=\sqrt{\dfrac{-2}{-5}}$

5 음수의 제곱근의 성질 ※ 참고 p.92, p.93

1) $a<0,\ b<0$**일 때,** $\sqrt{a}\sqrt{b}=-\sqrt{ab}$, 나머지는 $\sqrt{a}\sqrt{b}=\sqrt{ab}$

2) $a>0,\ b<0$**일 때,** $\dfrac{\sqrt{a}}{\sqrt{b}}=-\sqrt{\dfrac{a}{b}}$, 나머지는 $\dfrac{\sqrt{a}}{\sqrt{b}}=\sqrt{\dfrac{a}{b}}$ (단, $b\neq0$)

6 음수의 제곱근의 성질의 역 ※ 역(逆): 거꾸로 역 (비슷한 예) 역방향

5 음수의 제곱근의 성질의 역은 다음이 성립한다.

1) $\sqrt{a}\sqrt{b}=-\sqrt{ab}$ **이면** $a<0,\ b<0$ **또는** $a=0$ **또는** $b=0$

2) $\dfrac{\sqrt{a}}{\sqrt{b}}=-\sqrt{\dfrac{a}{b}}$ **이면** $a>0,\ b<0$ **또는** $a=0,\ b\neq0$ ($\because$ 분모는 0이 될 수 없다.)

뿌리 3-4 음수의 제곱근의 성질의 역(1)

등식 $\sqrt{x-1}\sqrt{x-2}=-\sqrt{(x-1)(x-2)}$를 만족시키는 실수 x의 값의 범위를 구하여라.

핵심 $\sqrt{a}\sqrt{b}=-\sqrt{ab}$이면 $a<0, b<0$ 또는 $a=0$ 또는 $b=0$

풀이 $\sqrt{x-1}\sqrt{x-2}=-\sqrt{(x-1)(x-2)}$가 성립하려면
$x-1<0, x-2<0$ 또는 $x-1=0$ 또는 $x-2=0$
즉 $x<1, x<2$ 또는 $x=1$ 또는 $x=2$
$\therefore x<1$ 또는 $x=1$ 또는 $x=2$
$\therefore$ **$x\le 1$ 또는 $x=2$**

참고 ,(쉼표)는 and와 나열의 의미를 갖고 있으므로 상황에 맞게 판단한다.
이 문제에서 , 는 and의 의미로 사용되었다.

뿌리 3-5 음수의 제곱근의 성질의 역(2)

실수 a에 대하여 $\sqrt{2-a}\sqrt{a-7}=-\sqrt{(2-a)(a-7)}$일 때,
$\sqrt{(a-7)^2}+|a-2|$를 간단히 하여라. (단, $a\neq 2$, $a\neq 7$)

풀이 $\sqrt{2-a}\sqrt{a-7}=-\sqrt{(2-a)(a-7)}$가 성립하려면
$2-a<0, a-7<0$ ($\because a\neq 2, a\neq 7$)
즉 $a>2, a<7$
$\therefore 2<a<7$

$$\begin{aligned}\sqrt{(a-7)^2}+|a-2|&=|a-7|+|a-2| \ (\because \sqrt{A^2}=|A|)\\&=-(a-7)+(a-2) \ (\because 2<a<7)\\&=\mathbf{5}\end{aligned}$$

[줄기3-4] 0이 아닌 두 실수 a, b에 대하여 $\sqrt{a}\sqrt{b}=-\sqrt{ab}$일 때,
$\sqrt{(a+b)^2}-|a|-\sqrt{(-b)^2}$을 간단히 하여라.

[줄기3-5] 0이 아닌 세 실수 a, b, c에 대하여 $\sqrt{a}\sqrt{b}=\sqrt{ab}$, $\sqrt{\dfrac{c}{b}}=-\dfrac{\sqrt{c}}{\sqrt{b}}$일 때,
$\sqrt{a^2}+|b-c|-\sqrt{(a-b+c)^2}$을 간단히 하여라.

4 복소수

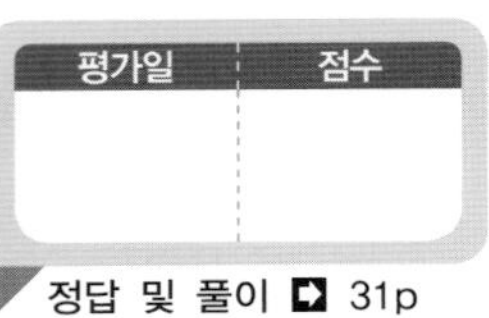

정답 및 풀이 ▶ 31p

잎 4-1

등식 $(5+3i)x+(x-4)+(x-2y)i=2-4i$를 만족하는 실수 x, y의 값을 구하여라.
(단, $i=\sqrt{-1}$)

잎 4-2

복소수 $z=(1-i)x^2-xi+2i-1$에 대하여 z^2이 음의 실수일 때, z의 값을 구하여라.
(단, x는 실수, $i=\sqrt{-1}$)

잎 4-3

$z=\dfrac{1-i}{1+i}$라 할 때, $z-\overline{z}$의 값을 구하여라. (단, $i=\sqrt{-1}$, $\overline{z}$는 z의 켤레복소수이다.)

잎 4-4

실수가 아닌 복소수 z에 대하여 $z^2=\overline{z}$일 때, z의 값을 구하여라. (단, $\overline{z}$는 z의 켤레복소수이다.)

잎 4-5

실수가 아닌 복소수 z에 대하여 $z(z+2)$가 실수이고 $z\overline{z}=4$일 때, $z(z+2)$의 값을 구하여라.
(단, $\overline{z}$는 z의 켤레복소수이다.)

잎 4-6

다음 물음에 답하여라.

1) $3+i^{14}+i^{15}+i^{16}+i^{17}+i^{18}+\cdots+i^{1015}$을 간단히 하여라. (단, $i=\sqrt{-1}$)

2) $x=\dfrac{1-i}{1+i}$일 때, $3+x+x^2+x^3+\cdots+x^{1015}$을 간단히 하여라. (단, $i=\sqrt{-1}$)

3) $z=\dfrac{-1-\sqrt{3}i}{2}$일 때, $1+z+z^2+z^3+\cdots+z^{100}$을 간단히 하여라. (단, $i=\sqrt{-1}$)

• 잎 4-7

$z=\dfrac{1-i}{\sqrt{2}}$ 일 때, $z^2-z^3+z^4-\cdots+z^{10}$을 간단히 하여라. (단, $i=\sqrt{-1}$)

• 잎 4-8

두 복소수 $\overline{z_1}-\overline{z_2}=1+2i$, $\overline{z_1}\cdot\overline{z_2}=4-3i$를 만족시킬 때, $(z_1-1)(z_2+1)$의 값을 구하여라.

(단, $i=\sqrt{-1}$, $\bar{z}$는 z의 켤레복소수이다.)

• 잎 4-9

복소수 $z=\dfrac{\sqrt{2}}{1+i}$ 일 때, z^{2010}의 값을 구하여라. (단, $i=\sqrt{-1}$)

• 잎 4-10

복소수 $z=\dfrac{-1+\sqrt{3}i}{2}$에 대하여 $z^{2010}+\dfrac{1}{z^{2010}}$의 값을 구하여라. (단, $i=\sqrt{-1}$)

• 잎 4-11

등식 $\left(\dfrac{\sqrt{2}}{1+i}\right)^n+\left(\dfrac{\sqrt{2}}{1-i}\right)^n=2$를 만족시키는 자연수 n의 최솟값을 구하여라. (단, $i=\sqrt{-1}$)

• 잎 4-12

$z=\dfrac{2}{1-i}$ 일 때, $2z^5-4z^4+1$의 값을 구하여라. (단, $i=\sqrt{-1}$)

• 잎 4-13

$\bar{z}=\dfrac{1-\sqrt{6}i}{2}$ 일 때, z^3-2z^2-2의 값을 구하여라. (단, $\bar{z}$는 z의 켤레복소수이다.)

• 잎 4-14

복소수 $z=(1+i)x^2-16-(x^2+x-4)i$에 대하여 z가 실수가 되도록 하는 실수 x의 값을 a, z가 순허수가 되도록 하는 실수 x의 값을 b라 할 때, a, b의 값을 구하여라.

• 잎 4-15

$\alpha=1+\sqrt{2}i$, $\beta=1-\sqrt{2}i$일 때, $\alpha^3\beta+\frac{\beta}{\alpha}+\frac{\alpha}{\beta}+\alpha\beta^3$의 값을 구하여라. (단, $i=\sqrt{-1}$)

• 잎 4-16

$x=1+\sqrt{2}i$, $y=1-\sqrt{2}i$일 때, $\frac{x}{x+yi}+\frac{yi}{x-yi}$의 값을 구하여라. (단, $i=\sqrt{-1}$)

• 잎 4-17

0이 아닌 두 실수 a, b에 대하여 $\sqrt{\frac{a}{b}}=-\frac{\sqrt{a}}{\sqrt{b}}$일 때, 다음 중 옳은 것을 모두 골라라.

① $\sqrt{a}\sqrt{b}=-\sqrt{ab}$ ② $\sqrt{-a}\sqrt{-b}=\sqrt{ab}$ ③ $\sqrt{-a}\sqrt{b}=-\sqrt{-ab}$
④ $\sqrt{a^2b}=-a\sqrt{b}$ ⑤ $\sqrt{ab^2}=b\sqrt{a}$ ⑥ $\sqrt{a^2b^2}=-ab$

• 잎 4-18

등식 $(a+b+3)x+ab-1=0$이 x의 값에 관계없이 항상 성립할 때, $(\sqrt{a}+\sqrt{b})^2$의 값과 $\sqrt{\frac{b}{a}}+\sqrt{\frac{a}{b}}$의 값을 구하여라. (단, a, b는 실수이다.)

• 잎 4-19

$0<a<1$일 때, $\frac{\sqrt{1-a}}{\sqrt{a-1}}\times\sqrt{\frac{a-1}{1-a}}-\sqrt{a-1}\times\sqrt{1-a}-\frac{\sqrt{a}}{\sqrt{-a}}$를 간단히 하여라.

• 잎 4-20

$\overline{(3-i)x+(3+2i)y}=3-2i$ 를 만족시키는 실수 x, y를 구하여라.

(단, $i=\sqrt{-1}$, $\bar{z}$는 z의 켤레복소수이다.)

• 잎 4-21

임의의 복소수 z에 대하여 다음 보기 중 항상 실수인 것을 모두 골라라. (단, $\bar{z}$는 z의 켤레복소수이다.)

ㄱ. $z\bar{z}$　ㄴ. $z^2+\bar{z}^2$　ㄷ. $(\bar{z}+1)(\bar{z}^2-\bar{z})+(z+1)(z^2-z)$　ㄹ. $\dfrac{\bar{z}i}{1+z}+\dfrac{\bar{z}i}{1+\bar{z}}$

• 잎 4-22

임의의 복소수 z에 대하여 다음 보기 중 옳은 것만을 모두 골라라.

ㄱ. $z\bar{z}=0$이면 $z=0$이다.　ㄴ. $z^2+\bar{z}^2=0$이면 $z=0$이다.

ㄷ. $z=-\bar{z}$이면 z는 순허수이다.　ㄹ. z가 순허수이면 $z=-\bar{z}$이다.

• 잎 4-23

다음 물음에 답하여라. (단, $i=\sqrt{-1}$)

1) 등식 $\dfrac{1}{i}+\dfrac{3}{i^2}+\dfrac{5}{i^3}+\dfrac{7}{i^4}+\cdots+\dfrac{199}{i^{100}}=a+bi$ 를 만족시키는 실수 a, b의 값을 구하여라.

2) 등식 $i-2i^2+3i^3-4i^4+\cdots-50i^{50}=a+bi$ 를 만족시키는 실수 a, b의 값을 구하여라.

3) 등식 $i-2i^2+3i^3-4i^4+\cdots+(-1)^{n+1}n\cdot i^n=10+9i$ 를 만족시키는 실수 n의 값을 구하여라.

4) 등식 $\dfrac{1}{i}-\dfrac{1}{i^2}+\dfrac{1}{i^3}-\dfrac{1}{i^4}+\cdots+\dfrac{(-1)^{n+1}}{i^n}=1-i$ 가 성립하도록 하는 60 이하의 자연수 n의 개수를 구하여라.

• 잎 4-24

복소수 $z=\dfrac{1+i}{1-i}$ 에 대하여 $z^n+z^{2n}+z^{3n}=-1$이 성립하도록 하는 50 이하의 자연수 n의 개수를 구하여라. (단, $i=\sqrt{-1}$)

• 잎 4-25

두 자리의 자연수 m, n이 다음 조건을 만족시킬 때, $m-n$의 최댓값을 구하여라. (단, $i=\sqrt{-1}$)

(가) $\dfrac{i^m}{2}+\dfrac{(-i)^m}{2}=1$　　(나) $(3i)^n=-3^n$

• 잎 4-26

복소수 $z=x(1+i)-1$에 대하여 z^2이 음의 실수일 때, $z^6+z^7+z^8+\cdots+z^{1012}$의 값을 구하여라.

(단, x는 실수, $i=\sqrt{-1}$)

• 잎 4-27

실수 부분이 0이 아닌 복소수 z에 대하여 $z-\dfrac{4}{z}$가 순허수일 때, $z\overline{z}$의 값을 구하여라.

(단, $\overline{z}$는 z의 켤레복소수이다.)

• 잎 4-28

복소수 z에 대하여 $(z-1)^2=3i$일 때, $z\overline{z}-(z+\overline{z})$의 값을 구하여라.

(단, $\overline{z}$는 z의 켤레복소수이다.)

• 잎 4-29

$\dfrac{i(1+i)^n}{1-i}$이 양의 실수가 되도록 하는 자연수 n의 최솟값을 구하여라. (단, $i=\sqrt{-1}$)

• 잎 4-30

두 복소수 α, β의 켤레복소수로 각각 $\overline{\alpha}$, $\overline{\beta}$라 할 때, 다음에서 옳은 것을 모두 골라라.

ㄱ. $\alpha=\overline{\alpha}$이면 α는 실수이다.
ㄴ. $\alpha=\overline{\beta}$이면 $\alpha+\beta$, $\alpha\beta$는 모두 실수이다.
ㄷ. $\alpha=\overline{\beta}$이면 $\overline{\alpha\beta}=\alpha\beta$
ㄹ. $\alpha+\beta=0$이면 $\overline{\alpha}+\overline{\beta}=0$이다.
ㅁ. $\alpha=\overline{\beta}$일 때, $\alpha\beta=0$이면 $\alpha=0$, $\beta=0$이다.
ㅂ. $\beta=\overline{\alpha}$, $\alpha\neq0$일 때, $\alpha+\beta=0$이면 α, β는 순허수이다.
ㅅ. $\alpha^2+\beta^2=0$이면 $\alpha=0$, $\beta=0$이다.

5. 이차방정식 (1)

01 「특강」 방정식

1 등식　2 방정식과 항등식　3 방정식을 풀어라.

4 *근을 구하기 위해서는 미지수를 적게 잡는 방향으로 접근해야 한다.

5 일차방정식, 이차방정식, 고차방정식　6 미지수가 1개인 n차방정식의 근의 개수

7 대부분의 수학문제는 방정식으로 통한다.　8 고등과정의 수학문제는 쉽다.

9 방정식을 대하는 우리의 자세

02 「특강」 절댓값

1 절댓값　2 절댓값의 성질 (Ⅰ)　3 절댓값 기호를 포함한 방정식

4 절댓값의 성질 (Ⅱ)　5 절댓값 기호를 포함한 식

6 *$|x-a|$의 범위를 $x>a$, $x=a$, $x<a$가 아닌 $x\geq a$, $x<a$로 나누는 이유

03 「특강」 일차방정식

1 일차방정식 $ax=b$의 해 (근)　2 방정식 $ax=b$의 해 (근)

3 절댓값 기호를 포함한 일차방정식

04 이차방정식

1 방정식 $ax^2+bx+c=0$은 이차방정식인가? (a, b, c는 상수)

2 이차방정식 $ax^2+bx+c=0$ (a, b, c는 상수)

3 방정식 $ax^2+bx+c=0$ (a, b, c는 상수)

4 인수분해 (곱의 꼴)를 이용한 이차방정식의 풀이

5 근의 공식을 이용한 이차방정식의 풀이

6 특별한 언급이 없으면 *다항방정식의 근은 복소수의 범위에서 구한다.

7 이차방정식은 다음과 같은 순서로 풀이를 진행한다.

연습문제　※ 특강 : 가우스 기호를 포함한 방정식

1 가우스 기호 [ ]　2 가우스 기호를 포함한 방정식

3 절댓값 기호와 가우스 기호가 함께 있는 방정식

01 「특강」 방정식

1 등식 (등호 '='가 있는 식)

둘 이상의 수나 식의 값이 서로 같다는 것을 등호(=)로 나타낸 식을 등식이라 한다.
방정식과 항등식이 이에 속한다.

2 방정식과 항등식

1) **방정식** (특정한 값에만 성립하는 등식)
변수를 포함하는 등식으로 변수의 값에 따라 참 또는 거짓이 된다. 이때, 등식을 성립시키는 값을 근 또는 해라 하고, 근을 구하는 것을 '방정식을 푼다.'고 한다.
ex) $2x+1=3$ ⇨ 방정식

2) **항등식** (모든 값에 대하여 항상 성립하는 등식)
변수를 포함하는 등식으로 변수에 임의의 값을 대입하여도 항상 성립한다.
ex) $2x+1=2x+1$ ⇨ 항등식

주의 $3=3$은 변수를 포함하지 않았으므로 항등식이라 하지 않고 참인 등식이라 한다.
$3=5$는 거짓인 등식이라 한다.

결론 변수를 포함하는 등식 { 방정식 : 특정한 값에만 성립하는 등식 / 항등식 : 모든 값에 대하여 항상 성립하는 등식 }

3 방정식을 풀어라. ⇨ 근을 구하는 게임이다.

근을 구하기 위해서는 미지수의 개수만큼 방정식이 필요하다.

1) **미지수가 1개일 경우** ⇨ 방정식이 1개가 필요하다.
ex) $2x+1=3 \quad \therefore x=1$

2) **미지수가 2개일 경우** ⇨ 방정식이 2개가 필요하다.
ex) $\begin{cases} x+y=3 \\ x-y=1 \end{cases} \quad \therefore x=2,\ y=1$

3) **미지수가 3개일 경우** ⇨ 방정식이 3개가 필요하다.
ex) $\begin{cases} x+y+2z=1 \\ x+2y+z=2 \\ 2x+y+z=5 \end{cases} \quad \therefore x=3,\ y=0,\ z=-1$

4) **미지수가 4개일 경우** ⇨ 방정식이 4개가 필요하다.
⋮

결론 근을 구하기 위해서는 미지수의 개수만큼 방정식이 필요하다.

4 ★근을 구하기 위해서는 미지수를 적게 잡는 방향으로 접근해야 한다.

∵ 근을 구하기 위해서는 미지수의 개수만큼 방정식이 필요하므로

씨앗. 1 가로의 길이가 세로의 길이보다 2 cm 만큼 더 긴 직사각형의 넓이가 $24\,\text{cm}^2$ 이다. 이때, 가로와 세로의 길이를 구하여라.

방법 I 「비추」 가로의 길이 : x, 세로의 길이 : y (길이이므로 $x>0,\ y>0$)

⇨ **미지수가 2개이므로 방정식이 2개가 필요하다.**

주어진 조건에 맞게 그림을 그리면 아래 그림과 같다.

$$\begin{cases} x=y+2 \cdots ㉠ \\ xy=24 \cdots ㉡ \end{cases}$$

x y $24\,\text{cm}^2$

㉠을 ㉡에 대입하면

$(y+2)y=24$

$y^2+2y-24=0$

$y \quad -4$

$y \quad +6$

$(y-4)(y+6)=0 \quad \therefore y=4\ (\because y>0)$

$y=4$를 ㉠에 대입하면 $x=4+2=6$

따라서 **가로 : 6 cm, 세로 : 4 cm**

방법 II 「강추」 가로의 길이 : x, 세로의 길이 : $x-2$ (길이이므로 $x>0,\ x-2>0 \quad \therefore x>2$)

⇨ **미지수가 1개이므로 방정식이 1개가 필요하다.**

주어진 조건에 맞게 그림을 그리면 아래 그림과 같다.

x $x-2$ $24\,\text{cm}^2$

$x(x-2)=24$

$x^2-2x-24=0$

$x \quad -6$

$x \quad +4$

$(x-6)(x+4)=0$

$\therefore x=6\ (\because x>2)$

따라서 **가로 : 6 cm, 세로 : 4 cm**

참고 길이 vs 거리

$$\begin{cases} (\text{길이})>0 \ \text{ex) (삼각형의 변의 길이)}>0,\ (\text{원의 반지름의 길이})>0,\ \cdots \\ (\text{거리})\geq 0 \ \text{ex) (두 점 사이의 거리)}\geq 0,\ (\text{점과 직선 사이의 거리})\geq 0,\ \cdots \end{cases}$$

결론 미지수를 요령껏 적게 잡으면 그 만큼 방정식을 덜 만들어도 근을 구할 수 있다.

⇨★미지수를 적게 잡는 방향으로 접근하자!

이런 사소한 습관이 고난도 문제에서 큰 힘을 발휘한다.

5 일차방정식, 이차방정식, 고차방정식 ※3차 이상의 방정식을 고차방정식이라 한다.

1) **일차방정식, 이차방정식**

일차방정식은 미지수의 가장 높은 차수의 항이 일차인 방정식이다.
이차방정식은 미지수의 가장 높은 차수의 항이 이차인 방정식이다.

2) **고차방정식**

고차방정식은 미지수의 가장 높은 차수의 항이 삼차 이상인 방정식이다.

6 미지수가 1개인 n차방정식의 근의 개수

방정식이 미지수 x에 대한 다항식으로 이루어져 있으면 **다항방정식**이라 하고 최고차항의 차수가 n이면 **n차방정식**이라 한다.
이때, n차방정식은 복소수 범위에서 n개의 근을 갖는다.

1) **일차방정식** ⇨ 근의 개수는 1개다.

ex) $2x+1=3 \quad \therefore x=1$

2) **이차방정식** ⇨ 근의 개수는 2개다.

ex) $x^2-2x-3=0,\ (x-3)(x+1)=0 \quad \therefore x=3$ 또는 $x=-1$
$x^2-4ix-4=0,\ (x-2i)^2=0 \quad \therefore x=2i$ (중근)

3) **삼차방정식** ⇨ 근의 개수는 3개다.

ex) $x^3-x^2+x-1=0 \Leftrightarrow (x-1)(x^2+1)=0 \Leftrightarrow (x-1)(x-i)(x+i)=0$
$\therefore x=1$ 또는 $x=i$ 또는 $x=-i$
$(x+2)(x-1)^2=0 \quad \therefore x=-2$ 또는 $x=1$ (중근)
$(x-3)^3=0 \quad \therefore x=3$ (삼중근)

4) **사차방정식** ⇨ 근의 개수는 4개다.

ex) $x^4-3x^2+2=0 \Leftrightarrow (x+1)(x-1)(x+\sqrt{2})(x-\sqrt{2})=0$
$\therefore x=-1$ 또는 $x=1$ 또는 $x=-\sqrt{2}$ 또는 $x=\sqrt{2}$
$(x+2)^2(x-3)(x-5)=0 \quad \therefore x=-2$ (중근) 또는 $x=3$ 또는 $x=5$
$(x-2)(x-3)^3=0 \quad \therefore x=2$ 또는 $x=3$ (삼중근)
$(x+1)^4=0 \quad \therefore x=-1$ (사중근)

5) **오차방정식** ⇨ 근의 개수는 5개다.

⋮

참고 고등과정에서 특별한 언급이 없으면 다항방정식의 근은 복소수의 범위에서 구한다. [p.114 6]

TIP 중근 : 방정식의 해 가운데서 두 번 이상 거듭되는 근을 중근이라 한다.
ex) 두 번 거듭되는 근을 중근 또는 이중근이라 한다. 세 번 거듭되는 근을 삼중근이라 한다.
네 번 거듭되는 근을 사중근이라 한다. 다섯 번 거듭되는 근을 오중근이라 한다. ⋯

7 대부분의 수학문제는 방정식으로 통한다.

(비슷한 예)
모든 길은 로마로 통한다.

8 고등과정의 수학문제는 쉽다.

문제에서 미지수를 잘 파악한 후, 미지수의 개수만큼 방정식을 만들면 답을 구할 수 있다.
1) 수학문제의 20 ~ 30 %는 미지수가 1개인 문제이다.
⇨ 방정식을 1개만 만들어 내면 게임 끝...!
2) 수학문제 50 ~ 60 %는 미지수가 2개인 문제이다.
⇨ 방정식을 2개만 만들어 내면 게임 끝...!
3) 미지수가 3개인 수학문제는 10 % 미만이다.
4) 미지수가 4개 이상인 수학문제는 거의 출제되지 않는다.

9 방정식을 대하는 우리의 자세

미지수의 개수를 줄이자!
※ 미지수의 개수를 줄여 방정식의 근을 구하는 방법
i) 가감법 : 두 개 이상의 미지수를 가진 연립방정식에서 한 미지수의 계수를 곱셈이나 나눗셈을 써서 같게 만든 후, 방정식을 더하거나 빼어 그 미지수를 없애는 방법이다.
ii) 대입법 : 연립방정식에서 하나의 방정식을 한 미지수에 관하여 풀고, 이것을 다른 쪽 방정식에 대입함으로써 한 미지수를 소거하는 방법이다.

미지수의 개수를 줄여야 답을 구할 수 있다.
1) 방정식을 만들 때 ⇨ 미지수를 적게 잡는 방향으로 접근하자!
2) 방정식이 주어졌을 때 ⇨ 미지수의 개수를 줄이자!

팁 고등수학에서 절댓값은 방정식만큼 중요하다.
<u>02 절댓값, 03 일차방정식을 공부하면 절댓값을 쉽게 내 것으로 만들 수 있다.</u>
즉, 절댓값을 자유자재로 다룰 수 있게 된다.

(당부의 말씀)
절댓값은 방정식, 부등식, 도형, 함수 등 고등수학 과정의 대부분의 영역에서 나올 수 있다.
따라서 절댓값을 어려워하게 되면 절댓값이 나올 수 있는 대부분의 수학영역이 어렵게 된다.
즉, 다음 장부터 나오는 <u>절댓값은 고등수학의 기본 중의 기본이다.</u>
∴ 고등과정에서 절댓값 정도는 초등과정의 구구단같이 자유자재로 다룰 수 있어야 한다.

02 「특강」 절댓값

1 절댓값

실수 a에 대하여 **수직선 위 원점에서 점 a까지의 거리를** $|a|$로 나타내고, 이를 a의 **절댓값**이라 한다.
따라서 절댓값은 실수의 범위에서 정의된다.

① $|3|$은 원점에서 점 (3)까지의 거리이므로 $|3|=3$
즉, 3의 절댓값은 3이다.
② $|-3|$은 원점에서 점 (-3)까지의 거리이므로 $|-3|=3$
즉, -3의 절댓값은 3이다.
③ $|0|$은 원점에서 점 (0)까지의 거리이므로 $|0|=0$
즉, 0의 절댓값은 0이다.

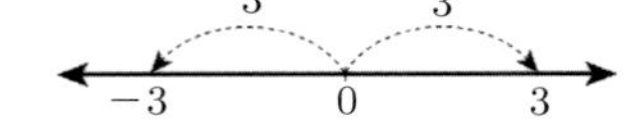

절댓값은 수직선 위 원점에서 어떤 점까지의 *거리이므로 항상 0보다 크거나 같다. ($\because$ (거리)≥ 0)

2 절댓값의 성질(Ⅰ)

$$|a|=\begin{cases} a & (a>0) \\ a,\ -a & (a=0) \\ -a & (a<0) \end{cases} \Leftrightarrow |a|=\begin{cases} a & (a\ge 0) \\ -a & (a\le 0) \end{cases} \qquad \therefore |a|=\begin{cases} a & (a\ge 0) \\ -a & (a<0) \end{cases}$$

증명 $|a|$의 범위를 나누면 $a>0$, $a=0$, $a<0$인 3가지의 경우이다.
$a=0$일 때 $|a|=0=\pm 0$이므로 $a\ (a\ge 0)$, $-a\ (a\le 0)$ 이렇게 등호를 양쪽에 붙여도 좋으므로 범위를 $a\ge 0$, $a\le 0$인 2가지로 나누어도 좋다.
그러나 일반적으로 -0보다는 0을 선호하므로 '$a>0$'쪽에만 등호를 붙여 $a\ge 0$, $a<0$로 구분한다.

(익히는 방법)
절댓값은 음수의 값으로는 '절대' 못 나오게 하라는 것이다.
즉, 0 이상의 값(0 또는 양수)으로 나오게 하라는 것이다.

뿌리 2-1 절댓값

다음 수를 절댓값 기호를 사용하지 말고 나타내어라.

1) $\left|-\dfrac{5}{7}\right|$ 2) $|2\sqrt{2}-3\sqrt{3}|$ 3) $|-\sqrt{2}-\sqrt{3}|$

핵심 절댓값은 음수의 값으로는 '절대' 못 나오게 하라는 것이다.

풀이 1) $-\dfrac{5}{7}<0$이므로 (주어진 식)$=-\left(-\dfrac{5}{7}\right)=\mathbf{\dfrac{5}{7}}$

2) $2\sqrt{2}-3\sqrt{3}=\sqrt{8}-\sqrt{27}<0$이므로
(주어진 식)$=-(2\sqrt{2}-3\sqrt{3})=\mathbf{-2\sqrt{2}+3\sqrt{3}}$

3) $-\sqrt{2}-\sqrt{3}<0$이므로
(주어진 식)$=-(-\sqrt{2}-\sqrt{3})=\mathbf{\sqrt{2}+\sqrt{3}}$

3 절댓값 기호를 포함한 방정식 ⇨ *절댓값 기호를 풀면 된다.

절댓값 기호는 '절댓값의 성질'에 의해 풀린다.

1) $|x|=a\ (a\geq 0)$이면 $x=\pm a$

ex) $|x|=1\ \therefore x=\pm 1$

$|x|=0\ \therefore x=\pm 0\ \therefore x=0$

2) $|x|=a\ (a<0)$이면 해가 없다.

ex) $|x|=-1\ \therefore$ 해(근)가 없다.

뿌리 2-2 절댓값 기호를 포함한 방정식

다음 방정식을 풀어라.

1) $|2x-1|=5$

2) $|x+3|=\sqrt{5}$

3) $|3x-5|=-5$

4) $|3x-5|=4$

풀이

1) $|2x-1|=5$에서 $2x-1=\pm 5$ $\quad\therefore$ **$x=3$ 또는 $x=-2$**

1) i) $2x-1\geq 0\left(x\geq \frac{1}{2}\right)$일 때, $2x-1=5$ $\quad\therefore x=3$

ii) $2x-1<0\left(x<\frac{1}{2}\right)$일 때, $-(2x-1)=5$ $\quad\therefore x=-2$

따라서 i), ii)에 의하여 **$x=3$ 또는 $x=-2$**

2) $|x+3|=\sqrt{5}$에서 $x+3=\pm\sqrt{5}$ $\quad\therefore$ **$x=-3+\sqrt{5}$ 또는 $x=-3-\sqrt{5}$**

3) $|3x-5|\geq 0$이므로 $|3x-5|$는 음수인 -5가 될 수 없다. $\therefore$ **해가 없다.**

4) $|3x-5|=4$에서 $3x-5=\pm 4$ $\quad\therefore$ **$x=3$ 또는 $x=\frac{1}{3}$**

4 절댓값의 성질(Ⅱ)

절댓값에 대하여 다음과 같은 성질이 성립한다.

1) $|a|\geq 0$

2) $|-a|=|a|$ ex) $|-2|=|2|$

3) $*|a|^2=a^2$ ex) $|-3|^2=(-3)^2$

4) $|ab|=|a||b|$ ex) $|(-2)\cdot 3|=|-2|\cdot|3|$

5) $\frac{|a|}{|b|}=\left|\frac{a}{b}\right|$ (단, $b\neq 0$) ex) $\frac{|-6|}{|3|}=\left|\frac{-6}{3}\right|$

↑ 분모는 0이 될 수 없다.

5 절댓값 기호를 포함한 식 ⇨ *절댓값 기호를 풀면 된다.

(절댓값 기호를 괄호로 바꾸는 요령) 즉, 절댓값 기호를 푸는 요령

1st 절댓값 기호 안의 식의 값이 0이 되는 x의 값을 기준으로 범위를 나눈다.

2nd i) 각 범위에서 절댓값 기호 안의 식의 값이 0 이상이면 절댓값 기호를 괄호로 바꾼다.

ii) 각 범위에서 절댓값 기호 안의 식의 값이 음수이면 절댓값 기호를 괄호로 바꾸고 그 앞에 '$-$'를 붙인다.

※ 절댓값 기호를 포함한 식에서 절댓값 기호가 풀리면 그 식은 이빨 빠진 호랑이가 된다.

씨앗. 1 $|x-a|$를 절댓값 기호를 사용하지 말고 나타내어라. (단, a는 상수이다.)

풀이 절댓값 기호 안의 식 $x-a$의 값이 0이 되게 하는 $x=a$를 기준으로 범위를 나누면 절댓값 기호를 괄호로 바꿀 수 있다.

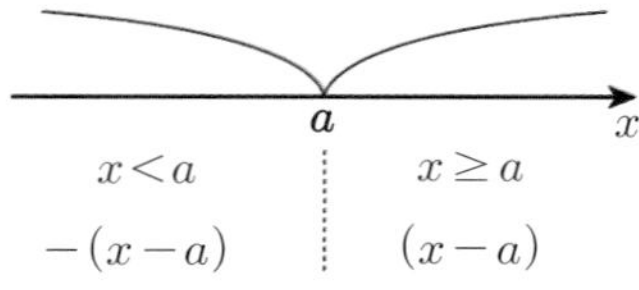

증명

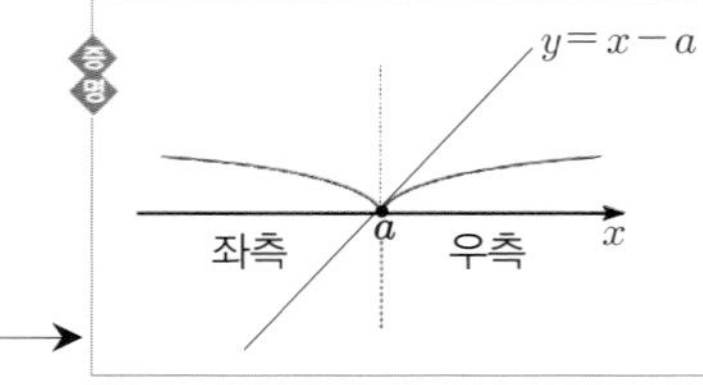

TIP 두 구간(좌측, 우측)으로 나눌 때, 절댓값 기호를 괄호로 바꾸는 요령
⇨ 두 구간으로 나눈 후, 각 구간에서 절댓값 기호를 모두 괄호로 바꾼다.
① 좌측 구간에서는 절댓값 기호를 괄호로 바꾼 것에 '$-$'가 붙는다.
② 우측 구간에서는 절댓값 기호를 괄호로 바꾼 것에 '$-$'가 붙지 않는다.

※ *위의 tip은 절댓값 기호 안의 변수 x의 계수가 양수일 때만 이용할 수 있다.

정답 $x<a$일 때 $-x+a$, $x\geq a$일 때 $x-a$

6 *$|x-a|$의 범위를 $x>a$, $x=a$, $x<a$가 아닌 $x\geq a$, $x<a$로 나누는 이유

$$|x-a|=\begin{cases} x-a & (x>a) \\ 0,\ -0 & (x=a) \\ -(x-a) & (x<a) \end{cases} \Leftrightarrow |x-a|=\begin{cases} x-a & (\underline{x\geq a}) \\ -(x-a) & (\underline{x\leq a}) \end{cases}$$

$$\therefore |x-a|=\begin{cases} x-a & (x\geq a) \\ -(x-a) & (x<a) \end{cases}$$

증명 $|x-a|$의 범위를 나누면 $x>a$, $x=a$, $x<a$인 3가지의 경우이다.
$x=a$일 때 $|x-a|=0=\pm 0$이므로 $x-a\ (\underline{x\geq a})$, $-(x-a)\ (\underline{x\leq a})$ 이렇게 등호를 양쪽에 붙여도 좋으므로 범위를 $\underline{x\geq a}$, $\underline{x\leq a}$인 2가지로 나누어도 좋다.
그러나 일반적으로 -0보다는 0을 선호하므로 '$x>a$'쪽에만 등호를 붙여 $x\geq a$, $x<a$로 구분한다.

뿌리 2-3 절댓값 기호를 포함한 식

$|x+3|+|x-5|$를 절댓값 기호를 사용하지 말고 나타내어라.

풀이 $|x+3|+|x-5|$의 구간을 나누면

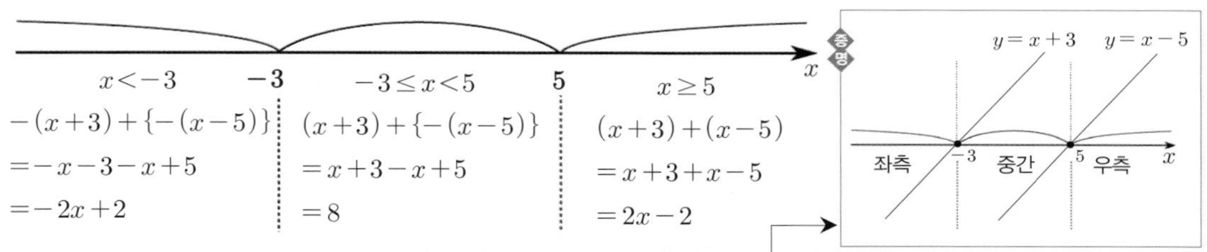

TIP 세 구간(좌측, 중간, 우측)으로 나눌 때, 절댓값 기호를 괄호로 바꾸는 요령
⇨ 세 구간으로 나눈 후, 각 구간에서 절댓값 기호를 모두 괄호로 바꾼다.
① 좌측 구간에서는 절댓값 기호를 괄호로 바꾼 모두에 '$-$'가 붙는다.
② 중간 구간에서는 괄호로 바꾼 것 중에 하나만 '$-$'가 붙는다.
$-3\le x<5$에 속하는 $x=0$을 절댓값 기호가 괄호로 바뀐 두 괄호에 각각 대입하여 음수의 값이 되는 괄호 앞에 '$-$'를 붙인다.
③ 우측 구간에서는 절댓값 기호를 괄호로 바꾼 모두에 '$-$'가 붙지 않는다.

※*위의 tip은 절댓값 기호 안의 변수 x의 계수가 양수일 때만 이용할 수 있다.

정답 $x<-3$일 때 $-2x+2$, $-3\le x<5$일 때 8, $x\ge 5$일 때 $2x-2$

뿌리 2-4 절댓값 기호 안의 문자의 계수가 음수일 때

$|-a+5|+|a+3|$을 절댓값 기호를 사용하지 말고 나타내어라.

핵심 $|-a+5|+|a+3|$(어렵다.) → ① $|a-5|+|a+3|$(쉽다.) → ② $|a+3|+|a-5|$(더 쉽다.)
① 절댓값 기호 안의 a의 계수가 양수일 때, 절댓값 기호를 괄호로 바꾸기가 쉬워진다.
② 구간의 위치와 같게 절댓값을 배치하면 절댓값 기호를 괄호로 바꾸기가 더 쉬워진다.

풀이 $|a+3|+|a-5|$의 구간을 나누면

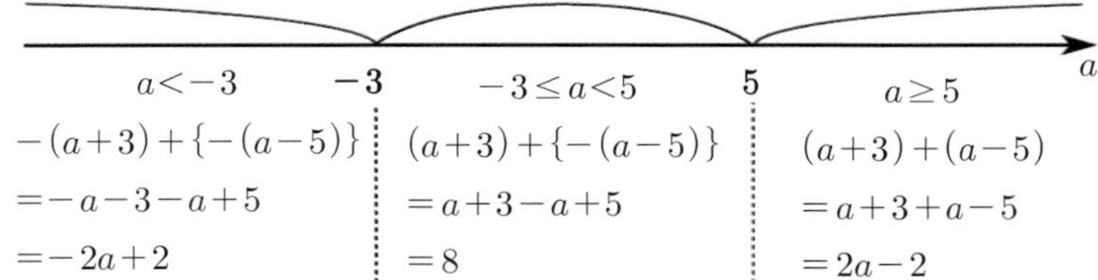

정답 $a<-3$일 때 $-2a+2$, $-3\le a<5$일 때 8, $a\ge 5$일 때 $2a-2$

참고 절댓값 기호 안의 문자의 계수를 양수로 바꾸는 방법

① $|-x+1|=|-(x-1)|=|x-1|$ (비슷한 예) $(-x+1)^2=(x-1)^2$
② $|-x-1|=|-(x+1)|=|x+1|$ (비슷한 예) $(-x-1)^2=(x+1)^2$
③ $|-1-x|=|-x-1|=|-(x+1)|=|x+1|$ (비슷한 예) $(-1-x)^2=(x+1)^2$
④ $|1-x|=|-x+1|=|-(x-1)|=|x-1|$ (비슷한 예) $(1-x)^2=(x-1)^2$

03 「특강」 일차방정식

1 일차방정식 $ax=b$의 해(근) (a, b는 상수)

일차방정식 $ax=b$ ($^*a\neq0$) $\therefore x=\dfrac{b}{a}$ ⇨ 근이 1개다.

참고 방정식을 참이 되게 하는 미지수의 값을 방정식의 해 또는 근이라 한다.

2 방정식 $ax=b$의 해(근) (a, b는 상수)

방정식 $ax=b$의 해는 다음과 같은 방법으로 구한다.

1) **$a\neq0$일 때,** $x=\dfrac{b}{a}$ ⇨ 근이 1개다.

2) **$a=0$일 때,** $\begin{cases} b=0\text{이면 해(근)가 무수히 많다. (부정)} \\ b\neq0\text{이면 해(근)가 없다. (불능)} \end{cases}$

① **부정** : 방정식에서 해(근)가 무수히 많이 존재할 때, 이런 경우를 **부정**이라 한다.
↳ $0\cdot x=0$에서 x에 어떤 값을 대입하여도 등식이 항상 성립하므로 해가 무수히 많다.

② **불능** : 방정식에서 해(근)를 갖지 않을 때, 이런 경우를 **불능**이라 한다.
↳ $0\cdot x=b$ ($b\neq0$)에서 x에 어떤 값을 대입하여도 등식이 성립하지 않으므로 해가 없다.

(익히는 방법) 불(不): 아닐 불, 정(定): 정할 정, 능(能): 가능할 능
① 부정(不定): 정할 수 없다. 즉, 근이 정할 수 없을 만큼 많다.
② 불능(不能): 불가능하다. 즉, 근이 존재하는 것이 불가능하다.

주의 ★'일차방정식 $ax=b$의 해'와 '방정식 $ax=b$의 해'는 다르다.

씨앗. 1 일차방정식 $a(a-1)x=a-1$을 풀어라. (단, a는 상수이다.)

핵심 일차방정식이므로 x의 계수 $a(a-1)\neq0$이다.

풀이 $a\neq0$, $a\neq1$이므로 $x=\dfrac{a-1}{a(a-1)}$ $\therefore x=\dfrac{1}{a}$

정답 $x=\dfrac{1}{a}$

씨앗. 2 방정식 $a(a-1)x=a-1$을 풀어라. (단, a는 상수이다.)

풀이 i) $a\neq0$, $a\neq1$일 때, $x=\dfrac{a-1}{a(a-1)}$ $\therefore x=\dfrac{1}{a}$

ii) $a=1$일 때, $0\cdot x=0$ ∴ 해가 무수히 많다. (부정)

iii) $a=0$일 때, $0\cdot x=-1$ ∴ 해가 없다. (불능)

정답 $a\neq0$, $a\neq1$일 때 $x=\dfrac{1}{a}$, $a=1$일 때 부정, $a=0$일 때 불능

3 절댓값 기호를 포함한 일차방정식 ⇨ ⋆절댓값 기호를 풀면 된다.

1) 절댓값 기호는 '절댓값의 성질'에 의해 풀린다.

i) ㄱ. $|x|=a\ (a\geq 0)$이면 $x=\pm a$

ex) $|x|=1\quad \therefore x=\pm 1$

$|x|=0\quad \therefore x=\pm 0\quad \therefore x=0$

ㄴ. $|x|=a\ (a<0)$이면 해가 없다.

ex) $|x|=-1\quad \therefore$ 해(근)가 없다.

ii) $|A|=|B| \Leftrightarrow A=\pm B$

증명 $A=B$일 때(A와 B가 부호까지 서로 같을 때) ⇨ $|A|=|B|$

$A=-B$일 때(A와 B가 부호만 서로 다를 때) ⇨ $|A|=|B|$

$\therefore |A|=|B| \Leftrightarrow A=\pm B$

(익히는 방법)

$|A|=|B|$는 i) A, B가 부호까지 같은 경우 또는 ii) A, B가 부호만 다른 경우 대하여 성립한다.

$\therefore |A|=|B| \Leftrightarrow$ i) $A=B$ 또는 ii) $A=-B$

$\therefore |A|=|B| \Leftrightarrow A=\pm B$

2) ⋆절댓값 기호는 '범위'에 의해 괄호로 풀린다.

절댓값 기호를 포함한 일차방정식은 각 절댓값 기호 안의 식의 값이 0이 되게 하는 x의 값을 경계로 범위를 나누면 절댓값 기호를 괄호로 바꿀 수 있다.

TIP 반드시 절댓값 기호 안의 x의 계수가 양수일 때 구간을 나눈다.
(절댓값 기호 안의 x의 계수가 음수일 때 구간을 나누면 어렵다. ⇨ 직접 해보면 알 수 있다.)

씨앗. 3 다음 방정식을 풀어라.

1) $|x-2|=3$　　　2) $|x-1|=2x+4$

풀이 1) $x-2=\pm 3\quad \therefore x=5$ 또는 $x=-1$

2) 절댓값 기호 안의 식 $x-1$의 값이 0이 되게 하는 $x=1$을 기준으로 구간을 나누면

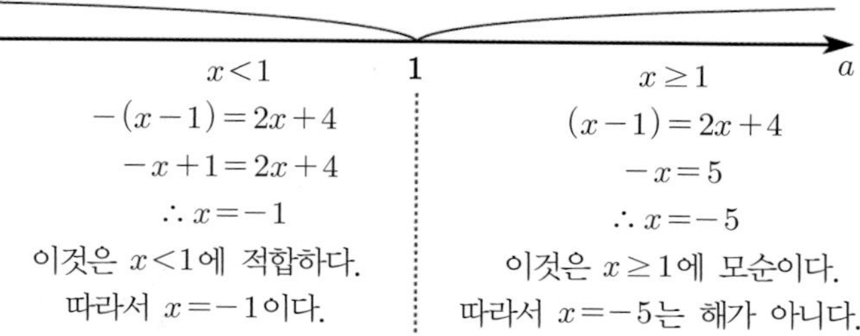

$x<1$	$x\geq 1$
$-(x-1)=2x+4$	$(x-1)=2x+4$
$-x+1=2x+4$	$-x=5$
$\therefore x=-1$	$\therefore x=-5$
이것은 $x<1$에 적합하다.	이것은 $x\geq 1$에 모순이다.
따라서 $x=-1$이다.	따라서 $x=-5$는 해가 아니다.

TIP 두 구간(좌측, 우측)으로 나눌 때, 절댓값 기호를 괄호로 바꾸는 요령
⇨ 두 구간으로 나눈 후, 각 구간에서 절댓값 기호를 모두 괄호로 바꾼다.
① 좌측 구간에서는 절댓값 기호를 괄호로 바꾼 것에 '$-$'가 붙는다.
② 우측 구간에서는 절댓값 기호를 괄호로 바꾼 것에 '$-$'가 붙지 않는다.

※⋆위의 tip은 절댓값 기호 안의 변수 x의 계수가 양수일 때만 이용할 수 있다.

정답 1) $x=5$ 또는 $x=-1$　2) $x=-1$

뿌리 3-2 절댓값 기호를 포함한 일차방정식(1)

방정식 $|x+2|+|x|=4$를 풀어라.

풀이 각 절댓값 기호 안의 식의 값이 0이 되게 하는 x의 값을 경계로 범위를 나누면

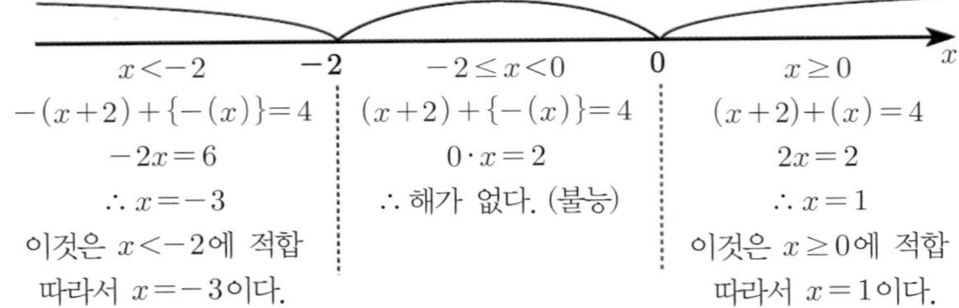

$x<-2$
-2
$-2\leq x<0$
0
$x\geq 0$
x
$-(x+2)+\{-(x)\}=4$
$-2x=6$
$\therefore x=-3$
이것은 $x<-2$에 적합
따라서 $x=-3$이다.
$(x+2)+\{-(x)\}=4$
$0\cdot x=2$
$\therefore$ 해가 없다. (불능)
$(x+2)+(x)=4$
$2x=2$
$\therefore x=1$
이것은 $x\geq 0$에 적합
따라서 $x=1$이다.

TIP
세 구간(좌측, 중간, 우측)으로 나눌 때, 절댓값 기호를 괄호로 바꾸는 요령
⇨ 세 구간으로 나눈 후, 각 구간에서 절댓값 기호를 모두 괄호로 바꾼다.
① 좌측 구간에서는 절댓값 기호를 괄호로 바꾼 모두에 '$-$'가 붙는다.
② 중간 구간에서는 괄호로 바꾼 것 중에 하나만 '$-$'가 붙는다.
$-2\leq x<0$에 속하는 $x=-1$을 절댓값 기호가 괄호로 바뀐 두 괄호에 각각 대입하여 음수의 값이 되는 괄호 앞에 '$-$'를 붙인다.
③ 우측 구간에서는 절댓값 기호를 괄호로 바꾼 모두에 '$-$'가 붙지 않는다.

※* 위의 tip은 절댓값 기호 안의 변수 x의 계수가 양수일 때만 이용할 수 있다.

정답 $x=-3$ 또는 $x=1$

뿌리 3-3 절댓값 기호를 포함한 일차방정식(2)

방정식 $|x-1|=|x+3|$을 풀어라.

핵심 $|A|=|B|$는 A, B가 부호까지 같은 경우 $(A=B)$와 A, B가 부호만 다른 경우 $(A=-B)$ 이렇게 2가지의 경우에 대하여 성립한다. $\therefore |A|=|B| \Leftrightarrow A=\pm B$

풀이 $|x-1|=|x+3|$에서 $x-1=\pm(x+3)$

i) $x-1=x+3$일 때, $0\cdot x=4$　　$\therefore$ 해가 없다. (불능)

ii) $x-1=-x-3$일 때, $2x=-2$　　$\therefore x=-1$

정답 $x=-1$

04 이차방정식

1 방정식 $ax^2+bx+c=0$은 이차방정식인가? (a, b, c는 상수)

이차방정식일 수도 아닐 수도 있다. 즉, 한마디로 모른다.
따라서 '$a \neq 0$'라는 조건이 반드시 있어야만 x에 대한 이차방정식이다.

2 이차방정식 $ax^2+bx+c=0$ (a, b, c는 상수)

이차방정식이므로 x^2의 계수가 0이 아니다. 즉, $a \neq 0$이다.
따라서 이차방정식 $ax^2+bx+c=0$은 '$a \neq 0$'이라는 뜻을 포함하고 있다.

3 방정식 $ax^2+bx+c=0$ (a, b, c는 상수)

i) $a=0$일 때, ⋯
ii) $a \neq 0$일 때, ⋯
} 로 나누어 생각한다.

주의 '이차방정식 $ax^2+bx+c=0$'과 '방정식 $ax^2+bx+c=0$'은 다르다.

4 인수분해 (곱의 꼴)를 이용한 이차방정식의 풀이

x에 대한 이차방정식이 $(ax-b)(cx-d)=0$으로 인수분해되면

$ax-b=0$ 또는 $cx-d=0$ $\quad \therefore x=\dfrac{b}{a}$ 또는 $x=\dfrac{d}{c}$

씨앗. 1 다음 이차방정식을 풀어라.

1) $2x^2-x-3=0$ 2) $\dfrac{2}{3}x^2-x-3=0$ 3) $8x^2-24x+18=0$

풀이 1) 주어진 방정식의 좌변을 인수분해하면, 즉 곱의 꼴로 나타내면

$(2x-3)(x+1)=0$ $\quad \therefore x=\dfrac{3}{2}$ 또는 $x=-1$

2) 등식에 분수가 있을 때 ⇨ 분모의 최소공배수를 양변에 곱하여 분수를 없앤다.

주어진 방정식의 양변에 3을 곱하면 $2x^2-3x-9=0$ ⋯㉠

㉠의 좌변을 인수분해하면 $(2x+3)(x-3)=0$ $\quad \therefore x=\dfrac{-3}{2}$ 또는 $x=3$

3) 주어진 방정식의 양변을 2로 나누면 $4x^2-12x+9=0$ ⋯㉠

㉠의 좌변을 인수분해하면 $(2x-3)^2=0$ $\quad \therefore x=\dfrac{3}{2}$

5 근의 공식을 이용한 이차방정식의 풀이

1) 이차방정식 $ax^2+bx+c=0$의 근은 $x=\dfrac{-b\pm\sqrt{b^2-4ac}}{2a}$ ⇨ 근의 공식

2) 이차방정식 $ax^2+2b'x+c=0$의 근은 $x=\dfrac{-b'\pm\sqrt{b'^2-ac}}{a}$ ⇨ 짝수 근의 공식

※ 일차항의 계수 $b=2b'$, 즉 $b'=\dfrac{b}{2}$이므로 b'는 일차항의 계수 b의 반이다.

이차방정식의 일차항의 계수 b가 짝수일 때는 짝수 근의 공식이 더 편리하다.

증명 1) 이차방정식 $ax^2+bx+c=0$에서 $a\neq0$이므로 양변을 a로 나누면

$$x^2+\frac{b}{a}x+\frac{c}{a}=0,\quad \left(x+\frac{b}{2a}\right)^2-\frac{b^2}{4a^2}+\frac{c}{a}=0,\quad \left(x+\frac{b}{2a}\right)^2=\frac{b^2-4ac}{4a^2}$$

$$x+\frac{b}{2a}=\pm\sqrt{\frac{b^2-4ac}{4a^2}},\quad x=-\frac{b}{2a}\pm\frac{\sqrt{b^2-4ac}}{\sqrt{(2a)^2}}\qquad ※\ \sqrt{A^2}=|A|$$

$$x=-\frac{b}{2a}\pm\frac{\sqrt{b^2-4ac}}{|2a|}=-\frac{b}{2a}\pm\frac{\sqrt{b^2-4ac}}{2a}\ (\because \pm|2a|=\pm2a)\qquad \therefore x=\frac{-b\pm\sqrt{b^2-4ac}}{2a}$$

2) x의 계수 b가 짝수, 즉 $b=2b'$일 때

$$x=\frac{-b\pm\sqrt{b^2-4ac}}{2a}$$ ← 근의 공식에서 b 대신 $2b'$을 대입하면

$$=\frac{-2b'\pm\sqrt{4b'^2-4ac}}{2a}=\frac{-2b'\pm2\sqrt{b'^2-ac}}{2a}=\frac{-b'\pm\sqrt{b'^2-ac}}{a}$$ ⇨ 짝수 근의 공식

6 특별한 언급이 없으면 *다항방정식의 근은 복소수의 범위에서 구한다.

∵ 고등과정에서 **다항방정식은 복소수의 범위에서 정의된다.**

씨앗. 2 다음 이차방정식을 풀어라.

1) $x^2+1=0$ 2) $2x^2-3x+4=0$ 3) $x^2-2x+3=0$

풀이 1) $x^2=-1,\quad x=\pm\sqrt{-1}\qquad \therefore x=\pm i$

2) $x=\dfrac{-(-3)\pm\sqrt{(-3)^2-4\cdot2\cdot4}}{2\cdot2}=\dfrac{3\pm\sqrt{-23}}{4}\qquad \therefore x=\dfrac{3\pm\sqrt{23}i}{4}$

3) $x=\dfrac{-(-1)\pm\sqrt{(-1)^2-1\cdot3}}{1}=1\pm\sqrt{-2}\qquad \therefore x=1\pm\sqrt{2}i$

참고 고등과정에서 다항방정식의 근은 복소수의 범위에서 구한다.

주의 고등과정에서 절댓값 기호를 포함한 방정식의 근은 실수의 범위에서 구한다.
(∵ 고등과정에서 절댓값은 실수의 범위에서 정의된다. p.106 1)

7 이차방정식은 다음과 같은 순서로 풀이를 진행한다.

1st 이차항의 계수가 **분수** 또는 **음수** 또는 **무리수**일 때
⇨ 등식의 성질을 이용하여 **이차항의 계수를 자연수로 변형시킨다.**

2nd 인수분해 (곱의 꼴)를 시도한다.
i) 곱의 꼴이 쉽게 되면 인수분해로 근을 구한다.
ii) 인수분해가 쉽지 않으면 근의 공식을 이용한다.
이때, x의 계수가 짝수이면 짝수 근의 공식을 이용한다.

뿌리 4-1 이차방정식의 풀이

다음 이차방정식을 풀어라.

1) $(\sqrt{3}-1)x^2+(4-\sqrt{3})x+\sqrt{3}=0$

2) $\sqrt{2}x^2-(4-\sqrt{2})x+2\sqrt{2}-2=0$

3) $\dfrac{x^2+2}{3}-1=\dfrac{x^2-x}{4}$

4) $\dfrac{(x-2)^2}{2}=\dfrac{2}{3}x(x-1)-3x+1$

풀이 1) 주어진 방정식의 양변에 $\sqrt{3}+1$을 곱하면

$(\sqrt{3}+1)(\sqrt{3}-1)x^2+(\sqrt{3}+1)(4-\sqrt{3})x+\sqrt{3}(\sqrt{3}+1)=0$

$2x^2+(3\sqrt{3}+1)x+\sqrt{3}(\sqrt{3}+1)=0$

$2x \quad +(\sqrt{3}+1) \rightarrow (\sqrt{3}+1)x$

$x \quad +\sqrt{3} \rightarrow 2\sqrt{3}x \ (+$

$(3\sqrt{3}+1)x$

$\{2x+(\sqrt{3}+1)\}(x+\sqrt{3})=0$ $\quad \therefore$ **$x=\dfrac{-(\sqrt{3}+1)}{2}$ 또는 $x=-\sqrt{3}$**

2) 주어진 방정식의 양변에 $\sqrt{2}$를 곱하면

$2x^2-\sqrt{2}(4-\sqrt{2})x+\sqrt{2}(2\sqrt{2}-2)=0$

$2x^2-(4\sqrt{2}-2)x+4-2\sqrt{2}=0$ ⇨ 양변을 2로 나누면

$x^2-(2\sqrt{2}-1)x+2-\sqrt{2}=0$

$x=\dfrac{(2\sqrt{2}-1)\pm\sqrt{(2\sqrt{2}-1)^2-4(2-\sqrt{2})}}{2}=\dfrac{(2\sqrt{2}-1)\pm 1}{2}$

$\therefore$ **$x=\sqrt{2}$ 또는 $x=\sqrt{2}-1$**

3) 주어진 방정식의 양변에 12를 곱하면

$4x^2+8-12=3x^2-3x$

$x^2+3x-4=0,\ (x+4)(x-1)=0$ $\quad \therefore$ **$x=-4$ 또는 $x=1$**

4) 주어진 방정식의 양변에 6를 곱하면

$3(x-2)^2=4x(x-1)-18x+6$

$3x^2-12x+12=4x^2-22x+6,\ x^2-10x+6=0$

$\therefore x=\dfrac{-(-5)\pm\sqrt{(-5)^2-1\cdot 6}}{1}$ $\quad \therefore$ **$x=5\pm\sqrt{19}$**

뿌리 4-2 한 근이 주어진 이차방정식

x에 대한 이차방정식 $(a-2)x^2+x-a^2+3=0$의 한 근이 1일 때, 실수 a의 값과 다른 한 근을 구하여라.

핵심 한 근이 주어진 이차방정식
⇨ 주어진 한 근을 이차방정식에 대입한다.
이때 주어진 방정식이 x에 대한 이차방정식이면 x^2의 계수가 0이 아님에 주의한다.

풀이 $(a-2)x^2+x-a^2+3=0$은 x에 대한 이차방정식이므로

$a-2\neq 0 \quad \therefore a\neq 2$

이 이차방정식의 한 근이 1이므로 $x=1$을 대입하면

$(a-2)+1-a^2+3=0$

$a^2-a-2=0$, $(a+1)(a-2)=0$

$\therefore a=-1$ 또는 $a=2$

그런데 $a\neq 2$이므로 $a=-1$

주어진 방정식에 $a=-1$을 대입하면

$-3x^2+x-(-1)^2+3=0$ ⇨ 양변에 -1을 곱하면

$3x^2-x-2=0$

$(\boldsymbol{x-1})(3x+2)=0$ ($\because$ 한 근이 1)

$\therefore x=1$ 또는 $x=-\frac{2}{3}$

따라서 다른 한 근은 $-\frac{2}{3}$이다.

정답 $a=-1$, 다른 한 근: $-\frac{2}{3}$

[줄기4-1] 이차방정식 $x^2+kx-4=0$의 두 근이 $1-\sqrt{5}$, a일 때, 실수 a, k의 값을 구하여라.

[줄기4-2] x에 대한 이차방정식 $kx^2-(a-1)x-(k+1)a^2+1=0$이 실수 k의 값에 관계없이 -1을 근으로 가질 때, 상수 a의 값을 구하여라.

뿌리 4-3 절댓값 기호를 포함한 이차방정식

방정식 $x^2-|x|-6=0$을 풀어라.

방법 I 절댓값 기호 안의 식의 값이 0이 되게 하는 x의 값을 경계로 범위를 나누면

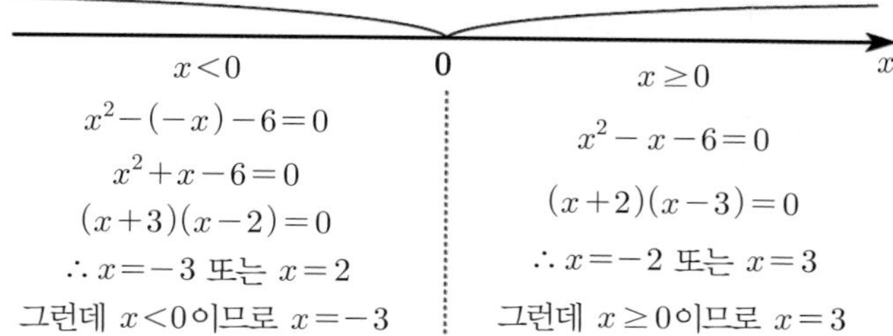

$x<0$
0
$x \geq 0$
x
$x^2-(-x)-6=0$
$x^2+x-6=0$
$(x+3)(x-2)=0$
$\therefore x=-3$ 또는 $x=2$
그런데 $x<0$이므로 $x=-3$
$x^2-x-6=0$
$(x+2)(x-3)=0$
$\therefore x=-2$ 또는 $x=3$
그런데 $x \geq 0$이므로 $x=3$

방법 II 「강추」 $|a|^2=a^2$ [절댓값의 성질 II p.107]

$^{\star}|x|^2-|x|-6=0,\ (|x|+2)(|x|-3)=0$

$\therefore |x|-3=0\ (\because |x|+2>0)$

$\therefore |x|=3 \quad \therefore x=\pm 3$

정답 $x=-3$ 또는 $x=3$

[줄기 4-3] 방정식 $x^2+|2x-1|-3=0$을 풀어라.

뿌리 4-4 절댓값 기호 안의 변수의 계수가 음수일 때

방정식 $|x-2|^2-4=3|-x+2|$을 풀어라.

풀이 $|x-2|^2-4=3|x-2|$ ($\because$ 절댓값 기호 안의 x의 계수가 양수일 때 구간을 나눠야 쉽다.)

$(x-2)^2-4=3|x-2|$ ($\because |a|^2=a^2$)

$x<2$	$x \geq 2$
$(x-2)^2-4=-3(x-2)$	$(x-2)^2-4=3(x-2)$
$x^2-x-6=0$	$x^2-7x+6=0$
$(x+2)(x-3)=0$	$(x-1)(x-6)=0$
$\therefore x=-2$ 또는 $x=3$	$\therefore x=1$ 또는 $x=6$
그런데 $x<2$이므로	그런데 $x \geq 2$이므로
$\boldsymbol{x=-2}$	$\boldsymbol{x=6}$

정답 $x=-2$ 또는 $x=6$

[줄기 4-4] 방정식 $x^2-|-x-1|=5$를 풀어라.

뿌리 4-5 이차방정식의 활용

어떤 정사각형의 가로, 세로의 길이를 각각 $2\,\mathrm{m}$, $3\,\mathrm{m}$씩 줄여서 직사각형을 만들면 그 넓이가 처음 넓이의 $\frac{1}{3}$이 된다고 한다. 이때, 처음 정사각형의 한 변의 길이를 구하여라.

핵심 방정식의 활용 문제는 다음과 같은 순서로 푼다.
i) 구하는 값을 미지수 x로 놓는다.
ii) 주어진 조건을 이용하여 x에 대한 방정식을 세운다.
iii) 구한 x의 값 중에서 문제의 조건을 만족하는 것만 근으로 한다.

풀이 정사각형의 한 변의 길이를 x라 하면
가로의 길이 : $x-2$, 세로의 길이 : $x-3$ (길이이므로 $x-2>0$, $x-3>0$ $\therefore x>3$)

$(x-2)(x-3)=\frac{1}{3}x^2$

$x^2-5x+6=\frac{1}{3}x^2$ ⇨ 양변에 3을 곱하면

$3x^2-15x+18=x^2$, $2x^2-15x+18=0$

$(2x-3)(x-6)=0$

$\therefore x=6$ ($\because x>3$)

따라서 처음 정사각형의 한 변의 길이는 **6 cm**이다.

참고 길이 vs 거리
(길이)>0 ex) (삼각형의 변의 길이)>0, (원의 반지름의 길이)>0, ⋯
(거리)≥ 0 ex) (두 점 사이의 거리)≥ 0, (점과 직선 사이의 거리)≥ 0, ⋯

[줄기4-5] 오른쪽 그림과 같이 정사각형 ABCD에서 변 AB와 DC의 길이를 각각 1만큼 줄이고 변 BC의 길이를 4만큼 늘려 만든 어두운 부분의 넓이는 처음 정사각형 넓이의 $\frac{3}{4}$배이다. 처음 정사각형의 한 변의 길이는? [교육청 기출]

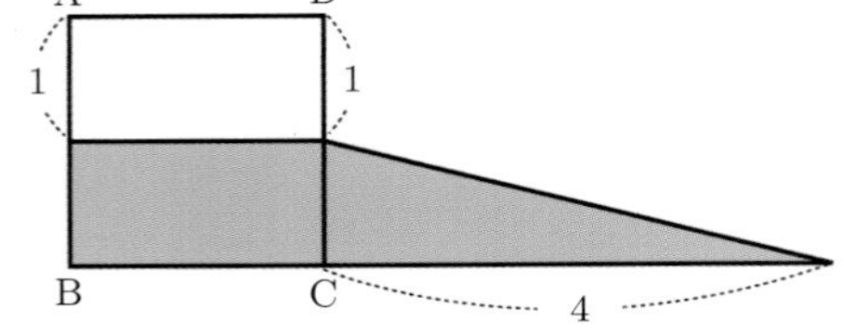

① $-2+2\sqrt{3}$ ② $-1+2\sqrt{3}$ ③ $\sqrt{3}$
④ $4-2\sqrt{2}$ ⑤ $5-2\sqrt{2}$

연습문제

5 이차방정식 (1) ※「특강」 가우스 기호

평가일	점수

정답 및 풀이 ➡ 40p

잎 5-1

상수 a에 대하여 이차방정식 $(2x-1)^2-4x+2+a=0$의 한 근이 -1일 때, 다른 한 근은? [교육청 기출]

① 1　　② 2　　③ 3　　④ 4　　⑤ 5

잎 5-2

이차방정식 $ax^2+2(k+1)x+b(k-3)=0$이 실수 k의 값에 관계없이 $x=2$를 근으로 가질 때, 상수 a, b의 값을 구하여라.

잎 5-3

이차방정식 $x^2-2x+3=0$의 한 근을 α라 할 때, $\alpha+\dfrac{3}{\alpha}$의 값은? [교육청 기출]

① -3　　② -2　　③ 1　　④ 2　　⑤ 3

잎 5-4

방정식 $|2x^2-(3a+1)x+3a+4|=4$의 한 근이 a일 때, 모든 실수 a의 값의 합을 구하여라.

잎 5-5

방정식 $x^2-\sqrt{x^2}+2=-\sqrt{(x+1)^2}+5$를 풀어라.

1 가우스 기호 [ ] ※$[x]$를 '가우스 x'라 읽는다.

실수 x에 대하여 **x보다 크지 않은 최대의 정수를** $[x]$로 나타내고, 이때 기호 [ ]를 **가우스 기호**라 한다. 따라서 가우스 기호는 실수의 범위에서 정의된다.

ex) $[-1.7]=-2$, $[-0.6]=-1$, $[1]=1$, $[3.5]=3$, $[0.5]=0$

즉, 정수 n에 대하여 **$n\le x<n+1$일 때,** $[x]=n$이다.

참고

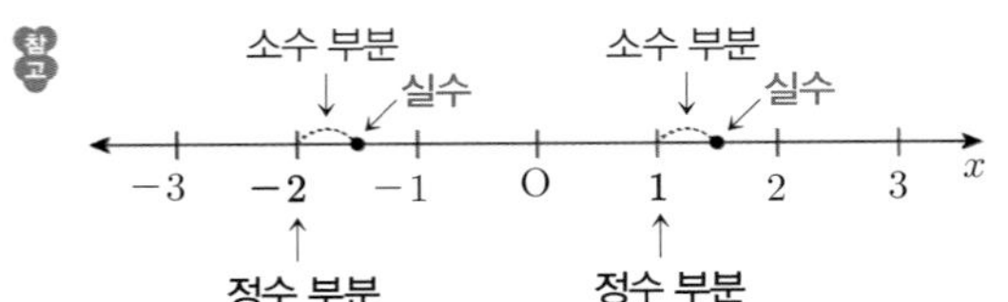

(실수)=(정수 부분)+(소수 부분)
($*0\le$(소수 부분)<1)

$\therefore [x]$는 실수 x의 정수 부분이다.

주의 소수 부분과 소수는 다르다.
$0\le$(소수 부분)<1, $0<$(소수)<1

• 잎 5-6

다음 방정식을 풀어라. (단, $[x]$는 x보다 크지 않은 최대의 정수이다.)

1) $[x]^2-3[x]+2=0$

2) $2[x]^2+3[x]-2=0$

2 가우스 기호를 포함한 방정식

가우스 기호를 푸는 요령은 다음과 같다.

$[x]$는 범위에 의해 정수로 풀린다. *cf*) 절댓값 기호는 범위에 의해 괄호로 풀린다.

즉, $n\le x<n+1$**일 때,** $[x]=n$ (n은 정수) ⇦ $[x]$의 범위의 폭의 크기는 1이다.

※ $[x]$를 포함한 식에서 $[x]$가 정수로 풀리면 그 식은 이빨 빠진 호랑이가 된다.

• 잎 5-7

$0\le x<3$일 때, 방정식 $[x]=x^2-2x$를 풀어라. (단, $[x]$는 x보다 크지 않은 최대의 정수이다.)

3 절댓값 기호와 가우스 기호가 함께 있는 방정식 ⇨ $[x]$의 범위를 이용한다.

절댓값 기호는 범위에 의해 괄호로 풀리고, $[x]$는 범위에 의해 정수로 풀린다.

⇨ 범위의 폭의 크기가 1인 $[x]$의 범위를 이용하여 절댓값 기호를 괄호로 푼다.

증명 절댓값 기호 안의 식의 값이 0이 되게 하는 x의 값을 경계로 범위를 나누면 각 경우에 따른 $[x]$의 범위를 또 따져야 한다. 따라서 계산해야 할 양이 많아지게 되므로 범위의 폭의 크기가 1인 $[x]$의 범위를 이용하여 절댓값의 기호를 괄호로 푼다.

• 잎 5-8

$-2<x\le 2$일 때, 방정식 $[x]^2-4[x]+|x|=0$을 풀어라.

(단, $[x]$는 x보다 크지 않은 최대의 정수이다.)

5. 이차방정식(2)

05 이차방정식의 판별식 ※「특강」 중근의 근의 개수

1 판별식

2 이차방정식의 근의 판별

3 이차식이 완전제곱식이 되기 위한 조건

06 이차방정식의 근과 계수의 관계

1 이차방정식 $ax^2+bx+c=0$ (a, b, c는 상수)

2 이차방정식의 근과 계수의 관계

3 두 수를 근으로 하는 이차방정식

4 이차방정식의 켤레근의 성질

5 이차식의 인수분해

6 이차방정식 $f(x)=0$과 $f(ax+b)=0\,(a\neq 0)$의 관계

연습문제

05 이차방정식의 판별식 ※「특강」 중근의 근의 개수

1 판별식 (*D* iscriminant)

계수가 실수인 이차방정식 $ax^2+bx+c=0$의 근은

$$x=\frac{-b\pm\sqrt{b^2-4ac}}{2a}$$ ⇦ 판별식 D

이므로 근호 안의 식 b^2-4ac의 값의 부호에 따라 실근인지 허근인지 판별할 수 있다.
이때 b^2-4ac를 이 방정식의 **판별식**이라 하고 기호로 D로 나타낸다.
즉 $D=b^2-4ac$이다.

2 이차방정식의 근의 판별

계수가 실수인 이차방정식 $ax^2+bx+c=0$에서 $D=b^2-4ac$라 하면
1) $D>0$이면 서로 다른 두 실근을 갖는다.
2) $D=0$이면 중근(서로 같은 두 실근)을 갖는다.
(1), 2): $D\geq0$이면 실근을 갖는다.)
3) $D<0$이면 서로 다른 두 허근을 갖는다.

cf 서로 다른 두 실근을 가질 조건 : $D>0$
실근을 가질 조건 : $D\geq0$, *두 실근을 가질 조건 : $D\geq0$

x의 계수가 짝수인 이차방정식 $ax^2+2b'x+c=0$의 근은

$$x=\frac{-b'\pm\sqrt{b'^2-ac}}{a}$$ ⇦ 판별식 $\frac{D}{4}$

이므로 근호 안의 식 b'^2-ac의 값의 부호에 따라 실근인지 허근인지 판별할 수 있다.
이때 b'^2-ac를 이 방정식의 **판별식**이라 하고 기호로 $\frac{D}{4}$로 나타낸다. 즉 $\frac{D}{4}=b'^2-ac$이다.
따라서 $\frac{D}{4}>0$이면 서로 다른 두 실근, $\frac{D}{4}=0$이면 중근, $\frac{D}{4}<0$이면 서로 다른 두 허근을 갖는다.

참고 x의 계수가 $b=2b'$일 때 ※ $b'=\frac{b}{2}$이므로 b'는 일차항의 계수의 반이다.
$D=b^2-4ac=(2b')^2-4ac=4(b'^2-ac)$
$\therefore \frac{D}{4}=b'^2-ac$

TIP 중근 : 방정식의 해 가운데서 두 번 이상 거듭되는 근을 중근이라 한다. [p.104 tip]
ex) 두 번 거듭되는 근을 중근 또는 이중근이라 한다. 세 번 거듭되는 근을 삼중근이라 한다. …

「특강」 **중근의 근의 개수**
중근의 근의 개수는 2개다. 삼중근의 근의 개수는 3개다. 사중근의 근의 개수는 4개다. …
(단, 중근은 하나의 근으로 본다.)라는 조건이 있으면 중근, 삼중근, 사중근, …의 근의 개수는 1개다.

주의 (단, 중근은 하나의 근으로 본다.)라는 조건이 있으면 중근의 근의 개수를 1개로 취급한다.
예) 잎 5–3) [p.135]

뿌리 5-1 이차방정식의 근의 판별(1)

이차방정식 $x^2-(2m+1)x+(m^2+1)=0$이 다음과 같은 근을 가질 때, 실수 m의 값 또는 범위를 구하여라.

1) 서로 다른 두 실근　　2) 실근　　3) 두 실근
4) 서로 다른 두 허근　　5) 중근

풀이 주어진 이차방정식의 판별식을 D라 하면

$D=\{-(2m+1)\}^2-4\cdot1\cdot(m^2+1)=4m-3$이므로

1) $D=4m-3>0$　$\therefore \boldsymbol{m>\frac{3}{4}}$

2) $D=4m-3\geq0$　$\therefore \boldsymbol{m\geq\frac{3}{4}}$

3) $D=4m-3\geq0$　$\therefore \boldsymbol{m\geq\frac{3}{4}}$

4) $D=4m-3<0$　$\therefore \boldsymbol{m<\frac{3}{4}}$

5) $D=4m-3=0$　$\therefore \boldsymbol{m=\frac{3}{4}}$

[줄기5-1] 다음 조건을 만족하는 실수 m의 값 또는 범위를 구하여라.

1) 이차방정식 $x^2-(m+1)x+m+1=0$이 중근을 가진다.
2) 이차방정식 $x^2+2(m+1)x+m^2=0$이 실근을 가진다.
3) 이차방정식 $x^2-2(m-1)x+m^2+3=0$이 허근을 가진다.

뿌리 5-2 이차방정식의 근의 판별(2)

다음 물음에 답하여라.

1) 이차방정식 $(k+2)x^2-3x-1=0$이 서로 다른 두 실근을 갖도록 실수 k의 값의 범위를 구하여라.

2) 이차방정식 $(k+2)x^2-3x-1=0$이 중근을 갖도록 실수 k의 값을 구하여라.

핵심 이차방정식 $(k+2)x^2-3x-1=0$이므로 x^2의 계수가 0이 아니다. 따라서 $k+2\neq0$, 즉 $k\neq-2$이다.

풀이 1) 이차방정식 $(k+2)x^2-3x-1=0$이므로 $k+2\neq0$ $\quad\therefore k\neq-2\ \cdots$ ㉠

서로 다른 두 실근을 가지므로 판별식을 D라 하면

$D=(-3)^2-4\cdot(k+2)\cdot(-1)>0$, $4k+17>0$ $\quad\therefore k>-\dfrac{17}{4}\ \cdots$ ㉡

㉠, ㉡을 동시에 만족시키는 k의 값의 범위는 $-\dfrac{17}{4}<k<-2$ 또는 $k>-2$

2) 이차방정식 $(k+2)x^2-3x-1=0$이므로 $k+2\neq0$ $\quad\therefore k\neq-2\ \cdots$ ㉠

중근을 가지므로 판별식을 D라 하면

$D=(-3)^2-4\cdot(k+2)\cdot(-1)=0$, $4k+17=0$ $\quad\therefore k=-\dfrac{17}{4}$

이것은 ㉠을 만족시키므로 구하는 k의 값은 $-\dfrac{17}{4}$이다.

[줄기5-2] 다음 물음에 답하여라.

1) 이차방정식 $(k+2)x^2-3x-1=0$이 실근을 갖도록 실수 k의 값의 범위를 구하여라.

2) 이차방정식 $(k+2)x^2-3x-1=0$이 허근을 갖도록 실수 k의 값의 범위를 구하여라.

[줄기5-3] 다음 물음에 답하여라.

1) 이차방정식 $kx^2-4x-3=0$이 실근을 갖도록 실수 k의 값의 범위를 구하여라.

2) 이차방정식 $kx^2-4x-3=0$이 서로 다른 두 실근을 갖도록 실수 k의 값의 범위를 구하여라.

[줄기5-4] 이차방정식 $(k+1)x^2+2kx+(k-3)=0$이 실근을 갖도록 실수 k의 값의 범위를 구하여라.

[줄기5-5] 두 이차방정식 $x^2-x+2a=0$, $x^2+2ax+a^2+a-4=0$에 대하여 한쪽만 실근을 갖도록 하는 실수 a의 값의 범위를 구하여라.

[줄기5-6] 이차방정식 $x^2-2(k+a)x+k^2+a^2-b-1=0$이 실수 k의 값에 관계없이 중근을 가질 때, 실수 a, b의 값을 구하여라.

3 이차식이 완전제곱식이 되기 위한 조건

이차식 $f(x)$가 완전제곱식, 즉 $\boldsymbol{a(x-\alpha)^2}$ 꼴이면 이차방정식 $f(x)=0$은 중근을 갖는다.

1) 이차식 ax^2+bx+c가 **완전제곱식**이 되기 위한 조건은 $\boldsymbol{b^2-4ac=0}$이다.

2) 이차식 ax^2+bx+c에서 $\boldsymbol{b^2-4ac=0}$이면 ax^2+bx+c는 **완전제곱식**이다.

증명 1) 이차식 ax^2+bx+c가 완전제곱식이 되려면 $ax^2+bx+c=a\left(x+\dfrac{b}{2a}\right)^2-\dfrac{b^2-4ac}{4a}$에서 $-\dfrac{b^2-4ac}{4a}=0$, 즉 $b^2-4ac=0$이어야 한다.

2) 이차식 $ax^2+bx+c=a\left(x+\dfrac{b}{2a}\right)^2-\dfrac{b^2-4ac}{4a}$에서 $b^2-4ac=0$이면

$ax^2+bx+c=a\left(x+\dfrac{b}{2a}\right)^2$이므로 이차식 ax^2+bx+c는 완전제곱식이다.

이차식 ax^2+bx+c가 완전제곱식이다. $\Leftrightarrow D=b^2-4ac=0$

뿌리 5-3 이차식이 완전제곱식이 될 조건

x에 대한 이차식 $x^2+(k-4)x+k-1$이 완전제곱식이 되도록 하는 실수 k의 값을 구하여라.

핵심 이차식 $f(x)$가 완전제곱식이면 $a(x-\alpha)^2$ 꼴이므로 이차방정식 $f(x)=0$은 중근을 갖는다.

풀이 주어진 이차식이 완전제곱식이 되려면 이차방정식 $x^2+(k-4)x+k-1=0$이 중근을 가져야 하므로 판별식을 D라 하면

$D=(k-4)^2-4(k-1)=0$, $k^2-12k+20=0$, $(k-2)(k-10)=0$

$\therefore$ $\boldsymbol{k=2}$ **또는** $\boldsymbol{k=10}$

[줄기5-7] 이차식 $(k+2)x^2+4(k+2)x+2(k-3)$이 완전제곱식이 될 때, 실수 k의 값을 구하여라.

06 이차방정식의 근과 계수의 관계

1 이차방정식 $ax^2+bx+c=0$ (a, b, c는 상수)

이차방정식 $ax^2+bx+c=0$은 * $a\neq 0$을 내포하고 있다.

2 이차방정식의 근과 계수의 관계

이차방정식 $ax^2+bx+c=0$의 두 근을 α, β라 하면 다음이 성립한다.

1) 두 근의 합 : $\alpha+\beta=\dfrac{-b}{a}$ ⇨ '**합**'으로 기억한다.

2) 두 근의 곱 : $\alpha\beta=\dfrac{c}{a}$ ⇨ '**곱**'으로 기억한다.

증명 $\alpha+\beta=\dfrac{-b}{a}$, $\alpha\beta=\dfrac{c}{a}$임을 증명해 보자.

방법 I 이차방정식 $ax^2+bx+c=0$에서 두 근을 α, β라 하면 근의 공식에 의하여

$\alpha=\dfrac{-b+\sqrt{b^2-4ac}}{2a}$, $\beta=\dfrac{-b-\sqrt{b^2-4ac}}{2a}$이므로

1) $\alpha+\beta=\dfrac{-b+\sqrt{b^2-4ac}}{2a}+\dfrac{-b-\sqrt{b^2-4ac}}{2a}=\dfrac{-2b}{2a}=\dfrac{-b}{a}$

2) $\alpha\beta=\dfrac{-b+\sqrt{b^2-4ac}}{2a}\cdot\dfrac{-b-\sqrt{b^2-4ac}}{2a}=\dfrac{b^2-(b^2-4ac)}{4a^2}=\dfrac{4ac}{4a^2}=\dfrac{c}{a}$

방법 II 이차방정식 $ax^2+bx+c=0$에서 두 근을 α, β라 하면 이차식 ax^2+bx+c는 $x-\alpha, x-\beta$를 인수로 가진다. 즉,

$$ax^2+bx+c=a(x-\alpha)(x-\beta)$$
$$=ax^2-a(\alpha+\beta)x+a\alpha\beta$$

이 식은 x에 대한 항등식이므로 각 항의 계수를 비교하면

1) $b=-a(\alpha+\beta)$ $\quad\therefore \alpha+\beta=-\dfrac{b}{a}=\dfrac{-b}{a}$

2) $c=a\alpha\beta$ $\quad\therefore \alpha\beta=\dfrac{c}{a}$

✓ 두 근의 합 $-\dfrac{b}{a}$는 * $\dfrac{-b}{a}$로 기억한다. ($\because$ 이로운 점이 많다.)

(익히는 방법) x에 대한 내림차순으로 정리한 $ax^2+bx+c=0$ $(a\neq 0)$의 근과 계수의 관계

1st 분모는 내림차순에서 첫 번째 계수 a이다. 즉, 분모는 최고차항의 계수이다.

2nd 분자는 내림차순에서 두 번째 계수 b, 세 번째 계수 c이고, 부호는 $-$, $+$ 순이다.

기억하는 순서가 두 근의 '합', '곱'의 순이므로 (합)$=\dfrac{-b}{a}$, (곱)$=\dfrac{c}{a}$

※ 두 근의 합을 '합'으로 두 근의 곱을 '곱'으로 줄여 기억하면 더 쉽다.

TIP '삼차방정식의 근과 계수의 관계'도 이 규칙으로 익힌다. [p.170 (익히는 방법)]

뿌리 6-1 근과 계수의 관계를 이용하여 식의 값 구하기(1)

이차방정식 $3x^2-6x+12=0$의 두 근을 α, β라 할 때, $\alpha^2+\beta^2$의 값을 구하여라.

풀이 $3x^2-6x+12=0$의 두 근이 α, β이므로 근과 계수의 관계에 의하여

$\alpha+\beta=\dfrac{-(-6)}{3}=2$, $\alpha\beta=\dfrac{12}{3}=4$

$\alpha^2+\beta^2=(\alpha+\beta)^2-2\alpha\beta=2^2-2\cdot4=\mathbf{-4}$

[줄기6-1] 다음 이차방정식에 대하여 물음에 답하여라.

1) $3x^2+6x-12=0$의 두 근을 α, β라 할 때, $\alpha^3+\beta^3$의 값을 구하여라.

2) $4x^2+2x-1=0$의 두 근을 α, β라 할 때, $(\alpha-1)(\beta-1)$의 값을 구하여라.

3) $3x^2-6x+12=0$의 두 근을 α, β라 할 때, $\dfrac{\beta}{\alpha^2}+\dfrac{\alpha}{\beta^2}$의 값을 구하여라.

뿌리 6-2 근과 계수의 관계를 이용하여 식의 값 구하기(2)

이차방정식 $2x^2-4x+1=0$의 두 근을 α, β라 할 때, $\alpha-\beta$의 값을 구하여라.

핵심 합과 곱의 값을 알면 $(a-b)^2=(a+b)^2-4ab$를 이용하여 차의 값도 알 수 있다.

풀이 $2x^2-4x+1=0$의 두 근이 α, β이므로 근과 계수의 관계에 의하여

$\alpha+\beta=\dfrac{-(-4)}{2}=2$, $\alpha\beta=\dfrac{1}{2}$

$(\alpha-\beta)^2=(\alpha+\beta)^2-4\alpha\beta=2^2-4\cdot\dfrac{1}{2}=2$ $\quad\therefore \boldsymbol{\alpha-\beta=\pm\sqrt{2}}$

[줄기6-2] 이차방정식 $x^2-5x+3=0$의 두 근을 α, β라 할 때, 다음 식의 값을 구하여라.

1) $\alpha^2-\alpha\beta+\beta^2$ 2) $\dfrac{\beta}{\alpha-1}+\dfrac{\alpha}{\beta-1}$ 3) $\alpha-\beta$ 4) $\alpha^3-\beta^3$

[줄기6-3] 이차방정식 $3x^2+x-4=0$의 두 근을 α, β라 할 때, $|\alpha-\beta|$와 $|\alpha|+|\beta|$의 값을 구하여라.

[줄기6-4] 이차방정식 $x^2+3x+1=0$의 두 근을 α, β라 할 때, $(\sqrt{\alpha}+\sqrt{\beta})^2$의 값을 구하여라.

[줄기6-5] 이차방정식 $x^2-7x+1=0$의 두 근을 α, β라 할 때, $\sqrt{\alpha}+\sqrt{\beta}$의 값을 구하여라.

[줄기 6-4)와 비교하여 익힌다.]

뿌리 6-3 근과 계수의 관계를 이용하여 미정계수 구하기

이차방정식 $x^2-ax-b=0$의 두 근이 2, 5일 때, 이차방정식 $ax^2-bx+2=0$의 두 근의 합과 곱의 값을 구하여라.

풀이 $x^2-ax-b=0$의 두 근이 2, 5이므로 근과 계수의 관계에 의하여
$2+5=a,\ 2\cdot5=-b \quad \therefore a=7,\ b=-10$
이차방정식 $ax^2-bx+2=0$이므로 $a\neq0$ ⇨ 이 조건을 쓰든 안 쓰든 항상 따지는 습관을 갖자!
$ax^2-bx+2=0$, 즉 $7x^2+10x+2=0$의 근과 계수의 관계에 의하여
두 근의 합 : $\dfrac{-10}{7}$, 두 근의 곱 : $\dfrac{2}{7}$

[줄기6-6] 이차방정식 $x^2-ax+4=0$의 두 근을 α, β라 할 때, $\dfrac{1}{\alpha}+\dfrac{1}{\beta}=3$을 만족시키는 상수 a의 값을 구하여라.

[줄기6-7] 이차방정식 $x^2+ax-b=0$의 두 근이 α, β이고, 이차방정식 $x^2-(2b+1)x-4=0$의 두 근이 $\alpha+\beta$, $\alpha\beta$일 때, 상수 a, b의 값을 구하여라.

[줄기6-8] 이차방정식 $x^2+ax+b=0$의 두 근이 α, β이고, $x^2+bx+a=0$의 두 근이 $\alpha-1$, $\beta-1$일 때, 상수 a, b의 값을 구하여라.

뿌리 6-4 근과 계수의 관계를 이용하여 식의 값 구하기

이차방정식 $x^2+2x+3=0$의 두 근을 α, β라 할 때, $(\alpha^2-\alpha+1)(\beta^2-\beta+1)$의 값을 구하여라.

풀이 i) $x^2+2x+3=0$의 두 근이 α, β이므로 근과 계수의 관계에 의하여

$\alpha+\beta=-2,\ \alpha\beta=3 \cdots$ ㉠

ii) $x^2+2x+3=0$의 두 근이 α, β이므로 $x=\alpha, x=\beta$를 각각 대입하면

$\alpha^2+2\alpha+3=0,\ \beta^2+2\beta+3=0 \quad \therefore \alpha^2=-2\alpha-3,\ \beta^2=-2\beta-3 \cdots$ ㉡

$$\begin{aligned}(\alpha^2-\alpha+1)(\beta^2-\beta+1)&=\{(-2\alpha-3)-\alpha+1\}\{(-2\beta-3)-\beta+1\}\ (\because ㉡)\\&=(-3\alpha-2)(-3\beta-2)\\&=(3\alpha+2)(3\beta+2)\\&=9\alpha\beta+6(\alpha+\beta)+4\\&=9\cdot3+6\cdot(-2)+4\ (\because ㉠)\\&=\mathbf{19}\end{aligned}$$

[줄기6-9] 이차방정식 $x^2-3x+5=0$의 두 근을 α, β라 할 때, $\alpha^2+3\beta$의 값을 구하여라.

뿌리 6-5 두 근 사이의 관계가 주어진 이차방정식

다음 이차방정식에 대하여 물음에 답하여라.

1) $x^2-5kx+6=0$의 두 근의 비가 $2:3$일 때, 실수 k의 값을 구하여라.

2) $x^2-2kx+k+5=0$의 두 근의 차가 2일 때, 실수 k의 값을 구하여라.

핵심 1) 두 근의 비가 $m:n$이면 두 근을 $m\alpha, n\alpha(\alpha\neq0)$로 놓고 근과 계수의 관계를 이용한다.
2) 두 근의 차가 k이면 두 근을 $\alpha, \alpha+k$로 놓고 근과 계수의 관계를 이용한다.

풀이 1) 두 근의 비가 $2:3$이므로 두 근을 $2\alpha, 3\alpha(\alpha\neq0)$라 하면 근과 계수의 관계에서

$2\alpha+3\alpha=5k,\ 2\alpha\cdot3\alpha=6$

$\therefore 5\alpha=5k,\ 6\alpha^2=6 \quad \therefore \alpha=k,\ \alpha^2=1 \quad \therefore k=\alpha,\ \alpha=\pm1 \quad \therefore \mathbf{k=\pm1}$

2) 두 근의 차가 2이므로 두 근을 $\alpha, \alpha+2$라 하면 근과 계수의 관계에 의하여

$\alpha+(\alpha+2)=2k \cdots$ ㉠, $\alpha(\alpha+2)=k+5 \cdots$ ㉡

㉠에서 $\alpha=k-1$을 ㉡에 대입하면 $(k-1)(k+1)=k+5$

$k^2-k-6=0,\ (k+2)(k-3)=0 \quad \therefore$ **$k=-2$ 또는 $k=3$**

[줄기6-10] 다음 이차방정식에 대하여 물음에 답하여라.

1) $x^2-6ax-a^2+1=0$의 한 근이 다른 근의 2배일 때, 실수 a의 값을 구하여라.

2) $x^2-2kx+10=0$의 두 근의 차가 3일 때, 실수 k의 값을 구하여라.

3 두 수를 근으로 하는 이차방정식

두 수 α, β를 근으로 하고 x^2의 계수가 1인 이차방정식은

$(x-\alpha)(x-\beta)=0 \Rightarrow x^2-(\alpha+\beta)x+\alpha\beta=0$

두 근의 합 　 두 근의 곱

$\therefore$ x^2-(두 근의 합)$x+$(두 근의 곱)$=0$

뿌리 6-6 두 수를 근으로 하는 이차방정식

이차방정식 $x^2-2x+2=0$의 두 근을 α, β라 할 때, $\frac{1}{\alpha}, \frac{1}{\beta}$을 두 근으로 하고 x^2의 계수가 2인 이차방정식을 구하여라.

풀이 $x^2-2x+2=0$의 두 근이 α, β이므로 근과 계수의 관계에 의하여 $\alpha+\beta=2, \alpha\beta=2$

$\frac{1}{\alpha}, \frac{1}{\beta}$의 합과 곱을 구하면 $\frac{1}{\alpha}+\frac{1}{\beta}=\frac{\beta+\alpha}{\alpha\beta}=\frac{2}{2}=1, \frac{1}{\alpha}\cdot\frac{1}{\beta}=\frac{1}{\alpha\beta}=\frac{1}{2}$

따라서 $\frac{1}{\alpha}, \frac{1}{\beta}$을 두 근으로 하고 x^2의 계수가 1인 이차방정식은

$x^2-x+\frac{1}{2}=0$ ⋯㉠ ($\because$ x^2-(두 근의 합)$x+$(두 근의 곱)$=0$)

그런데 x^2의 계수가 2인 이차방정식이므로 ㉠의 양변에 2를 곱하면

$2\left(x^2-x+\frac{1}{2}\right)=0$ 　 $\therefore$ $\mathbf{2x^2-2x+1=0}$

[줄기6-11] x^2의 계수가 1이고 $\sqrt{3}-\sqrt{2}, \sqrt{3}+\sqrt{2}$를 두 근으로 가지는 x에 대한 이차방정식을 구하여라.

[줄기6-12] 이차방정식의 $x^2-3x+1=0$의 두 근을 α, β라 할 때, $\alpha+\frac{1}{\beta}, \beta+\frac{1}{\alpha}$을 두 근으로 하고 x^2의 계수가 3인 이차방정식을 구하여라.

4 이차식의 인수분해

이차방정식 $ax^2+bx+c=0$의 두 근이 α, β일 때, 이차식 ax^2+bx+c는

$\boldsymbol{ax^2+bx+c=a(x-\alpha)(x-\beta)}$와 같이 인수분해할 수 있다.

ex) 이차식 x^2-2x-5를 복소수의 범위에서 인수분해하여라.

이차방정식 $x^2-2x-5=0$의 근을 근의 공식을 이용하여 구하면 $x=1\pm\sqrt{6}$ 이므로

$x^2-2x-5=\{x-(1+\sqrt{6})\}\{x-(1-\sqrt{6})\}=(x-1-\sqrt{6})(x-1+\sqrt{6})$

※ 인수분해에서 계수의 범위를 복소수로 한정할 수 있으나, 특별한 언급이 없으면 계수의 범위를 유리수로 한정한다. [p.67 참고]

참고 이차식은 이차다항식을 줄여 표현한 말이다. 예) 잎 5-19) [p.138]
일차식은 일차다항식을 줄여 표현한 말이다. 삼차식은 삼차다항식을 줄여 표현한 말이다. ⋯

씨앗. 1 다음 이차식을 복소수의 범위에서 인수분해하여라.

1) x^2+16　　2) $4x^2-3$　　3) $2x^2+4x-3$　　4) $3x^2-2x+1$

풀이 1) $x^2+16=0$에서 $x^2=-16$　$\therefore x=\pm 4i$

$\therefore x^2+16=(x-4i)\{x-(-4i)\}=\boldsymbol{(x-4i)(x+4i)}$

2) $4x^2-3=(2x)^2-(\sqrt{3})^2=\boldsymbol{(2x-\sqrt{3})(2x+\sqrt{3})}$

3) $2x^2+4x-3=0$에서 근의 공식에 의하여 $x=\dfrac{-2\pm\sqrt{10}}{2}$

$\therefore 2x^2+4x-3=2\left(x-\dfrac{-2+\sqrt{10}}{2}\right)\left(x-\dfrac{-2-\sqrt{10}}{2}\right)=\boldsymbol{2\left(x-\dfrac{-2+\sqrt{10}}{2}\right)\left(x+\dfrac{2+\sqrt{10}}{2}\right)}$

4) $3x^2-2x+1=0$에서 근의 공식에 의하여 $x=\dfrac{1\pm\sqrt{2}i}{3}$

$\therefore 3x^2-2x+1=\boldsymbol{3\left(x-\dfrac{1+\sqrt{2}i}{3}\right)\left(x-\dfrac{1-\sqrt{2}i}{3}\right)}$

뿌리 6-7 이차식의 인수분해

다음 이차식을 복소수의 범위에서 인수분해하여라.

1) $\dfrac{1}{2}x^2-x+2$　　2) $-x^2+\dfrac{1}{3}x-\dfrac{1}{2}$

풀이 1) $\dfrac{1}{2}x^2-x+2=0$, 즉 $x^2-2x+4=0$에서 근의 공식에 의하여 $x=1\pm\sqrt{3}i$

$\therefore \dfrac{1}{2}x^2-x+2=\dfrac{1}{2}\{x-(1+\sqrt{3}i)\}\{x-(1-\sqrt{3}i)\}=\boldsymbol{\dfrac{1}{2}(x-1-\sqrt{3}i)(x-1+\sqrt{3}i)}$

2) $-x^2+\dfrac{1}{3}x-\dfrac{1}{2}=0$, 즉 $6x^2-2x+3=0$에서 근의 공식에 의하여 $x=\dfrac{1\pm\sqrt{17}i}{6}$

$\therefore -x^2+\dfrac{1}{3}x-\dfrac{1}{2}=\boldsymbol{-\left(x-\dfrac{1+\sqrt{17}i}{6}\right)\left(x-\dfrac{1-\sqrt{17}i}{6}\right)}$

5 이차방정식 $f(x)=0$과 $f(ax+b)=0(a\neq0)$의 관계

이차방정식 $f(x)=0$의 두 근이 α, β일 때, $f(ax+b)=0(a\neq0)$의 근은

⇨ $ax+b=\alpha$ 또는 $ax+b=\beta$에서 $x=\dfrac{\alpha-b}{a}$ 또는 $x=\dfrac{\beta-b}{a}$

증명 $f(\boxed{x})=0$의 두 근이 α, β이면 $\boxed{x}=\alpha$ 또는 $\boxed{x}=\beta$

$f(\boxed{ax+b})=0$이려면 $\boxed{ax+b}=\alpha$ 또는 $\boxed{ax+b}=\beta$

$\therefore f(ax+b)=0$의 두 근은 $x=\dfrac{\alpha-b}{a}$ 또는 $x=\dfrac{\beta-b}{a}$

씨앗. 2 이차방정식 $f(x)=0$의 두 근을 α, β라 하면 $\alpha+\beta=8$이다. 이때, 이차방정식 $f(2x-3)=0$의 두 근의 합을 구하여라.

풀이 $f(\alpha)=0,\ f(\beta)=0$이므로

$f(2x-3)=0$이려면 $2x-3=\alpha$ 또는 $2x-3=\beta$

$\therefore f(2x-3)=0$의 두 근은 $x=\dfrac{\alpha+3}{2}$ 또는 $x=\dfrac{\beta+3}{2}$

$\therefore f(2x-3)=0$의 두 근의 합은 $\dfrac{\alpha+3}{2}+\dfrac{\beta+3}{2}=\dfrac{\alpha+\beta+6}{2}=\dfrac{8+6}{2}=\mathbf{7}$

뿌리 6-8 이차방정식 $f(x)=0$과 $f(ax+b)=0(a\neq0)$의 관계

다음 물음에 답하여라.

1) 이차방정식 $f(x)=0$의 두 근의 합이 3일 때, 이차방정식 $f(4x-5)=0$의 두 근의 합을 구하여라.

2) 이차방정식 $f(x)=0$의 두 근의 곱이 18일 때, 이차방정식 $f(3x)=0$의 두 근의 곱을 구하여라.

풀이 1) 이차방정식 $f(x)=0$의 두 근을 α, β라 하면 $f(\alpha)=0,\ f(\beta)=0,\ \alpha+\beta=3$이므로

$f(4x-5)=0$이려면 $4x-5=\alpha$ 또는 $4x-5=\beta$

$\therefore f(4x-5)=0$의 두 근은 $x=\dfrac{\alpha+5}{4}$ 또는 $x=\dfrac{\beta+5}{4}$

$\therefore f(4x-5)=0$의 두 근의 합은 $\dfrac{\alpha+5}{4}+\dfrac{\beta+5}{4}=\dfrac{\alpha+\beta+10}{4}=\dfrac{3+10}{4}=\mathbf{\dfrac{13}{4}}$

2) 이차방정식 $f(x)=0$의 두 근을 α, β라 하면 $f(\alpha)=0,\ f(\beta)=0,\ \alpha\beta=18$이므로

$f(3x)=0$이려면 $3x=\alpha$ 또는 $3x=\beta$

$\therefore f(3x)=0$의 두 근은 $x=\dfrac{\alpha}{3}$ 또는 $x=\dfrac{\beta}{3}$

$\therefore f(3x)=0$의 두 근의 곱은 $\dfrac{\alpha}{3}\cdot\dfrac{\beta}{3}=\dfrac{\alpha\beta}{9}=\dfrac{18}{9}=\mathbf{2}$

6 이차방정식의 켤레근의 성질

이차방정식 $ax^2+bx+c=0$에서 다음이 성립한다.

1) a, b, c가 유리수일 때, 즉 **계수가 모두 유리수일 때** ※상수항 c는 x^0의 계수이다.

한 근이 $p+q\sqrt{m}$이면 다른 한 근은 $p-q\sqrt{m}$이다. (단, p, q는 유리수, $\sqrt{m}$은 무리수)

2) a, b, c가 실수일 때, 즉 **계수가 모두 실수일 때** ※상수항 c는 x^0의 계수이다.

한 근이 $p+qi$이면 다른 한 근은 $p-qi$이다. (단, p, q는 실수, $i=\sqrt{-1}$)

증명 $ax^2+bx+c=0\,(a\neq0)$의 두 근 α, β를 $\alpha=\frac{-b}{2a}+\frac{\sqrt{b^2-4ac}}{2a}$, $\beta=\frac{-b}{2a}-\frac{\sqrt{b^2-4ac}}{2a}$라 하면

1) a, b, c가 유리수일 때, $\frac{-b}{2a}$는 유리수이므로 한 근이 무리근이면 다른 한 근은 그 무리근의 켤레근이다.

2) a, b, c가 실수일 때, $\frac{-b}{2a}$는 실수이므로 한 근이 허근이면 다른 한 근은 그 허근의 켤레근이다.

씨앗. 3 다음 이차방정식에 대하여 물음에 답하여라.

1) $x^2-kx+2=0$에서 한 근이 $2-\sqrt{2}$일 때, 유리수 k의 값을 구하여라.

2) $x^2-kx+2=0$에서 한 근이 $1-i$일 때, 실수 k의 값을 구하여라.

핵심 이차방정식에서 다음이 성립한다.

i) 계수가 모두 유리수일 때, 한 근이 $p+q\sqrt{m}$이면 켤레근 $p-q\sqrt{m}$도 근이다.
(단, p, q는 유리수, $\sqrt{m}$은 무리수)

ii) 계수가 모두 실수일 때, 한 근이 $p+qi$이면 켤레근 $p-qi$도 근이다.
(단, p, q는 실수, $i=\sqrt{-1}$)

풀이 1) k가 유리수이므로 $x^2-kx+2=0$의 한 근이 $2-\sqrt{2}$이면 켤레근 $2+\sqrt{2}$도 근이다.

따라서 이차방정식의 근과 계수의 관계에 의하여

$(2-\sqrt{2})+(2+\sqrt{2})=k$, $(2-\sqrt{2})(2+\sqrt{2})=2$

$\therefore \boldsymbol{k=4}$

2) k가 실수이므로 $x^2-kx+2=0$의 한 근이 $1-i$이면 켤레근 $1+i$도 근이다.

따라서 이차방정식의 근과 계수의 관계에 의하여

$(1-i)+(1+i)=k$, $(1-i)(1+i)=2$

$\therefore \boldsymbol{k=2}$

뿌리 6-9 이차방정식의 켤레근의 성질

다음 물음에 답하여라.

1) x^2의 계수가 2이고 $1+\sqrt{2}$를 근으로 갖는 계수가 유리수인 x에 대한 이차방정식을 구하여라.

2) x^2의 계수가 -3이고 $3-i$를 근으로 갖는 계수가 실수인 x에 대한 이차방정식을 구하여라. (단, $i=\sqrt{-1}$)

3) x^2의 계수가 3이고 $i-2$를 근으로 갖는 계수가 실수인 x에 대한 이차방정식을 구하여라. (단, $i=\sqrt{-1}$)

풀이 1) 이차방정식의 계수가 유리수이므로 $1+\sqrt{2}$가 근이면 켤레근 $1-\sqrt{2}$도 근이다.
(두 근의 합)$=(1+\sqrt{2})+(1-\sqrt{2})=2$, (두 근의 곱)$=(1+\sqrt{2})(1-\sqrt{2})=-1$
따라서 $1+\sqrt{2}$, $1-\sqrt{2}$를 두 근으로 하는 이차방정식은 $x^2-2x-1=0$ ⋯㉠
그런데 x^2의 계수가 2인 이차방정식이므로 ㉠의 양변에 2를 곱하면
$2(x^2-2x-1)=0$ $\therefore \mathbf{2x^2-4x-2=0}$

2) 이차방정식의 계수가 실수이므로 $3-i$가 근이면 켤레근 $3+i$도 근이다.
(두 근의 합)$=(3-i)+(3+i)=6$, (두 근의 곱)$=(3-i)(3+i)=10$
따라서 $3-i, 3+i$를 두 근으로 하는 이차방정식은 $x^2-6x+10=0$ ⋯㉠
그런데 x^2의 계수가 -3인 이차방정식이므로 ㉠의 양변에 -3을 곱하면
$-3(x^2-6x+10)=0$ $\therefore \mathbf{-3x^2+18x-30=0}$

3) 이차방정식의 계수가 실수이므로 한 근이 $-2+i$이면 켤레근 $-2-i$도 근이다.
(두 근의 합)$=(-2+i)+(-2-i)=-4$, (두 근의 곱)$=(-2+i)(-2-i)=5$
$-2+i, -2-i$를 두 근으로 하는 이차방정식은 $x^2+4x+5=0$ ⋯㉠
그런데 x^2의 계수가 3인 이차방정식이므로 ㉠의 양변에 3을 곱하면
$3(x^2+4x+5)=0$ $\therefore \mathbf{3x^2+12x+15=0}$

주의 $i-2$의 켤레근은 $i+2$(×), $-i-2$(○)

줄기6-13 이차방정식 $x^2-4x+a=0$의 한 근이 $b+\sqrt{2}i$일 때, 실수 a, b의 값을 구하여라.
(단, $i=\sqrt{-1}$)

줄기6-14 이차방정식 $2x^2+ax+b=0$의 한 근이 $\sqrt{6}-1$일 때, 유리수 a, b의 값을 구하여라.

줄기6-15 이차방정식 $x^2-6x+a=0$의 한 근이 $\dfrac{b+i}{1-i}$일 때, 실수 a, b의 값을 구하여라.
(단, $i=\sqrt{-1}$)

5

연습문제

이차방정식 (2)

평가일	점수

정답 및 풀이 ▶ 47p

잎 5-1

이차방정식 $4x^2+2(2k+m)x+k^2-k+n=0$이 실수 k의 값에 관계없이 중근을 가질 때, 실수 m, n의 값을 구하여라. [교육청 기출]

잎 5-2

이차식 $x^2-2(k-3)x-2k$가 x에 대하여 완전제곱식이 되도록 하는 실수 k의 값을 모두 구하여라.

잎 5-3

방정식 $(k-1)x^2-6x+k+7=0$이 오직 하나의 실근을 갖도록 하는 실수 k의 값을 모두 구하여라. (단, 중근은 하나의 근으로 본다.)

잎 5-4

이차방정식 $x^2+2ax+a^2+4a-8=0$이 실근을 가지도록 하는 양수 a의 값의 범위를 구하여라.

잎 5-5

이차방정식 $2kx^2+(k-3)x+1=0$의 한 허근을 α라 하면 α^2은 실수가 된다. 이때, 이 방정식의 두 근의 곱의 값은? (단, k는 실수) [교육청 기출]

① $-\frac{1}{2}$ ② $-\frac{1}{6}$ ③ $\frac{1}{6}$ ④ $\frac{1}{2}$ ⑤ 1

잎 5-6

이차방정식 $x^2+ax+b=0$의 두 근이 a, b일 때, a^2+b^2의 값은? (단, $ab\neq0$) [교육청 기출]

① 3 ② 5 ③ 7 ④ 10 ⑤ 13

• 잎 5-7

방정식 $|x^2-3x|=2$의 근을 $\alpha, \beta, \gamma, \delta$라 할 때, $\frac{1}{\alpha}+\frac{1}{\beta}+\frac{1}{\gamma}+\frac{1}{\delta}$의 값을 구하여라.

• 잎 5-8

이차방정식 $x^2+(a-4)x-4=0$의 두 근의 차가 4일 때, 이차방정식 $x^2+(a+4)x+4=0$의 두 근의 차는 d이다. d의 값을 구하여라. (단, a는 상수이다.) [교육청 기출]

• 잎 5-9

유리수 α, β가 이차방정식 $x^2-px+q=0$의 두 근이고 $\sqrt{\alpha+\beta+2\sqrt{\alpha\beta}}=2+2\sqrt{2}$를 만족할 때, p, q의 값을 구하여라. (단, p, q는 상수이다.) [교육청 기출]

• 잎 5-10

이차방정식 $x^2+(1-3m)x+2m^2-4m-7=0$의 두 근의 차가 4가 되도록 하는 실수 m의 모든 값의 곱을 구하여라. [교육청 기출]

• 잎 5-11

이차방정식 $x^2-(k+2)x+3k-1=0$의 두 근이 연속하는 정수가 되도록 하는 실수 k의 값을 모두 구하여라.

• 잎 5-12

방정식 $x^2-(3m-1)x-18=0$의 한 근이 다른 한 근의 절댓값의 2배일 때, 실수 m의 값을 구하여라.

• 잎 5-13

계수가 유리수인 x에 대한 이차방정식 $x^2+ax+b=0$의 한 근이 $2-\sqrt{3}$일 때, a^2+b^2의 값을 구하여라.

• 잎 5-14

0이 아닌 세 실수 $p,\ q,\ r$에 대하여 이차방정식 $x^2+px+q=0$의 두 근을 α,β라 할 때, $x^2+rx+p=0$은 두 근 $2\alpha, 2\beta$를 갖는다. 이때, $\frac{r}{q}$의 값은? [교육청 기출]

① 6　　② $\frac{13}{2}$　　③ 7　　④ $\frac{15}{2}$　　⑤ 8

• 잎 5-15

이차방정식 $x^2+(m+n)x-mn=0$의 한 근이 $4+\sqrt{2}i$일 때, m^2+n^2의 값을 구하여라.

(단, $i=\sqrt{-1}$이고, m, n은 실수이다.) [교육청 기출]

• 잎 5-16

이차방정식 $x^2+3x+1=0$의 두 근을 α,β라 할 때, $\left(\sqrt{-\alpha^2-1}+\sqrt{-\beta^2-1}\right)^2$의 값을 구하여라.

• 잎 5-17

이차방정식 $x^2+2\sqrt{2}x-m(m+1)=0$은 실근을 갖고 이차방정식 $x^2-(2m-1)x+m^2=0$은 허근을 갖도록 하는 실수 m의 값의 범위를 구하여라.

• 잎 5-18

이차방정식 $x^2+3x+k-2=0$의 두 실근 α,β에 대하여 $|\alpha|+|\beta|=5$일 때, 실수 k의 값을 구하여라.

• 잎 5-19

x, y에 대한 이차식 $2x^2+xy-y^2-2x+y+k$가 두 일차식의 곱으로 인수분해될 때, 실수 k의 값을 구하여라.

• 잎 5-20

이차방정식 $x^2+x-3=0$의 두 근을 α, β라 할 때, $f(\alpha)=f(\beta)=2$을 만족하는 이차식 $f(x)$를 구하여라. (단, $f(x)$의 이차식의 계수는 -5이다.)

• 잎 5-21

계수가 실수인 x에 대한 두 이차방정식 $ax^2+bx+c=0$, $ax^2+2bx+c=0$의 근에 대한 설명이다. 참, 거짓을 말하여라. [교육청 기출]

ㄱ. 두 이차방정식에서 각각의 두 근의 곱은 서로 같다. (　　)

ㄴ. 0이 아닌 c에 대하여 $\dfrac{\sqrt{c}}{\sqrt{a}}=-\sqrt{\dfrac{c}{a}}$ 가 성립할 때, 두 이차방정식은 서로 다른 두 실근을 갖는다. (　　)

ㄷ. $ax^2+2bx+c=0$이 허근을 가지면 $ax^2+bx+c=0$도 허근을 가진다. (　　)

• 잎 5-22

이차방정식 $x^2+(1-p)x-p=0$의 두 근이 α, β일 때, $\alpha+\beta$, $\alpha\beta$를 두 근으로 하는 이차방정식이 중근을 갖도록 하는 실수 p의 값을 구하여라.

• 잎 5-23

이차방정식 $ax^2+bx+c=0$을 푸는 데, 갑은 a를 잘못 보고 풀어 두 근 -4, 2를 얻었고 을은 c를 잘못 보고 풀어 두 근 $-1\pm\sqrt{5}i$를 얻었다. 이 이차방정식의 올바른 근을 구하여라.

MATH

6. 이차방정식과 이차함수(1)

01 이차방정식과 이차함수의 관계

1 이차함수 $y=ax^2(a\neq0)$의 그래프 ⇨ 기본형

1) $a>0$이면 아래로 볼록 ($\smile$)
   $a<0$이면 위로 볼록 ($\frown$)
2) 꼭짓점 : 원점 $(0,\ 0)$
3) 대칭축 : 직선 $x=0$ (y축)
4) $|a|$의 값이 클수록 y축에 가까워진다.
   즉, 그래프의 폭이 좁아진다.

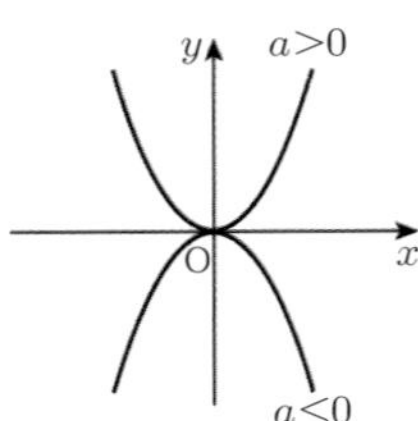

2 이차함수 $y=a(x-m)^2+n\ (a\neq0)$의 그래프 ⇨ *표준형

$y=ax^2$의 그래프를 x축의 방향으로 m만큼, y축의 방향으로 n만큼 평행이동한 것이다.

1) 꼭짓점 : 점 $(m,\ n)$
2) 대칭축 : 직선 $x=m$
3) $a>0$이면 아래로 볼록 ($\smile$)
   $a<0$이면 위로 볼록 ($\frown$)

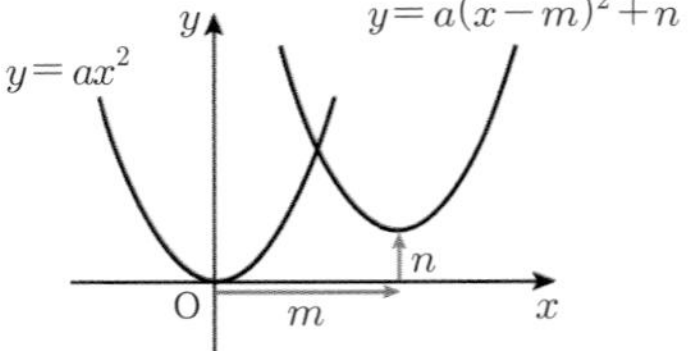

3 이차함수 $y=ax^2+bx+c\ (a\neq0)$의 그래프 ⇨ 일반형

이차함수 $y=ax^2+bx+c$를 표준형 $y=a(x-m)^2+n$ 꼴로 변형하면 다음과 같다.

$$y=ax^2+bx+c=a\left(x^2+\frac{b}{a}x\right)+c=a\left(x+\frac{b}{2a}\right)^2-\frac{b^2}{4a}+c=a\left(x+\frac{b}{2a}\right)^2-\frac{b^2-4ac}{4a}$$

1) 꼭짓점 : 점 $\left(-\frac{b}{2a},\ -\frac{b^2-4ac}{4a}\right)$

2) 대칭축 : 직선 $x=-\frac{b}{2a}$ (∵ 대칭축 위에 꼭짓점이 있다.)

4 이차함수의 그래프와 이차방정식의 해

이차함수 $y=ax^2+bx+c$의 그래프와 x축의 **교점의 x좌표**는 이차방정식 $ax^2+bx+c=0$의 **실근**과 같다.

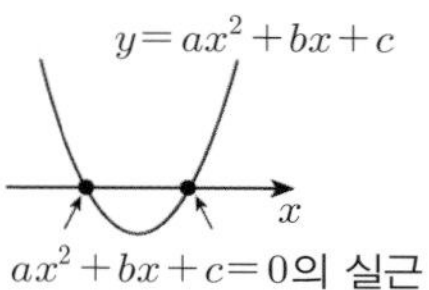

> 이차함수 $y=ax^2+bx+c$의 그래프의 x절편은 이차방정식 $ax^2+bx+c=0$의 실근과 같다.

씨앗. 1 다음 이차함수의 그래프가 x축과 만나는 점의 좌표를 구하여라.

1) $y=x^2-4$　　　　2) $y=-x^2+2x-1$

풀이 이차함수의 그래프와 x축과의 교점은 $y=0$일 때이므로

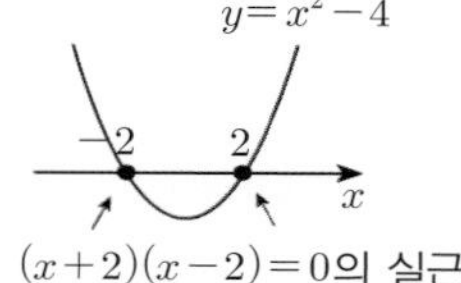

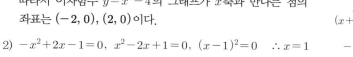

1) $x^2-4=0$, $(x-2)(x+2)=0$　$\therefore x=-2$ 또는 $x=2$

따라서 이차함수 $y=x^2-4$의 그래프가 x축과 만나는 점의 좌표는 $(-2, 0)$, $(2, 0)$이다.

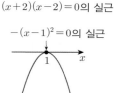

2) $-x^2+2x-1=0$, $x^2-2x+1=0$, $(x-1)^2=0$　$\therefore x=1$

따라서 이차함수 $y=-x^2+2x-1$의 그래프가 x축과 만나는 점의 좌표는 $(1, 0)$이다.

5 이차함수의 그래프와 x축의 위치 관계

이차함수 $y=ax^2+bx+c$의 그래프의 **x절편**은 이차방정식 $ax^2+bx+c=0$의 **실근**이므로 이차방정식 $ax^2+bx+c=0$의 판별식 $D=b^2-4ac$의 부호에 따라 다음이 성립한다.

		$D>0$일 때	$D=0$일 때	$D<0$일 때
이차함수 $y=ax^2+bx+c$의 그래프	$a>0$	교점이 2개	교점이 1개	교점이 없다.
	$a<0$	교점이 2개	교점이 1개	교점이 없다.
이차방정식 $ax^2+bx+c=0$의 근		서로 다른 두 실근	중근	서로 다른 두 허근

> 이차함수 $y=ax^2+bx+c$의 그래프와 x축과의 교점의 x좌표 (x절편)는 그 함수의 y의 값이 0인 이차방정식 $ax^2+bx+c=0$을 이용하여 구할 수 있다.

(익히는 방법)
이차함수 $y=f(x)$의 그래프의 'x절편'은 이차방정식 $f(x)=0$의 '실근'이다.

씨앗. 2 이차함수 $y=x^2-2x+k$의 그래프가 x축과 서로 다른 두 점에서 만날 때, 실수 k의 값의 범위를 구하여라.

풀이 이차함수 $y=x^2-2x+k$의 그래프가 x축과 서로 다른 두 점에서 만나려면 이차방정식 $x^2-2x+k=0$이 서로 다른 두 실근을 가져야 하므로 판별식을 D라 하면

$\frac{D}{4}=(-1)^2-1\cdot k>0$ $\therefore$ $\boldsymbol{k<1}$

뿌리 1-1 이차함수의 그래프와 x축의 위치 관계

다음 이차함수의 그래프가 x축과 만나는 점의 개수를 구하여라.

1) $y=x^2+x-1$ 2) $y=x^2-x+1$ 3) $y=x^2+2x+1$

핵심 이차함수 $y=f(x)$의 그래프의 x절편은 이차방정식 $f(x)=0$의 실근과 같다.

풀이 1) 이차방정식 $x^2+x-1=0$의 판별식을 D라 하면

$D=1^2-4\cdot1\cdot(-1)=5>0$ $\therefore$ 서로 다른 두 실근을 갖는다.

따라서 주어진 이차함수의 그래프와 x축이 만나는 점은 **2개다.**

2) 이차방정식 $x^2-x+1=0$의 판별식을 D라 하면

$D=(-1)^2-4\cdot1\cdot1=-3<0$ $\therefore$ 서로 다른 두 허근을 갖는다. 즉, 실근이 없다.

따라서 주어진 이차함수의 그래프와 x축이 만나는 점은 **없다.**

3) 이차방정식 $x^2+2x+1=0$의 판별식을 D라 하면

$\frac{D}{4}=1^2-1\cdot1=0$ $\therefore$ 중근을 갖는다.

따라서 주어진 이차함수의 그래프와 x축이 만나는 점은 **1개다.** (접한다.)

[줄기 1-1] 이차함수 $y=kx^2-4x+4$의 그래프와 x축의 위치 관계가 다음과 같을 때, 실수 k의 값 또는 범위를 구하여라.

1) 서로 다른 두 점에서 만난다. 2) 접한다. 3) 만나지 않는다.

뿌리 1-2 이차함수의 그래프와 x축의 교점

다음 물음에 답하여라.

1) 이차함수 $y=2x^2+ax+b$의 그래프가 x축과 두 점 $(-2,\ 0)$, $(3,\ 0)$에서 만날 때, 상수 a, b의 값을 구하여라.

2) 이차함수 $y=3x^2-2mx-4$의 그래프가 x축과 만나는 두 점 사이의 거리가 4일 때, 상수 m의 값을 구하여라.

풀이 1) 이차함수 $y=2x^2+ax+b$의 그래프와 x축의 교점의 x좌표가 -2, 3이므로 -2, 3은 이차방정식 $2x^2+ax+b=0$의 두 실근이다. 따라서 근과 계수의 관계에 의하여

$(-2)+3=\dfrac{-a}{2}$, $(-2)\cdot 3=\dfrac{b}{2}$ $\quad\therefore$ $\boldsymbol{a=-2,\ b=-12}$

2) 이차함수 $y=3x^2-2mx-4$의 그래프와 x축의 교점의 x좌표를 α, β라 하면 α, β는 이차방정식 $3x^2-2mx-4=0$의 두 실근이다.

방법 I 따라서 근과 계수의 관계에 의하여 $\alpha+\beta=\dfrac{2m}{3}$, $\alpha\beta=\dfrac{-4}{3}$ ⋯㉠

이때, x축과 만나는 두 점 사이의 거리가 4이므로 $|\alpha-\beta|=4$

이 등식의 양변을 제곱하면 $(\alpha-\beta)^2=4^2$ $\quad\therefore$ $(\alpha+\beta)^2-4\alpha\beta=16$ ⋯㉡

㉠을 ㉡에 대입하면 $\dfrac{4m^2}{9}+\dfrac{16}{3}=16$, $\dfrac{m^2}{9}+\dfrac{4}{3}=4$, $m^2+12=36$

$m^2-24=0$, $(m-\sqrt{24})(m+\sqrt{24})=0$ $\quad\therefore$ $\boldsymbol{m=2\sqrt{6}}$ **또는** $\boldsymbol{m=-2\sqrt{6}}$

강추 방법 II $|\alpha-\beta|=\left|\dfrac{-b+\sqrt{b^2-4ac}}{2a}-\dfrac{-b-\sqrt{b^2-4ac}}{2a}\right|=\left|\dfrac{\sqrt{b^2-4ac}}{a}\right|=\dfrac{\sqrt{D}}{|a|}=\dfrac{2\sqrt{\dfrac{D}{4}}}{|a|}$

$=\dfrac{2\sqrt{m^2+12}}{|3|}=4$

$m^2+12=36$, $m^2-24=0$, $(m-\sqrt{24})(m+\sqrt{24})=0$ $\quad\therefore$ $\boldsymbol{m=2\sqrt{6}}$ **또는** $\boldsymbol{m=-2\sqrt{6}}$

줄기 1-2 이차함수 $f(x)=ax^2+bx+c$의 그래프가 오른쪽 그림과 같을 때, 실수 a, b, c의 값을 구하여라.

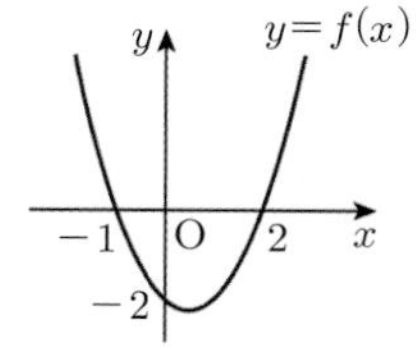

줄기 1-3 이차함수 $y=x^2+4x+k-2$의 그래프는 x축과 두 점 P, Q에서 만난다. $\overline{\mathrm{PQ}}=6$일 때, 실수 k의 값을 구하여라.

줄기 1-4 이차함수 $y=ax^2+bx+c$의 그래프는 꼭짓점의 좌표가 $(-2,\ 4)$이고, x축과 두 점 P, Q에서 만난다. $\overline{\mathrm{PQ}}=4$일 때, 실수 a, b, c의 값을 구하여라.

02 이차함수의 그래프와 직선의 위치 관계

1 이차함수의 그래프와 직선의 위치 관계

이차함수 $y=ax^2+bx+c$의 그래프와 직선 $y=mx+n$의 **교점의 x좌표**는 이차방정식 $ax^2+bx+c=mx+n$, 즉 $\boldsymbol{ax^2+(b-m)x+(c-n)=0}$ **⋯ ㉠의 실근**과 같다.

이때, 이차방정식 ㉠의 판별식 D의 부호로 ㉠의 실근의 개수를 알 수 있으므로 교점의 개수도 알 수 있다. (∵ **이차방정식 ㉠의 실근**이 두 함수의 그래프의 **교점의 x좌표**이다.)

따라서 이차방정식 ㉠의 판별식 D의 부호에 따라 다음이 성립한다.

$D>0$일 때	$D=0$일 때	$D<0$일 때
서로 다른 두 점에서 만난다. (교점 : 2개)	접한다. (교점 : 1개)	만나지 않는다. (교점 : 없다.)

두 함수 $y=f(x)$, $y=g(x)$의 그래프의 교점의 x좌표는 방정식 $f(x)=g(x)$, 즉 $f(x)-g(x)=0$의 실근이다.
따라서 방정식 $f(x)=g(x)$, 즉 $f(x)-g(x)=0$의 실근의 개수만큼 두 함수 $y=f(x)$, $y=g(x)$의 그래프의 교점이 존재한다.

뿌리 2-1 이차함수의 그래프와 직선의 위치 관계(1)

이차함수 $y=x^2-x-2$의 그래프와 직선 $y=x+k$가 다음 조건을 만족시킬 때, 실수 k의 값 또는 범위를 구하여라.

1) 서로 다른 두 점에서 만난다. 2) 접한다. 3) 만나지 않는다.

핵심 이차함수 $y=x^2-x-2$의 그래프와 직선 $y=x+k$의 교점의 x좌표는 이차방정식 $x^2-x-2=x+k$, 즉 $x^2-2x-2-k=0$ ⋯㉠의 실근이다.

풀이 이차방정식 $x^2-x-2=x+k$, 즉 $x^2-2x-2-k=0$ ⋯㉠의 판별식을 D라 하면

$$\frac{D}{4}=(-1)^2-1\cdot(-2-k)=k+3$$

1) 교점이 2개이므로 교점의 x좌표도 2개다. 즉, ㉠은 서로 다른 두 실근을 가지므로
$k+3>0$ $\quad\therefore \boldsymbol{k>-3}$

2) 교점이 1개이므로 교점의 x좌표도 1개다. 즉, ㉠은 중근을 가지므로
$k+3=0$ $\quad\therefore \boldsymbol{k=-3}$

3) 교점이 없으므로 교점의 x좌표도 없다. 즉, ㉠은 실근을 갖지 않으므로
$k+3<0$ $\quad\therefore \boldsymbol{k<-3}$

뿌리 2-2 이차함수의 그래프와 직선의 위치 관계(2)

직선 $y=x$는 함수 $y=x^2-x+m$의 그래프와 서로 다른 두 점에서 만나고 이차함수 $y=x^2+2x+n$의 그래프와 만나지 않는다. 이때, 실수 m, n의 값의 범위를 구하여라.

풀이 i) 직선 $y=x$가 이차함수 $y=x^2-x+m$의 그래프와 서로 다른 두 점에서 만나므로 이차방정식 $x=x^2-x+m$, 즉 $x^2-2x+m=0$ ⋯㉠이 서로 다른 두 실근을 갖는다.
따라서 ㉠의 판별식을 D_1이라 하면
$\frac{D_1}{4}=(-1)^2-1\cdot m>0,\ -m+1>0 \quad \therefore \boldsymbol{m<1}$

ii) 직선 $y=x$가 이차함수 $y=x^2+2x+n$의 그래프와 만나지 않으므로 이차방정식 $x=x^2+2x+n$, 즉 $x^2+x+n=0$ ⋯㉡이 실근을 갖지 않는다.
따라서 ㉡의 판별식을 D_2라 하면
$D_2=1^2-4\cdot1\cdot n<0,\ -4n+1<0 \quad \therefore \boldsymbol{n>\frac{1}{4}}$

참고 다수의 판별식을 이용할 때는 $D_1, D_2, D_3, \cdots$로 번호를 붙여 각각의 판별식을 구별한다.

[줄기2-1] 이차함수 $y=kx^2+2x$의 그래프와 직선 $y=x+1$이 서로 다른 두 점에서 만날 때, 실수 k의 값의 범위를 구하여라.

뿌리 2-3 이차함수의 그래프와 직선의 교점

이차함수 $y=x^2+2x-3$의 그래프와 직선 $y=x+k$가 두 점 A, B에서 만난다.
점 A의 x좌표가 2일 때, 두 점 A, B의 좌표를 구하여라.

풀이 곡선 $y=x^2+2x-3$과 직선 $y=x+k$의 교점의 x좌표는 이차방정식 $x^2+2x-3=x+k$, 즉 $x^2+x-3-k=0$ ⋯㉠의 실근과 같으므로 2는 이차방정식 ㉠의 실근이다.
따라서 $x=2$를 ㉠에 대입하면 $4+2-3-k=0 \quad \therefore k=3$
$k=3$을 ㉠에 대입하면 $x^2+x-6=0,\ (x+3)(x-2)=0 \quad \therefore x=-3$ 또는 $x=2$
따라서 점 B의 x좌표는 -3이다.
두 점 A, B는 직선 $y=x+3$ 위의 점이므로 **A(2, 5), B(−3, 0)**

참고 곡선과 직선의 교점의 좌표는 상대적으로 계산이 쉬운 직선에서 구한다.

[줄기2-2] 이차함수 $y=2x^2-x+3$의 그래프와 직선 $y=ax+b$의 두 교점의 x좌표가 -3, 1일 때, 상수 a, b의 값을 구하여라.

[줄기2-3] 이차함수 $y=2x^2+3x-1$의 그래프와 직선 $y=mx+n$이 서로 다른 두 점에서 만난다. 이 중 한 교점의 x좌표가 $2+\sqrt{3}$일 때, 유리수 m, n의 값을 구하여라.

뿌리 2-5 이차함수의 그래프와 접하는 직선

이차함수 $y=x^2+3x+6$의 그래프에 접하고 직선 $y=5x-2$에 평행한 직선의 방정식을 구하여라.

핵심 ① 평행한 직선 ⇨ 기울기가 같다. ② 접한다. ⇨ 판별식 $D=0$

풀이 곡선 $y=x^2+3x+6$에 접하고 직선 $y=5x-2$에 평행한 직선을 $y=5x+k$라 할 때,
이차방정식 $x^2+3x+6=5x+k$, 즉 $x^2-2x+6-k=0$의 판별식을 D라 하면
$\frac{D}{4}=(-1)^2-(6-k)=0 \quad \therefore k=5$
따라서 구하는 접선의 방정식은 $\mathbf{y=5x+5}$

[줄기2-4] 이차함수 $y=x^2+ax+b$의 그래프가 두 직선 $y=2x-1$, $y=-4x+2$에 동시에 접할 때, 실수 a, b의 값을 구하여라.

뿌리 2-6 이차함수 $y=f(x)$의 그래프와 이차방정식 $f(ax+b)=0\,(a\neq0)$의 관계

이차함수 $y=f(x)$의 그래프가 오른쪽 그림과 같을 때, 이차방정식 $f(x+p)=0$의 두 실근의 합이 9이다. 이때, 상수 p의 값을 구하여라.

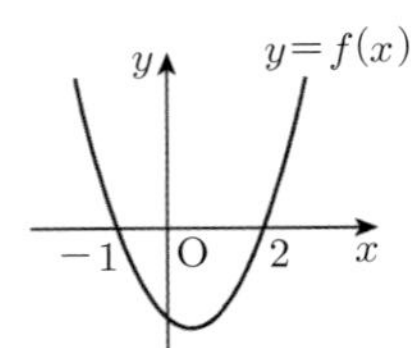

핵심 이차방정식 $f(x)=0$과 $f(ax+b)=0\,(a\neq0)$의 관계 [p.132]

풀이 $f(-1)=0$, $f(2)=0$이므로
$f(x+p)=0$이려면 $x+p=-1$ 또는 $x+p=2$
$\therefore f(x+p)=0$의 두 실근은 $x=-p-1$ 또는 $x=-p+2$
$\therefore f(x+p)=0$의 두 실근의 합이 9이므로 $(-p-1)+(-p+2)=9 \quad \therefore \mathbf{p=-4}$

[줄기2-5] 이차함수 $y=f(x)$의 그래프가 x축과 두 점 $(-7, 0)$, $(-3, 0)$에서 만날 때, 이차방정식 $f(2x-3)=0$의 두 근의 곱을 구하여라.

[줄기2-6] 방정식 $f(x-1)=0$의 한 근이 -2일 때, 다음 중 5를 반드시 근으로 갖는 x에 대한 방정식은?

① $f(x-2)=0$ ② $f(-x-2)=0$ ③ $f(x^2-1)=0$
④ $f(-2x+7)=0$ ⑤ $f(x^2+1)=0$

6 이차방정식과 이차함수 (1)

연습문제

평가일	점수

정답 및 풀이 ➡ 56p

• 잎 6-1

이차함수 $y=f(x)$의 그래프가 x축과 서로 다른 두 점 $(\alpha, 0)$, $(\beta, 0)$에서 만나고 $\alpha+\beta=20$일 때, 방정식 $f(2x-5)=0$의 모든 실근의 합을 구하여라. [교육청 기출]

• 잎 6-2

오른쪽 그림은 두 점 $(-1, 0)$, $(2, 0)$을 지나는 이차함수 $y=f(x)$의 그래프를 나타낸 것이다. 방정식 $f\left(\frac{x+k}{2}\right)=0$의 해가 $x=-3$ 또는 $x=3$일 때, 상수 k의 값을 구하여라. [교육청 기출]

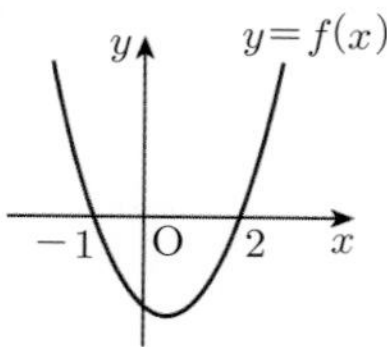

• 잎 6-3

이차함수 $y=x^2+ax+b$의 그래프가 두 직선 $y=-x+4$와 $y=5x+7$에 동시에 접할 때, 상수 a, b의 값을 구하여라. [교육청 기출]

• 잎 6-4

실수 a의 값에 관계없이 이차함수 $y=x^2-2ax+a^2-3$의 그래프에 항상 접하는 직선의 방정식을 구하여라.

• 잎 6-5

이차함수 $y=x^2+ax+3$의 그래프와 직선 $y=2x+b$가 서로 다른 두 점에서 만나고 두 교점의 x좌표가 -2와 1일 때, 상수 a, b의 값을 구하여라. [교육청 기출]

• 잎 6-6

꼭짓점의 좌표가 $(-1,\ 2)$인 이차함수 $y=ax^2+bx+c$의 그래프와 x축의 두 교점 사이의 거리가 2일 때, 상수 $a,\ b,\ c$의 값을 구하여라.

• 잎 6-7

이차함수 $y=2x^2+kx-3$의 그래프가 x축과 만나는 두 점 사이의 거리가 $\frac{5}{2}$일 때, 상수 k의 값을 구하여라.

• 잎 6-8

두 이차함수 $y=-2x^2+2ax+b,\ y=2x^2+4$의 그래프가 만나지 않을 때, 음이 아닌 두 정수 $a,\ b$의 순서쌍 $(a,\ b)$의 개수를 구하여라. [교육청 기출]

• 잎 6-9

이차함수 $f(x)=ax^2+bx+c$의 그래프가 오른쪽 그림과 같을 때, 〈보기〉에서 참, 거짓을 말하여라. [교육청 기출]

ㄱ. 방정식 $f(x)-2=0$의 두 근의 합은 $-\frac{b}{a}$이다. (　　)

ㄴ. $p+s=q+r$ (　　)

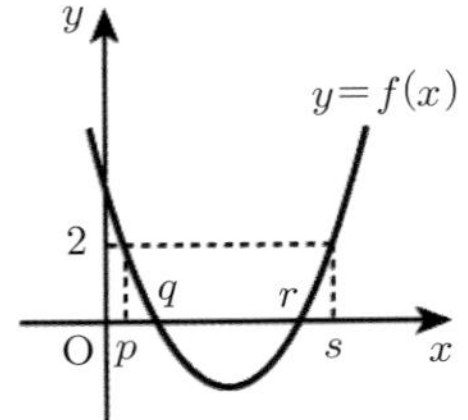

• 잎 6-10

이차함수 $y=f(x)$의 그래프가 오른쪽 그림과 같고 꼭짓점의 y좌표가 4일 때, 이차함수 $y=f(x)$의 식을 구하여라.

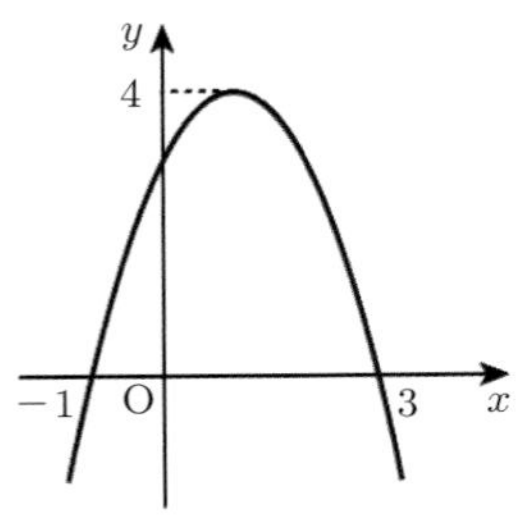

6. 이차방정식과 이차함수(2)

03 이차함수의 최대·최소

1 이차함수의 최대·최소

2 '실수 x, y'의 조건이 있는 x, y에 대한 이차식의 최대·최소

3 '실수 x, y, z'의 조건이 있는 x, y, z에 대한 이차식의 최대·최소

4 일차식의 조건식이 주어진 이차식(결과식)의 최대·최소

04 제한된 범위에서 이차함수의 최대·최소

1 제한된 범위에서 이차함수의 최대·최소

2 공통부분이 있는 경우의 최대·최소

연습문제

03 이차함수의 최대·최소

1 이차함수의 최대·최소 ⇨ 꼭짓점이 key이다.

이차함수 $y=ax^2+bx+c$의 최대·최소는 이 이차함수의 식을 표준형인 $y=a(x-m)^2+n$ **꼴로 변형**한 후, 다음과 같이 구한다.

1) $a>0$이면 (∪) ⇨ $x=m$**에서 최솟값** n을 갖고, 최댓값은 없다.

2) $a<0$이면 (∩) ⇨ $x=m$**에서 최댓값** n을 갖고, 최솟값은 없다.

증명 1) $a>0$일 때

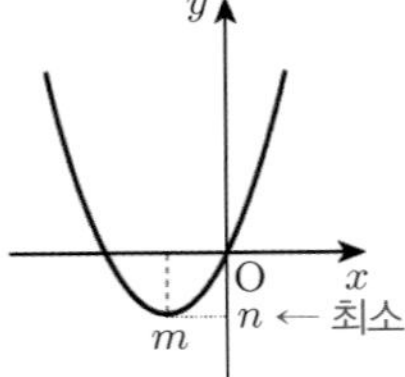

2) $a<0$일 때

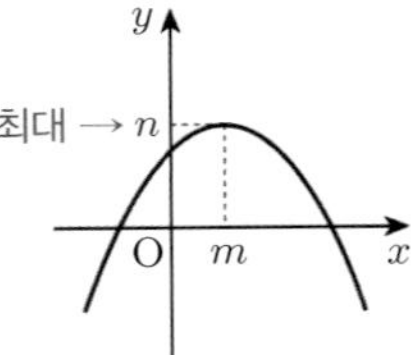

 1) ∪ 일 때 꼭짓점에서 최솟값이 나온다. 2) ∩ 일 때 꼭짓점에서 최댓값이 나온다.

주의 ***함수 $y=f(x)$에서 x, y의 값의 범위가 주어져 있지 않은 경우**
정의역(x가 취할 수 있는 값의 범위)과 공역(y가 취할 수 있는 값의 범위)은 실수 전체이다.
즉, **함수는 실수의 범위에서 정의된다.**

cf) 다항방정식은 복소수의 범위에서 정의된다. [p.114 6]

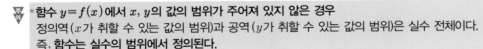

뿌리 3-1 이차함수의 최대·최소(1)

다음 이차함수의 최댓값 또는 최솟값을 구하여라.

1) $y=x^2-4x+1$ 2) $y=-x^2+2x-3$

핵심 x, y의 값의 범위가 실수 전체일 때 ⇨ 꼭짓점에서 최댓값 또는 최솟값이 나온다.

풀이 1) $y=x^2-4x+1=(x-2)^2-4+1=(x-2)^2-3$
따라서 $x=2$일 때 **최솟값** -3이고, **최댓값은 없다.**
(∵ 아래로 볼록한 이차함수 ∪)

2) $y=-x^2+2x-3=-(x^2-2x)-3=-(x-1)^2+1-3=-(x-1)^2-2$
따라서 $x=1$일 때 **최댓값** -2이고, **최솟값은 없다.**
(∵ 위로 볼록한 이차함수 ∩)

참고 x, y의 값의 범위에 대한 언급이 없으므로 x, y의 값의 범위는 실수 전체이다.

[줄기3-1] 다음 이차함수의 최댓값 또는 최솟값을 구하여라.

1) $y=x(x+5)$ 2) $y=-2(x-1)(x+3)$

뿌리 3-2 이차함수의 최대·최소(2)

$x=-1$에서 최댓값 3을 갖고, 점 $(2,\ -3)$을 지나는 이차함수 $f(x)$를 구하여라.

풀이 이차함수 $f(x)$가 $x=-1$에서 최댓값 3을 가지므로 (위로 볼록한 이차함수 ∩)
$f(x)=a(x+1)^2+3\ (a<0)$
이 이차함수의 그래프가 점 $(2,\ -3)$을 지나므로
$-3=a(2+1)^2+3 \quad \therefore a=-\frac{2}{3} \quad \therefore \boldsymbol{f(x)=-\frac{2}{3}(x+1)^2+3}$

[줄기3-2] 이차함수 $f(x)=ax^2+bx+c$가 $x=-1$에서 최댓값 3을 갖고, $f(2)=-3$일 때, 상수 $a,\ b,\ c$의 값을 구하여라.

뿌리 3-3 이차함수의 최대·최소(3)

x에 대한 이차함수 $y=x^2-2ax-a^2+4a$의 최솟값을 m이라 할 때, m을 a에 대한 식으로 나타내어라.

풀이 $y=x^2-2ax-a^2+4a=(\underline{x^2-2ax})-a^2+4a=(\underline{x-a)^2-a^2}-a^2+4a=(x-a)^2-2a^2+4a$
$x=a$일 때, 최솟값 $-2a^2+4a$ (∵ 아래로 볼록한 이차함수 ∪)
$\therefore \boldsymbol{m=-2a^2+4a}$

[줄기3-3] x에 대한 이차함수 $y=x^2-2ax-a^2+4a$의 최솟값을 $f(a)$라 할 때, $f(a)$의 최댓값과 그때의 a의 값을 구하여라.

2 '실수 $x,\ y$'의 조건이 있는 $x,\ y$에 대한 이차식의 최대·최소

<u>$x,\ y$가 실수일 때</u>, $x,\ y$에 대한 이차식 $ax^2+by^2+cx+dy+e$의 최대·최소
⇨ **$a(x-m)^2+b(y-n)^2+k$** ($a,\ b,\ k,\ m,\ n$은 실수) 꼴로 변형한 후 **(실수)^2** ≥ 0임을 이용한다.

3 '실수 $x,\ y,\ z$'의 조건이 있는 $x,\ y,\ z$에 대한 이차식의 최대·최소

<u>$x,\ y,\ z$가 실수일 때</u>, $x,\ y,\ z$에 대한 이차식 $ax^2+by^2+cz^2+dx+ey+fz+g$의 최대·최소
⇨ **$a(x-m)^2+b(y-n)^2+c(z-k)^2+l$** ($a,\ b,\ c,\ l,\ m,\ n,\ k$는 실수) 꼴로 변형한 후 **(실수)^2** ≥ 0임을 이용한다.

뿌리 3-4 완전제곱 꼴을 이용한 최대·최소(1)

x, y가 실수일 때, $2x^2-4x+3y^2-9y+1$의 최솟값과 그때의 x, y의 값을 구하여라.

핵심 실수 x, y에 대한 이차식 $ax^2+by^2+☆x+○y+△$의 최대·최소
⇨ x, y에 대한 완전제곱꼴인 $a(\ )^2+b(\ )^2+k$ 꼴로 변형한 후, $(\text{실수})^2 \ge 0$임을 이용한다.

풀이 $2x^2-4x+3y^2-9y+1=\underline{2(x^2-2x)}+\underline{3(y^2-3y)}+1$

$$=\underline{2(x-1)^2-2}+\underline{3\left(y-\frac{3}{2}\right)^2-\frac{27}{4}}+1$$

$$=2(x-1)^2+3\left(y-\frac{3}{2}\right)^2-\frac{31}{4}$$

이때 x, y가 실수이므로 $(x-1)^2 \ge 0$, $\left(y-\frac{3}{2}\right)^2 \ge 0$

$\therefore 2x^2-4x+3y^2-9y+1 \ge -\frac{31}{4}$

따라서 주어진 식은 $\boldsymbol{x=1,\ y=\frac{3}{2}}$일 때, **최솟값 $-\frac{31}{4}$**을 갖는다.

뿌리 3-5 완전제곱 꼴을 이용한 최대·최소(2)

x, y, z가 실수일 때, $2x-4z-x^2-2y^2-2z^2+4$의 최댓값과 그때의 x, y, z의 값을 구하여라.

핵심 실수 x, y, z에 대한 이차식 $ax^2+by^2+cz^2+☆x+○y+△z+□$의 최대·최소
⇨ x, y, z에 대한 완전제곱꼴인 $a(\ )^2+b(\ )^2+c(\ )^2+k$꼴로 변형한 후, $(\text{실수})^2 \ge 0$임을 이용한다.

풀이 $-x^2+2x-2y^2-2z^2-4z+4=\underline{-(x^2-2x)}-2y^2-\underline{2(z^2+2z)}+4$

$$=\underline{-(x-1)^2+1}-2y^2-\{\underline{2(z+1)^2-2}\}+4$$

$$=-(x-1)^2-2y^2-2(z+1)^2+7$$

이때 x, y, z가 실수이므로 $(x-1)^2 \ge 0$, $y^2 \ge 0$, $(z+1)^2 \ge 0$

$\therefore -(x-1)^2 \le 0$, $-2y^2 \le 0$, $-2(z+1)^2 \le 0$

$\therefore -x^2+2x-2y^2-2z^2-4z+4 \le 7$

따라서 주어진 식은 $\boldsymbol{x=1,\ y=0,\ z=-1}$일 때, **최댓값 7**을 갖는다.

[줄기3-4] x, y, z가 실수일 때, $x^2+y^2+3z^2+2x-4y-6z+4$의 최솟값과 그때의 x, y, z의 값을 구하여라.

4 일차식의 조건식이 주어진 이차식(결과식)의 최대·최소

조건식이 일차식, 결과식이 이차식일 때, **이차식의 최대·최소를 구하는 방법**은 일차식(**조건식**)을 한 문자에 대하여 정리한 후 최대·최소를 구하려는 이차식(**결과식**)에 대입하여, 한 문자에 대한 이차식으로 나타내면 최댓값 또는 최솟값을 구할 수 있다.

뿌리 3-6 일차식의 조건식이 주어진 이차식의 최대·최소(1)

$y=-2x+7$을 만족시키는 실수 x, y에 대하여 $3x^2+y^2$의 최솟값을 구하여라.

핵심 일차식의 조건식이 한 문자에 대하여 정리되어 있으면 이것을 결과식에 대입하여, 한 문자에 대한 이차식으로 나타내면 결과식의 최댓값 또는 최솟값을 구할 수 있다.

풀이 $y=-2x+7$을 $3x^2+y^2$에 대입하면

$3x^2+y^2=3x^2+(-2x+7)^2$

$=7x^2-28x+49=\underline{\underline{7(x^2-4x)}}+49=\underline{\underline{7(x-2)^2-28}}+49$

$=7(x-2)^2+21$

따라서 $x=2$일 때 **최솟값 21**을 갖는다.

뿌리 3-7 일차식의 조건식이 주어진 이차식의 최대·최소(2)

점 $\mathrm{P}(x, y)$가 직선 $x+y-1=0$ 위를 움직일 때, $2x^2-3y^2$의 최댓값과 그때의 점의 좌표를 구하여라.

핵심 일차식의 조건식을 한 문자에 대하여 정리한 후 이것을 결과식에 대입하여, 한 문자에 대한 이차식으로 나타내면 결과식의 최댓값 또는 최솟값을 구할 수 있다.

풀이 $y=-x+1$ …㉠을 $2x^2-3y^2$에 대입하면

$2x^2-3y^2=2x^2-3(-x+1)^2$

$=-x^2+6x-3=\underline{\underline{-(x^2-6x)}}-3=\underline{\underline{-(x-3)^2+9}}-3$

$=-(x-3)^2+6$

따라서 $x=3$일 때 **최댓값 6**을 갖는다.

이때, $x=3$을 ㉠에 대입하면 $y=-2$

$\therefore$ **점 $(3, -2)$**

[줄기3-5] 직선 $x-3y+10=0$ 위를 움직이는 점 $\mathrm{P}(x, y)$에 대하여 x^2+y^2의 최솟값과 그때의 점의 좌표를 구하여라.

04 제한된 범위에서 이차함수의 최대·최소

1 제한된 범위에서 이차함수의 최대·최소 (⋆대칭축이 key이다.)

$\alpha \le x \le \beta$일 때, 이차함수 $f(x)=a(x-m)^2+n$의 최대·최소는 다음과 같다.

※⋆대칭축 위에 꼭짓점이 있다.

1) **대칭축 $x=m$이 x의 값의 범위 내에 있을 때**
(즉, $\alpha \le m \le \beta$일 때)

i) $a>0$이면 $x=m$일 때 최솟값 n을 갖는다.
($\because$ 꼭짓점 (m, n)에서 최솟값이 있다.)
양 끝점 $(\alpha, f(\alpha))$, $(\beta, f(\beta))$ 중 대칭축과 가장 멀리 있는 점에서 최댓값을 갖는다.

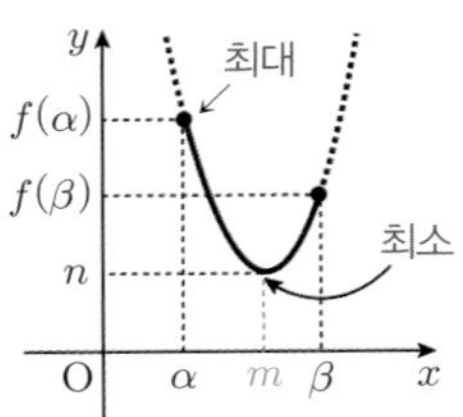

ii) $a<0$이면 $x=m$일 때 최댓값 n을 갖는다.
($\because$ 꼭짓점 (m, n)에서 최댓값이 있다.)
양 끝점 $(\alpha, f(\alpha))$, $(\beta, f(\beta))$ 중 대칭축과 가장 멀리 있는 점에서 최솟값을 갖는다.

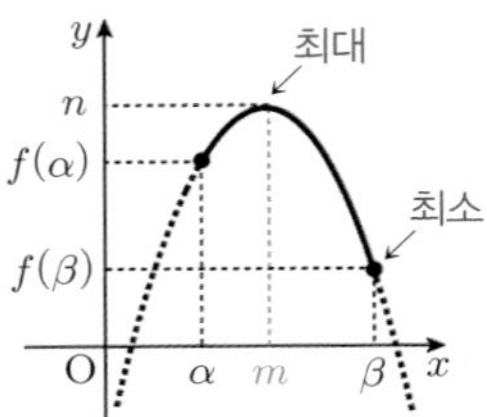

익히는 방법 **대칭축이 제한된 x의 범위 내에 있을 때, 최대·최소**

1st 대칭축 위에 최댓값 또는 최솟값이 있다. ($\because$ 대칭축 위에 꼭짓점이 있다.)
즉, 위로 볼록 (∩)하면 최댓값을 대칭축 위에서 갖고, 아래로 볼록 (∪)하면 최솟값을 대칭축 위에서 갖는다.

2nd 대칭축에서 가장 먼 x의 값에서 대칭축 위의 값과 반대의 값을 갖는다.
즉, 대칭축 위에서 최댓값을 가지면 대칭축과 가장 먼 x의 값에서 최솟값을 가지고, 대칭축 위에서 최솟값을 가지면 대칭축과 가장 먼 x의 값에서 최댓값을 갖는다.

참고 **함수 $y=f(x)$에서 y의 값의 범위가 주어져 있지 않은 경우** ⇨ 공역 (y의 값의 범위)은 실수 전체다.

주의 **함수 $y=f(x)$에서 x, y의 값의 범위가 주어져 있지 않은 경우** ⇨ p.150 주의의 내용 참조

씨앗. 1 $-4 \le x \le -1$에서 이차함수 $f(x)=\frac{1}{2}x^2+2x+k$는 최솟값 3을 가진다. 이때, 상수 k의 값과 이 함수의 최댓값을 구하여라.

풀이 $f(x)=\frac{1}{2}x^2+2x+k=\frac{1}{2}(x^2+4x)+k=\frac{1}{2}(x+2)^2-2+k \cdots ㉠$

대칭축 $x=-2$가 x의 범위 $(-4 \le x \le -1)$ 내에 있으므로 $x=-2$에서 최솟값 $-2+k$를 갖는다.

$-2+k=3$ $\therefore$ **$k=5$** $\therefore f(x)=\frac{1}{2}(x+2)^2+3 \cdots ㉡$ ($\because$ 아래로 볼록한 이차함수 \/)

대칭축 $x=-2$와 x의 범위 $(-4 \le x \le -1)$ 중에서 가장 멀리 있는 $x=-4$에서 최댓값을 갖는다.

따라서 $x=-4$를 ㉡에 대입하면 $\frac{1}{2}(-4+2)^2+3=5$ $\therefore$ **최댓값 5를 갖는다.**

1 제한된 범위에서 이차함수의 최대·최소 (*대칭축이 key이다.)

$\alpha \le x \le \beta$일 때, 이차함수 $f(x) = a(x-m)^2 + n$의 최대·최소는 다음과 같다.
※*대칭축 위에 꼭짓점이 있다.

2) **대칭축 $x = m$이 x의 값의 범위 밖에 있을 때**
(즉, $m < \alpha$ 또는 $m > \beta$일 때)

i) $a > 0$이면 양 끝점 $(\alpha, f(\alpha))$, $(\beta, f(\beta))$ 중 대칭축과 가장 가까운 점에서 최솟값을 대칭축과 가장 먼 점에서 최댓값을 갖는다.

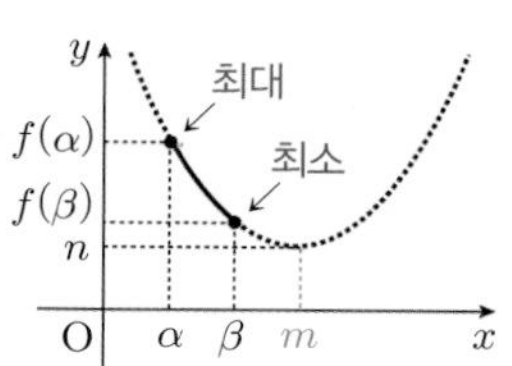

ii) $a < 0$이면 양 끝점 $(\alpha, f(\alpha))$, $(\beta, f(\beta))$ 중 대칭축과 가장 가까운 점에서 최댓값을 대칭축과 가장 먼 점에서 최솟값을 갖는다.

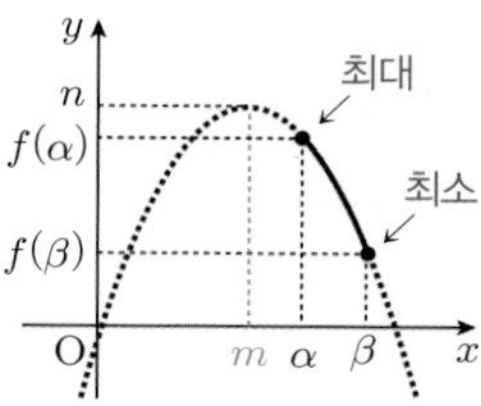

(익히는 방법) **대칭축이 제한된 x의 범위 밖에 있을 때, 최대·최소**
i) 아래로 볼록 (∪)하면 대칭축과 가장 가까운 x의 값에서 최솟값을 가지고, 대칭축과 가장 먼 x의 값에서 최댓값을 갖는다.
ii) 위로 볼록 (∩)하면 대칭축과 가장 가까운 x의 값에서 최댓값을 가지고, 대칭축과 가장 먼 x의 값에서 최솟값을 갖는다.

뿌리 4-1 제한된 범위에서 이차함수의 최대·최소 (1)

다음 주어진 범위에서 이차함수의 최댓값과 최솟값을 구하여라.

1) $y = -x^2 + 2x - 2 \ (-1 \le x \le 2)$ 2) $y = x^2 + 2x - 1 \ (0 \le x \le 2)$

풀이 1) $y = -x^2 + 2x - 2 = -(x^2 - 2x) - 2 = -(x-1)^2 - 1$
대칭축 $x = 1$이 x의 범위 $(-1 \le x \le 2)$ 내에 있으므로
$x = 1$에서 **최댓값 -1**을 갖는다. ($\because$ 위로 볼록한 이차함수 ∩)
또한, 대칭축 $x = 1$과 x의 범위 $(-1 \le x \le 2)$ 중에서 가장 멀리 있는 $x = -1$에서 **최솟값 -5**을 갖는다.

2) $y = x^2 + 2x - 1 = (x^2 + 2x) - 1 = (x+1)^2 - 2$
대칭축 $x = -1$이 x의 범위 $(0 \le x \le 2)$ 밖에 있으므로
대칭축 $x = -1$과 x의 범위 $(0 \le x \le 2)$ 중에서 가장 가까이 있는 $x = 0$에서 **최솟값 -1**을 갖는다. ($\because$ 아래로 볼록한 이차함수 ∪)
또한, 대칭축 $x = -1$과 x의 범위 $(0 \le x \le 2)$에서 가장 멀리 있는 $x = 2$에서 **최댓값 7**을 갖는다.

[줄기 4-1] 다음 주어진 범위에서 이차함수의 최댓값과 최솟값을 구하여라.

1) $y = x^2 - x + 1 \ (0 \le x < 2)$ 2) $y = -4x^2 + 4x + \frac{1}{2} \left(0 < x \le \frac{3}{2}\right)$

뿌리 4-2 제한된 범위에서 이차함수의 최대·최소(2)

$-1 \le x \le 0$에서 이차함수 $f(x)=-x^2+2kx$의 최댓값이 4일 때, 실수 k의 값을 구하여라.

핵심 i) $\alpha \le x \le \beta$에서 대칭축 $x=m$이 x의 범위 내에 있다. ⇨ $\alpha \le m \le \beta$ ⋯ Ⓐ
ii) $\alpha \le x \le \beta$에서 대칭축 $x=m$이 x의 범위 밖에 있다. ⇨ $m<\alpha$ 또는 $m>\beta$
(∵ *Ⓐ를 제외한 범위)

풀이 $f(x)=-x^2+2kx=-(x^2-2kx)=-(x-k)^2+k^2$

$f(x)$는 대칭축 $x=k$이고 위로 볼록한 이차함수이다. (∩)

i) 대칭축이 x의 값의 범위 내에 있을 때, 즉 **$-1 \le k \le 0$일 때** ⋯ ㉠

$x=k$에서 최댓값 k^2이다. $\therefore k^2=4$ $\therefore$ ~~$k=\pm 2$~~ (∵ $-1 \le k \le 0$)

ii) 대칭축이 x의 값의 범위 밖에 있을 때, 즉 **$k<-1$ 또는 $k>0$일 때** (∵ *㉠를 제외한 범위)

ㄱ) $k<-1$일 때, 대칭축 $x=k$와 x의 값의 범위 $(-1 \le x \le 0)$ 중에서 가장 가까운 $x=-1$에서 최댓값 $-1-2k$를 갖는다.

$-1-2k=4$ $\therefore k=-\dfrac{5}{2}$

ㄴ) $k>0$일 때, 대칭축 $x=k$와 x의 값의 범위 $(-1 \le x \le 0)$ 중에서 가장 가까운 $x=0$에서 최댓값 0을 갖는다. (×) (∵ 최댓값이 4이다.)

따라서 ii)의 ㄱ)에 의하여 $k=-\dfrac{5}{2}$

정답 $-\dfrac{5}{2}$

뿌리 4-3 제한된 범위에서 이차함수의 최대·최소(3)

$x \ge a$일 때, 이차함수 $f(x)=x^2-2x$의 최솟값을 구하여라.

핵심 i) $x \ge a$일 때, 대칭축 $x=m$이 x의 범위 내에 있다. ⇨ $m \ge a$ ⋯ Ⓐ
ii) $x \ge a$일 때, 대칭축 $x=m$이 x의 범위 밖에 있다. ⇨ $m<a$ (∵ *Ⓐ를 제외한 범위)

풀이 $f(x)=x^2-2x=(x-1)^2-1$

$f(x)$는 대칭축 $x=1$이고 아래로 볼록한 이차함수이다. (∪)

i) 대칭축 $x=1$이 x의 값의 범위 $(x \ge a)$ 내에 있을 때, 즉 **$1 \ge a$일 때** ⋯ ㉠

$x=1$에서 최솟값 -1을 갖는다.

ii) 대칭축 $x=1$이 x의 값의 범위 $(x \ge a)$ 밖에 있을 때, 즉 **$1<a$일 때** (∵ *㉠을 제외한 범위)

대칭축 $x=1$과 x의 범위 $(x \ge a)$ 중에서 가장 가까운 $x=a$에서 최솟값 a^2-2a를 갖는다.

정답 $a \le 1$일 때 최솟값 -1, $a>1$일 때 최솟값 a^2-2a

[줄기4-2] $x \ge 3$에서 이차함수 $f(x)=-x^2+2kx$의 최댓값이 16일 때, 실수 k의 값을 구하여라.

뿌리 4-4 조건식이 주어진 이차식의 최대·최소(1)

실수 x, y가 $2x+y^2=1$을 만족할 때, x^2+y^2의 최솟값을 구하여라.

핵심 조건식을 한 문자에 대하여 정리한 후 이것을 결과식에 대입하여, 한 문자에 대한 이차식으로 나타낸다. 이때, $(\text{실수})^2 \geq 0$임을 이용하여 한 문자의 범위를 구한다.

풀이 $2x+y^2=1$에서 $y^2=1-2x$ ※ $(\text{실수})^2 \geq 0$

y가 실수이므로 $y^2=1-2x \geq 0$ $\quad \therefore x \leq \frac{1}{2}$ ⋯㉠

x^2+y^2에 $y^2=1-2x$을 대입하면

$x^2+(1-2x)=x^2-2x+1=(x-1)^2 \left(x \leq \frac{1}{2} \because ㉠\right)$

대칭축 $x=1$이 x의 범위 $\left(x \leq \frac{1}{2}\right)$ 밖에 있으므로 대칭축 $x=1$과 x의 범위 $\left(x \leq \frac{1}{2}\right)$ 중에서

가장 가까운 $x=\frac{1}{2}$에서 최솟값 $\left(\frac{1}{2}-1\right)^2=\frac{1}{4}$을 갖는다. ($\because$ ∨)

참고 뿌리 4-4)는 뿌리 3-4)와 다른 유형의 문제이고, 뿌리 3-6)과 비슷한 유형이다.

[줄기4-3] $x+y^2=2$를 만족하는 실수 x, y에 대하여 $-2x^2+y^2-3x$의 최댓값을 구하여라.

뿌리 4-5 조건식이 주어진 이차식의 최대·최소(2)

$x \geq 0$, $y \geq 0$, $2x+y-3=0$를 만족하는 실수 x, y에 대하여 $2x^2+y^2$의 최댓값과 최솟값을 구하여라.

핵심 조건식을 한 문자에 대하여 정리한 후 이것을 결과식에 대입하여, 한 문자에 대한 이차식으로 나타낸다. 이때, 조건식을 이용하여 한 문자의 범위를 구한다.

풀이 $2x+y-3=0$에서 $y=-2x+3$

$y \geq 0$이므로 $y=-2x+3 \geq 0$ $\quad \therefore x \leq \frac{3}{2}$ (×)

또, 조건에서 $x \geq 0$이므로 $0 \leq x \leq \frac{3}{2}$ ⋯㉠ (○)

$2x^2+y^2$에 $y=-2x+3$을 대입하면

$2x^2+(-2x+3)^2=6x^2-12x+9=6(x^2-2x)+9=6(x-1)^2+3 \left(0 \leq x \leq \frac{3}{2} \because ㉠\right)$

대칭축 $x=1$이 x의 범위 $\left(0 \leq x \leq \frac{3}{2}\right)$ 내에 있으므로 $x=1$에서 **최솟값 3**을 갖는다. ($\because$ ∨)

대칭축 $x=1$과 x의 범위 $\left(0 \leq x \leq \frac{3}{2}\right)$ 중에서 가장 멀리 있는 $x=0$에서 **최댓값 9**를 갖는다.

[줄기4-4] 점 $\mathrm{P}(x, y)$가 두 점 $\mathrm{A}(-1, 9)$, $\mathrm{B}(2, 3)$을 잇는 선분 AB 위를 움직일 때, $3x^2+y^2$의 최솟값을 구하여라.

2 공통부분이 있는 경우의 최대·최소

함수 $y=a\{f(x)\}^2+bf(x)+c$의 최댓값 또는 최솟값을 구하는 순서는 다음과 같다.
i) **공통부분 $f(x)$를 t로 치환**한 후, **t의 값의 범위**를 구한다.
ii) $y=at^2+bt+c$를 표준형 $y=a(t-m)^2+n$ 꼴로 변형한 후, **t의 값의 범위에서** 주어진 함수의 최댓값 또는 최솟값을 구한다.

뿌리 4-6 공통부분이 있는 경우의 최대·최소(1)

$0\le x\le 3$일 때, 함수 $y=(x^2-2x+3)^2-2(x^2-2x+3)+1$의 최댓값과 최솟값을 구하여라.

풀이 $x^2-2x+3=t$라 하면 $t=(x-1)^2+2$
대칭축 $x=1$이 x의 범위$(0\le x\le 3)$ 내에 있으므로 t의 최솟값은 $x=1$에서 2이고, 최댓값은 $x=3$에서 6이다. ($\because$ ∪)
$\therefore 2\le t\le 6$
이때, 주어진 함수는
$y=t^2-2t+1=(t-1)^2\ (2\le t\le 6)$
대칭축 $t=1$이 t의 범위$(2\le t\le 6)$ 밖에 있으므로 대칭축 $t=1$과 t의 범위$(②\le t\le 6)$ 중에서 가장 가까운 $t=2$에서 **최솟값 1**을 갖는다. ($\because$ ∪)
대칭축 $t=1$과 t의 범위$(2\le t\le ⑥)$ 중에서 가장 멀리 있는 $t=6$에서 **최댓값 25**를 갖는다.

[줄기4-5] $-1\le x\le 2$일 때, 함수 $y=(x^2-2x-1)^2-2(x^2-2x-1)+5$의 최댓값과 최솟값을 구하여라.

[줄기4-6] 함수 $y=(x^2-4x+3)(x^2-4x+2)+5x^2-20x+7$의 최솟값을 구하여라.

6 이차방정식과 이차함수 (2)

연습문제

평가일	점수

정답 및 풀이 61p

잎 6-1

이차함수 $y=ax^2+2ax-a^2+a+3$의 최댓값이 1일 때, 상수 a의 값을 구하여라.

잎 6-2

이차함수 $y=2x^2-4ax-a^2+4b$가 $x=-1$에서 최솟값 5를 가질 때, 상수 a, b의 값을 구하여라.

잎 6-3

$0\le x\le 3$에서 이차함수 $y=-2x^2+4x+a$의 최댓값이 3일 때, 상수 a의 값과 이 함수의 최솟값을 구하여라.

잎 6-4

x, y가 실수일 때, $2x^2+y^2+8x+8$의 최솟값을 구하여라.

잎 6-5

x, y, z가 실수일 때, $16y-5x^2-4y^2-z^2-2z+3$의 최댓값을 구하여라.

잎 6-6

$x\ge 0,\ y\ge 0,\ x+y=3$을 만족하는 두 실수 x, y에 대하여 $2x^2+y^2$의 최댓값과 최솟값을 구하여라.

잎 6-7

두 실수 x, y의 합이 16일 때, xy의 최댓값과 그때의 x, y의 값을 구하여라.

• 잎 6-8

실수 x, y가 $2x+y^2=1$을 만족할 때, x^2+y^2의 최솟값을 구하여라.

• 잎 6-9

$-1\le x\le 2$일 때, 함수 $y=(x^2-2x-3)^2-2(x^2-2x)+5$가 $x=a$에서 최솟값 b를 갖는다. 이때, 실수 a, b의 값을 구하여라.

• 잎 6-10

이차함수 $f(x)=x^2-2ax+a^2+1\,(-1\le x\le 1)$의 최솟값을 구하여라. (단, a는 실수이다.)

• 잎 6-11

$a\le x\le 0$에서 함수 $y=-x^2-4x+1$의 함숫값의 범위가 $-11\le y\le b$일 때, 실수 a, b의 값을 구하여라. (단, $a<0$)

• 잎 6-12

$x\ge 3$에서 이차함수 $f(x)=-x^2+4kx$의 최댓값이 16일 때, 실수 k의 값을 구하여라.

• 잎 6-13

$0\le x\le 8$에서 이차함수 $f(x)=-x^2+2kx-3k$의 최댓값이 4일 때, 실수 k의 값을 구하여라.

• 잎 6-14

$-1\le x\le 2$일 때, 이차함수 $y=x^2-2|x|+2$의 최댓값과 최솟값을 구하여라.

7. 여러 가지 방정식

01 삼차방정식과 사차방정식

[1] 방정식

[2] 다항방정식

[3] 삼차방정식과 사차방정식의 풀이

[4] 삼차식과 사차식의 인수분해

[5] 1st $f(\alpha)=0$을 만족시키는 상수 α를 찾는 쉬운 방법

[6] 치환을 이용한 방정식의 풀이

[7] 복이차방정식

[8] 복이차방정식의 풀이

[9] 상반방정식의 풀이

02 삼차방정식의 근과 계수의 관계

[1] 삼차방정식의 근과 계수의 관계

[2] 세 수를 근으로 하는 삼차방정식

[3] 삼차방정식의 켤레근의 성질

03 방정식 $x^3=1$의 허근

[1] 방정식 $x^3=1$의 허근의 성질

[2] 방정식 $x^3=-1$의 허근의 성질

연습문제

01 삼차방정식과 사차방정식

1 방정식 (특정한 값에만 성립하는 등식)

변수를 포함하는 등식으로 변수의 값에 따라 참 또는 거짓이 되는 식을 **방정식**이라 한다.
이때, 등식을 성립시키는 값을 **근** 또는 **해**라 하고, 근을 구하는 것을 '**방정식을 푼다**'고 한다.
예) $3x-6=0$ ⇨ 방정식 cf) $3x-6=3x-6$ ⇨ 항등식

2 다항방정식

다항식 $f(x)$에 대하여 $f(x)=0$인 방정식을 **다항방정식**이라 한다.
예) $3x-6$ ⇨ 다항식, $3x-6=0$ ⇨ (다항) 방정식 cf) $3x-6=3x-6$ ⇨ 항등식

참고 고등과정에서 특별한 언급이 없으면 다항방정식의 근은 복소수의 범위에서 구한다.

※ 방정식에는 다항방정식, 분수방정식, 무리방정식, 지수방정식, 로그방정식 등의 다양한 방정식이 있다.

3 삼차방정식과 사차방정식의 풀이 ⇨ 인수분해 (곱의 꼴)를 이용한다.

방정식 $f(x)=0$에서 다항식 $f(x)$를 인수분해한 후, 다음의 성질을 이용한다.
1) $ABC=0$이면 $A=0$ 또는 $B=0$ 또는 $C=0$
2) $ABCD=0$이면 $A=0$ 또는 $B=0$ 또는 $C=0$ 또는 $D=0$

4 삼차식과 사차식의 인수분해 ⇨ 인수정리와 조립제법을 이용한다.

방정식 $f(x)=0$에서 다항식 $f(x)$는 다음과 같은 순서로 인수분해할 수 있다.

1st $\boldsymbol{f(\alpha)=0}$**을** 만족시키는 상수 α의 값을 구한다.

※ $f(\alpha)=0$이면 $f(x)$는 $x-\alpha$를 인수로 갖는다. (인수정리)

2nd 조립제법을 이용하여 $f(x)$를 $x-\alpha$로 나누었을 때의 몫 $Q(x)$를 구하여
$\boldsymbol{f(x)=(x-\alpha)Q(x)}$ 꼴로 나타낸다. 이때, $\boldsymbol{Q(x)}$**가 인수분해**되면 인수분해한다.

5 1st $f(\alpha)=0$을 만족시키는 α를 찾는 쉬운 방법

다항식 $f(x)$의 계수가 모두 정수일 때, $\boldsymbol{f(\alpha)=0}$을 만족시키는 $\boldsymbol{\alpha}$**는** $\boldsymbol{f(x)}$**의 상수항의 약수** 중에서 찾는다.

이렇게 해서 α를 찾을 수 없으면 $\pm\dfrac{(f(x)\text{의 상수항의 약수})}{(f(x)\text{의 최고차항의 계수의 약수})}$ 중에서 찾는다.

뿌리 1-1 인수정리를 이용한 삼차방정식의 풀이

다음 방정식을 풀어라.

1) $x^3-6x^2+11x-6=0$ 2) $x^3-3x^2+4=0$

풀이 1) $f(x)=x^3-6x^2+11x-⑥$ < ①, 2, 3, 6 / $-1, -2, -3, -6$

$f(1)=1-6+11-6=0$이므로 $f(x)$는 $x-1$을 인수로 갖는다. 즉,

방법 I $f(x)=(x-1)Q(x)$, 이때 몫 $Q(x)$는 조립제법으로 구한다. ⇨

1	1	−6	11	−6
		1	−5	6
	1	−5	6	0

$Q(x)=x^2-5x+6$

$f(x)=(x-1)(x^2-5x+6)$

따라서 주어진 방정식은

$(x-1)(x^2-5x+6)=0$

$(x-1)(x-2)(x-3)=0$ $\therefore$ **$x=1$ 또는 $x=2$ 또는 $x=3$**

강추 방법 II $f(x)=(x-1)Q(x)$에서 $Q(x)$의 이차항과 상수항을 좌변의 삼차항과 상수항을 비교하여 미리 정해 놓은 후, 좌변과 우변의 일차항만 맞추면 끝이다!

$x^3-6x^2+11x-6=(x-1)(x^2+ax+6)$ (일차항: $6x$, $-ax$)

$11x=6x-ax$ $\therefore a=-5$

따라서 주어진 방정식은 $(x-1)(x^2-5x+6)=0$

$(x-1)(x-2)(x-3)=0$ $\therefore$ **$x=1$ 또는 $x=2$ 또는 $x=3$**

2) $f(x)=x^3-3x^2+④$ < 1, 2, 4 / $(-1), -2, -4$

$f(-1)=-1-3+4=0$이므로 $f(x)$는 $x+1$을 인수로 갖는다. 즉,

$x^3-3x^2+4=(x+1)(x^2+ax+4)$ (일차항: $4x$, ax)

$0=4x+ax$ $\therefore a=-4$

따라서 주어진 방정식은 $(x+1)(x^2-4x+4)=0$

$(x+1)(x-2)^2=0$ $\therefore$ **$x=-1$ 또는 $x=2$**

참고 $f(\alpha)=0$을 만족시키는 α는 $f(x)$의 상수항의 약수 중에서 찾는다.
1) -6의 약수 : $\pm1, \pm2, \pm3, \pm6$ ※ 약수는 정수의 범위에서 정의된다. [p.62 주의]
2) 4의 약수 : $\pm1, \pm2, \pm4$

[줄기 1-1] 다음 방정식을 풀어라.

1) $3x^3+5x^2-2=0$ 2) $x^3+3x^2-2x-2=0$

뿌리 1-2 인수정리를 이용한 사차방정식의 풀이

다음 방정식을 풀어라.

1) $x^4-2x^3-9x^2+2x+8=0$　　　2) $x^4-2x^3-x^2+8x-12=0$

풀이 1) $f(x)=x^4-2x^3-9x^2+2x+8$ ⟨ ①, 2, 4, 8 / ⊖1, −2, −4, −8

$f(1)=0$, $f(-1)=0$이므로 $f(x)$는 $(x-1)(x+1)$를 인수로 갖는다. 즉,

$f(x)=(x-1)(x+1)Q(x)$, 이때

몫 $Q(x)$는 조립제법으로 구한다. ⇨

1	1	−2	−9	2	8
		1	−1	−10	−8
−1	1	−1	−10	−8	0
		−1	2	8	
	1	−2	−8	0	

$Q(x)=x^2-2x-8$

$f(x)=(x-1)(x+1)(x^2-2x-8)$

따라서 주어진 방정식은

$(x-1)(x+1)(x^2-2x-8)=0$

$(x-1)(x+1)(x+2)(x-4)=0$

$\therefore x=\pm1$ 또는 $x=-2$ 또는 $x=4$

2) $f(x)=x^4-2x^3-x^2+8x-12$ ⟨ 1, ②, 3, 4, 6, 12 / −1, ⊖2, −3, −4, −6, −12

$f(2)=0$, $f(-2)=0$이므로 $f(x)$는 $(x-2)(x+2)$를 인수로 갖는다. 즉,

$f(x)=(x-2)(x+2)Q(x)$, 이때

몫 $Q(x)$는 조립제법으로 구한다. ⇨

2	1	−2	−1	8	−12
		2	0	−2	12
−2	1	0	−1	6	0
		−2	4	−6	
	1	−2	3	0	

$Q(x)=x^2-2x+3$

$f(x)=(x-2)(x+2)(x^2-2x+3)$

따라서 주어진 방정식은

$(x-2)(x+2)(x^2-2x+3)=0$

$\therefore x-2=0$ 또는 $x+2=0$ 또는 $x^2-2x+3=0$

$\therefore x=2$ 또는 $x=-2$ 또는 $x=1\pm\sqrt{-2}$

$\therefore x=\pm2$ 또는 $x=1\pm\sqrt{2}\,i$

참고 사차방정식일 때는 $f(\alpha)=0$, $f(\beta)=0$을 만족시키는 상수 α, β를 구한다.
삼차방정식일 때는 $f(\alpha)=0$을 만족시키는 상수 α를 구한다. 예) 뿌리 1−1), 줄기 1−1)

$f(\alpha)=0$, $f(\beta)=0$을 만족시키는 α, β는 $f(x)$의 상수항의 약수 중에서 찾는다.

1) 8의 약수 : ±1, ±2, ±4, ±8 ※ 약수는 정수의 범위에서 정의된다. [p.62 주의]

2) -12의 약수 : ±1, ±2, ±3, ±4, ±6, ±12

[줄기 1-2] 다음 방정식을 풀어라.

1) $x^4-x^3+8x-8=0$　　　2) $x^4-2x^3+x^2+2x-2=0$

3) $2x^4-5x^3+6x^2-3x=0$

6 공통부분이 있는 사차방정식

방정식에 공통부분이 있으면 **공통부분을 한 문자로 치환**하여 인수분해한다.

뿌리 1-3 공통부분이 있는 사차방정식의 풀이

다음 방정식을 풀어라.

1) $(x^2-2x)^2-5(x^2-2x)+6=0$ 2) $x(x+1)(x+2)(x+3)=8$

풀이 1) $x^2-2x=t$라 하면 주어진 방정식은

$t^2-5t+6=0$, $(t-3)(t-2)=0$

$(x^2-2x-3)(x^2-2x-2)=0$, $(x+1)(x-3)(x^2-2x-2)=0$

$\therefore x+1=0$ 또는 $x-3=0$ 또는 $x^2-2x-2=0$

$\therefore x=-1$ 또는 $x=3$ 또는 $x=1\pm\sqrt{3}$

2) ( )( )( )( ) 꼴은 공통부분이 생기도록 두 개씩 짝을 짓는다.

⇨ 상수항의 합이 같도록 두 개씩 짝을 지어면 공통부분이 만들어진다. [p.24]

$x(x+1)(x+2)(x+3)=8$에서

$\underline{x(x+3)}\underline{(x+1)(x+2)}=8$

$(x^2+3x)(x^2+3x+2)=8$

$x^2+3x=t$라 하면 주어진 방정식은

$t(t+2)=8$, $t^2+2t-8=0$, $(t+4)(t-2)=0$

$(x^2+3x+4)(x^2+3x-2)=0$

$\therefore x^2+3x+4=0$ 또는 $x^2+3x-2=0$

$\therefore x=\dfrac{-3\pm\sqrt{-7}}{2}$ 또는 $x=\dfrac{-3\pm\sqrt{17}}{2}$ **$\therefore x=\dfrac{-3\pm\sqrt{7}i}{2}$ 또는 $x=\dfrac{-3\pm\sqrt{17}}{2}$**

[줄기 1-3] 다음 방정식을 풀어라.

1) $(x^2-3x-1)(x^2-3x+2)=10$ 2) $(x+2)(x+3)^2(x+4)=90$

7 복이차방정식 ※복(複): 겹칠 복

$ax^4+bx^2+c=0\,(a\neq 0)$은 x에 대한 사차방정식이지만 $x^2=t$라 하면 $at^2+bt+c=0$이 되어 t에 대한 이차방정식으로 겹치게 된다.
따라서 짝수 차수의 항만으로 이루어진 사차방정식을 **복이차방정식**이라 한다.

참고 상수항은 짝수 차수의 항이다. ($\because$ 0차항)
$ax^4+bx^2+c=0 \Leftrightarrow ax^4+bx^2+cx^0=0$

8 복이차방정식의 풀이 (비슷한 예) 복이차식의 인수분해 [p.70]

$ax^4+bx^2+c=0\,(a\neq 0)$ 꼴의 복이차방정식은 다음과 같은 방법으로 푼다.
[방법 Ⅰ] $x^2=t$로 치환한 $at^2+bt+c=0$을 인수분해한다.
[방법 Ⅱ] 방법 Ⅰ이 안 될 때, $A^2-B^2=0$ 꼴로 변형하여 인수분해한다.

뿌리 1-4 복이차방정식의 풀이

다음 방정식을 풀어라.

1) $x^4-2x^2-8=0$ 2) $x^4+x^2+1=0$

핵심 짝수 차수의 항만으로 이루어진 사차방정식이므로 복이차방정식이다.

풀이 1) $x^2=t$라 하면 주어진 방정식은
$t^2-2t-8=0$, $(t-4)(t+2)=0$ $\therefore t=4$ 또는 $t=-2$
즉, $x^2=4$ 또는 $x^2=-2$
$\therefore x=\pm\sqrt{4}$ 또는 $x=\pm\sqrt{-2}$ $\therefore$ **$x=\pm 2$ 또는 $x=\pm\sqrt{2}i$**

2) $x^2=t$로 치환해서는 인수분해가 되지 않으므로 $A^2-B^2=0$ 꼴로 변형한다.
$(x^4-2x^2+1)+3x^2=0$ (×)
$(x^4+2x^2+1)-x^2=0$ (○)
$(x^2+1)^2-x^2=0$, $\{(x^2+1)-x\}\{(x^2+1)+x\}=0$, $(x^2-x+1)(x^2+x+1)=0$
$\therefore x^2-x+1=0$ 또는 $x^2+x+1=0$
$\therefore x=\dfrac{1\pm\sqrt{-3}}{2}$ 또는 $x=\dfrac{-1\pm\sqrt{-3}}{2}$ $\therefore$ **$x=\dfrac{1\pm\sqrt{3}i}{2}$ 또는 $x=\dfrac{-1\pm\sqrt{3}i}{2}$**

[줄기 1-4] 다음 방정식을 풀어라.

1) $2x^4+x^2-3=0$ 2) $x^4-3x^2+9=0$
3) $x^4+64=0$ 4) $x^4-3x^2+1=0$

뿌리 1-5 근이 주어진 삼차방정식

삼차방정식 $x^3-ax^2+(b-2)x+a-12=0$의 두 근이 1, 3일 때, 나머지 한 근을 구하여라. (단, a, b는 실수이다.)

풀이 $x^3-ax^2+(b-2)x+a-12=0$의 두 근이 1, 3이므로 $x=1$, $x=3$을 각각 대입하면

$1-a+b-2+a-12=0$ $\quad\therefore b=13$ ⋯㉠

$27-9a+3b-6+a-12=0$ $\quad\therefore -8a+3b=-9$ ⋯㉡

㉠, ㉡을 연립하여 풀면 $a=6$, $b=13$

$\therefore x^3-6x^2+11x-6=0$

$f(x)=x^3-6x^2+11x-6$으로 놓으면

$f(1)=0$, $f(3)=0$이므로 조립제법을 이용하여

$f(x)$를 인수분해하면

1	1	−6	11	−6
		1	−5	6
3	1	−5	6	0
		3	−6	
	1	−2	0	

$f(x)=(x-1)(x-3)(x-2)$

$\therefore (x-1)(x-3)(x-2)=0$

따라서 나머지 한 근은 **2**이다.

뿌리 1-6 근이 주어진 사차방정식

사차방정식 $x^4+ax^3+bx^2+8x-12=0$의 두 근이 2, −2일 때, 나머지 두 근의 곱을 구하여라. (단, a, b는 실수이다.)

풀이 $x^4+ax^3+bx^2+8x-12=0$의 두 근이 2, −2이므로 $x=2$, $x=-2$를 각각 대입하면

$16+8a+4b+16-12=0$, $8a+4b=-20$ $\quad\therefore 2a+b=-5$ ⋯㉠

$16-8a+4b-16-12=0$, $-8a+4b=12$ $\quad\therefore 2a-b=-3$ ⋯㉡

㉠, ㉡을 연립하여 풀면 $a=-2$, $b=-1$

$\therefore x^4-2x^3-x^2+8x-12=0$

$f(x)=x^4-2x^3-x^2+8x-12$으로 놓으면

$f(2)=0$, $f(-2)=0$이므로 조립제법을 이용하여

$f(x)$를 인수분해하면

2	1	−2	−1	8	−12
		2	0	−2	12
−2	1	0	−1	6	0
		−2	4	−6	
	1	−2	3	0	

$f(x)=(x-2)(x+2)(x^2-2x+3)$

$\therefore (x-2)(x+2)(x^2-2x+3)=0$

이때, 나머지 두 근은 $x^2-2x+3=0$의 두 근이므로 근과 계수의 관계에 의하여

(두 근의 곱)$=$**3**

[줄기 1-5] 삼차방정식 $3x^3-kx^2+x-2=0$의 한 근이 -1이고 나머지 두 근이 α, β일 때, $k+\alpha\beta$의 값을 구하여라. (단, k는 실수이다.)

뿌리 1-7 삼차방정식의 근의 조건(1)

삼차방정식 $x^3+(2k+1)x^2-2k=0$이 중근을 갖도록 하는 실수 k의 값을 구하여라.

풀이 $f(x)=x^3+(2k+1)x^2-2k$로 놓으면

$f(-1)=-1+2k+1-2k=0$이므로

조립제법을 이용하여 $f(x)$를 인수분해하면

-1	1	$2k+1$	0	$-2k$
		-1	$-2k$	$2k$
	1	$2k$	$-2k$	0

$f(x)=(x+1)(x^2+2kx-2k)$

이때, 방정식 $f(x)=0$이 중근을 가지므로

i) 방정식 $x^2+2kx-2k=0$이 $x=-1$을 근으로 갖는 경우

$1-2k-2k=0 \quad \therefore k=\frac{1}{4}$

ii) 방정식 $x^2+2kx-2k=0$이 중근을 갖는 경우 ⇨ 이 이차방정식의 판별식을 D라 하면

$\frac{D}{4}=k^2-(-2k)=0,\ k^2+2k=0,\ k(k+2)=0$

$\therefore k=0$ 또는 $k=-2$

따라서 구하는 실수 k의 값은 $\mathbf{-2,\ 0,\ \frac{1}{4}}$이다.

뿌리 1-8 삼차방정식의 근의 조건(2)

삼차방정식 $x^3-x^2+(2k-2)x-4k=0$의 근이 모두 실수가 되도록 하는 실수 k의 값의 범위를 구하여라.

풀이 $f(x)=x^3-x^2+(2k-2)x-4k$로 놓으면

$f(2)=8-4+4k-4-4k=0$이므로

조립제법을 이용하여 $f(x)$를 인수분해하면

2	1	-1	$2k-2$	$-4k$
		2	2	$4k$
	1	1	$2k$	0

$f(x)=(x-2)(x^2+x+2k)$

이때, 방정식 $f(x)=0$의 모든 근이 실수가 되려면 이차방정식 $x^2+x+2k=0$이 실근을 가져야 하므로 판별식을 D라 하면

$D=1^2-4\cdot 2k\geq 0 \quad \therefore k\leq\frac{1}{8}$

따라서 구하는 실수 k의 값의 범위는 $\mathbf{k\leq\frac{1}{8}}$이다.

줄기1-6 삼차방정식 $x^3+3x^2-(k+4)x+k=0$이 서로 다른 두 허근을 가질 때, 실수 k의 값의 범위를 구하여라.

9 상반방정식의 풀이 ※상(相): 서로 상, 반(反): 반복할 반

$ax^4+bx^3+cx^2+bx+a=0\,(a\neq0)$과 같이 x에 대한 내림차순으로 정리하였을 때, 중앙항 cx^2을 기준으로 계수가 서로 반복하는 방정식을 **상반방정식**이라 한다.

$\boldsymbol{ax^4+bx^3+cx^2+bx+a=0\,(a\neq0)}$ … ㉠ **꼴의 상반방정식**은 다음과 같은 순서로 푼다.

1st 양변을 x^2으로 나눈다.

$$ax^2+bx+c+\frac{b}{x}+\frac{a}{x^2}=0,\ a\left(x^2+\frac{1}{x^2}\right)+b\left(x+\frac{1}{x}\right)+c=0$$

2nd $a\left\{\left(x+\dfrac{1}{x}\right)^2-2\right\}+b\left(x+\dfrac{1}{x}\right)+c=0 \quad \leftarrow x^2+\dfrac{1}{x^2}=\left(x+\dfrac{1}{x}\right)^2-2$

$$a\left(x+\frac{1}{x}\right)^2+b\left(x+\frac{1}{x}\right)-2a+c=0$$

$x+\dfrac{1}{x}=t$라 하면 $at^2+bt-2a+c=0$ … ㉡

3rd ㉡에서 구한 t의 값을 $x+\dfrac{1}{x}=t$에 대입하여 x의 값을 구한다.

뿌리 1-9 상반방정식의 풀이

다음 방정식을 풀어라.

$$2x^4+3x^3-5x^2+3x+2=0$$

풀이 $2x^4+3x^3-5x^2+3x+2=0$ ⇨ 상반방정식

계수가 서로 반복

* $x\neq0$이므로 주어진 방정식의 양변을 x^2으로 나누면

(∵ $x=0$을 주어진 방정식에 대입하면 성립하지 않으므로 * $x\neq0$이다.)

$$2x^2+3x-5+\frac{3}{x}+\frac{2}{x^2}=0,\ 2\left(x^2+\frac{1}{x^2}\right)+3\left(x+\frac{1}{x}\right)-5=0$$

$2\left\{\left(x+\dfrac{1}{x}\right)^2-2\right\}+3\left(x+\dfrac{1}{x}\right)-5=0 \quad \leftarrow x^2+\dfrac{1}{x^2}=\left(x+\dfrac{1}{x}\right)^2-2$

$x+\dfrac{1}{x}=t$라 하면 $2t^2+3t-9=0,\ (2t-3)(t+3)=0 \quad \therefore t=\dfrac{3}{2}$ 또는 $t=-3$

i) $t=\dfrac{3}{2}$일 때, $x+\dfrac{1}{x}=\dfrac{3}{2}$ ⇨ $x\neq0$이므로 양변에 $2x$를 곱하면

$2x^2+2=3x,\ 2x^2-3x+2=0 \quad \therefore x=\dfrac{3\pm\sqrt{-7}}{4}=\dfrac{3\pm\sqrt{7}i}{4}$

ii) $t=-3$일 때, $x+\dfrac{1}{x}=-3$ ⇨ $x\neq0$이므로 양변에 x를 곱하면

$x^2+1=-3x,\ x^2+3x+1=0 \quad \therefore x=\dfrac{-3\pm\sqrt{5}}{2}$

정답 $x=\dfrac{3\pm\sqrt{7}i}{4}$ 또는 $x=\dfrac{-3\pm\sqrt{5}}{2}$

02 삼차방정식의 근과 계수의 관계

1 삼차방정식의 근과 계수의 관계

삼차방정식 $ax^3+bx^2+cx+d=0$의 세 근을 α, β, γ라 하면 다음이 성립한다.

1) $\alpha+\beta+\gamma=\dfrac{-b}{a}$ ⇨ '**모두 합**' (모든 근의 합)

2) $\alpha\beta+\beta\gamma+\gamma\alpha=\dfrac{c}{a}$ ⇨ '**곱의 합**' (곱은 윤환의 꼴)

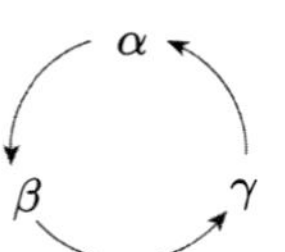

↳ *'두 근끼리의 곱의 합'을 '곱의 합'으로 줄여서 기억하면 더 쉽다.

3) $\alpha\beta\gamma=\dfrac{-d}{a}$ ⇨ '**모두 곱**' (모든 근의 곱)

증명 삼차방정식 $ax^3+bx^2+cx+d=0$의 세 근을 α, β, γ라 하면 삼차식 ax^3+bx^2+cx+d는 $x-\alpha, x-\beta, x-\gamma$를 인수로 가진다. 따라서

$$ax^3+bx^2+cx+d=a(x-\alpha)(x-\beta)(x-\gamma)=a\{x^3-(\alpha+\beta+\gamma)x^2+(\alpha\beta+\beta\gamma+\gamma\alpha)x-\alpha\beta\gamma\}$$
$$=ax^3-a(\alpha+\beta+\gamma)x^2+a(\alpha\beta+\beta\gamma+\gamma\alpha)x-a\alpha\beta\gamma$$

이 등식은 x에 대한 항등식이므로 각 항의 계수를 비교하면

$b=-a(\alpha+\beta+\gamma),\ c=a(\alpha\beta+\beta\gamma+\gamma\alpha),\ d=-a(\alpha\beta\gamma)$

$\therefore \alpha+\beta+\gamma=-\dfrac{b}{a}=\dfrac{-b}{a},\ \alpha\beta+\beta\gamma+\gamma\alpha=\dfrac{c}{a},\ \alpha\beta\gamma=-\dfrac{d}{a}=\dfrac{-d}{a}$

✓ 모두 합 $-\dfrac{b}{a}$는 *$\dfrac{-b}{a}$로 외운다. (∵ 이로운 점이 많다.)

✓ 모두 곱 $-\dfrac{d}{a}$는 *$\dfrac{-d}{a}$로 외운다. (∵ 이로운 점이 많다.)

(익히는 방법) x에 대한 내림차순으로 정리한 $ax^3+bx^2+cx+d=0\,(a\neq0)$의 근과 계수의 관계

1st 분모는 내림차순에서 첫 번째 계수 a이다. 즉, 분모는 최고차항의 계수이다.

2nd 분자는 내림차순에서 두 번째 계수 b, 세 번째 계수 c, 네 번째 계수 d이고, 부호는 $-$, $+$, $-$ 순이다. 기억하는 순서가 '모두 합', '곱의 합', '모두 곱'의 순이므로

(모두 합)$=\dfrac{-b}{a}$, (곱의 합)$=\dfrac{c}{a}$, (모두 곱)$=\dfrac{-d}{a}$

TIP 이차방정식의 근과 계수의 관계도 이 규칙으로 익혔다. [p.126 (익히는 방법)]

씨앗. 1 삼차방정식 $x^3-4x^2+3x+5=0$의 세 근을 α, β, γ라 할 때, 다음 식의 값을 구하여라.

1) $\alpha+\beta+\gamma$ 2) $\alpha\beta+\beta\gamma+\gamma\alpha$ 3) $\alpha\beta\gamma$

풀이 1) $\alpha+\beta+\gamma=\dfrac{-(-4)}{1}=4$ 2) $\alpha\beta+\beta\gamma+\gamma\alpha=\dfrac{3}{1}=3$ 3) $\alpha\beta\gamma=\dfrac{-5}{1}=-5$

뿌리 2-1 삼차방정식과 근과 계수의 관계

삼차방정식 $x^3-2x^2+3x-4=0$의 세 근을 α, β, γ라 할 때, 다음 식의 값을 구하여라.

1) $\alpha^2+\beta^2+\gamma^2$　　2) $\alpha^3+\beta^3+\gamma^3$　　3) $(\alpha+\beta)(\beta+\gamma)(\gamma+\alpha)$

풀이 삼차방정식의 근과 계수의 관계에 의하여

$\alpha+\beta+\gamma=\frac{-(-2)}{1}=2,\ \alpha\beta+\beta\gamma+\gamma\alpha=\frac{3}{1}=3,\ \alpha\beta\gamma=\frac{-(-4)}{1}=4$

1) $(\alpha+\beta+\gamma)^2=\alpha^2+\beta^2+\gamma^2+2(\alpha\beta+\beta\gamma+\gamma\alpha)$

$2^2=\alpha^2+\beta^2+\gamma^2+2\cdot 3$　　$\therefore \alpha^2+\beta^2+\gamma^2=\mathbf{-2}$

2) $a^3+b^3+c^3-3abc=(a+b+c)(a^2+b^2+c^2-ab-bc-ca)$
($\bigcirc^3+\square^3+\triangle^3$ 꼴은 고등과정에서 이것 말고는 쓸 공식이 없다. p.66)

$\alpha^3+\beta^3+\gamma^3-3\alpha\beta\gamma=(\alpha+\beta+\gamma)(\alpha^2+\beta^2+\gamma^2-\alpha\beta-\beta\gamma-\gamma\alpha)$

$\alpha^3+\beta^3+\gamma^3-3\cdot 4=2\cdot(-2-3)$

$\therefore \alpha^3+\beta^3+\gamma^3=\mathbf{2}$

3) 방법 I

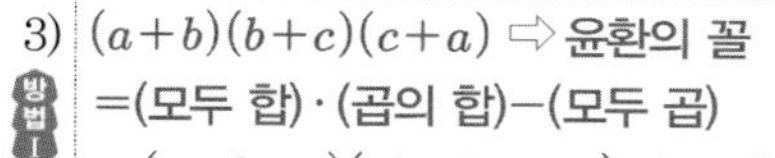

$(a+b)(b+c)(c+a)$ ⇨ 윤환의 꼴
=(모두 합)·(곱의 합)−(모두 곱)
$=(a+b+c)(ab+bc+ca)-abc$ [p.40]

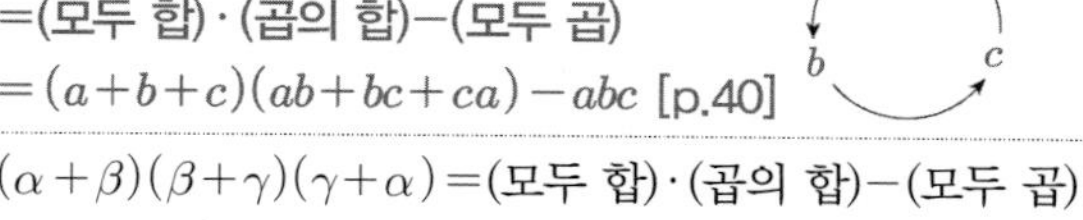

$(\alpha+\beta)(\beta+\gamma)(\gamma+\alpha)$=(모두 합)·(곱의 합)−(모두 곱)

$=(\alpha+\beta+\gamma)(\alpha\beta+\beta\gamma+\gamma\alpha)-\alpha\beta\gamma$

$=2\cdot 3-4=\mathbf{2}$

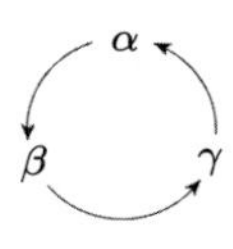

3) 방법 II 곱셈공식 [참고 p.23 뿌리 4-1)의 2)번, p.24 줄기 4-1)의 2)번]

$(2-\alpha)(2-\beta)(2-\gamma)=\{2+(-\alpha)\}\{2+(-\beta)\}\{2+(-\gamma)\}$

$=2^3+\{(-\alpha)+(-\beta)+(-\gamma)\}\cdot 2^2$
$+\{(-\alpha)(-\beta)+(-\beta)(-\gamma)+(-\gamma)(-\alpha)\}\cdot 2$
$+(-\alpha)(-\beta)(-\gamma)$

$=2^3-(\alpha+\beta+\gamma)\cdot 2^2+(\alpha\beta+\beta\gamma+\gamma\alpha)\cdot 2-\alpha\beta\gamma$

$=8-2\cdot 4+3\cdot 2-4=\mathbf{2}$

참고 3) $(2-\alpha)(2-\beta)(2-\gamma)$를 $(2+(-\alpha))(2+(-\beta))(2+(-\gamma))$로 생각하여 곱셈공식을 적용한다.

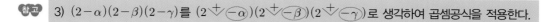

[줄기 2-1] 삼차방정식 $x^3+2x^2+3=0$의 세 근을 α, β, γ라 할 때, 다음 식의 값을 구하여라.

1) $\frac{\gamma}{\alpha\beta}+\frac{\alpha}{\beta\gamma}+\frac{\beta}{\gamma\alpha}$　　2) $(\alpha+\beta)(\beta+\gamma)(\gamma+\alpha)$　　3) $(\alpha^3-\alpha^2)(\beta^3-\beta^2)(\gamma^3-\gamma^2)$

2 세 수를 근으로 하는 삼차방정식

세 수 α, β, γ를 근으로 하고 x^3의 계수가 1인 삼차방정식은

$(x-\alpha)(x-\beta)(x-\gamma)=0 \Rightarrow x^3-(\alpha+\beta+\gamma)x^2+(\alpha\beta+\beta\gamma+\gamma\alpha)x-\alpha\beta\gamma=0$

모두 합 곱의 합 모두 곱

$\therefore$ **x^3-(모두 합)x^2+(곱의 합)$x-$(모두 곱)$=0$**

※'두 근끼리의 곱의 합'을 '곱의 합'으로 줄여서 기억하면 더 쉽다.

(비슷한 예) 두 수 α, β를 근으로 하고 x^2의 계수가 1인 이차방정식 [p.130 3]

뿌리 2-2 세 수를 근으로 하는 삼차방정식

삼차방정식 $x^3-3x^2-2x+5=0$의 세 근을 α, β, γ라 할 때, $\alpha+1, \beta+1, \gamma+1$을 세 근으로 하고 x^3의 계수가 1인 삼차방정식을 구하여라.

풀이 $x^3-3x^2-2x+5=0$의 세 근이 α, β, γ이므로 근과 계수의 관계에 의하여

$\alpha+\beta+\gamma=3, \alpha\beta+\beta\gamma+\gamma\alpha=-2, \alpha\beta\gamma=-5$

구하는 삼차방정식의 세 근이 $\alpha+1, \beta+1, \gamma+1$이므로 근과 계수의 관계에 의하여

$(\alpha+1)+(\beta+1)+(\gamma+1)=(\alpha+\beta+\gamma)+3$

$=6 \Rightarrow$ 세 근의 '모두 합'

$(\alpha+1)(\beta+1)+(\beta+1)(\gamma+1)+(\gamma+1)(\alpha+1)=(\alpha\beta+\beta\gamma+\gamma\alpha)+2(\alpha+\beta+\gamma)+3$

$=7 \Rightarrow$ 두 근끼리의 '곱의 합'

$(\alpha+1)(\beta+1)(\gamma+1)=(1+\alpha)(1+\beta)(1+\gamma)$

$=1^3+(\alpha+\beta+\gamma)\cdot 1^2+(\alpha\beta+\beta\gamma+\gamma\alpha)\cdot 1+\alpha\beta\gamma$

$=-3 \Rightarrow$ 세 근의 '모두 곱'

이때, x^3의 계수가 1인 삼차방정식은

x^3-(모두 합)x^2+(곱의 합)$x-$(모두 곱)$=0$

$x^3-6x^2+7x+3=0$

[줄기2-2] 삼차방정식 $x^3-6x+4=0$의 세 근을 α, β, γ라 할 때, $\alpha^2, \beta^2, \gamma^2$을 세 근으로 하고 x^3의 계수가 1인 삼차방정식을 구하여라.

3 삼차방정식의 켤레근의 성질

삼차방정식 $ax^3+bx^2+cx+d=0$에서 다음이 성립한다.

1) a, b, c, d가 유리수, 즉 **계수가 모두 유리수일 때** ※상수항 d는 x^0의 계수이다.

한 근이 $p+q\sqrt{m}$이면 다른 한 근은 $p-q\sqrt{m}$이다. (단, p, q는 유리수, $\sqrt{m}$은 무리수)

2) a, b, c, d가 실수, 즉 **계수가 모두 실수일 때** ※상수항 d는 x^0의 계수이다.

한 근이 $p+qi$이면 다른 한 근은 $p-qi$이다. (단, p, q는 실수, $i=\sqrt{-1}$)

증명 삼차방정식 $a(x+b)(x^2+cx+d)=0$의 모든 계수가 유리수 또는 실수일 때, 두 근이 켤레근으로 존재하면 이차방정식의 켤레근의 성질에 의하여 그 두 근은 $x^2+cx+d=0$의 근이다.
따라서 삼차방정식의 계수가 유리수 또는 실수일 때, 이차방정식의 켤레근의 성질이 똑같이 성립한다.

익히는 방법 삼차방정식에서도 이차방정식의 켤레근의 성질이 똑같이 성립한다. [p.133 6]
1) 계수가 모두 유리수일 때, 한 근이 $p+q\sqrt{m}$이면 켤레근인 $p-q\sqrt{m}$도 근이다.
2) 계수가 모두 실수일 때, 한 근이 $p+qi$이면 켤레근인 $p-qi$도 근이다.

TIP 1) 유리계수인 삼차방정식에서 세 근 중 두 근이 서로 켤레무리수이면 나머지 한 근은 유리수이다.
2) 실계수인 삼차방정식에서 세 근 중 두 근이 서로 켤레복소수이면 나머지 한 근은 실수이다.

뿌리 2-3 삼차방정식의 켤레근의 성질

삼차방정식 $x^3+ax^2+6x+b=0$의 한 근이 $2+\sqrt{2}$일 때, 유리수 a, b의 값을 구하여라.

풀이 a, b가 유리수이므로 주어진 삼차방정식의 계수는 모두 유리수이다.
계수가 모두 유리수이고 한 근이 $2+\sqrt{2}$이므로 켤레근 $2-\sqrt{2}$도 근이다.
나머지 한 근을 α라 하면 삼차방정식의 근과 계수의 관계에 의하여

$(2+\sqrt{2})+(2-\sqrt{2})+\alpha=-a,\ 4+\alpha=-a \quad \therefore a=-4-\alpha \cdots ㉠$

$(2+\sqrt{2})(2-\sqrt{2})+(2-\sqrt{2})\alpha+\alpha(2+\sqrt{2})=6,\ 2+4\alpha=6 \quad \therefore \alpha=1$

$(2+\sqrt{2})(2-\sqrt{2})\alpha=-b,\ 2\alpha=-b \quad \therefore b=-2\alpha \cdots ㉡$

$\alpha=1$을 ㉠, ㉡에 대입하면 $\boldsymbol{a=-5,\ b=-2}$

[줄기2-3] 삼차방정식 $x^3+4x^2-ax-b=0$의 한 근이 $1+2i$일 때, 실수 a, b의 값을 구하여라. (단, $i=\sqrt{-1}$)

[줄기2-4] 삼차방정식 $x^3+ax^2-b=0$의 한 근이 $3-\sqrt{3}$일 때, 유리수 a, b의 값을 구하여라.

[줄기2-5] 계수가 모두 실수이고 x^3의 계수가 1인 삼차식 $f(x)$에 대하여 방정식 $f(x)=0$의 두 근이 3, $2i-1$일 때, $f(-1)$의 값을 구하여라. (단, $i=\sqrt{-1}$)

03 방정식 $x^3=1$의 허근

1 방정식 $x^3=1$의 허근의 성질 ※ ω는 그리스문자 Ω의 소문자로 Omega라 읽는다.

방정식 $x^3=1$의 한 허근을 ω라 하면 다음 성질이 성립한다. ($\overline{\omega}$는 ω의 켤레복소수)

1) $\omega^3=1,\ \omega^2+\omega+1=0$ 2) $\omega+\overline{\omega}=-1,\ \omega\overline{\omega}=1$ 3) $\overline{\omega}=\omega^2=\dfrac{1}{\omega}$

증명 $x^3=1$, 즉 $x^3-1=0$에서 $(x-1)(x^2+x+1)=0$ $\therefore x-1=0$ 또는 $x^2+x+1=0$

이때, ω는 허근이므로 이차방정식 $x^2+x+1=0$의 근이다. 따라서 켤레근의 성질에 의하여 $x^2+x+1=0$의 한 허근이 ω이면 다른 한 근은 켤레근인 $\overline{\omega}$이다.

$\therefore x^3=1$의 세 근은 $1,\ \omega,\ \overline{\omega}$이다. 즉, ⋆$\omega^3=1$, ⋆$\overline{\omega}^3=1$

$\therefore x^2+x+1=0$의 두 근은 $\omega,\ \overline{\omega}$이다. 즉, $\omega^2+\omega+1=0,\ \overline{\omega}^2+\overline{\omega}+1=0$

↳ 이차방정식의 근과 계수의 관계에 의하여 $\omega+\overline{\omega}=-1,\ \omega\overline{\omega}=1$

$\omega\overline{\omega}=1$에서 $\overline{\omega}=\dfrac{1}{\omega}$ ⋯㉠, $\omega^3=1$에서 $\omega^2\omega=1$ $\therefore \omega^2=\dfrac{1}{\omega}$ ⋯㉡

㉠, ㉡을 이용하여 등식을 만들면 $\overline{\omega}=\omega^2=\dfrac{1}{\omega}$ $\therefore \overline{\omega}=\omega^2$

특히, $\overline{\omega}=\omega^2$은 $\overline{\omega}$에 ω^2을 대입하여 $\overline{\omega}$를 없앨 때 유용하다.

뿌리 3-1 방정식 $x^3=1$의 허근의 성질(1)

방정식 $x^2+x+1=0$의 한 허근을 ω라 할 때, 다음 식의 값을 구하여라.

1) $\omega+\omega^2+\omega^3+\omega^4+\omega^5$ 2) $\omega^{30}+\omega^{20}+\omega^{10}+\omega^3$ 3) $\omega+\dfrac{1}{\omega}$

핵심 ⋆$x^2+1x+1=0$의 조건이 주어지면
$x^3=+1$이 떠올라야 한다.

풀이 $x^2+1x+1=0$에서 ω가 근이므로 $\omega^2+\omega+1=0$ ⋯ ㉠

$x^2+x+1=0$에서 ω가 근이면 $(x-1)(x^2+x+1)=0$에서도 ω가 근이다.

따라서 $x^3-1=0$, 즉 $x^3=+1$에서도 ω가 근이다. $\therefore \omega^3=1$ ⋯ ㉡

1) $\omega+\omega^2+\omega^3+\omega^4+\omega^5=\omega+\omega^2+\omega^3(1+\omega+\omega^2)=-1+1\cdot 0=\mathbf{-1}$ ($\because$ ㉠, ㉡)

2) $\omega^{30}+\omega^{20}+\omega^{10}+\omega^3=(\omega^3)^{10}+(\omega^3)^6\omega^2+(\omega^3)^3\omega+\omega^3$ ($\because$ ㉡)

$=1+\omega^2+\omega+1=1+(\omega^2+\omega+1)=1+0=\mathbf{1}$ ($\because$ ㉠)

3) $\omega+\dfrac{1}{\omega}=\dfrac{\omega^2+1}{\omega}=\dfrac{-\omega}{\omega}=\mathbf{-1}$ ($\because$ ㉠)

참고 $\underbrace{x^3=+1,\ x^2+1x+1=0}_{\text{식}},\ x=\underbrace{\dfrac{-1\pm\sqrt{3}i}{2}}_{\text{근}}$ 중 하나만 조건으로 주어져도 이 세 개가 한 세트로 함께 떠올라야 한다.

2 방정식 $x^3=-1$의 허근의 성질

방정식 $x^3=-1$의 한 허근을 ω라 하면 다음 성질이 성립한다. ($\overline{\omega}$는 ω의 켤레복소수)

1) $\omega^3=-1$, $\omega^2-\omega+1=0$　　2) $\omega+\overline{\omega}=1$, $\omega\overline{\omega}=1$　　3) $\overline{\omega}=-\omega^2=\dfrac{1}{\omega}$

증명 $x^3=-1$, 즉 $x^3+1=0$에서 $(x+1)(x^2-x+1)=0$　$\therefore x+1=0$ 또는 $x^2-x+1=0$

이때, ω는 허근이므로 이차방정식 $x^2-x+1=0$의 근이다. 따라서 켤레근의 성질에 의하여 $x^2-x+1=0$의 한 허근이 ω이면 다른 한 근은 켤레근인 $\overline{\omega}$이다.

$\therefore x^3=-1$의 세 근은 -1, ω, $\overline{\omega}$이다. 즉, ⋆$\omega^3=-1$, ⋆$\overline{\omega}^3=-1$

$\therefore x^2-x+1=0$의 두 근은 ω, $\overline{\omega}$이다. 즉, $\omega^2-\omega+1=0$, $\overline{\omega}^2-\overline{\omega}+1=0$

↳ 이차방정식의 근과 계수의 관계에 의하여 $\omega+\overline{\omega}=1$, $\omega\overline{\omega}=1$

$\omega\overline{\omega}=1$에서 $\overline{\omega}=\dfrac{1}{\omega}$ ⋯㉠, $\omega^3=-1$에서 $\omega^2\omega=-1$　$\therefore -\omega^2=\dfrac{1}{\omega}$ ⋯㉡

㉠, ㉡을 이용하여 등식을 만들면 $\overline{\omega}=-\omega^2=\dfrac{1}{\omega}$　$\therefore \overline{\omega}=-\omega^2$

특히, $\overline{\omega}=-\omega^2$은 $\overline{\omega}$에 $-\omega^2$을 대입하여 $\overline{\omega}$를 없앨 때 유용하다.

뿌리 3-2 방정식 $x^3=-1$의 허근의 성질(1)

방정식 $x^2-x+1=0$의 한 허근을 ω라 할 때, 다음 식의 값을 구하여라.

1) $(1-\omega)(1+\omega^2)$　　2) $\dfrac{\omega^2}{1-\omega}-\dfrac{\omega}{1+\omega^2}$　　3) $\omega^4+\omega^2+1$

4) $\omega-\omega^2+\omega^3-\omega^4+\omega^5$　　5) $\omega^{30}+\omega^{20}+\omega^{10}+\omega^3$

핵심 ⋆$x^2-1x+1=0$의 조건이 주어지면 $x^3=-1$이 떠올라야 한다.

풀이 $x^2-1x+1=0$에서 ω가 근이므로 $\omega^2-\omega+1=0$ ⋯ ㉠

$x^2-x+1=0$에서 ω가 근이면 $(x+1)(x^2-x+1)=0$에서도 ω가 근이다.

따라서 $x^3+1=0$, 즉 $x^3=-1$에서도 ω가 근이다.　$\therefore \omega^3=-1$ ⋯ ㉡

1) $(1-\omega)(1+\omega^2)=1+\omega^2-\omega-\omega^3=(1+\omega^2)-\omega-(-1)=\omega-\omega+1=\mathbf{1}$ ($\because$ ㉠, ㉡)

2) $\dfrac{\omega^2}{1-\omega}-\dfrac{\omega}{1+\omega^2}=\dfrac{\omega-1}{1-\omega}-\dfrac{\omega}{\omega}=(-1)-1=\mathbf{-2}$ ($\because$ ㉠)

3) $\omega^4+\omega^2+1=\omega^3\cdot\omega+(\omega-1)+1=-\omega+\omega-1+1=\mathbf{0}$ ($\because$ ㉠, ㉡)

4) $\omega-\omega^2+\omega^3-\omega^4+\omega^5=-(\omega^2-\omega)+\omega^3(1-\omega+\omega^2)=-(-1)+(-1)\cdot 0=\mathbf{1}$ ($\because$ ㉠, ㉡)

5) $\omega^{30}+\omega^{20}+\omega^{10}+\omega^3=(\omega^3)^{10}+(\omega^3)^6\omega^2+(\omega^3)^3\omega+\omega^3$

$=(-1)^{10}+(-1)^6\omega^2+(-1)^3\omega+(-1)$ ($\because$ ㉡)

$=1+\omega^2-\omega-1=(\omega^2-\omega+1)-1=0-1=\mathbf{-1}$ ($\because$ ㉠)

참고 $x^3=-1$, $x^2-1x+1=0$, $x=\dfrac{+1\pm\sqrt{3}i}{2}$ 중 하나만 조건으로 주어져도 이 세 개가 한 세트로 함께 떠올라야 한다.
(식: $x^3=-1$, $x^2-1x+1=0$ / 근: $x=\dfrac{+1\pm\sqrt{3}i}{2}$)

뿌리 3-3 방정식 $x^3=1$의 허근의 성질(2)

방정식 $x^3-1=0$의 한 허근을 ω라 할 때, 다음 식의 값을 구하여라.

(단, $\overline{\omega}$는 ω의 켤레복소수이다.)

1) $1+\omega+\omega^2+\cdots+\omega^9$ 2) $\dfrac{3\omega^5+5\overline{\omega}}{\omega^{10}+1}$ 3) $\left(\omega+\dfrac{1}{\omega}\right)\left(\overline{\omega}+\dfrac{1}{\overline{\omega}}\right)$

핵심

$x^3=+1$의 세 근은 $1, \omega, \overline{\omega}$이다. $\therefore \omega^3=1, \overline{\omega}^3=1$ …㉠

$x^2+1x+1=0$의 두 근은 $\omega, \overline{\omega}$이다. $\therefore \omega^2+\omega+1=0, \overline{\omega}^2+\overline{\omega}+1=0$ …㉡

↳이차방정식의 근과 계수의 관계에 의하여 $\omega+\overline{\omega}=-1, \omega\overline{\omega}=1$ …㉢

⇨ □ 속의 ㉠, ㉡, ㉢을 여백에 적어 놓고 풀면 쉽다. 예) 뿌리 3-3), 3-4), 3-5), 줄기 3-1)

풀이

1) $1+\omega+\omega^2+\cdots+\omega^9=(1+\omega+\omega^2)+\omega^3(1+\omega+\omega^2)+\omega^6(1+\omega+\omega^2)+(\omega^3)^3$

$=0+0+0+1$ ($\because$ ㉠, ㉡)

$=1$

1) $\omega^2+\omega+1=0$의 양변에 ω를 곱하면 $\omega^3+\omega^2+\omega=0$ 비슷한 예 $i+i^2+i^3+i^4=0$ [p.91]

「강추」 $\omega+\omega^2+\omega^3=0$이고 ω^n에서 지수 n이 연속하는 자연수일 때, 이것의 세 개의 합이 0이므로

$1+\omega+\omega^2+\cdots+\omega^9=1+(\omega+\omega^2+\omega^3)+(\omega^4+\omega^5+\omega^6)+(\omega^7+\omega^8+\omega^9)$

$=1+0+0+0$

$=1$

2) 생뚱맞게 $\overline{\omega}$가 문제에 끼어있으면 $\overline{\omega}$를 어떻게 없애느냐가 관건이다.

「강추」 $\overline{\omega}$를 없애기 위해 분모, 분자에 ω를 곱하여 $\omega\overline{\omega}=1$을 이용한다.

$$\frac{3\omega^5+5\overline{\omega}}{\omega^{10}+1}=\frac{(3\omega^5+5\overline{\omega})\omega}{(\omega^{10}+1)\omega}=\frac{3\omega^6+5\omega\overline{\omega}}{\omega^{11}+\omega}=\frac{3(\omega^3)^2+5\omega\overline{\omega}}{(\omega^3)^3\omega^2+\omega}$$

$$=\frac{3+5}{\omega^2+\omega}=\frac{8}{-1}\ (\because ㉠, ㉡, ㉢)$$

$=-8$

2) $\omega^3=1$에서 $\omega^2=\dfrac{1}{\omega}$, $\omega\overline{\omega}=1$에서 $\overline{\omega}=\dfrac{1}{\omega}$ ⇨ $\dfrac{1}{\omega}$을 매개로 등식을 만들면

$\omega^2=\overline{\omega}=\dfrac{1}{\omega}$ $\therefore \overline{\omega}=\omega^2$ ※ $\overline{\omega}$에 ω^2을 대입하여 $\overline{\omega}$를 없앨 때 유용하다.

$$\frac{3\omega^5+5\overline{\omega}}{\omega^{10}+1}=\frac{3\omega^5+5\omega^2}{\omega^{10}+1}=\frac{3(\omega^3)\omega^2+5\omega^2}{(\omega^3)^3\omega+1}=\frac{3\omega^2+5\omega^2}{\omega+1}=\frac{8\omega^2}{-\omega^2}=-8\ (\because ㉠, ㉡)$$

3) $\left(\omega+\dfrac{1}{\omega}\right)\left(\overline{\omega}+\dfrac{1}{\overline{\omega}}\right)=\omega\overline{\omega}+\dfrac{\omega}{\overline{\omega}}+\dfrac{\overline{\omega}}{\omega}+\dfrac{1}{\omega\overline{\omega}}=1+\dfrac{\omega^2+\overline{\omega}^2}{\omega\overline{\omega}}+1$ ($\because$ ㉢)

$=2+\omega^2+\overline{\omega}^2$ ($\because$ ㉢)

$=2+(\omega+\overline{\omega})^2-2\omega\overline{\omega}$

$=2+(-1)^2-2\cdot1$ ($\because$ ㉢)

$=1$

뿌리 3-4 방정식 $x^3=-1$의 허근의 성질(2)

방정식 $x^2-x+1=0$의 한 허근을 ω라 할 때, $\omega+\frac{1}{\omega}+\overline{\omega}+\frac{1}{\overline{\omega}}$의 값을 구하여라.

(단, $\overline{\omega}$는 ω의 켤레복소수이다.)

핵심 ★$x^2-1x+1=0$의 조건이 주어지면 $x^3=-1$이 떠올라야 한다.

풀이

$x^2-x+1=0$의 두 근은 $\omega, \overline{\omega}$이다. $\therefore \omega^2-\omega+1=0, \overline{\omega}^2-\overline{\omega}+1=0$ …㉠

↳ 이차방정식의 근과 계수의 관계에 의하여 $\omega+\overline{\omega}=1, \omega\overline{\omega}=1$ …㉡

$x^3=-1$의 세 근은 $-1, \omega, \overline{\omega}$이다. $\therefore \omega^3=-1, \overline{\omega}^3=-1$ …㉢

$\omega\overline{\omega}=1$이므로 $\overline{\omega}=\frac{1}{\omega}, \omega=\frac{1}{\overline{\omega}}$ ⇨ 이것을 결과식에 대입하여 분수 꼴을 없앤다.
(∵ 분수가 있으면 계산이 힘들다.)

$$\omega+\frac{1}{\omega}+\overline{\omega}+\frac{1}{\overline{\omega}}=\omega+\overline{\omega}+\overline{\omega}+\omega$$
$$=2(\omega+\overline{\omega})=2\cdot 1\ (\because ㉡)$$
$$=2$$

뿌리 3-5 방정식 $x^3=-1$의 허근의 성질(3)

방정식 $x^3+1=0$의 한 허근을 α라 할 때,
$1-\alpha+\alpha^2-\alpha^3+\alpha^4-\alpha^5+\alpha^6-\alpha^7+\alpha^8-\alpha^9$의 값을 구하여라.

풀이

$x^3=-1$의 세 근은 $-1, \alpha, \overline{\alpha}$이다. $\therefore \alpha^3=-1, \overline{\alpha}^3=-1$ …㉠

$x^2-x+1=0$의 두 근은 $\alpha, \overline{\alpha}$이다. $\therefore \alpha^2-\alpha+1=0, \overline{\alpha}^2-\overline{\alpha}+1=0$ …㉡

↳ 이차방정식의 근과 계수의 관계에 의하여 $\alpha+\overline{\alpha}=1, \alpha\overline{\alpha}=1$ …㉢

$$1-\alpha+\alpha^2-\alpha^3+\alpha^4-\alpha^5+\alpha^6-\alpha^7+\alpha^8-\alpha^9$$
$$=(1-\alpha+\alpha^2)-\alpha^3(1-\alpha+\alpha^2)+\alpha^6(1-\alpha+\alpha^2)-(\alpha^3)^3$$
$$=0-0+0-(-1)^3\ (\because ㉠, ㉡)$$
$$=1$$

[줄기3-1] 방정식 $x+\frac{1}{x}=-1$의 한 허근을 ω라 할 때, 다음 식의 값을 구하여라.

(단, $\overline{\omega}$는 ω의 켤레복소수이다.)

1) $\frac{\omega^{100}}{1+\omega^{101}}+\frac{\overline{\omega}^{104}}{1+\overline{\omega}^{106}}$　　2) $\omega^2+\frac{1}{\omega}+\overline{\omega}^2+\frac{1}{\overline{\omega}}$　　3) $\frac{(3\omega+2)(\overline{3\omega+2})}{(\omega-1)(\overline{\omega-1})}$

▶ 연습문제

7 여러 가지 방정식

평가일 | 점수

정답 및 풀이 ▶ 70p

• 잎 7-1

사차식 x^4+ax^2+b가 이차식 $(x-1)(x-\sqrt{2})$로 나누어떨어질 때, 사차방정식 $x^4+ax^2+b=0$의 네 근의 곱은? (단, a, b는 상수이다.) [교육청 기출]

① $-2\sqrt{2}$ ② -2 ③ $\sqrt{2}$ ④ 2 ⑤ 4

• 잎 7-2

삼차방정식 $x^3+ax^2+bx+c=0$의 세 근을 α, β, γ라 하자. $\frac{1}{\alpha\beta}$, $\frac{1}{\beta\gamma}$, $\frac{1}{\gamma\alpha}$을 세 근으로 하는 삼차방정식을 $x^3-2x^2+3x-1=0$이라 할 때, $a^2+b^2+c^2$의 값은? (단, a, b, c는 상수) [교육청 기출]

① 14 ② 15 ③ 16 ④ 17 ⑤ 18

• 잎 7-3

삼차방정식 $x^3-ax^2+74x-b=0$의 근이 연속한 세 자연수일 때, 상수 a, b의 값을 구하여라.

• 잎 7-4

삼차방정식 $x^3+ax^2+bx+c=0$의 두 근의 합이 0일 때, 다음 중 상수 a, b, c의 관계로 옳은 것을 골라라.

① $b+c=a$ ② $ab=c$ ③ $b-a=c$ ④ $\frac{b}{c}=a$ ⑤ $\frac{a}{b}=c$

• 잎 7-5

삼차방정식 $x^3+px^2+qx-165=0$의 세 근이 모두 2보다 큰 홀수일 때, 상수 p, q의 값을 구하여라.

• 잎 7-6

다음 물음에 답하여라.

1) x^3의 계수가 1인 삼차식 $Q(x)$에 대하여 $Q(1)=Q(3)=Q(4)=0$이 성립할 때, 방정식 $Q(x)=0$의 모든 근의 곱을 구하여라.
2) x^3의 계수가 1인 삼차식 $Q(x)$에 대하여 $Q(1)=Q(3)=Q(4)=-5$가 성립할 때, 방정식 $Q(x)=0$의 모든 근의 곱을 구하여라.
3) 최고차항의 계수가 1인 다항식 $f(x)$가 모든 실수 x에 대하여 등식 $f(x^2)=x^3f(x+3)+6x^2(x+3)(x-1)(x-3)$을 만족시킬 때, $f(x)$를 구하여라.
4) 임의의 실수 x에 대하여 다항식 $f(x)$가 등식 $f(x^2+2x)=x^2f(x)+8x+8$을 만족시킬 때, 방정식 $f(x)=0$의 모든 근의 곱을 구하여라.

• 잎 7-7

삼차방정식 $(x-3)(x-1)(x+2)+1=x$의 세 근을 α, β, γ라 할 때, $\alpha^3+\beta^3+\gamma^3$의 값은?

① 21 ② 23 ③ 25 ④ 27 ⑤ 29

[교육청 기출]

• 잎 7-8

삼차방정식 $x^3-4x^2+4x-3=0$의 한 허근이 α라 한다. 이때, $\dfrac{\overline{\alpha}}{\alpha}+\dfrac{\alpha}{\overline{\alpha}}$의 값을 구하여라.

(단, $\overline{\alpha}$는 α의 켤레복소수이다.) [교육청 기출]

• 잎 7-9

세 실수 a, b, c에 대하여 다항식 $P(x)=x^3-ax^2+bx-c$는 다음 조건을 만족시킨다. 이때, a, b, c의 값을 구하여라. (단, $i=\sqrt{-1}$) [교육청 기출]

(가) $2+i$는 삼차방정식 $P(x)=0$의 근이다.
(나) $P(x)$를 일차식 $x-1$로 나눈 나머지는 1이다.

• 잎 7-10

사차방정식 $x^4-x^3+ax+b=0$의 두 근이 $1, -2$일 때, 나머지 두 근 α, β에 대하여 $|\alpha^4+\beta^4|$의 값을 구하여라. (단, a와 b는 상수이다.) [교육청 기출]

• 잎 7-11

a, b가 유리수일 때, x에 대한 삼차방정식 $x^3-ax^2+bx+1=0$의 한 근이 $\sqrt{2}-1$이다. a, b의 값을 구하여라. [교육청 기출]

• 잎 7-12

a, b, c가 실수이고 한 근이 $1-\sqrt{2}i$인 방정식 $x^3+ax^2+bx+c=0$과 방정식 $x^2+ax+2=0$이 하나의 공통근을 가질 때, a, b, c의 값을 구하여라. [경찰대 기출]

• 잎 7-13

$f(x)=ax^3+bx^2+cx+d\,(a\neq0)$라 할 때, 방정식 $f(x)=0$의 세 근을 α, β, γ라 하자.
$\alpha+\beta+\gamma+\alpha\beta\gamma=2$, $\alpha\beta+\beta\gamma+\gamma\alpha=-3$일 때, 방정식 $f(x+1)=0$의 세 근의 곱을 구하여라.

(단, a, b, c, d는 상수이다.)

• 잎 7-14

삼차방정식 $f(x)=0$의 세 근의 합이 6일 때, 삼차방정식 $f\left(\frac{3x+1}{2}\right)=0$의 세 근의 합을 구하여라.

• 잎 7-15

삼차방정식 $x^3-4x^2+3x+2=0$의 세 근을 α, β, γ라 할 때, $\frac{1}{\alpha}, \frac{1}{\beta}, \frac{1}{\gamma}$을 세 근으로 하고 x^2의 계수가 1인 삼차방정식을 구하여라.

• 잎 7-16

삼차방정식 $x^3+1=0$의 한 허근을 α라 할 때, 참, 거짓을 말하여라. (단, $\overline{\alpha}$는 α의 켤레복소수) [교육청 기출]

ㄱ. $\alpha^2-\alpha+1=0$ ( )　ㄴ. $\alpha+\overline{\alpha}=\alpha\overline{\alpha}=1$ ( )　ㄷ. $\alpha^3+(\overline{\alpha})^3=\alpha^2+(\overline{\alpha})^2$ ( )

• 잎 7-17

방정식 $x^3-1=0$의 한 허근을 ω라 할 때, 참, 거짓을 말하여라. (단, $\overline{\omega}$는 ω의 켤레복소수) [교육청 기출]

ㄱ. $\omega^{10}=\omega$ ( )　ㄴ. $\frac{\omega^2}{1+\omega}+\frac{\overline{\omega}}{1+\overline{\omega}^2}=-2$ ( )　ㄷ. $\overline{\omega}=-\frac{1}{\omega}$ ( )　ㄹ. $\overline{\omega}=\omega^2$ ( )

열매 7-1 $x^n=1$일 때, x^n에서 n이 연속하는 자연수이면 이것의 n개의 합은 0이다.

방정식 $x^3=-1$의 한 허근을 ω라 할 때, $5+\omega^6+\omega^7+\cdots+\omega^{102}$의 값을 구하여라.

핵심 $x^n=1$일 때, x^n에서 지수 n이 연속하는 자연수이면 이것의 n개의 합은 0이다.

증명 $x^n=1$ ⋯ ㉠, 즉 $x^n-1=0$에서 $(x-1)(x^{n-1}+x^{n-2}+\cdots+x^2+x+1)=0$

$\therefore x=1$ 또는 $x^{n-1}+x^{n-2}+\cdots+x^2+x+1=0$

($x=0$을 ㉠에 대입하면 성립하지 않으므로 $x\neq0$이다.)

$x\neq0$이므로 $1+x+x^2+\cdots+x^{n-2}+x^{n-1}=0$의 양변에 x^{k+1} (k는 0 이상의 정수)를 곱하면

$$\underbrace{x^{k+1}+x^{k+2}+x^{k+3}+\cdots+x^{k+n-1}+x^{k+n}}_{n\text{개}}=0\ (k=0, 1, 2, 3, \cdots)$$

따라서 $x^n=1$일 때, x^n에서 지수 n이 연속하는 자연수이면 이것의 n개의 합은 0이다.

풀이 $\omega^3=-1$ 즉 $\omega^6=1$일 때, ω^n에서 지수 n이 연속하는 자연수이면 이것의 6개의 합은 0이다.

$5+\omega^6+\omega^7+\omega^8+\omega^9+\omega^{10}+\cdots+\omega^{102}$에서 지수가 연속하는 자연수인 수의 개수가 97 ($\because$ 102−5)개다. 이중 여섯 개씩 묶음은 16($\because 6\times16=96$)개다.

$5+\omega^6+\omega^7+\cdots+\omega^{102}=5+\omega^6+0\times16=5+1=$**6**

8. 연립방정식

01 연립이차방정식

1 미지수가 2개인 연립이차방정식

2 일차방정식과 이차방정식이 연립

3 이차방정식과 이차방정식이 연립

4 대칭식

5 대칭식인 연립이차방정식의 풀이

6 공통근

7 공통근을 구하는 방법

02 「특강」 부정방정식

1 부정방정식

2 정수 조건의 부정방정식의 풀이

3 실수 조건의 부정방정식의 풀이

연습문제

줄기 정답 및 풀이 ▶ 74p

01 연립이차방정식

1 미지수가 2개인 연립이차방정식

미지수가 2개인 연립방정식에서 차수가 가장 높은 방정식이 이차방정식일 때, 이것을 **연립이차방정식**이라 하고 다음 두 가지의 꼴이 있다.

$\begin{cases}(\text{일차식})=0\\(\text{이차식})=0\end{cases}$, $\begin{cases}(\text{이차식})=0\\(\text{이차식})=0\end{cases}$ ※ 일차식은 일차다항식, 이차식은 이차다항식을 줄여 표현한 말이다.

2 일차방정식과 이차방정식으로 이루어진 연립이차방정식의 풀이

연립방정식 $\begin{cases}(\text{일차식})=0\\(\text{이차식})=0\end{cases}$ 꼴이 주어졌을 때, 일차방정식에서 한 미지수를 다른 미지수에 대한 식으로 나타낸 후, 이것을 이차방정식에 대입하여 푼다.

뿌리 1-1 일차방정식과 이차방정식으로 이루어진 연립이차방정식

다음 연립방정식을 풀어라.

1) $\begin{cases}x+y=1 & \cdots ㉠\\x^2-xy+y=5 & \cdots ㉡\end{cases}$

2) $\begin{cases}x+y=3 & \cdots ㉠\\xy=2 & \cdots ㉡\end{cases}$

풀이 1) ㉠에서 $y=1-x$이므로 이것을 ㉡에 대입하면

$x^2-x(1-x)+(1-x)=5$, $2x^2-2x-4=0$, $x^2-x-2=0$, $(x+1)(x-2)=0$

$\therefore x=-1$ 또는 $x=2$

i) $x=-1$을 $y=1-x$에 대입하면 $y=2$

ii) $x=2$를 $y=1-x$에 대입하면 $y=-1$

i), ii)에서 연립방정식의 해는 $\begin{cases}x=-1\\y=2\end{cases}$ 또는 $\begin{cases}x=2\\y=-1\end{cases}$

2) ㉠에서 $y=3-x$이므로 이것을 ㉡에 대입하면

※ xy는 x, y에 대한 이차식이다. 따라서 $xy=2$는 이차방정식이다. [p.12]

$x(3-x)=2$, $x^2-3x+2=0$, $(x-1)(x-2)=0$ $\therefore x=1$ 또는 $x=2$

i) $x=1$을 $y=3-x$에 대입하면 $y=2$

ii) $x=2$를 $y=3-x$에 대입하면 $y=1$

i), ii)에서 연립방정식의 해는 $\begin{cases}x=1\\y=2\end{cases}$ 또는 $\begin{cases}x=2\\y=1\end{cases}$

[줄기 1-1] 연립방정식 $\begin{cases}2x^2+xy+y^2=11\\x-y=1\end{cases}$ 을 풀어라.

3 두 이차방정식으로 이루어진 연립이차방정식의 풀이

두 이차방정식 중에서 인수분해되는 이차방정식이 있는 경우의 풀이 방법은 다음과 같다.

i) 이차방정식을 (이차식)$=0$ 꼴로 정리한다.

ii) **(이차식)$=0$일 때, 좌변이 두 일차식의 곱으로 인수분해되면** 2개의 일차방정식을 얻을 수 있다.

ex) $2x^2-xy-y^2=0 \Leftrightarrow (x-y)(2x+y)=0 \quad \therefore y=x$ 또는 $y=-2x$

iii) ii)에서 얻은 일차방정식을 다른 이차방정식에 각각 대입하여 푼다.

뿌리 1-2 두 이차방정식으로 이루어진 연립이차방정식

연립방정식 $\begin{cases} x^2-y^2=0 & \cdots ㉠ \\ x^2+xy+y^2=12 & \cdots ㉡ \end{cases}$ 을 풀어라.

핵심 두 이차방정식으로 이루어진 연립이차방정식

⇨ 두 이차방정식 중 우변이 0일 때, 좌변이 일차식의 곱으로 인수분해되면 이것을 이용한다.

풀이 ㉠이 (이차식)$=0$ 꼴이므로 좌변을 인수분해하면

$(x-y)(x+y)=0 \quad \therefore x=y$ 또는 $x=-y$

i) $x=y$를 ㉡에 대입하면

$y^2+y^2+y^2=12,\ y^2=4 \quad \therefore y=\pm 2$

$x=y$이므로 $x=\pm 2 \quad \therefore x=\pm 2,\ y=\pm 2$ (복부호 동순)

ii) $x=-y$를 ㉡에 대입하면

$(-y)^2+(-y)y+y^2=12,\ y^2=12 \quad \therefore y=\pm\sqrt{12}=\pm 2\sqrt{3}$

$x=-y$이므로 $x=-(\pm 2\sqrt{3})=\mp 2\sqrt{3}$

$\therefore x=\mp 2\sqrt{3},\ y=\pm 2\sqrt{3}$ (복부호 동순)

i), ii)에서 구하는 연립방정식의 해는

$\begin{cases} x=2 \\ y=2 \end{cases}$ 또는 $\begin{cases} x=-2 \\ y=-2 \end{cases}$ 또는 $\begin{cases} x=-2\sqrt{3} \\ y=2\sqrt{3} \end{cases}$ 또는 $\begin{cases} x=2\sqrt{3} \\ y=-2\sqrt{3} \end{cases}$

[줄기1-2] 연립방정식 $\begin{cases} x^2-2y^2=xy \\ x^2-2xy+y^2=4 \end{cases}$ 을 풀어라.

4 대칭식

x, y를 서로 바꾸어 대입해도 변하지 않는 식을 x, y에 대한 **대칭식**이라 한다.

예) $x+y=3\,(\because y+x=3)$, $xy=2\,(\because yx=2)$, $(x+y)^2-xy=8\,(\because (y+x)^2-yx=8)$

5 대칭식인 연립이차방정식의 풀이

두 방정식이 모두 x, y에 대한 대칭식인 연립방정식은 다음과 같은 순서로 푼다.

1st $\boldsymbol{x+y=u,\ xy=v}$로 놓고, u, v에 대한 연립방정식을 풀어 u, v의 값을 구한다.

2nd x, y가 **이차방정식 $\boldsymbol{t^2-ut+v=0}$의 두 근**임을 이용하여 x, y의 값을 구한다.

씨앗. 1 연립방정식 $\begin{cases} x+y=3 \\ xy=2 \end{cases}$ 을 풀어라. ※ 뿌리 1-1)의 2)번의 문제이다. [p.182]

풀이 $x+y=3$ (합의 값), $xy=2$ (곱의 값)

x, y를 두 근으로 하고 t^2의 계수가 1인 이차방정식은

$t^2-3t+2=0$, $(t-1)(t-2)=0$ $\quad\therefore t=1$ 또는 $t=2$

따라서 구하는 연립방정식의 해는 $\begin{cases} x=1 \\ y=2 \end{cases}$ 또는 $\begin{cases} x=2 \\ y=1 \end{cases}$

뿌리 1-3 대칭식인 연립이차방정식(1)

연립방정식 $\begin{cases} (x+y)^2-xy=84 & \cdots ㉠ \\ x+y=8 & \cdots ㉡ \end{cases}$ 을 풀어라.

풀이 $x+y=u$ (합의 값), $xy=v$ (곱의 값)라 하면

㉠에서 $u^2-v=84$ ⋯㉢

㉡에서 $u=8$ ⋯㉣

㉣을 ㉢에 대입하면 $64-v=84$ $\quad\therefore v=-20$

$u=8$, $v=-20$, 즉 $x+y=8$, $xy=-20$인 x, y를 두 근으로 하는 이차방정식은

$t^2-8t-20=0$, $(t+2)(t-10)=0$ $\quad\therefore t=-2$ 또는 $t=10$

따라서 구하는 연립방정식의 해는 $\begin{cases} x=-2 \\ y=10 \end{cases}$ 또는 $\begin{cases} x=10 \\ y=-2 \end{cases}$

[줄기1-3] 다음 연립방정식을 풀어라.

1) $\begin{cases} x^2+y^2=34 \\ xy=15 \end{cases}$

2) $\begin{cases} x^2-xy+y^2=7 \\ x^2+y^2=10 \end{cases}$

3) $\begin{cases} x^2+y^2+x+y=2 \\ x^2+xy+y^2=1 \end{cases}$

뿌리 1-4 대칭식인 연립이차방정식 (2)

연립방정식 $\begin{cases} xy+x+y=5 & \cdots ㉠ \\ x^2y+xy^2=6 & \cdots ㉡ \end{cases}$ 을 만족시키는 실수 x, y의 값을 구하여라.

풀이 $x+y=u$, $xy=v$라 하면

㉠에서 $v+u=5$ $\quad \therefore v=5-u \cdots ㉢$

㉡에서 $xy(x+y)=6$ $\quad \therefore vu=6 \cdots ㉣$

㉢을 ㉣에 대입하면 $(5-u)u=6$

$u^2-5u+6=0$, $(u-2)(u-3)=0$ $\quad \therefore u=2$ 또는 $u=3$

이것을 ㉢에 대입하면 $u=2$, $v=3$ 또는 $u=3$, $v=2$

i) $u=2$, $v=3$, 즉 $x+y=2$, $xy=3$인 x, y를 두 근으로 하는 이차방정식은

$t^2-2t+3=0$ $\quad \therefore t=1\pm\sqrt{2}i$

x, y는 실수이어야 하므로 조건을 만족시키지 않는다.

ii) $u=3$, $v=2$, 즉 $x+y=3$, $xy=2$인 x, y를 두 근으로 하는 이차방정식은

$t^2-3t+2=0$, $(t-1)(t-2)=0$ $\quad \therefore t=1$ 또는 $t=2$

$\therefore x=1$, $y=2$ 또는 $x=2$, $y=1$

ii)에서 구하는 연립방정식의 해는 $\begin{cases} x=1 \\ y=2 \end{cases}$ 또는 $\begin{cases} x=2 \\ y=1 \end{cases}$

뿌리 1-5 대칭식인 연립이차방정식 (3)

연립방정식 $\begin{cases} x^2+xy+y^2=42 & \cdots ㉠ \\ x+y=5 & \cdots ㉡ \end{cases}$ 일 때, x^2-5x의 값을 구하여라.

방법 I ㉡에서 $y=5-x$이므로 이것을 ㉠에 대입하면

$x^2+x(5-x)+(5-x)^2=42$, $x^2-5x-17=0$ $\quad \therefore x^2-5x=17$

방법 II 「강추」 $x+y=u$, $xy=v$라 하면

㉡에서 $u=5 \cdots ㉢$

㉠에서 $(x+y)^2-xy=42$ $\quad \therefore u^2-v=42 \cdots ㉣$

㉢을 ㉣에 대입하면 $25-v=42$ $\quad \therefore v=-17$

$\therefore u=5$, $v=-17$, 즉 $x+y=5$, $xy=-17$

따라서 x, y를 두 근으로 하는 이차방정식은 $t^2-5t-17=0$

이 방정식의 두 근이 x, y이므로 *$t=x$를 대입하면 $x^2-5x-17=0$ $\quad \therefore x^2-5x=17$

[줄기 1-4] 연립방정식 $\begin{cases} x^3+2xy+y^3=4 \\ x+y=4 \end{cases}$ 일 때, $2x^2-8x$의 값을 구하여라.

뿌리 1-6 연립이차방정식의 해의 조건(1)

연립방정식 $\begin{cases} x+y=4 & \cdots ㉠ \\ xy=3a^2+2 & \cdots ㉡ \end{cases}$ 의 해가 오직 한 쌍만 존재하도록 하는 실수 a의 값을 구하여라.

방법 I ㉠에서 $y=4-x$이므로 이것을 ㉡에 대입하면 $x(4-x)=3a^2+2$

$\therefore x^2-4x+3a^2+2=0 \cdots ㉢$

주어진 연립방정식이 오직 한 쌍의 해를 가지려면 이차방정식 ㉢이 중근을 가져야 한다.

㉢의 판별식을 D라 하면

$\frac{D}{4}=(-2)^2-(3a^2+2)=0,\ 2-3a^2=0,\ a^2=\frac{2}{3}\qquad \therefore a=\pm\sqrt{\frac{2}{3}}=\pm\frac{\sqrt{2}}{\sqrt{3}}=\pm\frac{\sqrt{6}}{3}$

방법 II 「강추」 $\begin{cases} x+y=4 \\ xy=3a^2+2 \end{cases}$ 이므로 x, y를 두 근으로 하는 이차방정식은 $t^2-4t+3a^2+2=0 \cdots ㉢$

주어진 연립방정식이 오직 한 쌍의 해를 가지려면 이차방정식 ㉢이 중근을 가져야 한다.

㉢의 판별식을 D라 하면

$\frac{D}{4}=(-2)^2-(3a^2+2)=0,\ 2-3a^2=0,\ a^2=\frac{2}{3}\qquad \therefore a=\pm\sqrt{\frac{2}{3}}=\pm\frac{\sqrt{2}}{\sqrt{3}}=\pm\frac{\sqrt{6}}{3}$

뿌리 1-7 연립이차방정식의 해의 조건(2)

연립방정식 $\begin{cases} x-y=2 & \cdots ㉠ \\ y^2-2xy=k & \cdots ㉡ \end{cases}$ 가 실근을 갖도록 하는 실수 k의 최댓값을 구하여라.

풀이 ㉠에서 $x=y+2$이므로 이것을 ㉡에 대입하면

$y^2-2(y+2)y=k \qquad \therefore y^2+4y+k=0 \cdots ㉢$

주어진 연립방정식이 실근을 가지려면 이차방정식 ㉢이 실근을 가져야 한다.

㉢의 판별식을 D라 하면

$\frac{D}{4}=2^2-k\geq 0 \qquad \therefore k\leq 4$

따라서 실수 k의 최댓값은 4이다.

[줄기1-5] 연립방정식 $\begin{cases} 2x-y=k \\ x^2+y^2=3 \end{cases}$ 의 해가 오직 한 쌍만 존재하도록 하는 모든 실수 k의 값의 곱을 구하여라.

[줄기1-6] 연립방정식 $\begin{cases} x+y=2a-3 \\ xy=a^2+1 \end{cases}$ 이 실근을 갖도록 하는 실수 a의 값의 범위를 구하여라.

6 공통근

두 개 이상의 방정식을 동시에 만족시키는 미지수의 값을 **공통근**이라 한다.

예) 두 방정식 $(x+3)(x-2)=0$, $(x+3)(x-5)=0$에서 $x=-3$이 공통근이다.

7 공통근을 구하는 방법 ⇨ 최고차항 또는 상수항을 소거한다.

두 방정식 $f(x)=0$, $g(x)=0$의 **공통근을** α라 하고, $x=\alpha$를 주어진 방정식에 대입한다.
이때, α에 대한 두 방정식 $f(\alpha)=0$, $g(\alpha)=0$의 **최고차항 또는 상수항을 소거**하여 얻은 방정식의 해 중에서 공통근 α를 구한다.

씨앗. 2 두 방정식 $\begin{cases} x^2+x-6=0 & \cdots ㉠ \\ x^2-2x-15=0 & \cdots ㉡ \end{cases}$ 의 공통근을 구하여라.

핵심 공통근 $x=\alpha$를 두 연립방정식에 대입하여 최고차항 또는 상수항을 소거한다.

방법Ⅰ 두 이차방정식의 공통근을 α라 하면

$\begin{cases} \alpha^2+\alpha-6=0 \cdots ㉢ \\ \alpha^2-2\alpha-15=0 \cdots ㉣ \end{cases}$

[최고차항 소거]

㉢−㉣을 하면 $3\alpha+9=0$ $\therefore \alpha=-3$

따라서 공통근은 $\boldsymbol{x=-3}$

방법Ⅱ 두 이차방정식의 공통근을 α라 하면

$\begin{cases} \alpha^2+\alpha-6=0 \cdots ㉢ \\ \alpha^2-2\alpha-15=0 \cdots ㉣ \end{cases}$

[상수항 소거]

㉢×5−㉣×2를 하면 $3\alpha^2+9\alpha=0$, $3\alpha(\alpha+3)=0$ $\therefore \alpha=0$ 또는 $\alpha=-3$

그런데 $\alpha=0$은 ㉢, ㉣을 만족시키지 못하므로 $\alpha=-3$

따라서 공통근은 $\boldsymbol{x=-3}$

주의 최고차항 또는 상수항을 소거하여 얻은 방정식의 해 중에는 공통근이 아닌 것도 있을 수 있으므로 두 방정식을 모두 만족시키는지 반드시 확인해야 한다.

방법Ⅲ ㉠에서 $(x+3)(x-2)=0$ $\therefore x=-3$ 또는 $x=2$

㉡에서 $(x+3)(x-5)=0$ $\therefore x=-3$ 또는 $x=5$

따라서 공통근은 $\boldsymbol{x=-3}$

뿌리 1-8 공통근을 갖는 방정식

두 이차방정식 $x^2+(a+2)x+3a=0$, $x^2-(a-6)x-3a=0$이 공통근을 갖도록 하는 실수 a의 값을 구하여라.

풀이 두 이차방정식의 공통근을 α라 하면
$\alpha^2+(a+2)\alpha+3a=0$ ⋯㉠, $\alpha^2-(a-6)\alpha-3a=0$ ⋯㉡

방법 I ㉠−㉡를 하면 [최고차항 소거]
$(2a-4)\alpha+6a=0$ ⇨ 답을 못 구함. ㅠㅠ

방법 II ㉠+㉡을 하면 [상수항 소거]
$2\alpha^2+8\alpha=0$, $\alpha^2+4\alpha=0$, $\alpha(\alpha+4)=0$
$\therefore \alpha=0$ 또는 $\alpha=-4$
i) $\alpha=0$을 ㉠에 대입하면 $3a=0$　$\therefore a=0$
ii) $\alpha=-4$를 ㉠에 대입하면 $8-a=0$　$\therefore a=8$
따라서 구하는 a의 값은 **0 또는 8**이다.

[줄기 1-7] 두 이차방정식 $x^2+(k-2)x-3k=0$과 $x^2+(k-1)x-5k=0$이 공통근을 가질 때, 실수 k의 값을 구하여라. (단, $k\neq 0$)

뿌리 1-9 오직 하나의 공통근을 갖는 방정식

두 이차방정식 $x^2+kx-3=0$, $x^2+3x-k=0$이 오직 하나의 공통근을 갖도록 하는 실수 k의 값과 그때의 공통근을 구하여라.

풀이 두 이차방정식의 공통근을 α라 하면
$\alpha^2+k\alpha-3=0$ ⋯㉠, $\alpha^2+3\alpha-k=0$ ⋯㉡
㉠−㉡을 하면 [최고차항 소거]
$(k-3)\alpha-3+k=0$, $(k-3)\alpha+(k-3)=0$, $(k-3)(\alpha+1)=0$
$\therefore k=3$ 또는 $\alpha=-1$
i) $k=3$일 때, 두 이차방정식이 $x^2+3x-3=0$으로 일치하므로 공통근은 2개이다.
　⇨ 공통근이 1개라는 조건에 모순이 된다.
ii) $\alpha=-1$일 때, 이것을 ㉠에 대입하면 $1-k-3=0$　$\therefore k=-2$
따라서 ii)에 의하여 $\boldsymbol{k=-2}$이고 그때의 **공통근은** $\boldsymbol{x=-1}$이다.

02 「특강」 부정방정식

1 부정방정식 ※부(不): 아닐 부, 정(定): 정할 정

해가 정할 수 없을 만큼 많은 방정식을 **부정방정식**이라 한다.

예) 방정식 $x+y=1$의 근을 구하여라. ⇨ 방정식 1개, 미지수 2개

$\cdots \begin{cases} x=-1 \\ y=2 \end{cases} \cdots$ 또는 $\begin{cases} x=0 \\ y=1 \end{cases} \cdots$ 또는 $\begin{cases} x=\frac{1}{2} \\ y=\frac{1}{2} \end{cases} \cdots$ 또는 $\begin{cases} x=\frac{4}{3} \\ y=-\frac{1}{3} \end{cases} \cdots$ 또는 $\cdots$

미지수의 개수와 방정식의 개수가 같아야 그 해를 정할 수 있다. 그런데 방정식의 개수가 미지수의 개수보다 적을 때는 예) 방정식 $x+y=1$의 근과 같이 근이 정할 수 없을 만큼 많아진다.

따라서 방정식의 개수가 미지수의 개수보다 적을 때 해가 무수히 많아서 그 해를 정할 수 없는데 이러한 방정식을 '**부정방정식**'이라 한다. 이때, 부정방정식의 근이 **자연수** 또는 **정수** 또는 **실수**라는 조건이 주어지면 그 근을 유한개로 정할 수 있다.

2 정수 조건의 부정방정식의 풀이

정수 조건의 부정방정식을 **(일차식)×(일차식)=(정수) 꼴**로 변형한 후, 곱해서 정수가 되는 두 일차식의 값을 구한다.

뿌리 2-1 정수 조건의 부정방정식

방정식 $xy-y-2x+5=0$을 만족시키는 정수 x, y의 값을 구하여라.

풀이 $y(x-1)-2x+5=0$

$y(\underline{x-1})-2(\underline{x-1})-2+5=0$, $(y-2)(x-1)+3=0$

$\therefore (x-1)(y-2)=-3$

x, y가 정수이므로 $x-1$, $y-2$도 정수이다.

이때 $x-1$, $y-2$의 곱이 -3인 경우를 표로 나타내면

$x-1$	1	-3	-1	3	➔ $x=2, -2, 0, 4$
$y-2$	-3	1	3	-1	➔ $y=-1, 3, 5, 1$

$\therefore$ 정수 x, y의 값은 $\begin{cases} x=2 \\ y=-1 \end{cases}$ 또는 $\begin{cases} x=-2 \\ y=3 \end{cases}$ 또는 $\begin{cases} x=0 \\ y=5 \end{cases}$ 또는 $\begin{cases} x=4 \\ y=1 \end{cases}$

[줄기2-1] 방정식 $xy+x-y=9$를 만족시키는 양의 정수 x, y의 순서쌍 (x, y)를 구하여라.

[줄기2-2] 방정식 $xy-2y-3-x^2=0$을 만족시키는 양의 정수 x, y의 값을 구하여라.

3 실수 조건의 부정방정식의 풀이

1) '**A, B가 실수**'일 때, **$A^2+B^2=0$이면** $A=0$, $B=0$임을 이용하여 근을 구한다.

증명 $A^2+B^2=0$이면 복소수 범위에서 A, B의 값은 무수히 많다. 그러나 'A, B는 실수'라는 조건이 있을 때, $A^2+B^2=0$이면 $A=0, B=0$뿐이다.

2) '**실수 x, y'에 대하여 만족하는 이차방정식이 주어지면** 한 문자에 대하여 내림차순으로 정리한 후 판별식 $D \geq 0$임을 이용하여 근을 구한다.

증명 '실수 x, y'에 대하여 만족하는 이차방정식이 주어지면 x 또는 y에 대한 내림차순으로 정리하여 즉, 한 문자에 대한 내림차순으로 정리한 이차방정식을 만든다. 이때, 이 이차방정식을 만족하는 x 또는 y가 실수이므로, 즉 실근이므로 판별식 $D \geq 0$이다.

뿌리 2-2 실수 조건의 부정방정식

방정식 $2x^2+2xy+y^2+2x+1=0$을 만족시키는 실수 x, y의 값을 구하여라.

방법 I 주어진 방정식을 $A^2+B^2=0$ 꼴로 변형하면 ($\because$ 실수 조건의 부정방정식이다.)

$x^2+2xy+y^2+x^2+2x+1=0$에서 $(x+y)^2+(x+1)^2=0$

x, y가 실수이므로 $x+y$, $x+1$도 실수이다. $\therefore x+y=0, x+1=0$ $\therefore$ **$x=-1, y=1$**

방법 II 주어진 방정식을 x에 대하여 내림차순으로 정리하면 ($\because$ 실수 조건의 부정방정식이다.)

$2x^2+2(y+1)x+y^2+1=0$ …㉠

문제에서 '만족시키는 실수 x, y'라고 했으므로 x에 대한 이차방정식 ㉠을 만족시키는 x의 값이 실수이다. 즉, ㉠의 근이 실근이므로 판별식 $D \geq 0$이다.

$\frac{D}{4}=(y+1)^2-2(y^2+1) \geq 0$

$-y^2+2y-1 \geq 0$, $y^2-2y+1 \leq 0$, $(y-1)^2 \leq 0$ ※$(\text{실수})^2 \geq 0$

y가 실수이므로 $y-1$도 실수이다. $\therefore y-1=0$ $\therefore$ **$y=1$**

$y=1$을 ㉠에 대입하면

$2x^2+4x+2=0$, $x^2+2x+1=0$, $(x+1)^2=0$ $\therefore$ **$x=-1$**

참고 방법 I 이 훨씬 쉽다. 따라서 방법 I 으로 문제를 풀어 본 후 풀리지 않으면 방법 II 로 접근한다.
예) 줄기 2-4) ※ 시험은 방법 II 로 풀리는 문제가 잘 출제된다.

[줄기2-3] 방정식 $x^2+y^2-2x-6y+10=0$을 만족시키는 실수 x, y의 값을 구하여라.

[줄기2-4] 방정식 $2x^2+2xy+y^2+2x-2y+5=0$을 만족시키는 실수 x, y의 값을 구하여라.

● 연습문제

8 연립방정식

평가일	점수

정답 및 풀이 ▶ 78p

● 잎 8-1

연립방정식 $\begin{cases} x-y=3 \\ x^2-y^2=15 \end{cases}$ 의 해를 $x=\alpha$, $y=\beta$라 할 때, $\alpha\beta$의 값은? [교육청 기출]

① 1　② 2　③ 3　④ 4　⑤ 5

● 잎 8-2

연립방정식 $\begin{cases} x^2-4xy+3y^2=0 \\ 2x^2+xy+3y^2=24 \end{cases}$ 의 해를 $\begin{cases} x=\alpha_i \\ y=\beta_i \end{cases}$ $(i=1,\ 2,\ 3,\ 4)$라 할 때, $\alpha_i\beta_i$의 최댓값은? [교육청 기출]

① 9　② 8　③ 6　④ 4　⑤ 3

● 잎 8-3

연립방정식 $\begin{cases} x^2+y^2=40 \\ 4x^2+y^2=4xy \end{cases}$ 의 해를 $x=\alpha$, $y=\beta$라 할 때, $\alpha\beta$의 값은? [교육청 기출]

① 16　② 17　③ 18　④ 19　⑤ 20

● 잎 8-4

연립방정식 $\begin{cases} xy+x+y=7 \\ x^2y+xy^2=12 \end{cases}$ 를 만족시키는 실수 x, y의 값을 구하여라.

● 잎 8-5

연립방정식 $\begin{cases} x-y=2 \\ y^2-2xy=k \end{cases}$ 의 실근이 존재하지 않도록 하는 정수 k의 최솟값을 구하여라.

● 잎 8-6

밑면의 반지름의 길이가 r, 높이가 h인 원기둥 모양의 용기에 대하여

$r+2h=8$, $r^2-2h^2=8$

일 때, 이 용기의 부피는? (단, 용기의 두께는 무시한다.) [평가원 기출]

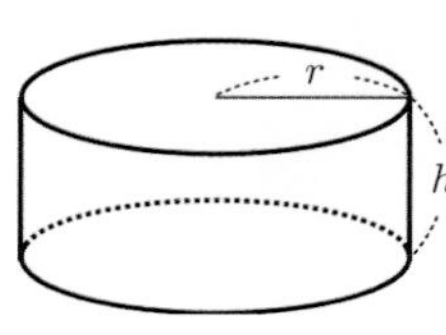

① 16π　② 20π　③ 24π　④ 28π　⑤ 32π

• 잎 8-7

두 연립방정식 $\begin{cases} a^2x-y=-1 \\ 2x^2+xy+y^2=11 \end{cases}$, $\begin{cases} x^2-y^2=b^2 \\ x-y=1 \end{cases}$ 가 공통인 해를 가질 때, 실수 a, b에 대하여 a^2+b^2의 값을 구하여라.

• 잎 8-8

두 이차방정식 $x^2+a^2x+b^2-2a=0$, $x^2-2ax+a^2+b^2=0$이 오직 하나의 공통근을 가질 때, 실수 a, b의 값을 구하여라. [교육청 기출]

• 잎 8-9

두 이차방정식 $x^2-tx-6=0$, $x^2+x-t-1=0$이 공통인 실근을 가질 때, 실수 t의 값을 구하여라.

• 잎 8-10

계수가 실수인 삼차방정식 $x^3+ax^2+bx+c=0$의 한 근이 $1+2i$이다. 이 삼차방정식과 이차방정식 $x^2+ax+2=0$이 오직 하나의 공통인 실근을 가질 때, a, b, c의 값을 구하여라. (단, $i=\sqrt{-1}$)

• 잎 8-11

다음 물음에 답하여라.

1) 방정식 $x^2+y^2-2x-6y+10=0$을 만족시키는 실수 x, y의 값을 구하여라.

2) 방정식 $x^2+2y^2+2x-12y+19=0$을 만족시키는 실수 x, y의 값을 구하여라.

• 잎 8-12

방정식 $x^2y^2-12xy+x^2+9y^2+9=0$을 만족시키는 양의 정수 x, y의 값을 구하여라.

9. 여러 가지 부등식 (1)

01 「특강」 부등식의 기본 성질

1 부등식 ~ 6 부등식의 역수

⇨ 부등식의 성질은 부등식을 풀기 위한 기본 중의 기본이므로 완벽히 마스터해야 한다.

02 일차부등식

1 일차부등식 $ax>b$ 의 풀이 2 부등식 $ax>b$ 의 풀이

03 연립일차부등식

1 연립부등식 2 연립일차부등식의 풀이 3 $A<B<C$ 꼴의 연립부등식

4 해가 특수한 연립부등식 5 연립일차부등식의 활용

04 절댓값 기호를 포함한 일차부등식

1 절댓값 기호를 포함한 일차부등식 2 절댓값은 고등수학의 대부분의 영역에서 나온다.

3 $a<|x|<b$ (단, $0<a<b$)의 해

05 이차부등식과 이차함수의 관계

1 이차부등식의 해 ⇨ *아래로 볼록한 이차함수의 그래프를 이용하여 해를 구한다.

2 그래프를 이용한 부등식의 풀이

3 판별식 $D=0$일 때, 이차부등식의 해

4 판별식 $D<0$일 때, 이차부등식의 해

06 이차부등식의 해의 조건

1 이차부등식의 작성

2 이차부등식이 항상 성립할 조건

연습문제

1 절댓값 기호를 포함한 부등식의 해의 조건

01 「특강」 부등식의 기본 성질

1 부등식 (부등호가 있는 식)

부등호 $>$, $<$, $\geq$, $\leq$를 사용하여 수나 식의 대소 관계를 나타낸 식을 **부등식**이라 한다.

cf) 등호 $=$를 사용하여 수나 식의 값이 같다는 것을 나타낸 식을 등식이라 한다.

2 부등호 ※ 이상, 초과, 이하 (이내), 미만

1) **이상** vs **초과** 예) $x \geq 3$ (x는 3 이상) vs $x > 3$ (x는 3 초과)
2) **이하 (이내)** vs **미만** 예) $x \leq 3$ (x는 3 이하) vs $x < 3$ (x는 3 미만)

(익히는 방법)
이상, 이하 (이내)의 '이'는 이퀄 (equal)의 '이'이다. 따라서 등호가 있다.

3 부등식의 해

부등식을 참이 되게 하는 미지수의 값 또는 범위를 **부등식의 해**라 하고, 부등식의 해를 구하는 것을 '**부등식을 푼다**'고 한다.

4 부등식은 실수의 범위에서 정의된다.

허수에서 대소 관계가 존재한다면 허수단위 i에 대하여 $i>0$, $i<0$, $i=0$ 중 어느 하나는 성립해야 한다.

1) $i>0$ ⋯ ㉠이라고 가정할 경우 ㉠의 양변에 양수인 i를 곱하면

   $i \cdot i > 0 \cdot i \quad \therefore -1 > 0 \ (\because i^2 = -1)$ ⇨ 모순

2) $i<0$ ⋯ ㉡이라고 가정할 경우 ㉡의 양변에 음수인 i를 곱하면

   $i \cdot i > 0 \cdot i \quad \therefore -1 > 0 \ (\because i^2 = -1)$ ⇨ 모순

3) $i=0$ ⋯ ㉢이라고 가정할 경우 ㉢의 양변에 i를 곱하면

   $i \cdot i = 0 \cdot i \quad \therefore -1 = 0 \ (\because i^2 = -1)$ ⇨ 모순

1), 2), 3)에서 $i>0$, $i<0$, $i=0$ 중 어느 하나도 성립하지 않는다.
따라서 ***허수에서는 대소 관계가 존재하지 않는다.**
대소 비교나 최댓값, 최솟값은 실수의 범위에서만 존재한다.

참고 *허수에서는 대소 관계를 생각할 수 없다. 따라서 부등식에 포함되어 있는 모든 문자는 실수를 나타내는 것이다. 즉, 부등식은 실수의 범위에서 정의된다.

5 부등식의 기본성질 ※ 부등식에 포함되어 있는 모든 문자는 실수이다.

실수 a, b, c에 대하여 다음이 성립한다.

1) $a>b$, $b>c$이면 $a>c$

2) $a>b$이면 $a-b>0$

$a<b$이면 $a-b<0$

3) $a>b$이면 $a+c>b+c$, $a-c>b-c$

4) $a>b$, $c>0$이면 $ac>bc$, $\frac{a}{c}>\frac{b}{c}$

5) $a>b$, $c<0$이면 $ac<bc$, $\frac{a}{c}<\frac{b}{c}$ ← 부등식의 양변에 음수를 곱하거나, 양변을 음수로 나누면 부등호의 방향이 바뀐다.

6) a, b가 모두 양수일 때의 제곱

$a>b$ ⇨ $a^2>b^2$ (부등호의 방향이 그대로다.)

예) $100>2$ ⇨ $100^2>2^2$

7)* a, b가 모두 음수일 때의 제곱

$a>b$ ⇨ $a^2<b^2$ (부등호의 방향이 반대로 바뀐다.)

예) $-2>-100$ ⇨ $(-2)^2<(-100)^2$

6 부등식의 역수 ※ 부등식에 포함되어 있는 모든 문자는 실수이다.

실수 a, b에 대하여 다음이 성립한다.

1)* a, b가 같은 부호일 때의 역수

$a>b$ ⇨ $\frac{1}{a}<\frac{1}{b}$ (부등호의 방향이 바뀐다.)

예) $3>2$이면 $\frac{1}{3}<\frac{1}{2}$, $-2>-3$이면 $\frac{1}{-2}<\frac{1}{-3}$

2) a, b가 다른 부호일 때의 역수

$a>b$ ⇨ $\frac{1}{a}>\frac{1}{b}$ (부등호의 방향이 그대로다. ∵ (양수) > (음수))

예) $3>-2$이면 $\frac{1}{3}>\frac{1}{-2}$, $2>-3$이면 $\frac{1}{2}>\frac{1}{-3}$

(익히는 방법)

1)* 부등식의 양변이 같은 부호일 때, 역수를 취하면
⇨ <u>부등호의 방향이 바뀐다</u>.

2) 부등식의 양변이 다른 부호일 때, 역수를 취하면
⇨ <u>부등호의 방향이 그대로다</u>. ∵ (양수) > (음수)

02 일차부등식

1 일차부등식 $ax>b$의 풀이 (단, a, b는 상수)

일차부등식 $ax>b$이므로 x의 계수는 0이 아니다. 따라서 $a \neq 0$이다.

1) **$a>0$일 때**, $x>\frac{b}{a}$　　2) **$a<0$일 때**, $x<\frac{b}{a}$

2 부등식 $ax>b$의 풀이 (단, a, b는 상수)

부등식 $ax>b$이므로 x의 계수는 0일 수 있다. 따라서 $a=0$일 경우도 따져야 한다.

1) **$a>0$일 때**, $x>\frac{b}{a}$　　2) **$a<0$일 때**, $x<\frac{b}{a}$

3) $a=0$일 때, $\begin{cases} \text{i) } b \geq 0 \text{이면} \Rightarrow \text{해는 없다.} \\ \text{ii) } b<0 \text{이면} \Rightarrow \text{해는 모든 실수이다.} \end{cases}$

증명 i) $0 \cdot x>$(양수) 또는 $0 \cdot x>0$ ⇨ x에 어떤 값을 대입해도 부등식이 성립하지 않는다. ∴ 해는 없다.
ii) $0 \cdot x>$(음수) ⇨ x에 어떤 값을 대입해도 부등식이 항상 성립한다. ∴ 해는 모든 실수이다.

주의 방정식에서는 불능, 부정이라고 쓰지만 부등식에서는 불능, 부정이라는 표현을 쓰지 않는다. 대신 부등식에서는 '해는 없다', '해는 모든 실수이다'라는 표현을 쓴다.

결론 '일차부등식 $ax>b$의 해'와 '부등식 $ax>b$의 해'는 다르다.

씨앗. 1 일차부등식 $ax+5>3x+a$의 해를 구하여라. (단, a는 상수이다.)

풀이 $ax+5>3x+a$에서 $(a-3)x>a-5$ ⇨ 일차부등식이므로 $a-3 \neq 0\,(a \neq 3)$이다.

i) $a-3>0$일 때, $x>\frac{a-5}{a-3}$ (부등호의 방향이 그대로다.)

ii) $a-3<0$일 때, $x<\frac{a-5}{a-3}$ (부등호의 방향이 바뀐다.)

정답 $a>3$일 때 $x>\frac{a-5}{a-3}$, $a<3$일 때 $x<\frac{a-5}{a-3}$

씨앗. 2 부등식 $ax+5>3x+a$의 해를 구하여라. (단, a는 상수이다.)

풀이 $ax+5>3x+a$에서 $(a-3)x>a-5$ ⇨ 부등식이므로 $a-3=0\,(a=3)$일 수 있다.

i) $a-3>0$일 때, $x>\frac{a-5}{a-3}$ (부등호의 방향이 그대로다.)

ii) $a-3<0$일 때, $x<\frac{a-5}{a-3}$ (부등호의 방향이 바뀐다.)

iii) $a-3=0$일 때, $0 \cdot x>-2$이므로 해는 모든 실수이다.

정답 $a>3$일 때 $x>\frac{a-5}{a-3}$, $a<3$일 때 $x<\frac{a-5}{a-3}$, $a=3$일 때 해는 모든 실수

뿌리 2-1 일차부등식 $ax>b$의 풀이

다음 부등식을 풀어라.

1) $2x+7\leq 4x-3$　2) $\frac{3x-2}{2}>1+\frac{5x+3}{3}$　3) $0.4x+3.2>1.2x$

풀이 1) $2x-4x\leq -3-7$, $-2x\leq -10$ $\therefore$ $\boldsymbol{x\geq 5}$

2) $\frac{3x-2}{2}>1+\frac{5x+3}{3}$의 양변에 분모 2, 3의 최소공배수 6을 곱하면

$3(3x-2)>6+2(5x+3)$, $9x-6>6+10x+6$, $-x>18$ $\therefore$ $\boldsymbol{x<-18}$

3) $0.4x+3.2>1.2x$의 양변에 10을 곱하면

$4x+32>12x$, $-8x>-32$ $\therefore$ $\boldsymbol{x<4}$

참고 1) 주어진 부등식의 양변을 정리하여 $ax>b$ 또는 $ax<b$ 꼴로 만든다.
2) 계수가 분수이면 양변에 분모의 최소공배수를 곱하여 계수를 정수로 고친다.
3) 계수가 소수이면 양변에 10, 100, 1000, ⋯을 곱하여 계수를 정수로 고친다.

뿌리 2-2 일차부등식의 해를 알 때, 미정계수 구하기

부등식 $ax-1<3$의 해가 $x>-2$일 때, 실수 a의 값을 구하여라.

풀이 $ax-1<3$에서 $ax<4$ ⋯㉠ ⇨ $ax<4$의 해가 $x>-2$이므로 $ax<4$는 일차부등식이다.
㉠과 이 부등식의 해인 $x>-2$의 부등호 방향이 다르므로 $a<0$
따라서 ㉠의 양변을 a로 나누면 $x>\frac{4}{a}$ ⋯㉡
이때, ㉡과 $x>-2$가 일치하므로 $\frac{4}{a}=-2$ $\therefore$ $\boldsymbol{a=-2}$

참고 x의 계수가 문자인 일차부등식의 해를 알 때, 미정계수를 구하는 방법
⇨ 일차부등식을 $Ax>B$ 또는 $Ax<B$ 꼴로 만든 후, 해의 부등호의 방향과 비교한다.

[줄기2-1] 부등식 $(1-a)x-b>a$의 해가 $x<-2$일 때, 부등식 $(a-b)x\geq 8$의 해를 구하여라. (단, a, b는 실수이다.)

[줄기2-2] 부등식 $2ax+a-3b<0$의 해가 $x<-1$일 때, 부등식 $(a-3b)x+a-2b<0$의 해를 구하여라. (단, a, b는 실수이다.)

[줄기2-3] 부등식 $(a-2b)x-a+4b\leq 0$을 만족시키는 x가 존재하지 않을 때, 부등식 $(b-a)x+4a-3b>0$의 해를 구하여라. (단, a, b는 실수이다.)

03 연립일차부등식

1 연립부등식

둘 이상의 부등식을 묶은 것을 **연립부등식**이라 한다. 이때 묶은 식을 동시에 만족하는 값 또는 범위를 연립부등식의 **해**라 하고, 이것을 구하는 것을 '**연립부등식을 푼다**'고 한다.

2 연립일차부등식의 풀이

연립일차부등식은 다음과 같은 순서로 해를 구한다.

1st 연립일차부등식을 이루는 각각의 일차부등식의 해를 구한다.

2nd 각 일차부등식의 해를 수직선 위에 나타낸 후 **공통부분**을 구한다.

※ 연립부등식의 해는 각 부등식의 해를 수직선 위에 나타내었을 때, 겹치는 공통부분이다.

뿌리 3-1 연립일차부등식의 풀이

다음 연립부등식을 풀어라.

1) $\begin{cases} 2(x-1) < 3(x+2) \\ 0.5x-1 > x+1 \end{cases}$

2) $\begin{cases} 8x-(2x+4) < 2(x+2) \\ \dfrac{x}{3}+\dfrac{1}{2} \le \dfrac{x}{6}+1 \end{cases}$

풀이 1) $2(x-1)<3(x+2)$에서 $2x-2<3x+6$

$-x<8 \quad \therefore x>-8 \cdots$ ㉠

$0.5x-1>x+1$의 양변에 10을 곱하면

$5x-10>10x+10,\ -5x>20 \quad \therefore x<-4 \cdots$ ㉡

따라서 ㉠, ㉡의 공통 범위는 $\mathbf{-8<x<-4}$

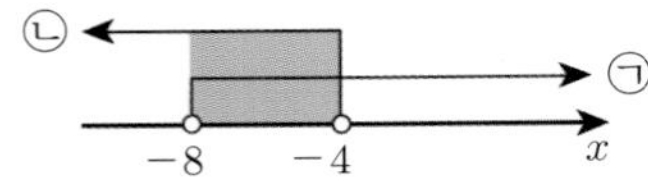

2) $8x-(2x+4)<2(x+2)$에서 $8x-2x-4<2x+4$

$4x<8 \quad \therefore x<2 \cdots$ ㉠

$\dfrac{x}{3}+\dfrac{1}{2} \le \dfrac{x}{6}+1$의 양변에 6을 곱하면

$2x+3 \le x+6,\ x \le 3 \cdots$ ㉡

따라서 ㉠, ㉡의 공통 범위는 $\mathbf{x<2}$

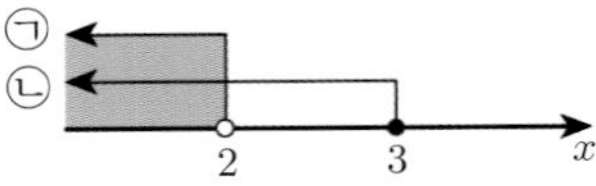

[줄기3-1] 다음 연립부등식을 풀어라.

1) $\begin{cases} 3(x+2) > 5x+2 \\ \dfrac{x}{2}-\dfrac{1}{3} \le \dfrac{3}{4}x-\dfrac{1}{2} \end{cases}$

2) $\begin{cases} 0.2(3-x) \ge 0.1x+0.3 \\ 1-\dfrac{x-2}{2} \le x+\dfrac{4}{3} \end{cases}$

3 $A<B<C$ 꼴의 연립부등식

$A<B<C$ 꼴은 $A<B$ 그리고 $B<C$이므로 연립부등식 $\begin{cases} A<B \\ B<C \end{cases}$의 해와 같다.

뿌리 3-2 $A<B<C$ 꼴의 연립부등식

다음 연립부등식을 풀어라.

1) $6x+8<2(x+2)\le x+7$

2) $\dfrac{x+3}{2}\le 3-x\le x+\dfrac{4}{3}$

3) $0.3x-6\le 0.5x-3<0.2x+1.2$

핵심 1) 괄호가 있으면 분배법칙을 이용하여 괄호를 푼다.
2) 계수가 분수이면 각 변에 분모의 최소공배수를 곱하여 계수를 정수로 고친다.
3) 계수가 소수이면 각 변에 10, 100, 1000, ⋯을 곱하여 계수를 정수로 고친다.

풀이 1) $6x+8<2(x+2)$ 그리고 $2(x+2)\le x+7$

i) $6x+8<2x+4$에서 $4x<-4$ $\quad\therefore x<-1$ ⋯㉠

ii) $2x+4\le x+7$에서 $x\le 3$ ⋯㉡

따라서 ㉠, ㉡의 공통 범위는 $\boldsymbol{x<-1}$

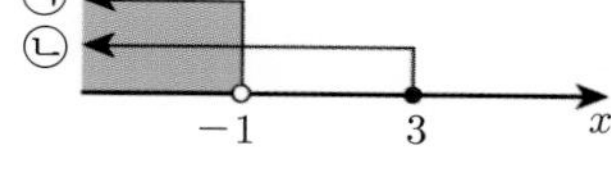

2) $\dfrac{x+3}{2}\le 3-x\le x+\dfrac{4}{3}$의 각 변에 6을 곱하면

$3x+9\le 18-6x\le 6x+8$

$3x+9\le 18-6x$ 그리고 $18-6x\le 6x+8$

i) $3x+9\le 18-6x$에서 $9x\le 9$ $\quad\therefore x\le 1$ ⋯㉠

ii) $18-6x\le 6x+8$에서 $-12x\le -10$ $\quad\therefore x\ge \dfrac{5}{6}$ ⋯㉡

따라서 ㉠, ㉡의 공통 범위는 $\boldsymbol{\dfrac{5}{6}\le x\le 1}$

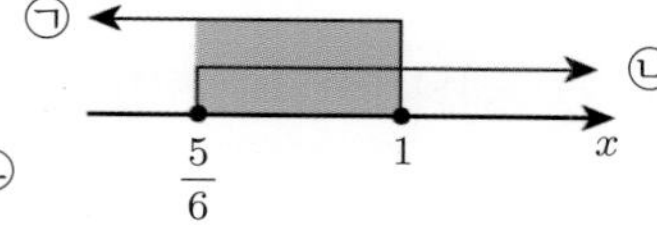

3) $0.3x-6\le 0.5x-3<0.2x+1.2$의 각 변에 10을 곱하면

$3x-60\le 5x-30<2x+12$

$3x-60\le 5x-30$ 그리고 $5x-30<2x+12$

i) $3x-60\le 5x-30$에서 $-2x\le 30$ $\quad\therefore x\ge -15$ ⋯㉠

ii) $5x-30<2x+12$에서 $3x<42$ $\quad\therefore x<14$ ⋯㉡

따라서 ㉠, ㉡의 공통 범위는 $\boldsymbol{-15\le x<14}$

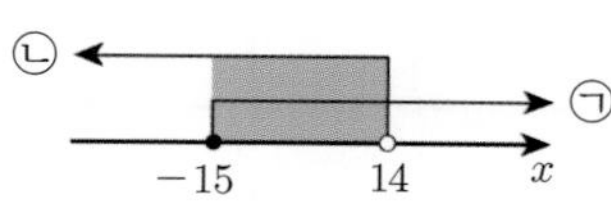

[줄기3-2] 부등식 $\dfrac{x}{3}-2\le 0.4x+\dfrac{4}{5}<3+0.3x$을 만족하는 정수 x의 개수를 구하여라.

뿌리 3-3 연립일차부등식의 해가 주어진 경우

연립부등식 $\begin{cases} 3x-6>5x+a \\ x-2\le 2x+1 \end{cases}$ 의 해가 $b\le x<5$일 때, 상수 a, b의 값을 구하여라.

풀이 $3x-6>5x+a$에서 $-2x>a+6$ $\quad\therefore x<\dfrac{a+6}{-2}$

$x-2\le 2x+1$에서 $-x\le 3$ $\quad\therefore x\ge -3$

주어진 연립부등식의 해가 $b\le x<5$이므로

$\dfrac{a+6}{-2}=5,\ b=-3$ $\quad\therefore$ **$a=-16,\ b=-3$**

팁 부등식에 포함된 모든 문자는 실수이므로 변수 x와 상수 a, b는 실수이다. [p.194]

[줄기3-3] 연립부등식 $\begin{cases} 0.7(2x-3)\ge 1.6x-2.3 \\ \dfrac{2}{3}\le x-\dfrac{9x-k}{6} \end{cases}$ 의 해가 $x\le -\dfrac{1}{9}$일 때, 상수 k의 값을 구하여라.

[줄기3-4] 부등식 $\dfrac{x-a}{5}\le -0.3x+1.5\le 0.1(bx+17)$의 해가 $-2\le x\le 1$일 때, 상수 a, b의 값을 구하여라.

4 해가 특수한 연립부등식

연립부등식을 풀기 위하여 각 부등식의 해를 수직선 위에 나타내었을 때, **해가 없거나 해가 하나뿐인 경우**도 있다.

1) 각 부등식의 공통인 해가 없으면 연립부등식의 '**해가 없다**'고 한다.

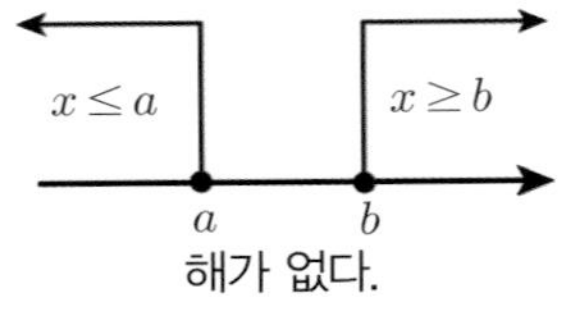

해가 없다.

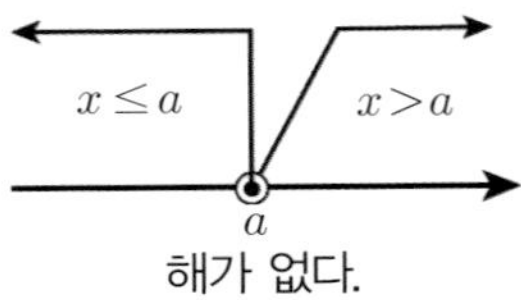

해가 없다.

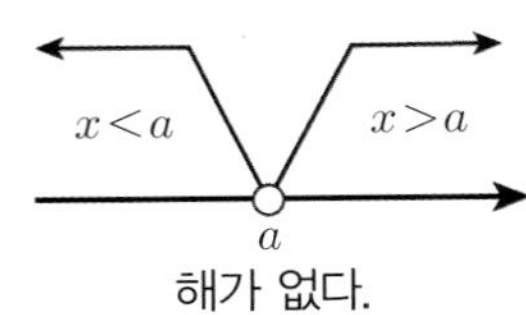

해가 없다.

2) 각 부등식의 공통인 해가 하나면 연립부등식의 '**해가 하나뿐이다**'고 한다.

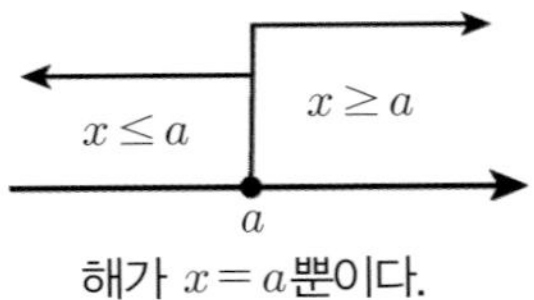

해가 $x=a$뿐이다.

뿌리 3-4 해가 특수한 연립일차부등식

다음 연립부등식에 대하여 물음에 답하여라.

1) $\begin{cases} 4x-2 \le -x+8 \\ 3(x-a) > 2x-2 \end{cases}$ 의 해가 없을 때, 실수 a의 값의 범위를 구하여라.

2) $\begin{cases} 4(x+1) < 5x-k \\ 1.3x-2.4 < 0.7x \end{cases}$ 의 해를 갖도록 하는 실수 k의 값의 범위를 구하여라.

풀이 1) $4x-2 \le -x+8$에서 $5x \le 10$ $\quad \therefore x \le 2 \cdots$ ㉠

$3(x-a) > 2x-2$에서 $3x-3a > 2x-2$ $\quad \therefore x > 3a-2 \cdots$ ㉡

고정된 ㉠의 해를 수직선 위에 먼저 그린다.

주어진 연립부등식이 해를 갖지 않으려면 오른쪽 그림과 같아야 하므로

$3a-2 \ge 2 \quad \therefore \boldsymbol{a \ge \frac{4}{3}}$

2) $4(x+1) < 5x-k$에서 $4x+4 < 5x-k$ $\quad \therefore x > k+4 \cdots$ ㉠

$1.3x-2.4 < 0.7x$에서 $13x-24 < 7x$ $\quad \therefore x < 4 \cdots$ ㉡

고정된 ㉡의 해를 수직선 위에 먼저 그린다.

주어진 연립부등식이 해를 가지려면 오른쪽 그림과 같아야 하므로

$k+4 < 4 \quad \therefore \boldsymbol{k < 0}$

[줄기3-5] 부등식 $x-\frac{1}{2} < -x+1 \le x+\frac{a}{2}$의 해를 갖도록 하는 실수 a의 값의 범위를 구하여라.

뿌리 3-5 정수인 해가 주어진 경우(1)

연립부등식 $\begin{cases} 1.5x+0.7 < 1.4(x+1) \\ x+\frac{a}{3} > -x+1 \end{cases}$ 을 만족하는 정수인 해가 5, 6일 때, 실수 a의 값의 범위를 구하여라.

풀이 $1.5x+0.7 < 1.4(x+1)$에서 $15x+7 < 14(x+1)$ $\quad \therefore x < 7 \cdots$ ㉠

$x+\frac{a}{3} > -x+1$에서 $3x+a > -3x+3$ $\quad \therefore x > \frac{-a+3}{6} \cdots$ ㉡

고정된 ㉠의 해를 수직선 위에 먼저 그린다.

연립부등식을 만족시키는 해가 5, 6이므로

오른쪽 그림에서 $4 \le \frac{-a+3}{6} < 5$

$24 \le -a+3 < 30,\ 21 \le -a < 27$

$-21 \ge a > -27 \quad \therefore \boldsymbol{-27 < a \le -21}$

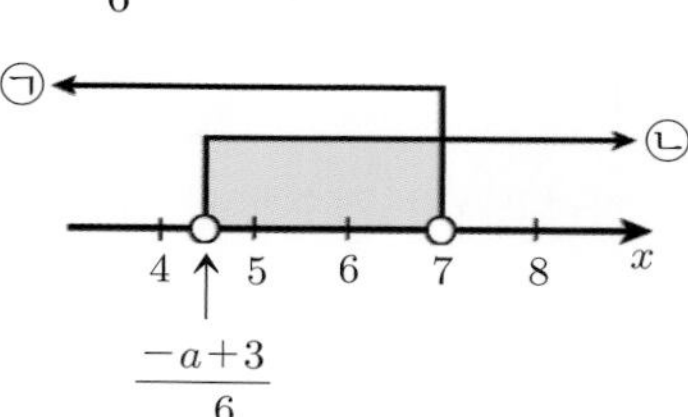

뿌리 3-6 정수인 해가 주어진 경우(2)

연립부등식 $\begin{cases} 5x-3 \geq 2(x-k) \\ x+1 < 4 \end{cases}$ 을 만족시키는 음의 정수 x가 1개뿐일 때, 실수 k의 값의 범위를 구하여라.

풀이 $5x-3 \geq 2(x-k)$에서 $5x-3 \geq 2x-2k$ $\quad \therefore x \geq \dfrac{-2k+3}{3}$ ⋯㉠

$x+1<4$에서 $x<3$ ⋯㉡

고정된 ㉡의 해를 수직선 위에 먼저 그린다.

연립부등식을 만족시키는 음의 정수 x가 1개뿐이므로 오른쪽 그림에서

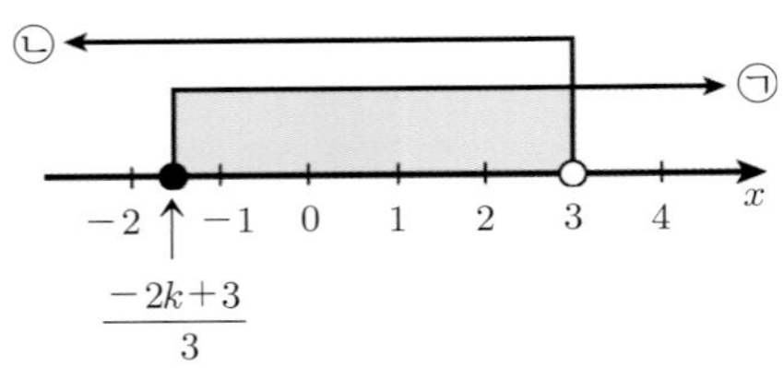

$-2<\dfrac{-2k+3}{3} \leq -1$

$-6<-2k+3 \leq -3$, $-9<-2k \leq -6$

$\dfrac{9}{2}>k \geq 3 \qquad \therefore \mathbf{3 \leq k < \dfrac{9}{2}}$

[줄기3-6] 부등식 $\dfrac{x}{3}-a \leq 1+\dfrac{x}{2}<\dfrac{x+7}{6}$을 만족하는 정수인 해가 3개일 때, 실수 a의 값의 범위를 구하여라.

[줄기3-7] 부등식 $2k-1<x \leq 3k$를 만족시키는 정수 x가 0과 1뿐일 때, 실수 k의 값의 범위를 구하여라.

5 연립일차부등식의 활용

연립일차부등식을 이용하여 문제를 해결하는 순서는 다음과 같다.

i) 구하려고 하는 값을 미지수 x로 놓는다. ⇨ 이때 미지수의 개수를 *1개로 잡는 게 key이다.

ii) 수량 사이의 대소 관계를 찾아 연립일차부등식을 세운다.

iii) 연립일차부등식의 해를 구한다.

iv) 구한 해가 문제의 뜻에 맞는지 확인한다.

씨앗. 1 어떤 정수에 2를 더한 후 3배를 하면 18보다 크고 27보다 작다. 이때 어떤 정수를 구하여라.

풀이 i) 구하려고 하는 정수를 x라 하면

ii) $18<3(x+2)<27$

iii) $6<x+2<9 \qquad \therefore 4<x<7$

iv) x는 정수이므로 $\mathbf{x=5}$ **또는** $\mathbf{x=6}$

뿌리 3-7 연립일차부등식의 활용 (1)

한 개에 800원인 빵과 한 개에 600원인 음료수를 합하여 40개를 사려고 한다. 빵을 음료수보다 많이 사고 전체 금액이 28500원 이하가 되도록 할 때, 빵을 몇 개 사야 하는지 구하여라.

핵심 빵을 x개, 음료수를 y개 샀다고 하면 (연립부등식에서 미지수의 개수를 2개로 잡으면)
$x+y=40$, $x>y$, $800x+600y\le 28500$ ⇨ 부등식을 풀기도 어렵고 시간도 더 걸린다.
∴ 연립부등식에서 미지수는 x로 통일한다. 즉, 미지수의 개수는 * 1개로 잡는다. [p.202 5]

풀이 빵을 x개 산다고 하면 음료수는 $(40-x)$개 살 수 있으므로

$$\begin{cases} x>40-x & \cdots ㉠ \\ 800x+600(40-x)\le 28500 & \cdots ㉡ \end{cases}$$

㉠에서 $2x>40$ $\quad\therefore x>20 \cdots ㉢$

㉡에서 $8x+6(40-x)\le 285$, $2x\le 45$ $\quad\therefore x\le 22.5 \cdots ㉣$

㉢, ㉣의 공통부분을 구하면 $20<x\le 22.5$

이때, x는 자연수이므로 **빵을 21개 또는 22개 사면 된다.**

[줄기 3-8] 7500원 이상 8300원 이하의 돈으로 한 개에 700원인 껌과 한 개에 900원인 과자를 합하여 10개를 사려고 한다. 이때, 과자는 최대한 몇 개 살 수 있는지 구하여라.

뿌리 3-8 연립일차부등식의 활용 (2)

등산을 하는 데 올라갈 때에는 시속 3km로 걸으면 2시간 이상 걸리고, 내려올 때에는 같은 길을 시속 5km로 걸어서 1시간 30분 이하로 걸린다. 이때, 이 등산로의 길이의 범위를 구하여라.

풀이 등산로의 길이를 x(km)라 하면

$$\begin{cases} \dfrac{x}{3}\ge 2 & \cdots ㉠ \\ \dfrac{x}{5}\le 1+\dfrac{1}{2} & \cdots ㉡ \end{cases}$$

㉠에서 $x\ge 6 \cdots ㉢$

㉡에서 $2x\le 10+5$ $\quad\therefore x\le 7.5 \cdots ㉣$

㉢, ㉣의 공통부분을 구하면 $6\le x\le 7.5$

따라서 등산로의 길이는 **6km 이상 7.5km 이하**이다.

TIP 거속시 문제

(거리)=(속력)·(시간) ⇨ (익히는 방법) $\dfrac{(\text{거리})}{(\text{속력})\cdot(\text{시간})}=1$

* $\dfrac{(\text{거리})}{(\text{속력})}=(\text{시간})$

$\dfrac{(\text{거리})}{(\text{시간})}=(\text{속력})$

[줄기 3-9] 어떤 소설을 읽는 데 하루에 5쪽씩 읽으면 30일 이상 걸리고, 하루에 7쪽씩 20일 동안 읽으면 읽은 부분이 읽지 않은 부분보다 많아진다고 한다. 이때, 이 소설 전체 쪽수의 범위를 구하여라.

뿌리 3-9 연립일차부등식의 활용 (3)

탁구공을 상자에 넣는 데 한 상자에 5개씩 넣으면 탁구공이 9개가 남고, 8개씩 넣으면 마지막 상자에 2개 이상 5개 미만의 탁구공을 넣게 된다고 한다. 이때, 탁구공의 개수를 구하여라.

방법 I 탁구공의 개수를 x라 하면 풀리지 않는다. ㅠㅠ ⇨ 상자의 개수로 탁구공의 개수를 나타낸다.

방법 II 상자의 개수를 x라 하면 탁구공은 $(5x+9)$개이다.
탁구공을 8개씩 넣으면 마지막 상자에 2개 이상 5개 미만의 탁구공을 넣게 되므로
$8(x-1)+2\le 5x+9<8(x-1)+5$
i) $8(x-1)+2\le 5x+9$에서 $3x\le 15$ $\quad\therefore x\le 5$ …㉠
ii) $5x+9<8(x-1)+5$에서 $-3x<-12$ $\quad\therefore x>4$ …㉡
㉠, ㉡의 공통부분을 구하면 $4<x\le 5$
이때, x는 자연수이므로 $x=5$
따라서 탁구공의 개수는 **34**이다.

줄기 3-10 학생들에게 귤을 나누어 주는데 한 학생에게 6개씩 나누어 주면 귤이 5개가 남고, 7개씩 나누어 주면 1개 이상 3개 미만의 귤이 남는다. 이때, 귤의 개수를 모두 구하여라.

뿌리 3-10 연립일차부등식의 활용 (4)

10%의 소금물 400g에 2%의 소금물을 넣어서 4% 이상 6% 이하의 소금물을 만들려고 할 때, 넣어야 하는 2%의 소금물의 양의 범위를 구하여라.

핵심 소금물 문제는 소금의 양이 key이다.
(∵ 물을 더 넣거나 증발시켜도 소금의 양은 변하지 않는다.)

$$(\text{소금의 양})=\frac{(\text{소금물의 농도})}{100}\times(\text{소금물의 양})$$

풀이 10%의 소금물 400g에 들어있는 소금의 양은 $\frac{10}{100}\times 400=40\,(\mathrm{g})$, 2%의 소금물의 양을 $x\,(\mathrm{g})$라 하면 들어있는 소금의 양은 $\frac{2}{100}\times x\,(\mathrm{g})$이다. 따라서 두 소금물을 섞은 소금물의 소금의 양은 $\frac{2}{100}x+40\,(\mathrm{g})$, 소금물의 양은 $x+400\,(\mathrm{g})$이고, 농도가 4% 이상 6% 이하이므로

$$4\le \frac{\frac{2}{100}x+40}{x+400}\times 100\le 6,\quad 4\le \frac{2x+4000}{x+400}\le 6$$

i) $4\le \frac{2x+4000}{x+400}$에서 $4x+1600\le 2x+4000$, $2x\le 2400$ $\quad\therefore x\le 1200$ …㉠
ii) $\frac{2x+4000}{x+400}\le 6$에서 $2x+4000\le 6x+2400$, $-4x\le -1600$ $\quad\therefore x\ge 400$ …㉡
㉠, ㉡의 공통부분을 구하면 $400\le x\le 1200$
따라서 2%의 소금물을 **400g 이상 1200g 이하**로 넣어야 한다.

뿌리 3-11 연립일차부등식의 활용(5)

두 식품 A, B의 100g당 열량과 단백질의 양은 오른쪽 표와 같다. 열량은 250kcal 이하, 단백질은 19g 이상이 되도록 두 식품 A, B를 합하여 200g을 섭취하려고 한다. 이때, 섭취해야 하는 식품 B의 양의 범위를 구하여라.

식품	열량(kcal)	단백질(g)
A	150	12
B	50	7

풀이 식품 B의 양을 xg이라 하면 식품 A의 양은 $(200-x)$g이므로

$$\begin{cases}(200-x)\times\frac{150}{100}+x\times\frac{50}{100}\le 250 & \cdots ㉠\\ (200-x)\times\frac{12}{100}+x\times\frac{7}{100}\ge 19 & \cdots ㉡\end{cases}$$

㉠의 양변에 100을 곱하면

$150(200-x)+50x\le 25000$

$-100x\le -5000$ $\quad\therefore x\ge 50 \cdots ㉢$

㉡의 양변에 100을 곱하면

$12(200-x)+7x\ge 1900$

$-5x\ge -500$ $\quad\therefore x\le 100 \cdots ㉣$

㉢, ㉣의 공통부분을 구하면 $50\le x\le 100$

따라서 섭취해야 할 식품 B의 양은 **50g 이상 100g 이하**이다.

TIP
100g 당 열량 150kcal ⇔ 1g 당 열량 $\frac{150}{100}$kcal
100g 당 열량 50kcal ⇔ 1g 당 열량 $\frac{50}{100}$kcal
100g 당 단백질 12g ⇔ 1g 당 단백질 $\frac{12}{100}$g
100g 당 단백질 7g ⇔ 1g 당 단백질 $\frac{7}{100}$g

뿌리 3-12 연립일차부등식의 활용(6)

강당에 긴 의자가 있는 데 어느 반 학생들이 한 의자에 6명씩 앉으면 학생이 10명 남고, 8명씩 앉으면 의자가 2개 남는다. 이때, 의자의 개수를 구하여라.

풀이 의자의 개수를 x라 하면 학생은 $(6x+10)$명이다.

그리고 한 의자에 8명씩 앉을 때, 의자가 2개 남으므로 의자는 $(x-2)$개가 사용된다.

이때, $(x-3)$개의 의자에 8명씩 앉고 맨 마지막 의자에는 최소 1명, 최대 8명이 앉게 되므로

$8(x-3)+1\le 6x+10\le 8(x-3)+8$

i) $8(x-3)+1\le 6x+10$에서 $2x\le 33$ $\quad\therefore x\le 16.5 \cdots ㉠$

ii) $6x+10\le 8(x-3)+8$에서 $-2x\le -26$ $\quad\therefore x\ge 13 \cdots ㉡$

㉠, ㉡의 공통부분을 구하면 $13\le x\le 16.5$

이때, x는 자연수이므로 의자의 개수는 **13 또는 14 또는 15 또는 16**이다.

줄기 3-11 8%의 설탕물 300g에서 물을 증발시켜 10% 이상 12% 이하의 설탕물을 만들려고 한다. 이때, 증발시켜야 하는 물의 양의 범위를 구하여라.

04 절댓값 기호를 포함한 일차부등식

1 절댓값 기호를 포함한 일차부등식 ⇨ ★절댓값 기호를 풀면 된다.

절댓값 기호를 포함한 일차부등식은 다음과 같은 방법으로 절댓값 기호를 풀 수 있다.

1) ★**절댓값 기호는 '범위'에 의해 괄호로 풀린다.**

절댓값 기호를 포함한 일차부등식은 각 절댓값 기호 안의 식의 값이 0이 되게 하는 x의 값을 경계로 범위를 나누면 절댓값 기호를 괄호로 바꿀 수 있다.

ex) $|x-\alpha|+|x-\beta|<k$ (단, $\alpha<\beta$)

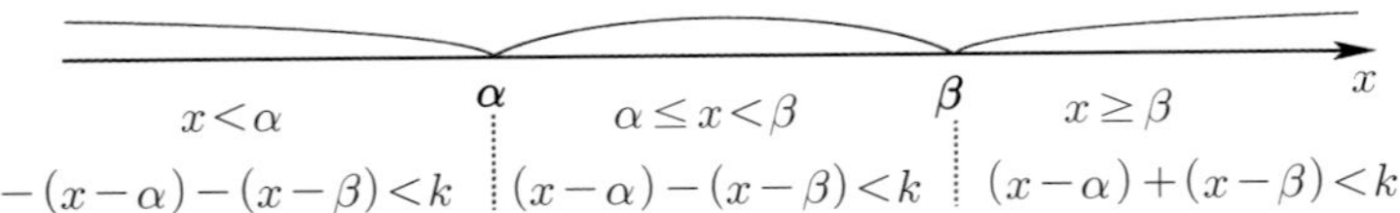

$x<\alpha$: $-(x-\alpha)-(x-\beta)<k$
$\alpha\le x<\beta$: $(x-\alpha)-(x-\beta)<k$
$x\ge\beta$: $(x-\alpha)+(x-\beta)<k$

TIP 세 구간(좌측, 중간, 우측)으로 나눌 때, 절댓값 기호를 괄호로 바꾸는 요령
⇨ 세 구간으로 나눈 후, 각 구간에서 절댓값 기호를 모두 괄호로 바꾼다.
① 좌측 구간에서는 절댓값 기호를 괄호로 바꾼 모두에 '$-$'가 붙는다.
② 중간 구간에서는 괄호로 바꾼 것 중에 하나만 '$-$'가 붙는다.
$\alpha\le x<\beta$에 속하는 $x=\alpha$를 절댓값 기호가 괄호로 바뀐 두 괄호에 각각 대입하여 음수의 값이 되는 괄호 앞에 '$-$'를 붙인다.
③ 우측 구간에서는 절댓값 기호를 괄호로 바꾼 모두에 '$-$'가 붙지 않는다.

※★위의 tip은 절댓값 기호 안의 x의 계수가 양수일 때만 이용할 수 있다.

2) **$|x|<a$와 $|x|>a$ (단, $a>0$)의 절댓값 기호는 다음과 같은 방법으로 풀 수 있다.**

$|x|=a$는 수직선 위 원점에서 거리가 a인 x의 값이므로 [p.106 1]

① $|x|<a$ ⇨ $-a<x<a$

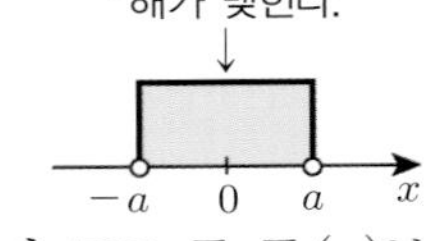

절댓값($|x|$)이 작으면($<a$) ⇨ 해가 맺힌다.
방정식 $|x|=a$ $(a>0)$의 작은 근은 $-a$, 큰 근은 a이다.
해가 맺힌다는 것은 부등식의 해가 방정식의 작은 근($-a$)보다 크고 큰 근(a)보다 작다는 것이다. (해가 맺히면 작은 근보다 크고 큰 근보다 작다.)

익히는 방법
절댓값이 ★작으면($<a$) 해가 맺힌다. ex) $|x|<2$ ⇨ $-2<x<2$

② $|x|>a$ ⇨ $x<-a$ 또는 $x>a$

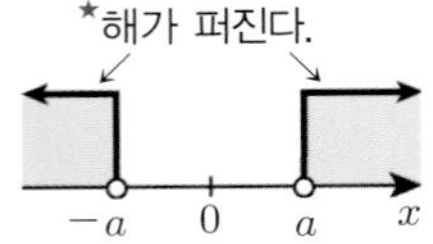

절댓값($|x|$)이 크면($>a$) ⇨ 해가 퍼진다.
방정식 $|x|=a$ $(a>0)$의 작은 근은 $-a$, 큰 근은 a이다.
해가 퍼진다는 것은 부등식의 해가 방정식의 작은 근($-a$)보다 더 작거나 큰 근(a)보다 더 크다는 것이다. (해가 퍼지면 작은 근보다 더 작거나 큰 근보다 더 크다.)

익히는 방법
절댓값이 ★크면($>a$) 해가 퍼진다. ex) $|x|>2$ ⇨ $x<-2$ 또는 $x>2$

작으면 맺히고, 크면 퍼진다.

※ 절댓값 기호를 포함한 부등식에서 절댓값 기호가 풀리면 그 부등식은 이빨 빠진 호랑이가 된다.

씨앗. 1 다음 부등식을 풀어라.

1) $|x|<3$　　　2) $|x|>3$

풀이 1) 절댓값($|x|$)이 작으면(<3) 해가 맺힌다. ※$|x|=3$의 작은 근은 -3, 큰 근은 3이다.
즉, 해가 맺히므로 작은 근(-3)보다 크고 큰 근(3)보다 작다.
따라서 $\mathbf{-3<x<3}$

2) 절댓값($|x|$)이 크면(>3) 해가 퍼진다. ※$|x|=3$의 작은 근은 -3, 큰 근은 3이다.
즉, 해가 퍼지므로 작은 근(-3)보다 더 작거나 큰 근(3)보다 더 크다.
따라서 $\mathbf{x<-3}$ **또는** $\mathbf{x>3}$

씨앗. 2 다음 부등식을 풀어라.

1) $|x|<-3$　　　2) $|x|>-3$

풀이 1) 절댓값($|x|$)이 음수보다 작을 수 없다. 따라서 **해는 없다.**
2) 절댓값($|x|$)은 음수보다 크다. 따라서 해는 **모든 실수이다.**

뿌리 4-1 절댓값 기호를 포함한 일차부등식(1)

다음 부등식을 풀어라.

1) $|2x-1|<2$　　　2) $2<|x-2|<5$

풀이 1) $|2x-1|<2$일 때, 절댓값 기호 안의 식 $2x-1$을 ☆이라 하면
$|☆|<2$, 즉 절댓값($|☆|$)이 작으면(<2) 해가 맺힌다.
$-2<☆<2$ ⇨ $-2<2x-1<2$, $-1<2x<3$　　$\therefore \mathbf{-\frac{1}{2}<x<\frac{3}{2}}$

2) $2<|x-2|$ 그리고 $|x-2|<5$
i) $|x-2|>2$일 때, 절댓값 기호 안의 식 $x-2$를 ☆이라 하면
$|☆|>2$, 즉 절댓값($|☆|$)이 크면(>2) 해가 퍼진다.
$☆<-2$ 또는 $☆>2$ ⇨ $x-2<-2$ 또는 $x-2>2$　　$\therefore x<0$ 또는 $x>4$ ⋯㉠
ii) $|x-2|<5$일 때, 절댓값 기호 안의 식 $x-2$를 ☆이라 하면
$|☆|<5$, 즉 절댓값($|☆|$)이 작으면(<5) 해가 맺힌다.
$-5<☆<5$ ⇨ $-5<x-2<5$　　$\therefore -3<x<7$ ⋯㉡
따라서 ㉠, ㉡의 공통 범위는 $\mathbf{-3<x<0}$ **또는** $\mathbf{4<x<7}$

[줄기4-1] 다음 부등식을 풀어라.

1) $|1-2x|<3$　　　2) $|-x-1|\geq 3$

뿌리 4-2 절댓값 기호를 포함한 일차부등식(2)

다음 부등식을 풀어라.

1) $|x|+|x-2|<4$ 　　　　 2) $|x+1|<3+|2-x|$

핵심 절댓값 기호 안의 식의 값이 0이 되게 하는 x의 값을 경계로 범위를 나누면 절댓값 기호를 괄호로 바꿀 수 있다.

풀이 1)

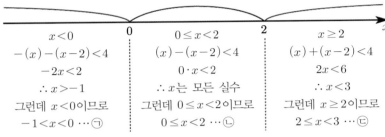

$x<0$	$0\le x<2$	$x\ge 2$
$-(x)-(x-2)<4$	$(x)-(x-2)<4$	$(x)+(x-2)<4$
$-2x<2$	$0\cdot x<2$	$2x<6$
$\therefore x>-1$	$\therefore x$는 모든 실수	$\therefore x<3$
그런데 $x<0$이므로	그런데 $0\le x<2$이므로	그런데 $x\ge 2$이므로
$-1<x<0$ …㉠	$0\le x<2$ …㉡	$2\le x<3$ …㉢

따라서 ㉠, ㉡, ㉢에서 부등식의 해는 $\boldsymbol{-1<x<3}$

TIP 세 구간(좌측, 중간, 우측)으로 나눌 때, 절댓값 기호를 괄호로 바꾸는 요령
⇨ 세 구간으로 나눈 후, 각 구간에서 절댓값 기호를 모두 괄호로 바꾼다.
① 좌측 구간에서는 절댓값 기호를 괄호로 바꾼 모두에 '−'가 붙는다.
② 중간 구간에서는 괄호로 바꾼 것 중에 하나만 '−'가 붙는다.
$0\le x<2$에 속하는 $x=1$을 절댓값 기호가 괄호로 바뀐 두 괄호에 각각 대입하여 음수의 값이 되는 괄호 앞에 '−'를 붙인다.
③ 우측 구간에서는 절댓값 기호를 괄호로 바꾼 모두에 '−'가 붙지 않는다.

[tip의 증명은 p.109를 참조]

2) $|x+1|<3+|2-x|$
$|x+1|<3+|x-2|$ ($\because$ 절댓값 기호 안의 x의 계수가 양수일 때 구간을 나눠야 쉽다.)

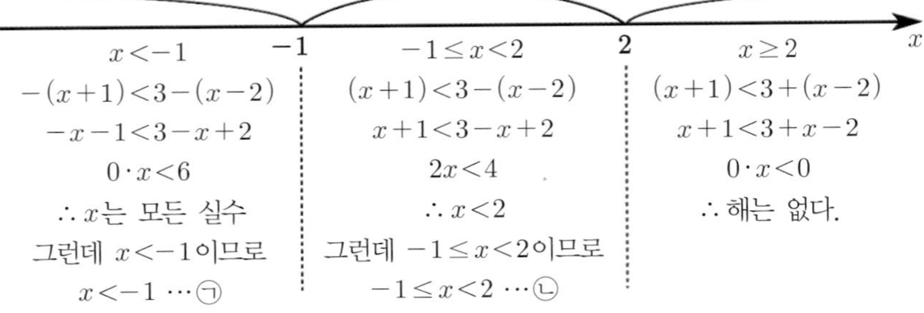

$x<-1$	$-1\le x<2$	$x\ge 2$
$-(x+1)<3-(x-2)$	$(x+1)<3-(x-2)$	$(x+1)<3+(x-2)$
$-x-1<3-x+2$	$x+1<3-x+2$	$x+1<3+x-2$
$0\cdot x<6$	$2x<4$	$0\cdot x<0$
$\therefore x$는 모든 실수	$\therefore x<2$	$\therefore$ 해는 없다.
그런데 $x<-1$이므로	그런데 $-1\le x<2$이므로	
$x<-1$ …㉠	$-1\le x<2$ …㉡	

따라서 ㉠, ㉡에서 부등식의 해는 $\boldsymbol{x<2}$

TIP ② 중간 구간에서는 괄호로 바꾼 것 중에 하나만 '−'가 붙는다.
$-1\le x<2$에 속하는 $x=0$을 절댓값 기호가 괄호로 바뀐 두 괄호에 각각 대입하여 음수의 값이 되는 괄호 앞에 '−'를 붙인다.

※*위의 tip은 절댓값 기호 안의 변수 x의 계수가 양수일 때만 이용할 수 있다.

뿌리 4-3 절댓값 기호를 포함한 일차부등식(3)

다음 부등식을 풀어라.

1) $|x+1|>3x-2$　　　　2) $\sqrt{(1-x)^2}-x-3\geq-\sqrt{(2-x)^2}$

핵심 1) $|x|>a$에서 '크면 해가 퍼진다.'는 a가 양수일 때 이용할 수 있다. 즉, $|x+1|>3x-2$에서 $3x-2$가 양수인지 알 수 없다. $\therefore x+1<-(3x-2)$ 또는 $x+1>3x-2$로 풀면 틀린다.

풀이 1) 각 절댓값 기호 안의 식의 값이 0이 되게 하는 x의 값을 경계로 범위를 나누면

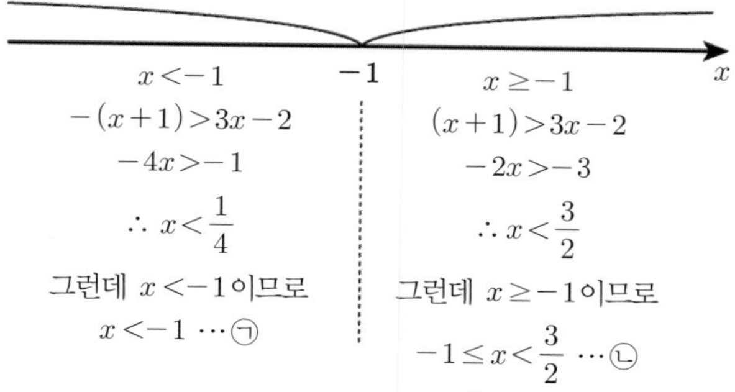

$x<-1$
$-(x+1)>3x-2$
$-4x>-1$
$\therefore x<\frac{1}{4}$
그런데 $x<-1$이므로
$x<-1 \cdots ㉠$
-1
$x\geq-1$
$(x+1)>3x-2$
$-2x>-3$
$\therefore x<\frac{3}{2}$
그런데 $x\geq-1$이므로
$-1\leq x<\frac{3}{2} \cdots ㉡$
x

따라서 ㉠, ㉡에서 부등식의 해는 $\boldsymbol{x<\frac{3}{2}}$

TIP 두 구간(좌측, 우측)으로 나눌 때, 절댓값 기호를 괄호로 바꾸는 요령
⇨ 두 구간으로 나눈 후, 각 구간에서 절댓값 기호를 모두 괄호로 바꾼다.
① 좌측 구간에서는 절댓값 기호를 괄호로 바꾼 것에 '$-$'가 붙는다.
② 우측 구간에서는 절댓값 기호를 괄호로 바꾼 것에 '$-$'가 붙지 않는다.

※*위의 tip은 절댓값 기호 안의 변수 x의 계수가 양수일 때만 이용할 수 있다.
[tip의 증명은 p.108을 참조]

2) $|1-x|-x-3\geq-|2-x|$ ※ $\sqrt{A^2}=|A|$
$|x-1|-x-3\geq-|x-2|$ ($\because$ 절댓값 기호 안의 x의 계수가 양수일 때 구간을 나눠야 쉽다.)

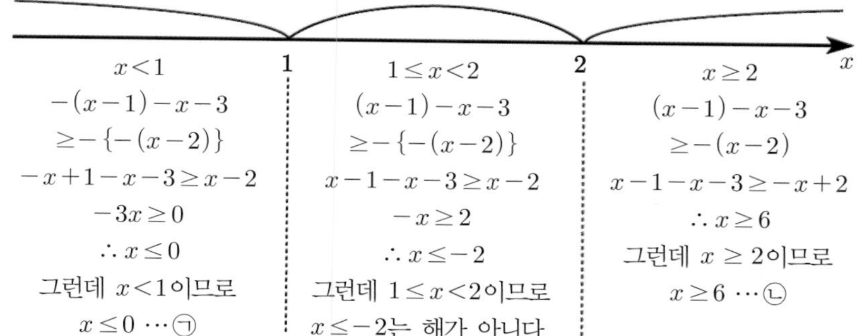

$x<1$
$-(x-1)-x-3$
$\geq-\{-(x-2)\}$
$-x+1-x-3\geq x-2$
$-3x\geq0$
$\therefore x\leq0$
그런데 $x<1$이므로
$x\leq0 \cdots ㉠$
1
$1\leq x<2$
$(x-1)-x-3$
$\geq-\{-(x-2)\}$
$x-1-x-3\geq x-2$
$-x\geq2$
$\therefore x\leq-2$
그런데 $1\leq x<2$이므로
$x\leq-2$는 해가 아니다.
2
$x\geq2$
$(x-1)-x-3$
$\geq-(x-2)$
$x-1-x-3\geq-x+2$
$\therefore x\geq6$
그런데 $x\geq2$이므로
$x\geq6 \cdots ㉡$
x

따라서 ㉠, ㉡에서 부등식의 해는 $\boldsymbol{x\leq0}$ **또는** $\boldsymbol{x\geq6}$

2 절댓값은 고등수학의 대부분의 영역에서 나온다.

절댓값은 방정식, 부등식, 도형, 함수 등 고등수학 과정의 대부분의 영역에서 나온다.
즉, 절댓값을 어려워하게 되면 절댓값이 나올 수 있는 대부분의 수학 영역이 어렵게 된다.
$\therefore$ 고등과정에서 절댓값 정도는 초등과정의 구구단같이 자유자재로 다룰 수 있어야 한다.

절댓값은 고등수학의 기본 중의 기본이다.

뿌리 4-4 절댓값 기호를 포함한 연립부등식

다음 연립부등식을 풀어라.

1) $\begin{cases} |3-x| \le 2x+9 \\ |-3x-6| < 9 \end{cases}$ 2) $2 \le |-2x+2| < 5$

핵심 절댓값 기호 안의 x의 계수가 음수이면 어렵다. (해보면 안다. ^^;)

풀이 1) i) $|3-x| \le 2x+9$ (어렵다.) ⇨ $|x-3| \le 2x+9$ (쉽다.)

$x<3$	$x \ge 3$
$-(x-3) \le 2x+9$	$(x-3) \le 2x+9$
$-3x \le 6$	$-x \le 12$
$\therefore x \ge -2$	$\therefore x \ge -12$
그런데 $x<3$이므로	그런데 $x \ge 3$이므로
$-2 \le x < 3$ ⋯㉠	$x \ge 3$ ⋯㉡

따라서 ㉠, ㉡에서 부등식의 해는 $x \ge -2$ ⋯㉢

ii) $|-3x-6|<9$ (어렵다.) ⇨ $|3x+6|<9$ (쉽다.)

$|3x+6|<9$에서 $-9<3x+6<9$, $-15<3x<3$ $\therefore -5<x<1$ ⋯㉣

따라서 ㉢, ㉣의 공통 범위는 $-2 \le x < 1$

2) $2 \le |-2x+2| < 5$ (어렵다.) ⇨ $2 \le |2x-2| < 5$ (쉽다.)

$2 \le |2x-2|$ 그리고 $|2x-2|<5$

i) $|2x-2| \ge 2$에서 $2x-2 \le -2$ 또는 $2x-2 \ge 2$ $\therefore x \le 0$ 또는 $x \ge 2$ ⋯㉠

ii) $|x-2|<5$에서 $-5<2x-2<5$, $-3<2x<7$ $\therefore -\frac{3}{2}<x<\frac{7}{2}$ ⋯㉡

따라서 ㉠, ㉡의 공통 범위는 $-\frac{3}{2}<x \le 0$ 또는 $2 \le x < \frac{7}{2}$

[줄기4-2] 다음 연립부등식을 풀어라.

1) $\begin{cases} \left|\frac{x}{12}-\frac{1}{2}\right| \le 1 \\ \left|\frac{x}{3}+2\right| > \frac{1}{6} \end{cases}$ 2) $1 < \left|3-\frac{2}{3}x\right| \le 3$

3 $a<|x|<b\ (0<a<b)$의 해

$a<|x|<b\ (0<a<b)$의 해 ⇨ $-b<x<-a$ 또는 $a<x<b$

증명 $a<|x|<b\ (0<a<b)$

$a<|x|$ 그리고 $|x|<b\ (0<a<b)$

i) $|x|>a$일 때, $x<-a$ 또는 $x>a$ …㉠

ii) $|x|<b$일 때, $-b<x<b$ …㉡

따라서 ㉠, ㉡의 공통 범위는

$-b<x<-a$ 또는 $a<x<b$

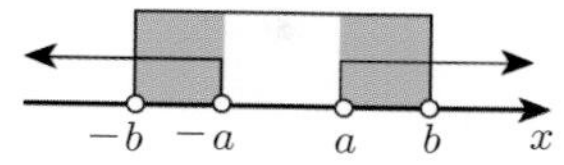

(익히는 방법)

$a<|x|<b$ ⇨ $a<\pm x<b$

$\therefore a<x<b$ 또는 $a<-x<b$

$\therefore a<x<b$ 또는 $-b<x<-a$

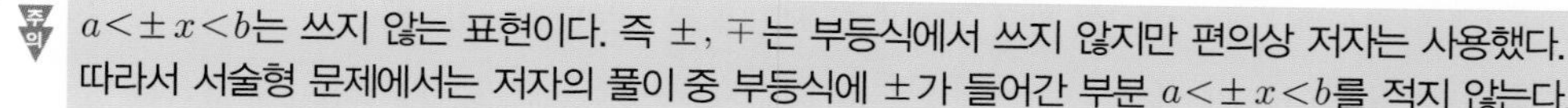

주의 $a<\pm x<b$는 쓰지 않는 표현이다. 즉 $\pm$, $\mp$는 부등식에서 쓰지 않지만 편의상 저자는 사용했다. 따라서 서술형 문제에서는 저자의 풀이 중 부등식에 $\pm$가 들어간 부분 $a<\pm x<b$를 적지 않는다.

뿌리 4-5 $a<|x|<b$ 꼴의 풀이

다음 부등식을 풀어라.

1) $2<|x-2|<5$　　　　2) $1\le|3-x|\le3$

풀이 1) $2<|x-2|<5$ ⇨ $2<\pm(x-2)<5$

$\therefore 2<x-2<5$ 또는 $2<-(x-2)<5$

$\therefore 2<x-2<5$ 또는 $-5<x-2<-2$

$\therefore 4<x<7$ 또는 $-3<x<0$

2) $1\le|3-x|\le3$ (어렵다.)

$1\le|x-3|\le3$ (쉽다.) ⇨ $1\le\pm(x-3)\le3$

$\therefore 1\le x-3\le3$ 또는 $1\le-(x-3)\le3$

$\therefore 1\le x-3\le3$ 또는 $-3\le x-3\le-1$

$\therefore 4\le x\le6$ 또는 $0\le x\le2$

※ 1)번은 뿌리 4-1)의 2)번과 동일한 문제이다. [p.207]

참고 ① $0\le|x-2|\le3 \Leftrightarrow |x-2|\le3$

$-3\le x-2\le3$　　$\therefore -1\le x\le5$

② $0<|x-2|\le3 \Leftrightarrow |x-2|\le3$ (단, $^{*}x\ne2$)

$-3\le x-2\le3$　　$\therefore -1\le x\le5$ (×)　　$\therefore -1\le x<2$ 또는 $2<x\le5$ ($\because {}^{*}x\ne2$)

[줄기 4-3] 다음 부등식을 풀어라.

1) $2\le|-x+2|<5$　　　　2) $1<\left|3-\dfrac{2}{3}x\right|\le3$

05 이차부등식과 이차함수의 관계

1 이차부등식의 해 ⇨ ★아래로 볼록한 이차함수의 그래프를 이용하여 해를 구한다.

이차방정식 $ax^2+bx+c=0$ ($a>0$)이 서로 다른 두 실근 α, β ($\alpha<\beta$)를 가질 때, 이차함수 $y=ax^2+bx+c$의 그래프는 오른쪽 그림과 같다.

1) $ax^2+bx+c>0$의 해 (단, $a>0$)

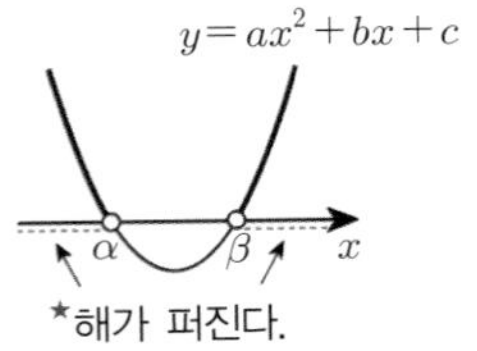

$y=ax^2+bx+c$의 그래프에서 $y>0$ (x축보다 위쪽)을 만족시키는 x의 값의 범위이다.

$ax^2+bx+c>0$의 해 ⇨ $x<\alpha$ 또는 $x>\beta$

x^2의 계수가 양수인 이차식이 0보다 크면(>0) ⇨ **해가 퍼진다.**
해가 퍼진다는 것은 부등식의 해가 방정식 $ax^2+bx+c=0$의 작은 근(α)보다 더 작거나 큰 근(β)보다 더 크다는 것이다. (해가 퍼지면 작은 근보다 더 작거나 큰 근보다 더 크다.)

(익히는 방법) ★크면(>0) 해가 퍼진다. (비슷한 예) $|x|>a$ ⇨ $x<-a$ 또는 $x>a$ [p.206]

2) $ax^2+bx+c<0$의 해 (단, $a>0$)

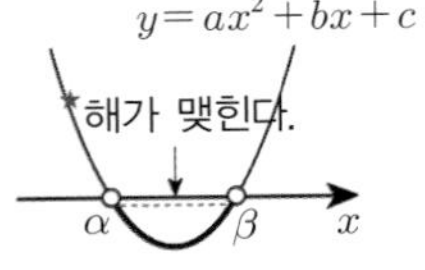

$y=ax^2+bx+c$의 그래프에서 $y<0$ (x축보다 아래쪽)을 만족시키는 x의 값의 범위이다.

$ax^2+bx+c<0$의 해 ⇨ $\alpha<x<\beta$

x^2의 계수가 양수인 이차식이 0보다 작으면(<0) ⇨ **해가 맺힌다.**
해가 맺힌다는 것은 부등식의 해가 방정식 $ax^2+bx+c=0$의 작은 근(α)보다 크고 큰 근(β)보다 작다는 것이다. (해가 맺히면 작은 근보다 크고 큰 근보다 작다.)

(익히는 방법) ★작으면(<0) 해가 맺힌다. (비슷한 예) $|x|<a$ ⇨ $-a<x<a$ [p.206]

작으면 맺히고, 크면 퍼진다.

※ $a<0$일 때에는 주어진 이차부등식의 양변에 -1을 곱하여 이차항의 계수를 양수로 고치면 1), 2)번의 방법을 이용할 수 있다. 이때, 부등호의 방향이 바뀌는 것에 주의한다.

씨앗. 1 다음 이차부등식을 풀어라.

1) $2x^2-3x+1<0$ 2) $3x^2+x-2\geq 0$

풀이 1) $2x^2-3x+1<0$에서 $(2x-1)(x-1)<0$ ⇨ 작으면(<0) 해가 맺힌다.
이차방정식 $(2x-1)(x-1)=0$의 작은 근이 $\frac{1}{2}$, 큰 근이 1이다.
즉, 해가 맺히므로 작은 근$\left(\frac{1}{2}\right)$보다 크고 큰 근(1)보다 작다. $\therefore \frac{1}{2}<x<1$

2) $3x^2+x-2\geq 0$에서 $(x+1)(3x-2)\geq 0$ ⇨ 크면(≥ 0) 해가 퍼진다.
이차방정식 $(x+1)(3x-2)=0$의 작은 근이 -1, 큰 근이 $\frac{2}{3}$이다.
즉, 해가 퍼지므로 작은 근(-1)보다 더 작거나 큰 근$\left(\frac{2}{3}\right)$보다 더 크다. $\therefore x\leq -1$ 또는 $x\geq \frac{2}{3}$

2 그래프를 이용한 부등식의 풀이

1) **부등식 $f(x)>g(x)$의 해**는 함수 $y=f(x)$의 그래프가 함수 $y=g(x)$의 그래프보다 위쪽에 있는 부분의 x의 값의 범위이다.
2) **부등식 $f(x)<g(x)$의 해**는 함수 $y=f(x)$의 그래프가 함수 $y=g(x)$의 그래프보다 아래쪽에 있는 부분의 x의 값의 범위이다.

뿌리 5-1 그래프를 이용한 부등식의 풀이

이차함수 $y=ax^2+bx+c$의 그래프와 직선 $y=mx+n$이 오른쪽 그림과 같을 때, 부등식 $ax^2+(b-m)x+c-n<0$의 해를 구하여라.

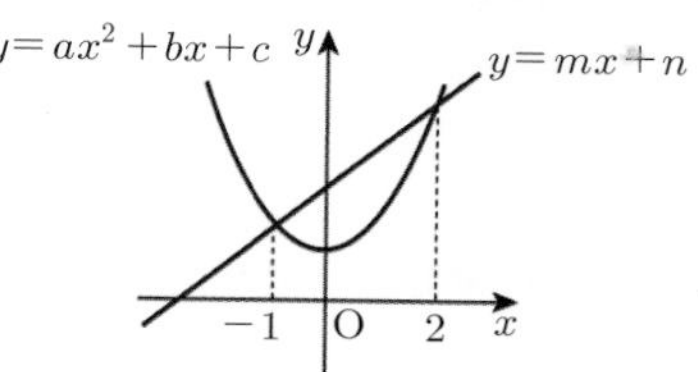

핵심 두 함수의 그래프가 주어진 경우 ⇨ 그래프의 위치 관계를 이용한다.

풀이 $ax^2+(b-m)x+c-n<0$에서 $ax^2+bx+c<mx+n$ ⋯㉠이다. 따라서 부등식 ㉠의 해는 $y=ax^2+bx+c$의 그래프가 직선 $y=mx+n$보다 아래쪽에 있는 부분의 x의 값의 범위이므로 $-1<x<2$

[줄기5-1] 이차함수 $y=ax^2+bx+c$의 그래프와 직선 $y=mx+n$이 우측 그림과 같을 때, 부등식 $ax^2+(b-m)x+c-n>0$의 해를 구하여라.

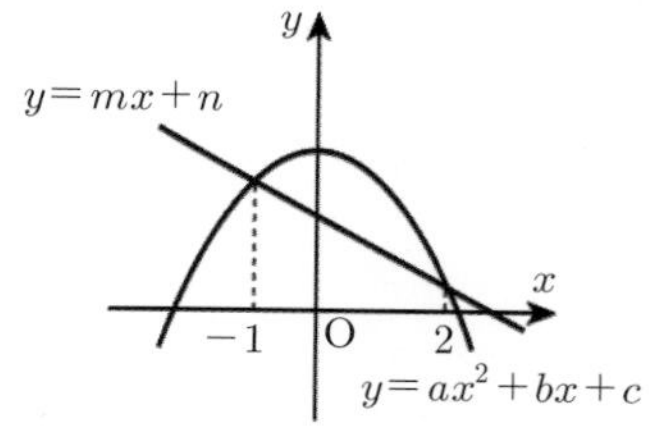

[줄기5-2] 두 이차함수 $y=ax^2+bx+c$, $y=a'x^2+b'x+c'$의 그래프가 오른쪽 그림과 같을 때, 부등식 $(a-a')x^2+(b-b')x+(c-c')\le 0$의 해를 구하여라. (단, $a\ne a'$)

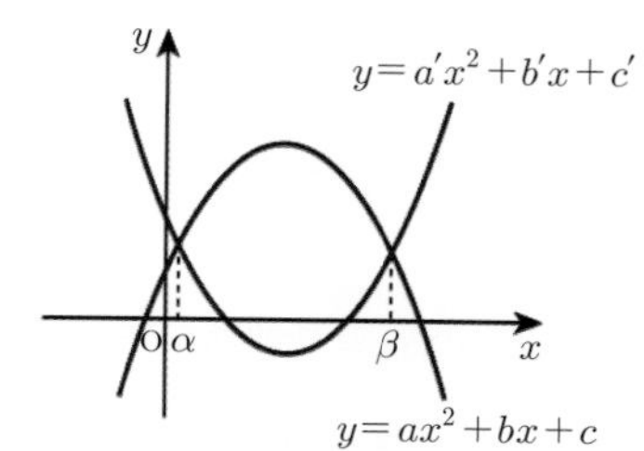

[줄기5-3] 두 이차함수 $y=f(x)$, $y=g(x)$의 그래프가 오른쪽 그림과 같을 때, 다음 부등식의 해를 구하여라.

1) $f(x)-g(x)>0$
2) $f(x)g(x)<0$

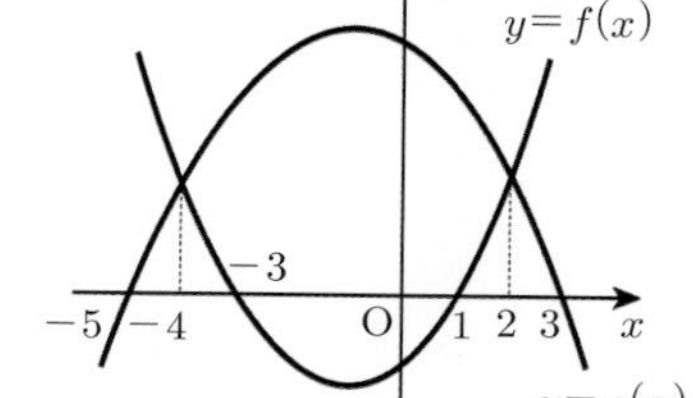

뿌리 5-2 이차부등식의 풀이

다음 이차부등식을 풀어라.

1) $-x^2+x+6<0$

2) $-\frac{x^2}{2}-\frac{7}{6}x+1\geq 0$

핵심 1) x^2의 계수가 음수이면 양변에 -1을 곱하여 x^2의 계수를 양수로 고친다.
(∵ '크면 (>0) 해가 퍼진다'와 '작으면 (<0) 해가 맺힌다'는 것은 x^2의 계수가 양수일 때 적용되는 말이다.)
2) 계수가 분수이면 양변에 분모의 최소공배수를 곱하여 계수를 정수로 고친다.

풀이 1) 주어진 이차부등식의 양변에 -1을 곱하면

$x^2-x-6>0$

$(x+2)(x-3)>0$ ⇨ 크면 (>0) 해가 퍼진다.

$(x+2)(x-3)=0$의 작은 근이 -2, 큰 근 3이다.

즉, 해가 퍼지므로 작은 근 (-2)보다 더 작거나 큰 근 (3)보다 더 크다.

$\therefore$ **$x<-2$ 또는 $x>3$**

2) 주어진 이차부등식의 양변에 -6을 곱하면

$3x^2+7x-6\leq 0$

$(x+3)(3x-2)\leq 0$ ⇨ 작으면 (≤ 0) 해가 맺힌다.

$(x+3)(3x-2)=0$의 작은 근이 -3, 큰 근이 $\frac{2}{3}$이다.

즉, 해가 맺히므로 작은 근 (-3)보다 크고 큰 근 $\left(\frac{2}{3}\right)$보다 작다.

$\therefore$ $\mathbf{-3\leq x\leq \frac{2}{3}}$

[줄기5-4] 다음 이차부등식을 풀어라.

1) $x^2\geq 2x+8$

2) $3x<2x^2-1$

[줄기5-5] 다음 물음에 답하여라.

1) 부등식 $ax^2-3ax-4a>0$을 풀어라. (단, a는 실수이다.)

2) 이차부등식 $ax^2-3ax-4a>0$을 풀어라. (단, a는 실수이다.)

뿌리 5-3 절댓값 기호를 포함한 이차부등식의 풀이(1)

다음 부등식을 풀어라.

1) $x^2-|x|-2>0$　　　2) $x^2-5|x|\le 0$

풀이 1) 각 절댓값 기호 안의 식의 값이 0이 되게 하는 x의 값을 경계로 범위를 나누면

방법 I

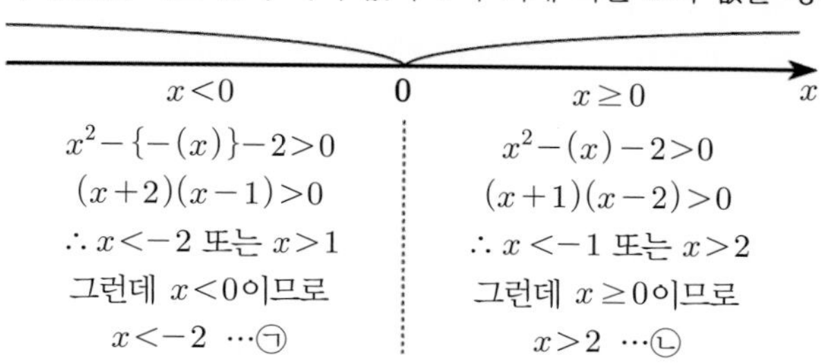

$x<0$
0
$x\ge 0$
x
$x^2-\{-(x)\}-2>0$
$(x+2)(x-1)>0$
$\therefore x<-2$ 또는 $x>1$
그런데 $x<0$이므로
$x<-2$ …㉠
$x^2-(x)-2>0$
$(x+1)(x-2)>0$
$\therefore x<-1$ 또는 $x>2$
그런데 $x\ge 0$이므로
$x>2$ …㉡

따라서 ㉠, ㉡에서 부등식의 해는 **$x<-2$ 또는 $x>2$**

「강추」 방법 II

1) $x^2-|x|-2>0$에서 *$|x|^2-|x|-2>0$ ($\because |x|^2=x^2$)
$(|x|+1)(|x|-2)>0$
$|x|-2>0$ ($\because |x|+1>0$)　$\therefore |x|>2$　$\therefore$ **$x<-2$ 또는 $x>2$**

2) $x^2-5|x|\le 0$에서 *$|x|^2-5|x|\le 0$ ($\because |x|^2=x^2$)
$|x|(|x|-5)\le 0$ ⇨ 작으면(≤ 0) 해가 맺힌다.
$|x|(|x|-5)=0$에서 작은 근 $|x|=0$, 큰 근 $|x|=5$이다.
$\therefore 0\le |x|\le 5$
$\therefore |x|\le 5$ ($\because$ p.211 참고)
$\therefore$ **$-5\le x\le 5$**

[줄기5-6] 다음 부등식을 풀어라.

1) $x^2-5|x|+6<0$　　　2) $x^2-3|x|-4\le 0$

3) $x^2-2\sqrt{x^2}-3<0$　　　4) $(|x|+3)(x-5)>0$

5) $(|x|-3)(x-5)>0$

뿌리 5-4 절댓값 기호를 포함한 이차부등식의 풀이(2)

다음 부등식을 풀어라.

1) $3|x-1|>x^2-2x-3$　　　　2) $|x^2+2x|>1$

1) $|x|>a$에서 '크면 해가 퍼진다.'는 a가 양수일 때 이용할 수 있다.
즉, $3|x-1|>x^2-2x-3$에서 x^2-2x-3가 양수인지 알 수 없다.
따라서 $3(x-1)<-(x^2-2x-3)$ 또는 $3(x-1)>x^2-2x-3$으로 풀면 틀린다.
2) $|☆|>a\ (a>0)$이면 $☆<-a$ 또는 $☆>a$
3) $|☆|<a\ (a>0)$이면 $-a<☆<a$

풀이 1) 각 절댓값 기호 안의 식의 값이 0이 되게 하는 x의 값을 경계로 범위를 나누면

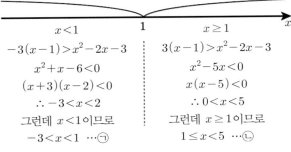

$x<1$	$x\geq1$
$-3(x-1)>x^2-2x-3$	$3(x-1)>x^2-2x-3$
$x^2+x-6<0$	$x^2-5x<0$
$(x+3)(x-2)<0$	$x(x-5)<0$
$\therefore -3<x<2$	$\therefore 0<x<5$
그런데 $x<1$이므로	그런데 $x\geq1$이므로
$-3<x<1$ …㉠	$1\leq x<5$ …㉡

따라서 ㉠, ㉡에서 부등식의 해는 $\boldsymbol{-3<x<5}$

2) $x^2+2x<-1$ 또는 $x^2+2x>1$

i) $x^2+2x<-1$에서 $x^2+2x+1<0$

$(x+1)^2<0$　　$\therefore$ 해는 없다.

ii) $x^2+2x>1$에서 $x^2+2x-1>0$ ⇨ 크면(>0) 해가 퍼진다.

$x^2+2x-1=0$의 두 실근은 $x=-1\pm\sqrt{2}$ 이다.

즉, 해가 퍼지므로 작은 근$(-1-\sqrt{2}\,)$보다 더 작거나 큰 근$(-1+\sqrt{2}\,)$보다 더 크다.

$\therefore x<-1-\sqrt{2}$ 또는 $x>-1+\sqrt{2}$

따라서 ii)에 의하여 부등식의 해는 $\boldsymbol{x<-1-\sqrt{2}}$ **또는** $\boldsymbol{x>-1+\sqrt{2}}$

[줄기5-7] 다음 부등식을 풀어라.

1) $|x^2+2x|<1$　　　　2) $|x^2-4|<3x$

3 판별식 $D=0$일 때, 이차부등식의 해 ⇨ ★아래로 볼록한 이차함수의 그래프를 이용한다.

이차방정식 $ax^2+bx+c=0\ (a>0)$의 판별식 $D=0$이면 중근을 갖는다.
이때 중근을 α라 하면 이차함수 $y=ax^2+bx+c=a(x-\alpha)^2$ 의 그래프는 아래 그림과 같다.

1) $ax^2+bx+c=a(x-\alpha)^2>0$ ⇨ **해는 $x\neq\alpha$인 모든 실수**
2) $ax^2+bx+c=a(x-\alpha)^2<0$ ⇨ 해는 없다.
3) $ax^2+bx+c=a(x-\alpha)^2\geq 0$ ⇨ **해는 모든 실수**
4) $ax^2+bx+c=a(x-\alpha)^2\leq 0$ ⇨ 해는 $x=\alpha$

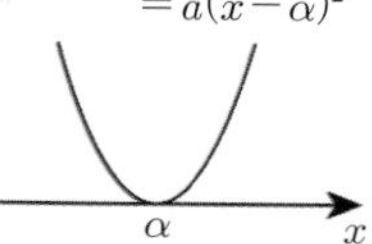

(이용하는 방법)
판별식 $D=0$인 경우 ⇨ $a(x-\alpha)^2$ 꼴로 변형한다.

참고 $D=b^2-4ac=0$일 때, ax^2+bx+c를 $a(x-\alpha)^2$ 꼴로 변형하는 방법

$$ax^2+bx+c=a\left(x^2+\frac{b}{a}x\right)+c=a\left(x+\frac{b}{2a}\right)^2-\frac{b^2}{4a}+c=a\left(x+\frac{b}{2a}\right)^2-\frac{b^2-4ac}{4a}$$
$$=a\left(x+\frac{b}{2a}\right)^2-\frac{D}{4a}=a\left(x+\frac{b}{2a}\right)^2\ (\because D=b^2-4ac=0)$$

뿌리 5-5 판별식 $D=0$일 때, 이차부등식의 해

다음 이차부등식을 풀어라.

1) $x^2+4x+4>0$　　2) $-x^2+2x-1>0$

핵심 1) 판별식 $D=0$인 경우 ⇨ $a(x-\alpha)^2$ 꼴로 변형한다.
2) x^2의 계수가 음수이면 양변에 -1을 곱하여 x^2의 계수를 양수로 고친다.
($\because$ 아래로 볼록한 이차함수의 그래프에서 개념을 잡았다.)

풀이 1) $x^2+4x+4>0$에서 $(x+2)^2>0$
모든 실수 x에 대하여 $(x+2)^2\geq 0$이므로
주어진 부등식의 해는 **$x\neq -2$인 모든 실수**이다.

2) $-x^2+2x-1>0$의 양변에 -1을 곱하면 $x^2-2x+1<0$
$x^2-2x+1<0$에서 $(x-1)^2<0$
모든 실수 x에 대하여 $(x-1)^2\geq 0$이므로
주어진 부등식의 **해는 없다.**

[줄기5-8] 다음 이차부등식을 풀어라.

1) $-9x^2+6x-1\geq 0$　　2) $-4x^2+4x-1\leq 0$

4 판별식 $D<0$일 때, 이차부등식의 해 ⇨ ⋆아래로 볼록한 이차함수의 그래프를 이용한다.

이차방정식 $ax^2+bx+c=0$ ($a>0$)의 판별식 $D<0$이면 허근을 갖는다. 따라서 이차함수 $y=ax^2+bx+c$의 그래프는 x축과 만나지 않으므로 아래 그림과 같다.

1) $\boldsymbol{ax^2+bx+c>0}$ ⇨ **해는 모든 실수**

2) $ax^2+bx+c<0$ ⇨ 해는 없다.

3) $\boldsymbol{ax^2+bx+c\geq 0}$ ⇨ **해는 모든 실수**

4) $ax^2+bx+c\leq 0$ ⇨ 해는 없다.

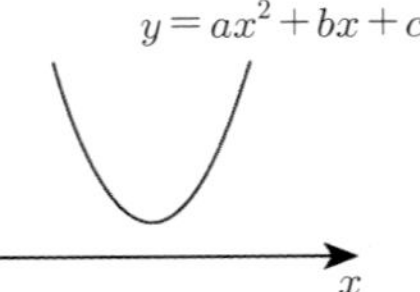

(이용하는 방법)
판별식 $D<0$인 경우 ⇨ $a(x-\alpha)^2+k$ 꼴로 변형한다.

참고 이차방정식 $ax^2+bx+c=0$의 실근이 이차함수 $y=ax^2+bx+c$의 그래프의 x절편이므로 이차방정식 $ax^2+bx+c=0$의 판별식 $D<0$이면 이차함수 $y=ax^2+bx+c$의 그래프가 x축과 만나지 않는다.

뿌리 5-6 판별식 $D<0$일 때, 이차부등식의 해

다음 이차부등식을 풀어라.

1) $x^2+x+3>0$ 2) $-2x^2\geq x+3$

풀이 1) $(x^2+x)+3>0$, $\left(x+\frac{1}{2}\right)^2-\frac{1}{4}+3>0$, $\left(x+\frac{1}{2}\right)^2+\frac{11}{4}>0$

모든 실수 x에 대하여 $\left(x+\frac{1}{2}\right)^2+\frac{11}{4}\geq\frac{11}{4}$이므로

주어진 부등식의 **해는 모든 실수**이다.

2) $-2x^2\geq x+3$에서 $-2x^2-x-3\geq 0$ ⇨ 양변에 -1을 곱하면

$2x^2+x+3\leq 0$, $2\left(x^2+\frac{1}{2}x\right)+3\leq 0$, $2\left(x+\frac{1}{4}\right)^2-\frac{1}{8}+3\leq 0$, $2\left(x+\frac{1}{4}\right)^2+\frac{23}{8}\leq 0$

모든 실수 x에 대하여 $2\left(x+\frac{1}{4}\right)^2+\frac{23}{8}\geq\frac{23}{8}$이므로

주어진 부등식의 **해는 없다.**

참고 1) 판별식 $D<0$인 경우 ⇨ $a(x-\alpha)^2+\beta$ 꼴로 변형한다.
2) i) 이차부등식의 우변의 모든 항을 좌변으로 이항하여 우변을 0으로 만든다.
ii) x^2의 계수가 음수이면 양변에 -1을 곱하여 x^2의 계수를 양수로 바꾼다.
(∵ 아래로 볼록한 이차함수의 x절편 (이차방정식의 실근)에서 개념을 잡았다.)

[줄기5-9] 다음 이차부등식을 풀어라.

1) $-x^2+2x-4>0$ 2) $-3x^2-2\leq 2x$

06 이차부등식의 해의 조건

1 이차부등식의 작성

1) **해가 $\alpha<x<\beta$이고** x^2의 계수가 1인 이차부등식은
$(x-\alpha)(x-\beta)<0$, 즉 $x^2-(\alpha+\beta)x+\alpha\beta<0$

2) **해가 $x<\alpha$ 또는 $x>\beta$** $(\alpha<\beta)$이고 x^2의 계수가 1인 이차부등식은
$(x-\alpha)(x-\beta)>0$, 즉 $x^2-(\alpha+\beta)x+\alpha\beta>0$

뿌리 6-1 해가 주어진 이차부등식

이차부등식 $ax^2+bx+c>0$의 해가 $-3<x<2$일 때, 이차부등식 $bx^2-ax+c>0$의 해를 구하여라.

핵심 이차부등식의 해가 주어졌을 때 그 해를 이용하여 x^2의 계수가 1인 이차부등식을 만든다.
($\because$ 만들기가 가장 쉽다.)

방법 I 해가 $-3<x<2$이고 x^2의 계수가 1인 이차부등식은
$(x+3)(x-2)<0 \quad \therefore x^2+x-6<0 \cdots ㉠$
㉠과 주어진 이차부등식 $ax^2+bx+c>0$의 부등호의 방향이 다르므로 $a<0$
㉠의 양변에 $a\,(a<0)$를 곱하면 $ax^2+ax-6a>0$
이 부등식이 $ax^2+bx+c>0$과 일치하므로 $b=a, c=-6a \cdots ㉡$
㉡을 $bx^2-ax+c>0$에 대입하면 $ax^2-ax-6a>0$
양변을 $a\,(a<0)$로 나누면 $x^2-x-6<0$
$(x+2)(x-3)<0 \quad \therefore \mathbf{-2<x<3}$

방법 II 이차방정식 $ax^2+bx+c=0$의 두 근이 -3, 2이므로 근과 계수의 관계에 의하여
$-3+2=\dfrac{-b}{a}$, $(-3)\cdot 2=\dfrac{c}{a} \quad \therefore b=a, c=-6a \cdots ㉡$

[줄기6-1] 이차부등식 $ax^2+bx+c\geq 0$의 해가 $-2\leq x\leq 3$일 때, 부등식 $bx^2-ax-c\geq 0$의 해를 구하여라. (단, a, b, c는 실수이다.)

[줄기6-2] 이차부등식 $ax^2+bx+c>0$의 해가 $-\dfrac{1}{2}<x<\dfrac{2}{3}$가 되도록 a, b, c의 가장 간단한 정수의 값을 구하여라. (단, a, b, c는 정수이다.)

[줄기6-3] 이차부등식 $bx^2+(a-b)x-b^2<0$의 해가 $x<3-\sqrt{5}$ 또는 $x>3+\sqrt{5}$일 때, 실수 a, b의 값을 구하여라.

[줄기6-4] 이차부등식 $ax^2+12x-b>0$의 해가 $2-\sqrt{5}<x<2+\sqrt{5}$일 때, 실수 a, b의 값을 구하여라.

뿌리 6-2 $f(x)<0$과 $f(ax+b)<0$의 관계

다음 물음에 답하여라.

1) 이차부등식 $f(x)<0$의 해가 $3<x<5$일 때, 부등식 $f(2x+1)\le 0$의 해를 구하여라.

2) 이차부등식 $f(x)<0$의 해가 $x<-3$ 또는 $x>2$일 때, 부등식 $f(5-x)\ge 0$의 해를 구하여라.

핵심 조건식 $f(x)\Diamond 0$의 부등호를 결과식 $f(ax+b)\Diamond 0$의 부등호와 같은 형태로 만든다. [강추]

풀이 1) $f(x)<0$의 해가 $3<x<5$이므로

[강추 방법 I] $f(x)\le 0$의 해는 $3\le x\le 5$이다.

← 조건식 $f(x)<0$의 부등호 $<$를 결과식 $f(2x+1)\le 0$의 부등호 $\le$와 같은 형태로 만든다.

$\therefore f(2x+1)\le 0$은 $3\le 2x+1\le 5$

$\therefore f(2x+1)\le 0$의 해는 $\mathbf{1\le x\le 2}$

1) $f(x)<0$의 해가 $3<x<5$이므로

[방법 II] $f(x)=a(x-3)(x-5)\ (^{*}a>0)$로 놓으면

$f(2x+1)=a(2x+1-3)(2x+1-5)=a(2x-2)(2x-4)=4a(x-1)(x-2)$

부등식 $f(2x+1)\le 0$, 즉 $4a(x-1)(x-2)\le 0$에서

$(x-1)(x-2)\le 0\ (\because {}^{*}4a>0)$ $\quad\therefore \mathbf{1\le x\le 2}$

2) $f(x)<0$의 해가 $x<-3$ 또는 $x>2$이므로

[강추 방법 I] $f(x)\le 0$의 해는 $x\le -3$ 또는 $x\ge 2$이고

$f(x)\ge 0$의 해는 $-3\le x\le 2$이다.

← 조건식 $f(x)<0$의 부등호 $<$를 결과식 $f(5-x)\ge 0$의 부등호 $\ge$와 같은 형태로 만든다.

$\therefore f(5-x)\ge 0$은 $-3\le 5-x\le 2$

$-8\le -x\le -3$

$\therefore f(5-x)\ge 0$의 해는 $\mathbf{3\le x\le 8}$

2) $f(x)<0$의 해가 $x<-3$ 또는 $x>2$이므로

[방법 II] $f(x)=a(x+3)(x-2)\ (^{*}a<0)$로 놓으면

$f(5-x)=a(5-x+3)(5-x-2)=a(-x+8)(-x+3)=a(x-8)(x-3)$

부등식 $f(5-x)\ge 0$, 즉 $a(x-8)(x-3)\ge 0$에서

$(x-8)(x-3)\le 0\ (\because {}^{*}a<0)$ $\quad\therefore \mathbf{3\le x\le 8}$

참고 방법 I 이 훨씬 쉽지만 방법 I 을 적용하지 못하는 문제도 있으므로 방법 II 도 알아야 한다.
예) 잎 9-20) [p.232]

[줄기6-5] 이차부등식 $f(x)\ge 0$의 해가 $2\le x\le 3$일 때, 부등식 $f(-x)<0$의 해를 구하여라.

[줄기6-6] 이차부등식 $f(x)\ge 0$의 해가 $x\le -1$ 또는 $x\ge 2$일 때, 부등식 $f(5-3x)\le 0$의 해를 구하여라.

2 이차부등식이 항상 성립할 조건

이차함수 $y=ax^2+bx+c$에서 이차방정식 $ax^2+bx+c=0$의 판별식 D를 $D=b^2-4ac$라 할 때, 모든 실수 x에 대하여 이차부등식이 항상 성립할 조건은 다음과 같이 익힌다.

(익히는 방법) *모든 실수 x에 대하여 성립하는 이차함수 $y=ax^2+bx+c$의 그래프를 그린다.

1) $ax^2+bx+c>0$이 모든 실수 x에 대하여 항상 성립할 때

⇨ 모든 실수 x에 대하여 성립하는 $y=ax^2+bx+c$의 그래프를 그린다. 즉, i)이므로 $a>0$, $D<0$

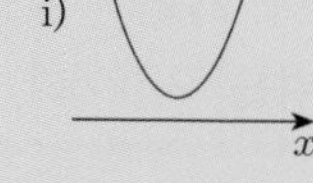

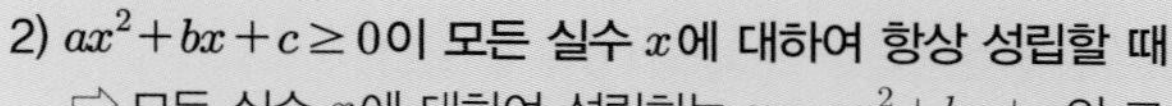

2) $ax^2+bx+c\geq0$이 모든 실수 x에 대하여 항상 성립할 때

⇨ 모든 실수 x에 대하여 성립하는 $y=ax^2+bx+c$의 그래프를 그린다. 즉, i) 또는 ii)이므로 $a>0$, $D\leq0$

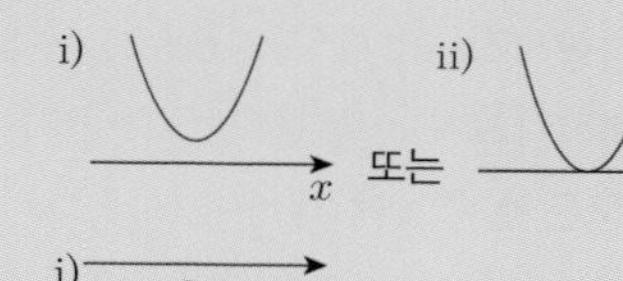

3) $ax^2+bx+c<0$이 모든 실수 x에 대하여 항상 성립할 때

⇨ 모든 실수 x에 대하여 성립하는 $y=ax^2+bx+c$의 그래프를 그린다. 즉, i)이므로 $a<0$, $D<0$

4) $ax^2+bx+c\leq0$이 모든 실수 x에 대하여 항상 성립할 때

⇨ 모든 실수 x에 대하여 성립하는 $y=ax^2+bx+c$의 그래프를 그린다. 즉, i) 또는 ii)이므로 $a<0$, $D\leq0$

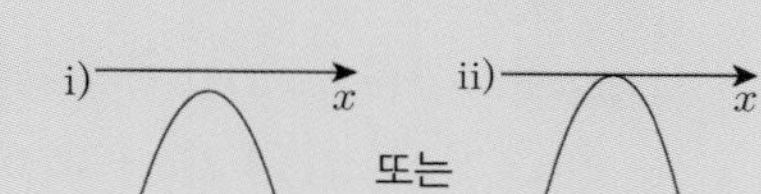

중요 모든 실수 x에 대하여 항상 성립하는 이차부등식 (단, 우변이 0일 때)
⇨ *모든 실수 x에 대하여 성립하는 이차함수의 그래프를 그린다.

뿌리 6-3 이차부등식이 항상 성립할 조건(1)

모든 실수 x에 대하여 $x^2+2ax+a$가 -2보다 크기 위한 실수 a의 값의 범위를 구하여라.

풀이 $x^2+2ax+a>-2$에서 $x^2+2ax+a+2>0$

이 이차부등식이 모든 실수 x에 대하여 성립해야 하므로

⇨ *모든 실수 x에 대하여 성립하는 이차함수 $y=x^2+2ax+a+2$의 그래프를 그리면 오른쪽 그림과 같다.

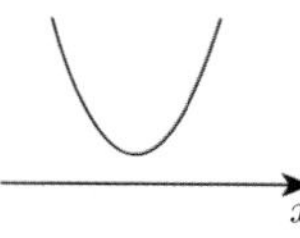

이차방정식 $x^2+2ax+a+2=0$의 판별식을 D라 하면

$\frac{D}{4}=a^2-(a+2)<0$, $a^2-a-2<0$, $(a+1)(a-2)<0$ $\quad\therefore -1<a<2$

참고 모든 실수 x에 대하여 항상 성립하는 이차부등식 (단, 우변이 0일 때)
⇨ *모든 실수 x에 대하여 성립하는 이차함수의 그래프를 그린다.

[줄기6-7] 이차부등식 $x^2+(k-1)x+1\geq0$이 모든 실수 x에 대하여 성립할 때, 실수 k의 값의 범위를 구하여라.

뿌리 6-4 이차부등식이 항상 성립할 조건(2)

다음 물음에 답하여라.

1) 다항식 $(a+2)x^2-2(a+2)x+3$이 모든 실수 x에 대하여 양이 될 때, 실수 a의 값의 범위를 구하여라.

2) 이차다항식 $(a+2)x^2-2(a+2)x+3$이 모든 실수 x에 대하여 양이 될 때, 실수 a의 값의 범위를 구하여라.

핵심 1) 다항식 $(a+2)x^2-2(a+2)x+3$이라고 했으므로 x^2의 계수가 0일 수 있다.
2) 이차다항식 $(a+2)x^2-2(a+2)x+3$이라고 했으므로 x^2의 계수가 0이 아니다.

풀이 1) 모든 실수 x에 대하여 $(a+2)x^2-2(a+2)x+3>0$이어야 하므로

i) $a+2=0\,(a=-2)$인 경우

$0\cdot x^2-0\cdot x+3>0$에서 x에 어떤 값을 대입해도 $3>0$이므로 항상 성립한다.

$\therefore a=-2$

ii) $a+2\neq 0\,(a\neq -2)$인 경우

$(a+2)x^2-2(a+2)x+3>0$이 이차부등식이고 모든 실수 x에 대하여 성립해야 하므로 모든 실수 x에 대하여 성립하는 이차함수 $y=(a+2)x^2-2(a+2)x+3$의 그래프를 그리면 오른쪽 그림과 같다. 따라서 $a+2>0$ $\therefore a>-2$ ⋯㉠

이차방정식 $(a+2)x^2-2(a+2)x+3=0$의 판별식을 D라 하면

$\frac{D}{4}=(a+2)^2-3(a+2)<0$, $(a+2)\{(a+2)-3\}<0$

$(a+2)(a-1)<0$ $\quad\therefore -2<a<1$ ⋯㉡

㉠, ㉡의 공통 범위는 $-2<a<1$

따라서 i) $a=-2$, ii) $-2<a<1$에서 구하는 a의 값의 범위는 $\mathbf{-2\leq a<1}$

2) 이차다항식이므로 x^2의 계수가 0이 아니다. $\therefore a+2\neq 0\,(a\neq -2)$

$(a+2)x^2-2(a+2)x+3>0$이 이차부등식이고 모든 실수 x에 대하여 성립해야 하므로 모든 실수 x에 대하여 성립하는 이차함수 $y=(a+2)x^2-2(a+2)x+3$의 그래프를 그리면 오른쪽 그림과 같다. 따라서 $a+2>0$ $\therefore a>-2$ ⋯㉠

이차방정식 $(a+2)x^2-2(a+2)x+3=0$의 판별식을 D라 하면

$\frac{D}{4}=(a+2)^2-3(a+2)<0$, $(a+2)\{(a+2)-3\}<0$

$(a+2)(a-1)<0$ $\quad\therefore -2<a<1$ ⋯㉡

㉠, ㉡의 공통 범위는 $\mathbf{-2<a<1}$

[줄기6-8] 모든 실수 x에 대하여 부등식 $(a-1)x^2+2ax+2\geq 2x+1$이 성립할 때, 실수 a의 값의 범위를 구하여라.

[줄기6-9] 모든 실수 x에 대하여 이차부등식 $(a-1)x^2+2ax+2\geq 2x+1$이 성립할 때, 실수 a의 값의 범위를 구하여라.

뿌리 6-5 이차부등식이 항상 성립할 조건(3)

이차부등식 $(a+2)x^2+2\sqrt{3}x+a\le 0$이 모든 실수 x에 대하여 성립할 때, 실수 a의 값의 범위를 구하여라.

풀이 $(a+2)x^2+2\sqrt{3}x+a\le 0$이 이차부등식이고 모든 실수 x에 대하여 항상 성립해야 하므로
⇨ 모든 실수 x에 대하여 성립하는 이차함수 $y=(a+2)x^2+2\sqrt{3}x+a$의 그래프를 그리면 오른쪽 그림과 같다.

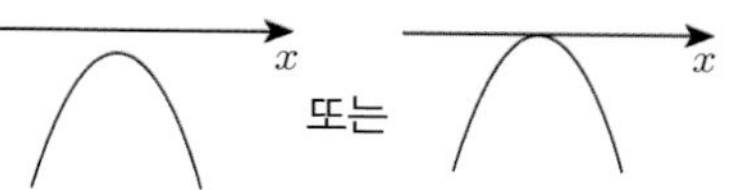

따라서 $a+2<0$ $\quad\therefore a<-2$ ⋯㉠
이차방정식 $(a+2)x^2+2\sqrt{3}x+a=0$의 판별식을 D라 하면
$\frac{D}{4}=(\sqrt{3})^2-a(a+2)\le 0,\ a^2+2a-3\ge 0,\ (a+3)(a-1)\ge 0$ $\quad\therefore a\le -3$ 또는 $a\ge 1$ ⋯㉡
따라서 ㉠, ㉡의 공통 범위는 $\boldsymbol{a\le -3}$

[줄기6-10] 모든 실수 x에 대하여 이차부등식 $x^2+2(k-1)x+k+5\ge 0$이 성립하도록 실수 k의 값의 범위를 구하여라.

[줄기6-11] 모든 실수 x에 대하여 이차부등식 $x^2+2(k-1)x+k+5>0$이 성립하도록 실수 k의 값의 범위를 구하여라.

뿌리 6-6 부등식이 항상 성립할 조건

모든 실수 x에 대하여 부등식 $(m-2)x^2-2(m-2)x+4>0$이 성립하도록 실수 m의 값의 범위를 구하여라.

핵심 부등식 $(m-2)x^2-2(m-2)x+4>0$이라고 했으므로 x^2의 계수가 0일 수 있다.

풀이 i) $m-2=0\ (m=2)$인 경우
$0\cdot x^2-0\cdot x+4>0$에서 x에 어떤 값을 대입해도 $4>0$이므로 항상 성립한다.
$\therefore m=2$

ii) $m-2\ne 0\ (m\ne 2)$인 경우
$(m-2)x^2-2(m-2)x+4>0$이 이차부등식이고 모든 실수 x에 대하여 성립해야 하므로
⇨ 모든 실수 x에 대하여 성립하는 이차함수 $y=(m-2)x^2-2(m-2)x+4$의 그래프를 그리면 오른쪽 그림과 같다.

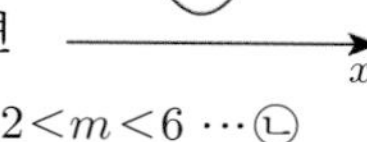

따라서 $m-2>0$ $\quad\therefore m>2$ ⋯㉠
이차방정식 $(m-2)x^2-2(m-2)x+4=0$의 판별식을 D라 하면
$\frac{D}{4}=(m-2)^2-4(m-2)<0,\ (m-2)\{(m-2)-4\}<0$ $\quad\therefore 2<m<6$ ⋯㉡
㉠, ㉡의 공통 범위는 $2<m<6$

따라서 i) $m=2$, ii) $2<m<6$에서 m의 값의 범위는 $\boldsymbol{2\le m<6}$

뿌리 6-7 이차부등식이 해를 갖지 않을 조건

이차부등식 $x^2-2ax+a^2-3a+5\le 0$의 해가 존재하지 않도록 하는 실수 a의 값의 범위를 구하여라.

핵심 ⋆이차부등식이 해를 갖지 않을 조건
⇨ 반대로 모든 실수 x에 대하여 이차부등식이 항상 성립할 조건으로 바꾼다.

풀이 $x^2-2ax+a^2-3a+5\le 0$의 해가 존재하지 않으려면 모든 실수 x에 대하여 $x^2-2ax+a^2-3a+5>0$이 성립해야 한다.
⇨ 모든 실수 x에 대하여 성립하는 이차함수 $y=x^2-2ax+a^2-3a+5$의 그래프를 그리면 오른쪽 그림과 같다.

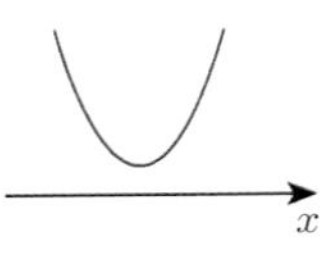

따라서 이차방정식 $x^2-2ax+a^2-3a+5=0$의 판별식을 D라 하면
$\frac{D}{4}=(-a)^2-(a^2-3a+5)<0$, $3a-5<0$ $\quad\therefore \boldsymbol{a<\frac{5}{3}}$

줄기 6-12 이차부등식 $-x^2-2(a+3)x+5(a+3)>0$의 해가 존재하지 않을 때, 실수 a의 값의 범위를 구하여라.

줄기 6-13 부등식 $(a-1)x^2+2(a-1)x+1<0$의 해가 존재하지 않도록 하는 실수 a의 값의 범위를 구하여라.

뿌리 6-8 이차부등식이 해를 한 개만 가질 조건

이차부등식 $(k+3)x^2-2(k+3)x+1\le 0$의 해가 오직 한 개 존재할 때, 실수 k의 값을 구하여라.

핵심 이차부등식이 해를 한 개만 가질 조건
⇨ 주어진 이차부등식의 조건에 맞게 x축에 접하는 이차함수의 그래프를 그린다.

풀이 이차부등식 $(k+3)x^2-2(k+3)x+1\le 0$의 해가 오직 한 개 존재하므로 이차함수 $y=(k+3)x^2-2(k+3)x+1$의 그래프는 오른쪽 그림과 같다.

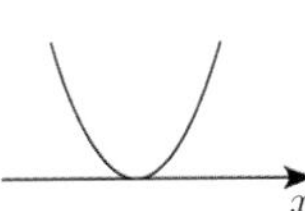

i) $k+3>0$ ($\because$ 아래로 볼록) $\quad\therefore k>-3$

ii) 이차방정식 $(k+3)x^2-2(k+3)x+1=0$의 판별식을 D라 하면
$\frac{D}{4}=(k+3)^2-(k+3)=0$, $(k+3)\{(k+3)-1\}=0$ $\quad\therefore k=-3$ 또는 $k=-2$

따라서 i), ii)에서 $\boldsymbol{k=-2}$

뿌리 6-9 이차부등식이 해를 가질 조건

이차부등식 $ax^2-4x+a>0$이 해를 갖도록 하는 실수 a의 값의 범위를 구하여라.

풀이 i) $a>0$일 때

이차함수 $y=ax^2-4x+a$의 그래프는 아래로 볼록하므로 주어진 이차부등식은 항상 해를 갖는다.

ii) $a<0$일 때

이차함수 $y=ax^2-4x+a$의 그래프는 위로 볼록하므로 주어진 이차부등식이 해를 가지려면 이차방정식 $ax^2-4x+a=0$이 서로 다른 두 실근을 가져야 한다.

따라서 이 이차방정식의 판별식을 D라 하면

$\frac{D}{4}=(-2)^2-a\cdot a>0$, $a^2-4<0$, $(a-2)(a+2)<0$ $\quad\therefore -2<a<2$

그런데 $a<0$이므로 $-2<a<0$

따라서 i), ii)에서 구하는 a의 값의 범위는 **$a>0$ 또는 $-2<a<0$**

[줄기6-14] 이차부등식 $x^2-(a-5)x+4a\leq 0$의 해가 오직 한 개 존재할 때, 실수 a의 값을 모두 구하여라.

[줄기6-15] 이차부등식 $(k-3)x^2+2(k-3)x-1\geq 0$의 해가 오직 한 개 존재할 때, 실수 k의 값을 구하여라.

[줄기6-16] 이차부등식 $-x^2+2ax-4<0$을 만족시키지 않는 x의 값이 오직 하나뿐일 때, 실수 a의 값을 구하여라.

[줄기6-17] 이차부등식 $3x^2+kx-k<0$이 해를 갖도록 하는 실수 k의 값의 범위를 구하여라.

[줄기6-18] 부등식 $(a-3)x^2-2(a-3)x-1>0$이 해를 갖도록 하는 실수 a의 값의 범위를 구하여라.

뿌리 6-10 제한된 범위에서 항상 성립하는 이차부등식(1)

$0 \le x \le 1$에서 이차부등식 $x^2+2ax+a^2 \le 1$이 항상 성립하도록 하는 실수 a의 값의 범위를 구하여라.

핵심 제한된 범위에서 항상 성립하는 이차부등식 (단, *우변이 0일 때)
⇨ 제한된 범위에서 항상 성립하는 이차함수의 그래프를 그린다.

풀이 $x^2+2ax+a^2 \le 1$에서 * $x^2+2ax+a^2-1 \le 0$

$f(x)=x^2+2ax+a^2-1$이라 하면 $0 \le x \le 1$에서 $f(x) \le 0$이어야 하므로

$y=f(x)$의 그래프는 오른쪽 그림과 같아야 한다.

$y=f(x)$ 0 1 x

i) $f(0) \le 0$에서 $a^2-1 \le 0$

$(a-1)(a+1) \le 0 \quad \therefore -1 \le a \le 1 \cdots$ ㉠

ii) $f(1) \le 0$에서 $1+2a+a^2-1 \le 0$

$a^2+2a \le 0,\ a(a+2) \le 0 \quad \therefore -2 \le a \le 0 \cdots$ ㉡

㉠, ㉡의 공통 범위는 $\boldsymbol{-1 \le a \le 0}$

줄기6-19 $0 \le x < 3$에서 이차부등식 $x^2-ax+a^2<9$가 항상 성립하도록 하는 실수 a의 값의 범위를 구하여라.

줄기6-20 $1<x<4$에서 이차부등식 $-2x^2+8x+3a<0$이 항상 성립하도록 하는 실수 a의 값의 범위를 구하여라.

뿌리 6-11 제한된 범위에서 항상 성립하는 이차부등식(2)

$-1<x\le 3$에서 이차부등식 $x^2-2ax-a>0$이 항상 성립하도록 하는 실수 a의 값의 범위를 구하여라.

핵심 $\alpha<x\le\beta$에서 대칭축 $x=m$이 x의 범위 내에 있다. ⇨ i) $\alpha<m\le\beta$ ⋯ Ⓐ
$\alpha<x\le\beta$에서 대칭축 $x=m$이 x의 범위 밖에 있다. ⇨ ii) $m\le\alpha$ 또는 iii) $m>\beta$
(∵ *Ⓐ를 제외한 범위)

풀이 $f(x)=x^2-2ax-a$이라 하면

$f(x)=(x-a)^2-a^2-a$

i) $-1<a\le 3$일 때

$f(a)>0$에서 $-a^2-a>0$

$a^2+a<0$, $a(a+1)<0$ $\quad\therefore -1<a<0$

이때 $-1<a\le 3$이므로 $-1<a<0$

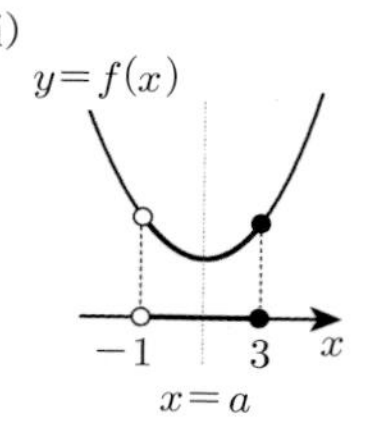

ii) $a\le -1$일 때

$f(-1)\ge 0$에서 $(-1-a)^2-a^2-a\ge 0$

$a+1\ge 0$ $\quad\therefore a\ge -1$

이때 $a\le -1$이므로 $a=-1$

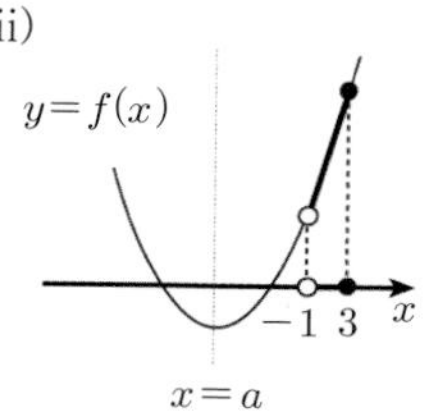

iii) $a>3$일 때

$f(3)>0$에서 $(3-a)^2-a^2-a>0$

$-7a+9>0$ $\quad\therefore a<\dfrac{9}{7}$

이때 $a>3$이므로 성립하지 않는다.

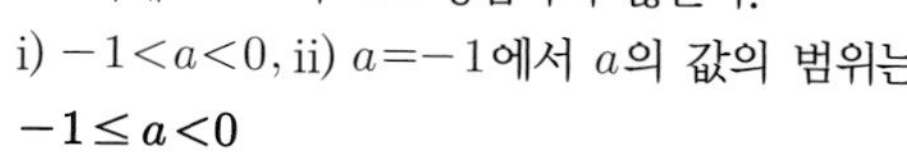
i) $-1<a<0$, ii) $a=-1$에서 a의 값의 범위는

$\mathbf{-1\le a<0}$

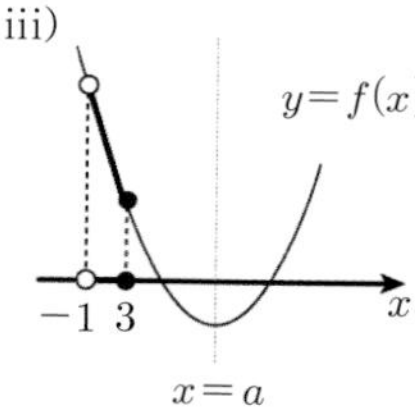

줄기6-21 $-1<x\le 3$에서 이차부등식 $x^2-2(a+1)x-a+1\ge 0$이 항상 성립하도록 하는 실수 a의 값의 범위를 구하여라.

줄기6-22 $2<x<4$에서 이차부등식 $x^2-2ax>a^2+1$이 항상 성립하도록 하는 실수 a의 값의 범위를 구하여라.

뿌리 6-12 두 그래프의 위치 관계와 이차부등식

이차함수 $y=x^2+(m-1)x+3$의 그래프가 직선 $y=x-1$보다 항상 위쪽에 있을 때, 실수 m의 값의 범위를 구하여라.

풀이 $y=x^2+(m-1)x+3$의 그래프가 직선 $y=x-1$보다 항상 위쪽에 있으므로 모든 실수 x에 대하여 이차부등식 $x^2+(m-1)x+3>x-1$, 즉 $x^2+(m-2)x+4>0$이 항상 성립한다.
이차부등식 $x^2+(m-2)x+4>0$이 모든 실수 x에 대하여 성립하므로
이차함수 $y=x^2+(m-2)x+4$의 그래프를 그리면 오른쪽 그림과 같다.
이차방정식 $x^2+(m-2)x+4=0$의 판별식을 D라 하면
$D=(m-2)^2-16<0,\ m^2-4m-12<0,\ (m+2)(m-6)<0$
$\therefore -2<m<6$

참고 모든 실수 x에 대하여 항상 성립하는 이차부등식(단, 우변이 0일 때)
⇨ ⋆모든 실수 x에 대하여 성립하는 이차함수의 그래프를 그린다. [p.221 결론]

줄기6-23 이차함수 $y=2x^2-2x+3$의 그래프가 이차함수 $y=ax^2-ax$의 그래프 보다 항상 위쪽에 있을 때, 실수 a의 값의 범위를 구하여라.

줄기6-24 이차함수 $y=-x^2+ax+3$의 그래프가 직선 $y=x-2$보다 위쪽에 있는 부분의 x의 값의 범위가 $1<x<b$일 때, 실수 a, b의 값을 구하여라.

연습문제

9 여러 가지 부등식(1)

평가일	점수

정답 및 풀이 95p

• 잎 9-1

부등식 $-2<-\frac{1}{2}x+3<x$를 만족시키는 정수 x의 값을 구하여라.

• 잎 9-2

부등식 $|2x-a|<6$의 해가 $-2<x<b$일 때, 실수 a, b의 값을 구하여라.

• 잎 9-3

부등식 $\left|\frac{1}{3}x-4\right|+\frac{1}{2}a\le 1$이 해를 갖도록 하는 실수 a의 값의 범위를 구하여라.

• 잎 9-4

부등식 $|2x-3|+1\le k$의 해가 $-2\le x\le 5$일 때, 실수 k의 값을 구하여라. [교육청 기출]

• 잎 9-5

$ab>0$일 때, 부등식 $|ax-4|\ge b$의 해가 $x\le -2$ 또는 $x\ge 10$이다. 이때, 실수 a, b의 값을 구하여라.

1 절댓값 기호를 포함한 부등식의 해의 조건

1) $|x|>a$의 해가 모든 실수이다. ⇨ $a<0$ ($\because |x|$의 최솟값이 0)
   $|x|\ge a$의 해가 모든 실수이다. ⇨ $a\le 0$ ($\because |x|$의 최솟값이 0)
2) $|x|<a$의 해가 없다. ⇨ $a\le 0$ ($\because |x|$의 최솟값이 0)
   $|x|\le a$의 해가 없다. ⇨ $a<0$ ($\because |x|$의 최솟값이 0)

• 잎 9-6

다음 물음에 답하여라.

1) 부등식 $|2x-1|-3>a$의 해가 모든 실수가 되도록 하는 실수 a의 값의 범위를 구하여라.
2) 부등식 $|x+3|+k\le -2$의 해가 존재하지 않도록 하는 실수 k의 값의 범위를 구하여라.

• 잎 9-7

부등식 $|2x-4| \le x+1$을 만족하는 정수 x의 개수는? [교육청 기출]

① 5 ② 6 ③ 7 ④ 8 ⑤ 9

• 잎 9-8

부등식 $||x-4|-2| \le 3$을 만족시키는 정수 x의 개수를 구하여라.

• 잎 9-9

두 종류의 빵 A, B를 각각 1개씩 만드는 데 필요한 밀가루와 설탕의 양은 오른쪽 표와 같다. 밀가루 820 g과 설탕 380 g으로 10개의 빵을 만들려고 할 때, 빵 A는 최대 몇 개까지 만들 수 있는지 구하여라.

빵	밀가루 (g)	설탕 (g)
A	70	40
B	90	35

• 잎 9-10

학생들이 야영을 하려고 하는데 한 텐트에 5명씩 자면 7명이 남고 6명씩 자면 텐트가 4개 남는다. 이때, 텐트의 개수를 구하여라.

• 잎 9-11

이차부등식 $ax^2+bx+c \ge 0$의 해가 $x=3$일 때, 실수 a, b, c의 부호를 바르게 나타낸 것은? [교육청 기출]

① $a<0,\ b>0,\ c<0$ ② $a<0,\ b<0,\ c>0$ ③ $a<0,\ b>0,\ c>0$
④ $a>0,\ b>0,\ c<0$ ⑤ $a>0,\ b<0,\ c>0$

• 잎 9-12

이차부등식 $ax^2+bx+c \le 0$의 해가 $x=3$일 때, 부등식 $bx^2+3ax+c>0$을 만족시키는 정수 x의 값을 모두 구하여라.

• 잎 9-13

이차부등식 $ax^2+bx+c>0$의 해가 $\frac{1}{8}<x<\frac{1}{2}$일 때, 이차부등식 $cx^2+bx+a\geq 0$의 해 중 정수의 개수는? [교육청 기출]

① 5 ② 7 ③ 9 ④ 11 ⑤ 13

• 잎 9-14

이차부등식 $x^2-ax+7\leq 0$의 해가 $\alpha\leq x\leq\beta$이고, 이차부등식 $x^2-3x+b>0$의 해가 $x<\alpha-1$ 또는 $x>\beta-1$일 때, 상수 a, b의 값을 구하여라. [교육청 기출]

• 잎 9-15

모든 실수 x에 대하여 $\sqrt{(k+1)x^2-(k+1)x+5}$의 값이 실수가 되게 하는 정수 k의 개수를 구하여라. [교육청 기출]

• 잎 9-16

이차부등식 $(k+3)x^2-2(k+3)x-1<0$을 만족시키지 않는 x의 값이 오직 t뿐일 때, 실수 t, k의 값을 구하여라.

• 잎 9-17

이차부등식 $ax^2+bx+c\geq 0$의 해가 $x=2$뿐일 때, 다음 〈보기〉에서 참, 거짓을 말하여라. [교육청 기출]

ㄱ. $a<0$ ( ) ㄴ. $b^2-4ac=0$ ( ) ㄷ. $a+b+c<0$ ( )

• 잎 9-18

부등식 $ax^2+2x+a>0$이 해를 가질 때, 실수 a의 값의 범위를 구하여라.

• 잎 9-19

이차부등식 $f(x)<0$의 해가 $x<-4$ 또는 $x>1$일 때, 부등식 $f(2x-3)\geq 0$의 해를 구하여라.

• 잎 9-20

이차부등식 $f(x)>0$의 해가 $-4<x<1$일 때, 부등식 $f(2-x)>f(0)$의 해를 구하여라.

• 잎 9-21

오른쪽 그림은 두 점 $(-1,\ 0)$, $(2,\ 0)$을 지나는 이차함수 $y=f(x)$의 그래프를 나타낸 것이다.
부등식 $f\left(\dfrac{x+k}{2}\right)\le 0$의 해가 $-3\le x\le 3$일 때,
상수 k의 값을 구하여라. [교육청 기출]

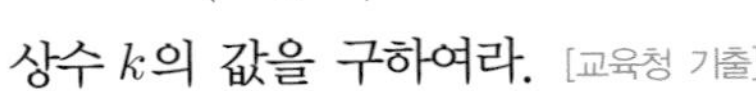

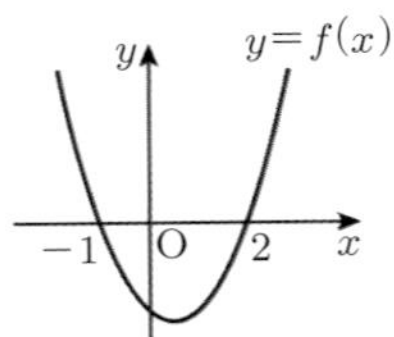

• 잎 9-22

이차함수 $y=kx^2+(k-2)x+1$의 그래프가 직선 $y=2x-1$보다 항상 위쪽에 존재할 때, 실수 k의 값의 범위를 구하여라.

• 잎 9-23

모든 실수 x에 대하여 부등식 $-2x^2+1\le 2x+a<x^2+3$이 항상 성립하도록 실수 a의 값의 범위를 구하여라.

• 잎 9-24

모든 실수 x에 대하여 부등식 $(m+1)x^2-(m+1)x-2<0$이 항상 성립할 때, 정수 m의 값을 모두 구하여라.

• 잎 9-25

두 이차함수 $f(x)=2x^2-2x+3$, $g(x)=ax^2-ax$에 대하여 부등식 $f(x)>g(x)$의 해가 실수 전체일 때, 실수 a의 값의 범위를 구하여라.

• 잎 9-26

$-1<x\le 3$에서 이차부등식 $2x^2-2x-a>x^2+2ax-1$이 항상 성립할 때, 실수 a의 최솟값을 구하여라.

9. 여러 가지 부등식 (2)

07 연립이차부등식

1 연립이차부등식

08 이차방정식의 실근의 조건

1 이차방정식의 근의 부호는 *실근인 경우에만 생각할 수 있다.

2 이차방정식의 실근의 부호

3 이차방정식의 실근의 위치 (근의 분리)

연습문제

07 연립이차부등식

1 연립이차부등식

2개 이상의 부등식을 연립하여 나타낸 것을 **연립부등식**이라 한다. 이때, 차수가 가장 높은 부등식이 이차부등식일 때, 이것을 **연립이차부등식**이라 하고 다음 두 가지 꼴이 있다.

$\begin{cases} \text{일차부등식} \\ \text{이차부등식} \end{cases}$, $\begin{cases} \text{이차부등식} \\ \text{이차부등식} \end{cases}$

씨앗. 1 연립부등식 $\begin{cases} x^2-2x-3\ge 0 & \cdots ㉠ \\ x^2-4x-12<0 & \cdots ㉡ \end{cases}$ 을 풀어라.

풀이 ㉠에서 $(x+1)(x-3)\ge 0$ $\therefore x\le -1$ 또는 $x\ge 3$ ⋯㉢
㉡에서 $(x+2)(x-6)<0$ $\therefore -2<x<6$ ⋯㉣
㉢, ㉣을 수직선 위에 나타내면 오른쪽 그림과 같다.
㉢, ㉣의 공통 범위를 구하면 $-2<x\le -1$ 또는 $3\le x<6$

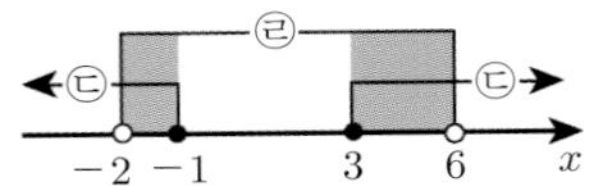

뿌리 7-1 해가 주어진 연립이차부등식(1)

연립부등식 $\begin{cases} x^2-2x-8\le 0 & \cdots ㉠ \\ x-k>0 & \cdots ㉡ \end{cases}$ 의 해가 $3<x\le 4$가 되도록 하는 실수 k의 값을 구하여라.

풀이 *㉠의 해가 고정되었으므로 ㉠의 해를 구해 수직선 위에 먼저 그려 놓는다.
㉠ : $x^2-2x-8\le 0$, $(x+2)(x-4)\le 0$ $\therefore -2\le x\le 4$ ⋯㉠
㉡ : $x-k>0$ $\therefore x>k$ ⋯㉡
㉡의 움직이는 해를 이동시켜보면서 ㉠, ㉡의 해의 공통부분이 $3<x\le 4$가 되도록 수직선 위에 나타내면 오른쪽 그림과 같다.
$\therefore k=3$

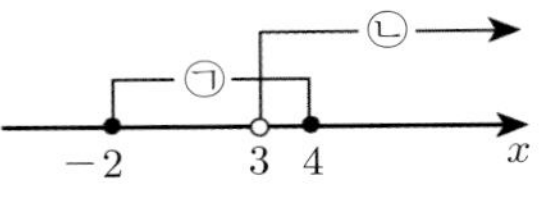

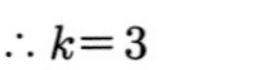

참고 연립부등식의 미정계수를 구하는 방법 ※ 상수항은 x^0의 계수이다.
⇨ 연립부등식에서 각각의 해를 구한 후, 고정된 해를 수직선 위에 먼저 그려 놓은 후 움직이는 해를 이동시켜보면서 주어진 해와 일치하도록 수직선 위에 나타낸다.

[줄기7-1] 연립부등식 $\begin{cases} x^2-(1+a)x+a\le 0 \\ x^2-x-6<0 \end{cases}$ 의 해가 $1\le x\le a$일 때, 실수 a의 값의 범위를 구하여라. (단, $a>1$)

뿌리 7-2 해가 주어진 연립이차부등식 (2)

연립부등식 $\begin{cases} x^2+(a-1)x-a<0 & \cdots ㉠ \\ x \geq 2 & \cdots ㉡ \end{cases}$ 의 해가 존재하도록 하는 실수 a의 값의 범위를 구하여라.

풀이 *㉡의 해가 고정되었으므로 $x \geq 2$ ⋯ ㉡를 수직선 위에 먼저 그려 놓는다.

㉠ : $x^2+(a-1)x-a<0$에서 $(x-1)(x+a)<0$

⇨ 해가 맺힌다. ∴ 작은 근 $<x<$ 큰 근 [p.212]

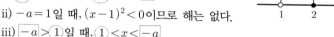

i) $-a<1$일 때, $-a<x<1$

ii) $-a=1$일 때, $(x-1)^2<0$이므로 해는 없다.

iii) $-a>1$일 때, $1<x<-a$

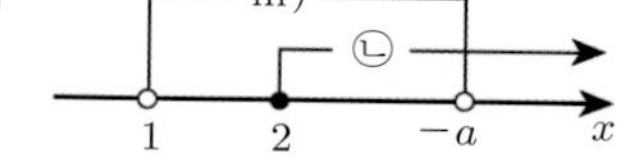

㉠의 해에서 1은 고정되었으므로 수직선 위에 그려 놓고 움직이는 $-a$를 이동시켜본다.
따라서 i), ii)에서는 ㉠, ㉡의 해의 공통부분이 없다.
해가 존재해야 하므로 iii) $1<x<-a$를 ㉡의 해와 공통부분이 있도록 수직선 위에 나타내면 위쪽 그림과 같다. 따라서 $-a>2$ ∴ $\boldsymbol{a<-2}$

[줄기7-2] 연립부등식 $\begin{cases} x^2-5x-6 \leq 0 \\ x^2+(a+1)x+a>0 \end{cases}$ 의 해가 $4<x\leq 6$일 때, 실수 a의 값을 구하여라.

뿌리 7-3 해가 주어진 연립이차부등식 (3)

연립부등식 $\begin{cases} x^2-3x<0 & \cdots ㉠ \\ x^2-(a+1)x+a \leq 0 & \cdots ㉡ \end{cases}$ 을 만족시키는 정수 x의 값이 1뿐일 때, 실수 a의 값의 범위를 구하여라.

풀이 *㉠의 해가 고정되었으므로 ㉠의 해를 구하여 수직선 위에 먼저 그려 놓는다.

㉠ : $x(x-3)<0$ ∴ $0<x<3$ ⋯ ㉠

㉡ : $(x-1)(x-a)\leq 0$

⇨ 해가 맺힌다. ∴ 작은 근 $\leq x \leq$ 큰 근 [p.212]

i) $a<1$일 때, $a\leq x\leq 1$ ⋯ ⓐ
따라서 ㉠, ⓐ의 공통 범위의 정수인 해는 $x=1$, 이것 하나뿐이다.

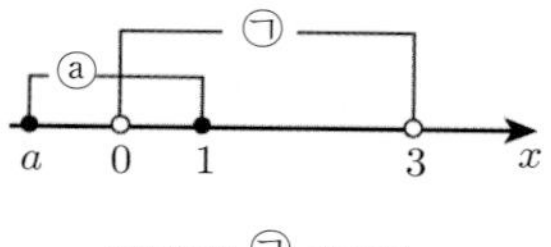

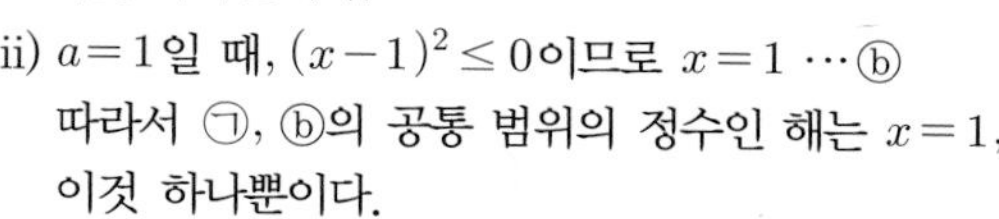
ii) $a=1$일 때, $(x-1)^2\leq 0$이므로 $x=1$ ⋯ ⓑ
따라서 ㉠, ⓑ의 공통 범위의 정수인 해는 $x=1$, 이것 하나뿐이다.

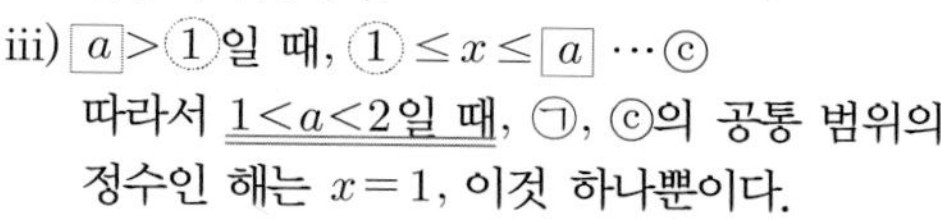
iii) $a>1$일 때, $1\leq x\leq a$ ⋯ ⓒ
따라서 $1<a<2$일 때, ㉠, ⓒ의 공통 범위의 정수인 해는 $x=1$, 이것 하나뿐이다.

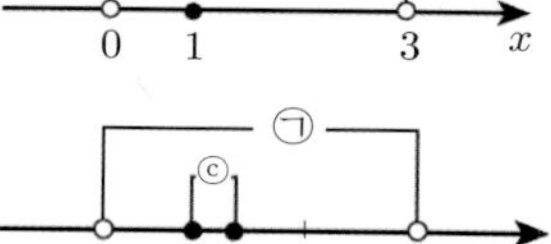

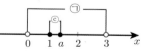

오른쪽 그림은 ㉡의 해에서 1은 고정되었으므로 움직이는 a를 이동시켜본 것이다.
따라서 i) $a<1$, ii) $a=1$, iii) $1<a<2$일 때, 정수인 해가 $x=1$뿐이므로 $\boldsymbol{a<2}$

뿌리 7-4 해가 주어진 연립이차부등식(4)

연립부등식 $\begin{cases} x(x+3) \le 0 & \cdots ㉠ \\ x^2-ax+a-1 \le 0 & \cdots ㉡ \end{cases}$ 의 해가 존재하도록 하는 실수 a의 값의 범위를 구하여라.

풀이 *㉠의 해가 고정되었으므로 ㉠의 해를 구하여 수직선 위에 먼저 그려 놓는다.

㉠ : $x(x+3) \le 0$ $\therefore -3 \le x \le 0 \cdots$ ㉠

㉡ : $x^2-ax+a-1 \le 0$에서 $(x-1)\{x-(a-1)\} \le 0$

⇨ 해가 맺힌다. ∴ 작은 근 $\le x \le$ 큰 근 [p.212]

i) $a-1 < 1$일 때, $a-1 \le x \le 1 \cdots$ ⓐ

따라서 $a-1 \le 0$이면 ㉠, ⓐ의 공통부분이 있다.

ii) $a-1=1$일 때, $(x-1)^2 \le 0$이므로 $x=1 \cdots$ ⓑ

따라서 ㉠, ⓑ의 공통부분이 없다.

iii) $a-1 > 1$일 때, $1 \le x \le a-1 \cdots$ ⓒ

따라서 ㉠, ⓒ의 공통부분이 없다.

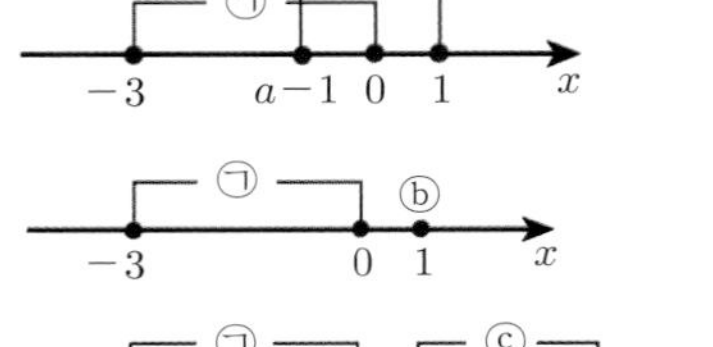

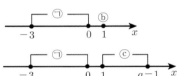

오른쪽 그림은 ㉡의 해에서 1은 고정되었으므로 움직이는 $a-1$을 이동시켜본 것이다.

따라서 연립부등식의 해가 존재하는 경우는

i) $a-1<1$일 때, $a-1 \le 0$이면 해가 존재하므로 $\boldsymbol{a \le 1}$

[줄기7-3] 연립부등식 $\begin{cases} x^2-9>0 \\ 2x^2+(9+2a)x+9a<0 \end{cases}$ 을 만족시키는 정수 x의 값이 -4뿐일 때, 실수 a의 값의 범위를 구하여라.

[줄기7-4] 연립부등식 $\begin{cases} x^2-x-12 \le 0 \\ x^2-(a+2)x+2a>0 \end{cases}$ 을 만족시키는 정수 x가 3개일 때, 실수 a의 값의 범위를 구하여라.

뿌리 7-5 이차방정식의 근의 판별과 이차부등식

이차방정식 $x^2-2kx+2k+3=0$은 실근을 갖고 $x^2-kx+k+3=0$은 허근을 가질 때, 실수 k의 값의 범위를 구하여라.

풀이 $x^2-2kx+2k+3=0$의 판별식을 D_1이라 하면 이 이차방정식이 실근을 가지므로

$\frac{D_1}{4}=k^2-(2k+3)\geq 0,\ k^2-2k-3\geq 0,\ (k+1)(k-3)\geq 0$

$\therefore k\leq -1$ 또는 $k\geq 3$ ⋯㉠

$x^2-kx+k+3=0$의 판별식을 D_2라 하면 이 이차방정식이 허근을 가지므로

$D_2=k^2-4(k+3)<0,\ k^2-4k-12<0,\ (k+2)(k-6)<0$

$\therefore -2<k<6$ ⋯㉡

㉠, ㉡의 공통부분을 구하면 오른쪽 그림과 같다.

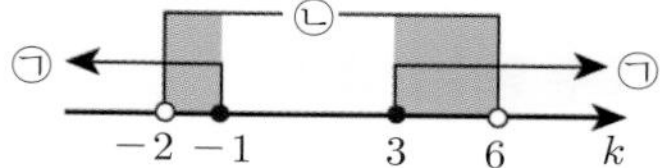

$\therefore$ **$-2<k\leq -1$ 또는 $3\leq k<6$**

[줄기 7-5] 이차방정식 $x^2+kx+2k-3=0$과 $x^2-2kx+9=0$이 모두 허근을 가질 때, 실수 k의 값의 범위를 구하여라.

뿌리 7-6 연립이차부등식의 활용

세 변의 길이가 각각 $x-3,\ x,\ x+3$인 둔각삼각형이 있다. 이때, 실수 x의 값의 범위를 구하여라.

풀이 길이는 양수이므로 ※(길이)>0, (거리)≥ 0

$x-3>0,\ x>0,\ x+3>0 \quad \therefore x>3$ ⋯㉠

삼각형의 가장 긴 변의 길이는 나머지 두 변의 길이의 합보다 작으므로

$x+3<(x-3)+x \quad \therefore x>6$ ⋯㉡

둔각삼각형이 되려면 $(x+3)^2>(x-3)^2+x^2$ $\quad cf)$ 직각삼각형이 되려면 $(\underline{x+3})^2=(x-3)^2+x^2$ (↑ 세 변 중 가장 긴 변)

$x^2-12x<0,\ x(x-12)<0 \quad \therefore 0<x<12$ ⋯㉢

따라서 ㉠, ㉡, ㉢의 공통부분을 구하면 **$6<x<12$**

[줄기 7-6] 세 수 $x-2,\ x,\ x+2$가 예각삼각형의 세 변의 길이가 되도록 하는 실수 x의 값의 범위를 구하여라.

[줄기 7-7] 오른쪽 그림과 같이 한 변의 길이가 $50\,\text{m}$인 정사각형 모양의 땅에 같은 폭의 도로를 가로, 세로와 평행한 방향으로 만들었다. 도로를 제외한 넓이가 $1600\,\text{m}^2$ 이상이 되도록 도로의 폭의 범위를 구하여라.

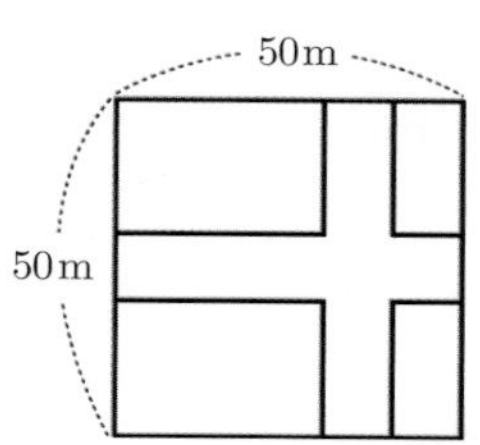

08 이차방정식의 실근의 조건

1 이차방정식의 근의 부호는 *실근인 경우에만 생각할 수 있다.

이차방정식의 **두 근이 부호 (양수, 음수)가 있으면 두 근은 실근**이므로 판별식 * $D \geq 0$이다.

cf) 허근은 대소 관계가 존재하지 않으므로 양수, 음수가 존재하지 않는다. [p.194 4]

2 이차방정식의 실근의 부호

계수가 실수인 이차방정식 $ax^2+bx+c=0$의 두 실근을 α, β, 판별식을 D라 하면

1) **두 근이 모두 양수일 조건**

$D \geq 0,\ \alpha+\beta>0,\ \alpha\beta>0$

2) **두 근이 모두 음수일 조건**

$D \geq 0,\ \alpha+\beta<0,\ \alpha\beta>0$

3) **두 근이 서로 다른 부호일 조건**

$\alpha\beta<0$

증명 **1st** $\alpha\beta<0$에서 $\frac{c}{a}<0$이므로 $ac<0$이다. 따라서 $D=b^2-4ac$에서 $b^2 \geq 0,\ -4ac>0$이므로 $D>0$이다.
즉 $\alpha\beta<0$이면 항상 $D>0$이므로 판별식 D를 조사할 필요가 없다.

2nd 두 근의 합은 양수, 음수, 0이 모두 가능하므로 조사할 필요가 없다.

3rd 두 근의 곱은 음수, 즉 $\alpha\beta<0$

3 이차방정식의 실근의 위치 (근의 분리) ⇨ 아래로 볼록한 이차함수의 그래프를 이용한다.

실수 a, b, c에 대하여 이차방정식 $ax^2+bx+c=0\ (a>0)$의 두 실근의 위치를 판별하기 위해서는 이차함수 $f(x)=ax^2+bx+c\ (a>0)$의 그래프를 이용한다. (단, $D=b^2-4ac$)

※ 두 근의 위치가 존재한다. ⇨ 두 근은 실근이다. ∴ 판별식 $D \geq 0$

1) **두 근이 모두 k보다 크다.**

i) $D \geq 0$ ii) $f(k)>0$ iii) $-\frac{b}{2a}>k$

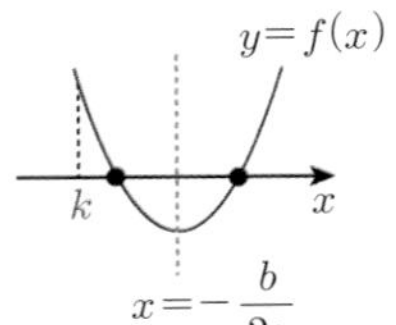

(익히는 방법)

1st 두 근이 모두 k보다 큰 오른쪽 위 그림을 그린다.

i) 두 근이 k보다 크다. ⇨ 두 근은 실근이다. ∴ 판별식 $D \geq 0$ (중근은 서로 같은 두 실근)

ii) $f(k)>0$이어야 함을 오른쪽 위 그림으로 쉽게 확인할 수 있다.

2nd 하지만 i), ii)의 조건만 따지면 오른쪽 그림과 같이 두 근이 모두 k보다 작은 경우도 해당이 되므로 대칭축 $x=-\frac{b}{2a}$가 k보다 커야 한다.

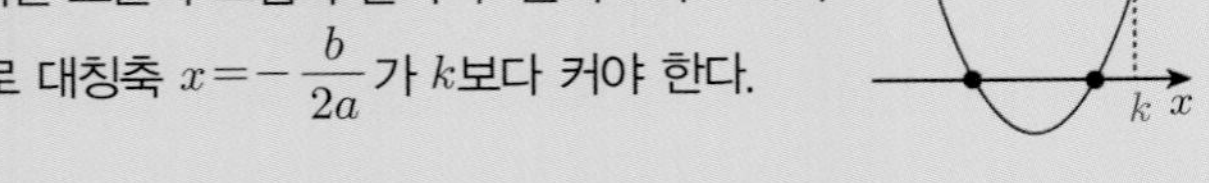

iii) $-\frac{b}{2a}>k$

2) **두 근이 모두 k보다 작다.**

i) $D \geq 0$ ii) $f(k) > 0$ iii) $-\dfrac{b}{2a} < k$

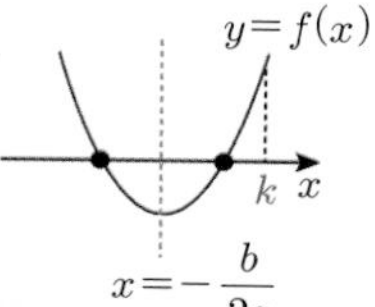

익히는 방법

1st 두 근이 모두 k보다 작은 오른쪽 위 그림을 그린다.

i) 두 근이 k보다 작다. ⇨ 두 근은 실근이다. ∴ 판별식 $D \geq 0$ (중근은 서로 같은 두 실근)

ii) $f(k) > 0$이어야 함을 오른쪽 위 그림으로 쉽게 확인할 수 있다.

2nd 하지만 i), ii)의 조건만 따지면 오른쪽 그림과 같이 두 근이 모두 k보다 큰 경우도 해당이 되므로 대칭축 $x=-\dfrac{b}{2a}$가 k보다 작아야 한다.

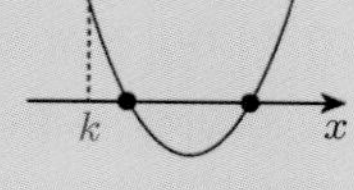

iii) $-\dfrac{b}{2a} < k$

3) **두 근 사이에 k가 있을 조건** ⇨ $f(k) < 0$ (*제일 쉽다.)

i) $D > 0$ ii) $f(k) < 0$ iii) $-\dfrac{b}{2a}$ (의미 없다.)

당연하다.

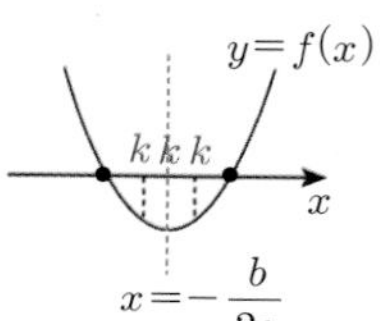

익히는 방법 *'제일 쉽다.'로 기억한다.

$y=f(x)$의 그래프가 아래로 볼록하므로 $f(k) < 0$이면 k의 좌우에서 x축과 만나게 되므로 $D>0$인 것이 당연하다. 또, 대칭축 $x=-\dfrac{b}{2a}$는 k보다 클 수도, 같을 수도, 작을 수도 있으므로 의미 없다.

∴ $f(k) < 0$만 따지면 된다.

4) **두 근이 모두 k'과 k 사이에 있을 조건**

i) $D \geq 0$ ii) $f(k') > 0$, $f(k) > 0$

iii) $k' < -\dfrac{b}{2a} < k$

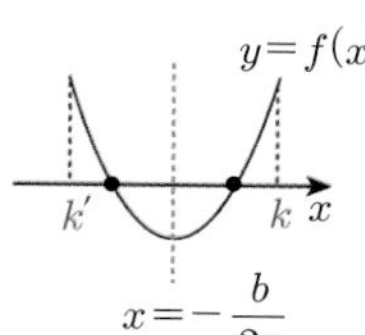

익히는 방법

1st 두 근이 모두 k'과 k 사이에 있는 오른쪽 위 그림을 그린다.

i) 두 근이 k'과 k 사이에 있다. ⇨ 두 근은 실근 ∴ 판별식 $D \geq 0$ (중근은 서로 같은 두 실근)

ii) $f(k') > 0$, $f(k) > 0$이어야 함을 오른쪽 위 그림으로 쉽게 확인할 수 있다.

2nd 하지만 i), ii)의 조건만 따지면 오른쪽 그림과 같이 두 근이 모두 k'과 k 밖에 있는 경우도 있으므로 대칭축 $x=-\dfrac{b}{2a}$가 k'와 k 사이에 있어야 한다.

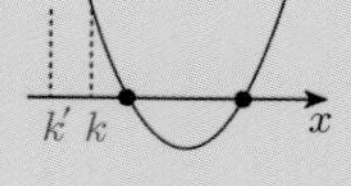

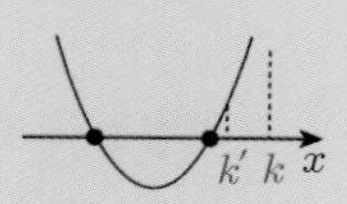

iii) $k' < -\dfrac{b}{2a} < k$

※ $a < 0$일 때에는 주어진 이차방정식의 양변에 -1을 곱하여 이차항의 계수를 양수로 고치면 (∵ 아래로 볼록한 이차함수의 그래프에서 개념을 잡았다.) 1), 2), 3), 4)번의 방법을 이용할 수 있다.

뿌리 8-1 이차방정식의 실근의 부호(1)

다음 물음에 답하여라.

1) 이차방정식 $x^2-3x-k+1=0$의 두 근이 모두 양수일 때, 실수 k의 값의 범위를 구하여라.

2) 이차방정식 $x^2+5x+4-2k=0$의 두 근이 모두 음수일 때, 실수 k의 값의 범위를 구하여라

3) 이차방정식 $x^2+4kx+k-3=0$의 두 근이 서로 다른 부호일 때, 실수 k의 값의 범위를 구하여라.

핵심
1) 두 근이 모두 양수일 조건 ⇨ i) $D\geq 0$, ii) $\alpha+\beta>0$, iii) $\alpha\beta>0$
2) 두 근이 모두 음수일 조건 ⇨ i) $D\geq 0$, ii) $\alpha+\beta<0$, iii) $\alpha\beta>0$
3) 두 근이 서로 다른 부호일 조건 (*제일 쉽다. ^^) ⇨ $\alpha\beta<0$

풀이
1) $x^2-3x-k+1=0$의 두 근을 α, β, 판별식을 D라 하면
i) $D=(-3)^2-4(-k+1)\geq 0$, $4k+5\geq 0$ $\quad\therefore k\geq\frac{-5}{4}$
ii) $\alpha+\beta=3>0$ $\quad\therefore k$는 모든 실수
iii) $\alpha\beta=-k+1>0$ $\quad\therefore k<1$
i), ii), iii)의 공통 범위를 구하면 $\boldsymbol{-\frac{5}{4}\leq k<1}$

2) $x^2+5x+4-2k=0$의 두 근을 α, β, 판별식을 D라 하면
i) $D=5^2-4(4-2k)\geq 0$, $8k+9\geq 0$ $\quad\therefore k\geq\frac{-9}{8}$
ii) $\alpha+\beta=-5<0$ $\quad\therefore k$는 모든 실수
iii) $\alpha\beta=4-2k>0$ $\quad\therefore k<2$
i), ii), iii)의 공통 범위를 구하면 $\boldsymbol{-\frac{9}{8}\leq k<2}$

3) $x^2+4kx+k-3=0$의 두 근을 α, β라 하면
$\alpha\beta=k-3<0$ $\quad\therefore \boldsymbol{k<3}$

[줄기8-1] 이차방정식 $(k^2+1)x^2-4(k-1)x+4=0$의 두 근이 모두 음수일 때, 실수 k의 값의 범위를 구하여라.

[줄기8-2] 이차방정식 $3x^2-2(k-1)x+k+4=0$이 한 개의 양근과 한 개의 음근을 가질 때, 실수 k의 값의 범위를 구하여라.

[줄기8-3] 이차방정식 $x^2+(k-2)x-k-6=0$의 두 근의 부호가 서로 다르고 양근이 음근의 절댓값보다 클 때, 실수 k의 값의 범위를 구하여라.

[줄기8-4] 이차방정식 $x^2-2(m^2+2m-8)x+m=1$의 두 근의 부호가 서로 다르고 두 근의 절댓값이 같을 때, 실수 m의 값을 구하여라.

뿌리 8-2 두 근이 모두 k보다 클 때

이차방정식 $x^2+2ax-4a-3=0$의 두 근이 모두 1보다 클 때, 실수 a의 값의 범위를 구하여라.

핵심 이차방정식의 근의 위치가 주어지면 아래로 볼록한 이차함수의 그래프를 그려서 알아본다.
($\because$ 아래로 볼록한 이차함수의 그래프에서 개념을 잡았다.)

참고 두 근의 위치가 존재한다. ⇨ 두 근은 실근이다. $\therefore$ 판별식 $D \geq 0$

풀이 $f(x)=x^2+2ax-4a-3$이라 하면 이차방정식 $f(x)=0$의 두 근이 모두 1보다 크므로 이차함수 $y=f(x)$의 그래프는 우측 그림과 같다.

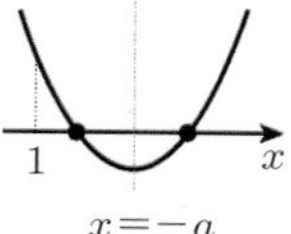

i) $f(x)=0$의 두 근이 모두 1보다 크다. ⇨ 두 근은 실근이다.
따라서 판별식을 D라 하면 $\frac{D}{4}=a^2-(-4a-3) \geq 0$
$(a+3)(a+1) \geq 0$ $\therefore a \leq -3$ 또는 $a \geq -1$ ⋯㉠

ii) $f(1)=1+2a-4a-3>0$ $\therefore a<-1$ ⋯㉡

iii) 대칭축 $x=-a$이므로 $-a>1$ $\therefore a<-1$ ⋯㉢

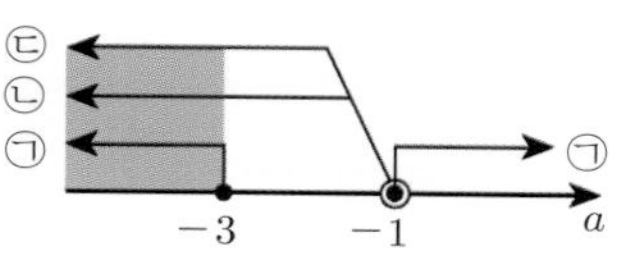

㉠, ㉡, ㉢을 만족하는 a의 공통 범위는 $\boldsymbol{a \leq -3}$

팁 ㉠, ㉡, ㉢, 즉 3개의 공통 범위이므로 각 부등식의 해 3개가 겹쳐진 부분을 찾는다.

뿌리 8-3 두 근이 모두 k보다 작을 때

이차방정식 $x^2+2ax+4a=0$의 두 근이 모두 -2보다 작을 때, 실수 a의 값의 범위를 구하여라.

풀이 $f(x)=x^2+2ax+4a$라 하면 이차방정식 $f(x)=0$의 두 근이 모두 -2보다 작으므로 이차함수 $y=f(x)$의 그래프는 우측 그림과 같다.

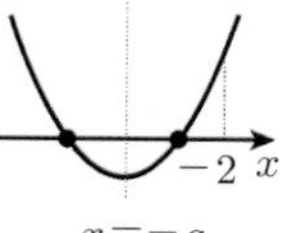

i) $f(x)=0$의 두 근이 모두 -2보다 작다. ⇨ 두 근은 실근이다.
따라서 판별식을 D라 하면 $\frac{D}{4}=a^2-4a \geq 0$
$a(a-4) \geq 0$ $\therefore a \leq 0$ 또는 $a \geq 4$ ⋯㉠

ii) $f(-2)=4-4a+4a>0$ $\therefore 4>0$ (항상 성립)

iii) 대칭축 $x=-a$이므로 $-a<-2$ $\therefore a>2$ ⋯㉡

㉡ ㉠ ㉠ 0 2 4 a

㉠, ㉡을 만족하는 a의 공통 범위는 $\boldsymbol{a \geq 4}$

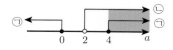

팁 ㉠, ㉡, 즉 2개의 공통 범위이므로 각 부등식의 해 2개가 겹쳐진 부분을 찾는다.

[줄기 8-5] 이차방정식 $-x^2+kx-2k=0$의 두 근이 모두 -2보다 클 때, 실수 k의 값의 범위를 구하여라.

뿌리 8-4 두 근이 모두 k'과 k 사이에 있을 때

이차방정식 $x^2-(m+2)x-(m-1)=0$의 두 근이 모두 0과 2 사이에 있을 때, 실수 m의 값의 범위를 구하여라.

풀이 $f(x)=x^2-(m+2)x-(m-1)$이라 하면 이차방정식 $f(x)=0$의 두 근이 0과 2 사이에 있으므로 이차함수 $y=f(x)$의 그래프는 오른쪽 그림과 같다.

i) $f(x)=0$의 두 근이 모두 0과 2 사이에 있다. ⇨ 두 근은 실근이다.

따라서 판별식을 D라 하면 $D=(m+2)^2+4(m-1)\ge 0$

$m^2+8m\ge 0$, $m(m+8)\ge 0$ $\quad\therefore m\le -8$ 또는 $m\ge 0$ ⋯㉠

ii) $f(0)=-m+1>0$이므로 $m<1$

$f(2)=-3m+1>0$이므로 $m<\frac{1}{3}$ $\quad\therefore m<\frac{1}{3}$ ⋯㉡

iii) 대칭축 $x=\frac{m+2}{2}$이므로 $0<\frac{m+2}{2}<2$

$0<m+2<4$ $\quad\therefore -2<m<2$ ⋯㉢

㉠, ㉡, ㉢을 만족하는 m의 공통 범위는 $\mathbf{0\le m<\frac{1}{3}}$

팁 ㉠, ㉡, ㉢, 즉 3개의 공통 범위이므로 각 부등식의 해 3개가 겹쳐진 부분을 찾는다.

뿌리 8-5 두 근 사이에 k가 있을 때

이차방정식 $-2x^2+ax+a^2=0$의 두 근 사이에 1이 있을 때, 실수 a의 값의 범위를 구하여라.

핵심 이차방정식의 x^2의 계수가 음수이면 양변에 -1을 곱하여 x^2의 계수를 양수로 바꾼다.
(∵ 아래로 볼록한 이차함수의 그래프에서 개념을 잡았다.)

풀이 $-2x^2+ax+a^2=0$에서 $2x^2-ax-a^2=0$

$f(x)=2x^2-ax-a^2$이라 하면 이차방정식 $f(x)=0$의 두 근 사이에 1이 있으므로 이차함수 $y=f(x)$의 그래프는 오른쪽 그림과 같다. ⇨ *제일 쉽다.

따라서 $f(1)<0$이어야 하므로 $2-a-a^2<0$

$a^2+a-2>0$, $(a+2)(a-1)>0$ $\quad\therefore \mathbf{a<-2}$ **또는** $\mathbf{a>1}$

[줄기8-6] 이차방정식 $x^2-2(m+2)x+m^2=0$의 두 근 사이에 1이 있을 때, 실수 m의 값의 범위를 구하여라.

[줄기8-7] 이차방정식 $x^2-2mx-3m+4=0$의 두 근이 모두 0과 3 사이에 있을 때, 실수 m의 값의 범위를 구하여라.

뿌리 8-6 이차방정식의 근의 위치 (1)

이차방정식 $ax^2-(a+3)x-2=0$의 한 근이 -1과 0 사이에 있고 다른 한 근은 1과 2 사이에 있을 때, 실수 a의 값의 범위를 구하여라.

핵심 이차함수의 y절편이 고정되어 있으면 y절편을 고려하여 이차함수의 그래프를 그린다.

주의 이차방정식 $ax^2-(a+3)x-2=0$이라고 했으므로 $a\neq0$이다.
⇨ $a>0$일 때와 $a<0$일 때로 나누어 이차함수 $y=ax^2-(a+3)x-2$의 그래프를 생각한다.

풀이 $f(x)=ax^2-(a+3)x-2$라 하면 y절편 -2이므로 주어진 조건을 만족시키는 이차함수 $y=f(x)$의 그래프는 오른쪽 그림과 같다.

i) $a>0$일 때

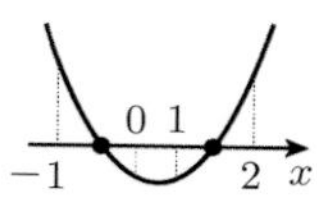

ii) $a<0$일 때

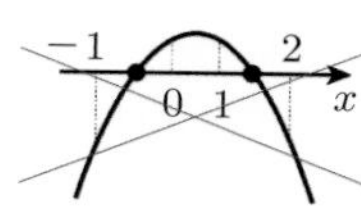

y절편 -2, 즉 $f(0)=-2$이므로 ii)의 그림은 오류이다.

따라서 i)의 그래프에서

$f(-1)>0$이므로 $a+(a+3)-2>0$ $\quad\therefore a>-\frac{1}{2}$ ⋯㉠

$f(0)<0$이므로 $-2<0$ (항상 성립)

$f(1)<0$이므로 $a-(a+3)-2<0$ $\quad\therefore -5<0$ (항상 성립)

$f(2)>0$이므로 $4a-2(a+3)-2>0$ $\quad\therefore a>4$ ⋯㉡

㉠, ㉡을 만족하는 a의 공통 범위는 $\boldsymbol{a>4}$

뿌리 8-7 이차방정식의 근의 위치 (2)

이차방정식 $x^2+(a+1)x+2a+4=0$의 한 근은 -1과 1 사이에 있고 다른 한 근은 1보다 클 때, 실수 a의 값의 범위를 구하여라.

풀이 $f(x)=x^2+(a+1)x+2a+4$라 하면 주어진 조건을 만족시키는 이차함수 $y=f(x)$의 그래프는 오른쪽 그림과 같다.

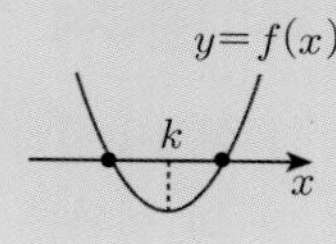

$f(-1)>0$이므로 $1-a-1+2a+4>0$ $\quad\therefore a>-4$ ⋯㉠

$f(1)<0$이므로 $1+a+1+2a+4<0$ $\quad\therefore a<-2$ ⋯㉡

㉠, ㉡을 만족하는 a의 공통 범위는 $\boldsymbol{-4<a<-2}$

참고 **이차방정식의 근의 위치는 실근인 경우에만 해당이 되므로 판별식 $D\geq0$임을 따져야 하는 데 뿌리 8-6), 뿌리 8-7)에서 판별식 D를 따지지 않은 이유**

$y=f(x)$의 그래프가 아래로 볼록하므로 $f(k)<0$이면 k의 좌우에서 x축과 만나게 되므로 $D>0$이 된다. 따라서 $f(k)<0$인 k가 있으면 판별식 D를 따져주지 않아도 된다.

($y=f(x)$, k, x)

주의 $f(-1)>0, f(1)<0 \Leftrightarrow f(-1)f(1)<0$ (×)
$(f(-1)>0, f(1)<0)$ 또는 $(f(-1)<0, f(1)>0) \Leftrightarrow f(-1)f(1)<0$ (○)

뿌리 8-8 이차방정식의 근의 위치(3)

이차방정식 $ax^2-(a+3)x-2=0$의 두 근 중 한 근이 -1과 1 사이에 있을 때, 실수 a의 값의 범위를 구하여라.

핵심 이차함수의 y절편이 고정되어 있으면 y절편을 고려하여 그래프를 그린다.

주의 이차방정식 $ax^2-(a+3)x-2=0$이라고 했으므로 $a\neq0$이다.
⇨ $a>0$일 때와 $a<0$일 때로 나누어 이차함수 $y=ax^2-(a+3)x-2$의 그래프를 생각한다.

풀이 $f(x)=ax^2-(a+3)x-2$라 하면 y절편 -2 ($\because f(0)=-2$)이므로 주어진 조건을 만족시키는 이차함수 $y=f(x)$의 그래프는 다음 그림과 같다.

i) $a>0$ …㉠일 때
$f(-1)f(1)<0$이므로 $(2a+1)(-5)<0$
$2a+1>0$ $\quad\therefore a>-\frac{1}{2}$ …㉡
㉠, ㉡에서 a의 공통 범위는 $a>0$

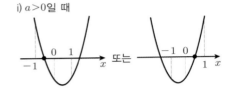

i) $a>0$일 때

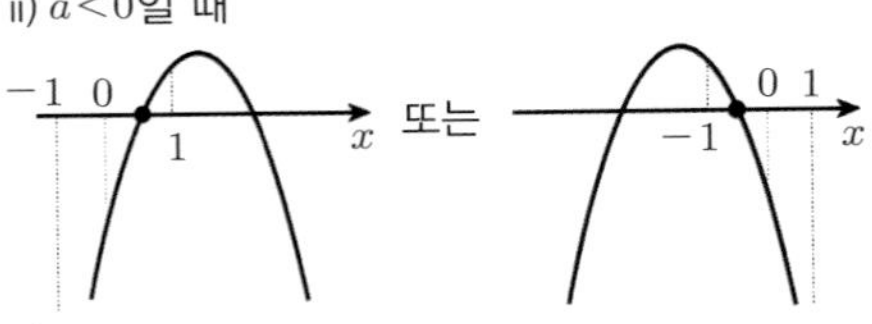

ii) $a<0$ …㉢일 때
$f(-1)f(1)<0$이므로 $(2a+1)(-5)<0$
$2a+1>0$ $\quad\therefore a>-\frac{1}{2}$ …㉣
㉢, ㉣에서 a의 공통 범위는 $-\frac{1}{2}<a<0$

ii) $a<0$일 때

i) $a>0$, ii) $-\frac{1}{2}<a<0$에서 a의 값의 범위는 $-\frac{1}{2}<a<0$ 또는 $a>0$

참고 **이차방정식의 근의 위치는 실근인 경우에만 해당이 되므로 판별식 $D\geq0$임을 따져야 하는 데 뿌리 8-8)에서 판별식 D를 따지지 않은 이유**

i) $y=f(x)$의 그래프가 아래로 볼록할 때, $f(k)<0$이면 k의 좌우에서 x축과 만나게 되므로 $D>0$이 된다. 따라서 $f(k)<0$인 k가 있으면 판별식 D를 따져주지 않아도 된다.

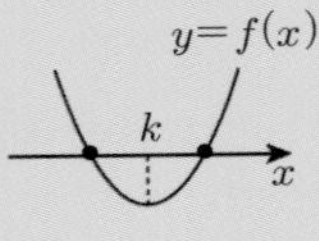

ii) $y=f(x)$의 그래프가 위로 볼록할 때, $f(k)>0$이면 k의 좌우에서 x축과 만나게 되므로 $D>0$이 된다. 따라서 $f(k)>0$인 k가 있으면 판별식 D를 따져주지 않아도 된다.

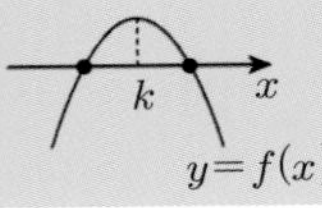

[줄기8-8] 다음 물음에 답하여라.

1) 이차방정식 $x^2+2(a-1)x+4=0$의 한 근만이 1과 2 사이에 있을 때, 실수 a의 값의 범위를 구하여라.

2) 이차방정식 $x^2+2(a-1)x-4=0$의 한 근만이 1과 2 사이에 있을 때, 실수 a의 값의 범위를 구하여라.

뿌리 8-9 이차방정식의 근의 위치(4)

이차방정식 $x^2-2x+a=0$의 한 근만이 1과 2 사이에 있을 때, 실수 a의 값의 범위를 구하여라.

풀이 $f(x)=x^2-2x+a$라 하면 대칭축이 $x=1$이므로 주어진 조건을 만족시키는 이차함수 $y=f(x)$의 그래프는 우측 그림과 같다. 따라서 i)의 그래프에서

$f(1)<0$이므로 $1-2+a<0$ $\quad \therefore a<1 \cdots$㉠

$f(2)>0$이므로 $4-4+a>0$ $\quad \therefore a>0 \cdots$㉡

㉠, ㉡에서 a의 공통 범위는 $\mathbf{0<a<1}$

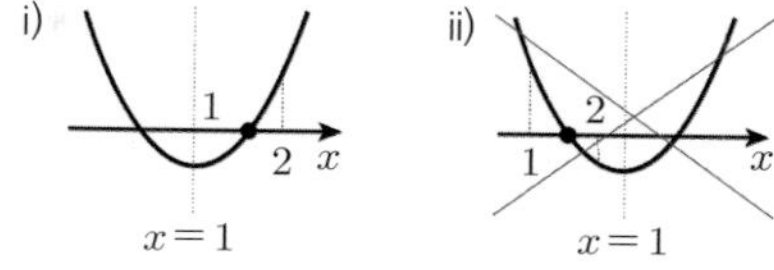

대칭축이 $x=1$이므로 ii)의 그림은 오류다.

참고 이차함수의 대칭축이 고정되어 있으면 대칭축을 고려하여 이차함수의 그래프를 그린다.

[줄기8-9] 이차방정식 $x^2-2x+a=0$의 한 근 α가 $1.5\le\alpha\le2.5$일 때, 실수 a의 값의 범위를 구하여라.

[줄기8-10] 이차방정식 $ax^2-(a+3)x-5=0$의 한 근은 1보다 크고 다른 한 근은 -1보다 작을 때, 실수 a의 값의 범위를 구하여라.

9 연습문제

여러 가지 부등식(2)

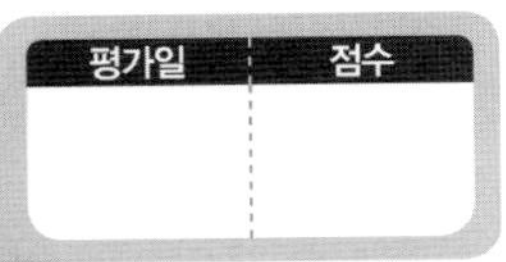

정답 및 풀이 107p

잎 9-1

연립부등식 $\begin{cases} x^2-2x-3>0 \\ x^2-(a+5)x+5a \le 0 \end{cases}$ 의 해가 $3<x\le5$일 때, 실수 a의 값의 범위를 구하여라.

잎 9-2

연립부등식 $\begin{cases} x^2-3x+a \le 0 \\ x^2-x+b>0 \end{cases}$ 의 해가 $2<x\le3$일 때, 실수 a, b의 값을 구하여라.

잎 9-3

연립부등식 $\begin{cases} x^2-2x-a \ge 0 \\ x^2-4x+b<0 \end{cases}$ 의 해가 $-2<x\le-1$ 또는 $3\le x<6$이 되도록 하는 실수 a, b의 값을 구하여라.

잎 9-4

세 실수 a, b, c에 대하여 연립부등식 $\begin{cases} (x-a)(x-b) \ge 0 \\ (x-b)(x-c) \ge 0 \end{cases}$ 의 해가 $x\le-2$ 또는 $x\ge3$일 때, 실수 a, c의 값을 구하여라. (단, $a<b<c$)

잎 9-5

이차함수 $y=x^2+ax+b$를 갑은 일차항의 계수를 잘못 보고 그래프 g_1을, 을은 상수항을 잘못 보고 g_2를 그렸다.

이때, $x^2+ax+b<0$을 만족하는 정수 x의 개수를 구하여라. [교육청 기출]

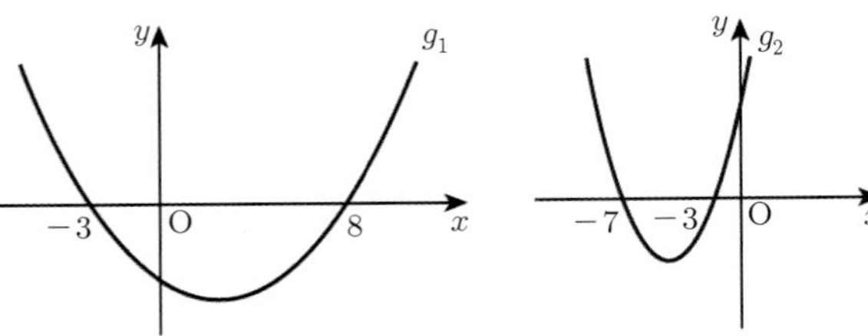

잎 9-6

연립부등식 $\begin{cases} |x-2|<k \\ x^2-2x-3 \le 0 \end{cases}$ 을 만족하는 정수 x의 개수가 5일 때, 양의 정수 k의 최솟값을 구하여라.

[교육청 기출]

잎 9-7

부등식 $2[x]^2-[x]-6<0$의 해를 구하여라. (단, $[x]$는 x보다 크지 않은 최대의 정수이다.)

잎 9-8

이차방정식 $x^2+2ax-4a-3=0$의 두 근이 모두 1보다 클 때, 실수 a의 값의 범위를 구하여라.

잎 9-9

이차방정식 $x^2-2mx-3m+4=0$의 두 근이 모두 0과 3 사이에 있을 때, 실수 m의 값의 범위를 구하여라.

잎 9-10

이차방정식 $x^2-4x+k=0$의 서로 다른 두 실근이 모두 1보다 클 때, 실수 k의 값의 범위를 구하여라.

잎 9-11

이차방정식 $x^2+2(a-1)x+4=0$의 한 근만이 1과 2 사이에 있을 때, 실수 a의 값의 범위를 구하여라. [잎 9-12)와 비교하여 익힌다.]

잎 9-12

이차방정식 $ax^2-(a+3)x-2=0$의 두 근 α, β에 대하여 $-1<\alpha<0$, $1<\beta<2$가 성립한다. 이때, 실수 a의 값의 범위를 구하여라. [잎 9-11)과 비교하여 익힌다.]

• 잎 9-13

이차방정식 $x^2-2x+a=0$의 한 근 α를 반올림한 값이 2일 때, 실수 a의 값의 범위를 구하여라.

• 잎 9-14

x에 대한 이차방정식 $x^2-2ax+b=0$이 $x\le 1$에서 서로 다른 두 실근을 가질 조건을 골라라.

① $a>1,\ 2a-1<b<a^2$ ② $a\ge 1,\ 2a-1\le b\le a^2$ ③ $a<1,\ 2a-1\le b<a^2$
④ $a\le 1,\ 2a-1<b<a^2$ ⑤ $a\le 1,\ 2a-1<b\le a^2$

• 잎 9-15

이차방정식 $x^2+(a+1)x+2a+4=0$의 두 근 α, β에 대하여 $-1<\alpha<1<\beta$가 성립한다. 이때, 실수 a의 값의 범위를 구하여라.

• 잎 9-16

이차항의 계수가 음수인 이차함수 $y=f(x)$의 그래프와 직선 $y=x+1$이 두 점에서 만나고 그 교점의 y좌표가 각각 3과 8이다. 이때, 이차부등식 $f(x)-x-1>0$을 만족시키는 x의 값의 범위를 구하여라. [교육청 기출]

• 잎 9-17

$-1\le x\le 1$에서 이차부등식 $x^2-2x+3\le -x^2+k$가 항상 성립할 때, 실수 k의 최솟값을 구하여라.

[교육청 기출]

• 잎 9-18

이차방정식 $x^2-2kx+4=0$의 근 중 적어도 한 개가 -2와 4 사이에 있을 때, 실수 k의 값의 범위를 구하여라.

MATH

10. 순열과 조합

01 경우의 수

1 경우의 수
2 합의 법칙
3 곱의 법칙
4 약수
5 색칠하는 방법의 수
6 수형도를 이용한 경우의 수
7 방정식과 부등식의 해의 개수
8 지불 방법의 수와 지불 금액의 수

02 순열

1 순열의 정의 (약속)
2 순열의 수
3 ${}_n\mathrm{P}_n = n!$
4 ${}_n\mathrm{P}_r$ 의 계산
5 '적어도'의 조건이 있는 순열의 수

03 조합

1 조합의 정의
2 순열과 조합의 차이
3 ${}_n\mathrm{C}_r$ 과 ${}_n\mathrm{P}_r$ 의 관계
4 ${}_n\mathrm{C}_0 = 1$, ${}_n\mathrm{C}_n = 1$, ${}_n\mathrm{C}_1 = n$
5 ${}_n\mathrm{C}_r = {}_n\mathrm{C}_{n-r}\ (0 \le r \le n)$
6 특정한 것을 포함하거나 포함하지 않는 조합의 수
7 도형에서 조합의 활용

04 「특강」 분할과 분배

1 분할과 분배
2 대진표를 작성하는 방법의 수

연습문제

1 ${}_{n-1}\mathrm{C}_{r-1} + {}_{n-1}\mathrm{C}_r = {}_n\mathrm{C}_r$

01 경우의 수

1 경우의 수

어떤 시행에서 특정한 사건이 일어날 수 있는 경우의 가짓수를 **경우의 수**라 한다.

예) 동전 한 개를 던질 때 면이 나오는 사건은 그림면이 나오는 경우와 숫자면이 나오는 경우 이렇게 2가지이다. 따라서 동전 한 개를 던질 때 면이 나오는 경우의 수는 2이다.

시행 : 동일한 상태로 여러 차례 반복할 수 있는 실험을 시행이라 한다.
예) 동전 한 개 던지기

사건 : 시행에서 일어날 수 있는 *결과를 사건이라 한다.
예) 그림면이 나오는 경우, 숫자면이 나오는 경우

2 합의 법칙 ※ 수학에서 '동시에'는 'at the same time' 또는 *'연속적으로'의 의미이다.

두 사건 A, B가 ***동시에 (연속적으로) 일어나지 않을 때**, 사건 A, B가 일어나는 경우의 수가 각각 m, n이면 **사건 A 또는 사건 B가 일어나는** 경우의 수는 $m+n$이다.

증명
$$n(A\cup B)=n(A)+n(B)-n(A\cap B)$$
$$=n(A)+n(B)\ (\because *A\cap B=\varnothing)$$
$$=m+n$$

팁 합의 법칙은 어느 두 사건도 동시에 일어나지 않는 셋 이상의 사건에 대해서도 성립한다.

씨앗. 1 다음 물음에 답하여라.

1) 한 카페에서 커피 5종류와 주스 3종류를 판매한다. 이곳에서 파는 음료수 중 한 종류를 사 마시는 경우의 수를 구하여라.

2) 서로 다른 두 개의 주사위를 동시에 던질 때, 나오는 눈의 수의 합이 3의 배수가 되는 경우의 수를 구하여라.

풀이 1) 한 종류의 음료수를 사 마실 때,
i) 커피를 사 마시는 경우는 5가지
ii) 주스를 사 마시는 경우는 3가지
i), ii)의 경우는 동시에 일어날 수 없으므로 합의 법칙에 의하여
$5+3=\mathbf{8}$

2) 서로 다른 두 개의 주사위를 동시에 던질 때, 나오는 눈의 수의 합이 3의 배수가 되는 경우는 3 또는 6 또는 9 또는 12이므로
i) 눈의 수의 합이 3이 되는 경우는 (1, 2), (2, 1)의 2가지
ii) 눈의 수의 합이 6이 되는 경우는 (1, 5), (2, 4), (3, 3), (4, 2), (5, 1)의 5가지
iii) 눈의 수의 합이 9가 되는 경우는 (3, 6), (4, 5), (5, 4), (6, 3)의 4가지
iv) 눈의 수의 합이 12가 되는 경우는 (6, 6)의 1가지
i) ~ iv)의 경우는 동시에 일어날 수 없으므로 합의 법칙에 의하여
$2+5+4+1=\mathbf{12}$

3 곱의 법칙

두 사건 A, B가 **동시에 (연속적으로) 일어날 때**, 사건 A, B가 일어나는 경우의 수가 각각 m, n이면 **사건 A와 B가 동시에 (연속적으로) 일어나는** 경우의 수는 $m \times n$이다.

예) a, b, c, d의 4종류의 티셔츠와 p, q, r의 3종류의 바지를 하나씩 골라 입을 수 있는 경우의 수는

i) 4종류의 티셔츠를 골라 입을 수 있는 경우는 4가지

ii) 3종류의 바지를 골라 입을 수 있는 경우는 3가지

i), ii)의 경우는 동시에 일어나므로 곱의 법칙에 의하여

$4 \times 3 = 12$

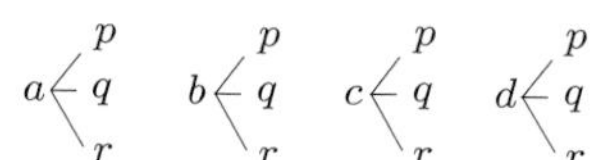

팁 곱의 법칙은 동시에 일어나는 셋 이상의 사건에 대해서도 성립한다.

씨앗. 2 오른쪽 그림과 같이 P에서 Q로 가는 경우는 2가지이고, Q에서 R로 가는 경우가 3가지이다. P를 출발하여 Q를 거쳐 R로 가는 경우의 수를 구하여라.

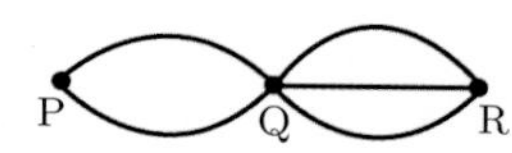

i) P에서 Q로 가는 경우는 2가지

ii) Q에서 R로 가는 경우는 3가지

i), ii)의 경우는 연속적으로 일어나므로 곱의 법칙에 의하여 $2 \times 3 = $ **6**

씨앗. 3 A, B 두 개의 주사위를 동시에 던질 때, A의 눈의 수는 3의 배수가 나오고 B의 눈의 수가 2의 배수가 나오는 경우의 수를 구하여라.

풀이 i) A의 눈의 수가 3의 배수가 나오는 경우는 3, 6의 2가지

ii) B의 눈의 수가 2의 배수가 나오는 경우는 2, 4, 6의 3가지

i), ii)의 경우는 동시에 일어나므로 곱의 법칙에 의하여 $2 \times 3 = $ **6**

씨앗. 4 108의 약수의 개수를 구하여라.

풀이 108을 소인수분해하면 $2^2 \times 3^3$이므로

2^2의 약수는 1, 2, 2^2의 3개이고,

3^3의 약수는 1, 3, 3^2, 3^3의 4개다.

i) 2^2의 약수에서 각각 하나씩 택하는 경우는 3가지

ii) 3^3의 약수에서 각각 하나씩 택하는 경우는 4가지

i), ii)의 경우는 동시에 일어나므로 곱의 법칙에 의하여

$3 \times 4 = $ **12**

$\times$	1	3	3^2	3^3
1	1	3	9	27
2	2	6	18	54
2^2	4	12	36	108

(당부의 말씀)

일반적으로 시험에 나오는 **경우의 수의 문제는 복잡하게 출제된다.**

따라서 복잡하게 주어진 경우의 수의 문제는 **여러 개의 사건으로 빠짐없이 중복되지 않게 쪼개어 각각의 경우의 수를 구한 다음** 합의 법칙 또는 곱의 법칙을 이용하여 푼다. ∴ **빠**짐없이 **중**복되지 않게 **쪼**갠다.

뿌리 1-1 합의 법칙

서로 다른 두 개의 주사위를 동시에 던졌을 때, 다음을 구하여라.

1) 나오는 눈의 수의 합이 5 또는 8이 되는 경우의 수

2) 나오는 눈의 수의 합이 2의 배수 또는 3의 배수가 되는 경우의 수

풀이 1) 눈의 수의 합이 5가 되는 사건을 A, 8이 되는 사건을 B라 하면

방법 I $A=\{(1,4),(2,3),(3,2),(4,1)\}$에서 $n(A)=4$

$B=\{(2,6),(3,5),(4,4),(5,3),(6,2)\}$에서 $n(B)=5$

이때 두 사건은 동시에 일어날 수 없으므로

$n(A\cup B)=n(A)+n(B)=4+5=$ **9**

1) 두 개의 주사위를 던졌을 때 나오는 두 눈의 수의 합은 우측 그림과 같고 너무나 자주 언급되므로 아래의 표를 머릿속에 넣어 둬야 한다. (쉽다.^^)

강추 방법 II

(1, 1)	(1, 2)	(1, 3)	(1, 4)	(1, 5)	(1, 6)
(2, 1)	(2, 2)	(2, 3)	(2, 4)	(2, 5)	(2, 6)
(3, 1)	(3, 2)	(3, 3)	(3, 4)	(3, 5)	(3, 6)
(4, 1)	(4, 2)	(4, 3)	(4, 4)	(4, 5)	(4, 6)
(5, 1)	(5, 2)	(5, 3)	(5, 4)	(5, 5)	(5, 6)
(6, 1)	(6, 2)	(6, 3)	(6, 4)	(6, 5)	(6, 6)

합 2 1가지, 합 3 2가지, 합 4 3가지, 합 5 4가지, 합 6 5가지, 합 7 6가지, 합 8 5가지, 합 9 4가지, 합 10 3가지, 합 11 2가지, 합 12 1가지

두 눈의 합	2	3	4	5	6	7	8	9	10	11	12
경우의 수	1	2	3	4	5	6	5	4	3	2	1
익히는 방법	(두 눈의 합) − 1 = 경우의 수					(두 눈의 합)+(경우의 수)=13					

눈의 수의 합이 5가 되는 사건을 A, 8이 되는 사건을 B라 하면

$n(A)=4\,(\because 5-1=4)$, $n(B)=5\,(\because 8+5=13)$

이때 두 사건은 동시에 일어날 수 없으므로

$n(A\cup B)=n(A)+n(B)=4+5=$ **9**

2)

두 눈의 합	2	3	4	5	6	7	8	9	10	11	12
경우의 수	1	2	3	4	5	6	5	4	3	2	1

눈의 수의 합이 2의 배수가 되는 것은 눈의 수의 합이 2, 4, 6, 8, 10, 12인 경우이고

눈의 수의 합이 3의 배수가 되는 것은 눈의 수의 합이 3, 6, 9, 12인 경우이다.

눈의 수의 합이 2의 배수가 되는 사건을 A, 3의 배수가 되는 사건을 B라 하면

$n(A)=1+3+5+5+3+1=18$, $n(B)=2+5+4+1=12$

이때 $A\cap B$는 눈의 수의 합이 6의 배수, 즉 눈의 수의 합이 6, 12인 경우이므로

$n(A\cap B)=5+1=6$

$\therefore n(A\cup B)=n(A)+n(B)-n(A\cap B)=18+12-6=$ **24**

[줄기 1-1] 서로 다른 두 개의 주사위를 동시에 던졌을 때, 다음을 구하여라.

1) 나온 눈의 수의 합이 3의 배수가 되는 경우의 수

2) 나온 눈의 수의 차가 3 이상이 되는 경우의 수

4 방정식과 부등식의 해의 개수

방정식과 부등식의 해의 개수는 다음과 같은 방법으로 구한다.

1) 방정식 $ax+by+cz=d\,(a, b, c, d$는 상수)를 만족시키는 순서쌍 (x, y, z)의 개수는 **계수의 절댓값이 가장 큰 항을 기준**으로 조건에 맞는 x, y, z의 값을 대입하여 구한다.
2) 부등식 $ax+by\le c\,(a, b, c$는 상수)를 만족시키는 순서쌍 (x, y)의 개수는 **계수의 절댓값이 가장 큰 항을 기준**으로 조건에 맞는 x, y의 값을 대입하여 구한다.

뿌리 1-2 방정식과 부등식의 해의 개수

다음 물음에 답하여라.

1) 방정식 $x+2y+3z=12$를 만족시키는 양의 정수 x, y, z의 순서쌍 (x, y, z)의 개수를 구하여라.
2) 부등식 $2x+y\le 6$을 만족시키는 양의 정수 x, y의 순서쌍 (x, y)의 개수를 구하여라.

풀이 1) x, y, z는 양의 정수이므로 $x\ge 1, y\ge 1, z\ge 1$인 자연수이다.
이때, 계수의 절댓값이 가장 큰 z항을 기준으로 생각하면
i) $z=1$일 때, $x+2y=9$이므로 순서쌍 (x, y)는 $(7, \underline{\underline{1}}), (5, \underline{\underline{2}}), (3, \underline{\underline{3}}), (1, \underline{\underline{4}})$의 4개
ii) $z=2$일 때, $x+2y=6$이므로 순서쌍 (x, y)는 $(4, \underline{\underline{1}}), (2, \underline{\underline{2}})$의 2개
iii) $z=3$일 때, $x+2y=3$이므로 순서쌍 (x, y)는 $(1, \underline{\underline{1}})$의 1개
이상에서 구하는 순서쌍의 개수는 $4+2+1=$**7**

2) x, y는 양의 정수이므로 $x\ge 1, y\ge 1$인 자연수이다.
이때, 계수의 절댓값이 가장 큰 x항을 기준으로 생각하면
i) $x=1$일 때, $y\le 4$를 만족시키는 자연수 y는 1, 2, 3, 4의 4개
ii) $x=2$일 때, $y\le 2$를 만족시키는 자연수 y는 1, 2의 2개
이상에서 구하는 순서쌍의 개수는 $4+2=$**6**

[줄기 1-2] 다음 물음에 답하여라.

1) 방정식 $x+3y+2z=10$을 만족시키는 음이 아닌 정수 x, y, z의 순서쌍 (x, y, z)의 개수를 구하여라.
2) 부등식 $2x+5y\le 17$을 만족시키는 양의 정수 x, y의 순서쌍 (x, y)의 개수를 구하여라.
3) 50원, 100원, 200원인 3종류의 우표를 600원어치 사는 방법의 수를 구하여라.
(단, 3종류의 우표는 적어도 한 장씩은 포함되어야 한다.)

뿌리 1-3 곱의 법칙

다음 물음에 답하여라.

1) 다항식 $(a+b+c+d+e)(x+y+z)$를 전개할 때, 항의 개수를 구하여라.

2) 십의 자리의 숫자는 짝수이고, 일의 자리의 숫자는 홀수인 두 자리 자연수의 개수를 구하여라.

풀이 1) $(a+b+c+d+e)(x+y+z)$를 전개하면 a, b, c, d, e에 x, y, z를 각각 곱하여 항이 만들어지므로 구하는 항의 개수는

$a<\begin{matrix}x\\y\\z\end{matrix}$ $b<\begin{matrix}x\\y\\z\end{matrix}$ $c<\begin{matrix}x\\y\\z\end{matrix}$ $d<\begin{matrix}x\\y\\z\end{matrix}$ $e<\begin{matrix}x\\y\\z\end{matrix}$

$5\times3=$**15**

2) 십의 자리의 숫자는 짝수이므로 십의 자리의 숫자가 될 수 있는 것은
2, 4, 6, 8의 4개
일의 자리의 숫자는 홀수이므로 일의 자리의 숫자가 될 수 있는 것은
1, 3, 5, 7, 9의 5개
따라서 구하는 자연수의 개수는
$4\times5=$**20**

[줄기1-3] 다음 물음에 답하여라.

1) 다항식 $(a+b-c)(x-y+z)(p-q)$를 전개할 때, 항의 개수를 구하여라.

2) 천의 자리의 숫자는 8의 양의 약수이고, 백의 자리의 숫자는 소수이고, 십의 자리의 숫자는 3의 배수인 네 자리 자연수 중에서 짝수의 개수를 구하여라.

[줄기1-4] 다항식 $(a+b)^3(x+y+z)-(p+q-r)(m+n)$를 전개할 때, 항의 개수를 구하여라.

[줄기1-5] 세 주사위 A, B, C를 동시에 던질 때 나오는 눈의 수의 곱이 짝수인 경우의 수를 구하여라. [평가원 기출]

5 약수의 개수

어떤 정수를 나누어떨어지게 하는 정수를 원래의 정수에 대한 **약수**라 하고, 다음과 같은 성질이 있다.
자연수 N이 $N = x^a y^b \cdots z^c$ ($x, y, \cdots, z$는 서로 다른 소수) 꼴로 소인수분해될 때,
N의 **양의 약수의 개수** ⇨ $(a+1)(b+1)\cdots(c+1)$

예) 18의 양의 약수의 개수와 양의 약수의 총합을 구해 보자.
18을 소인수분해하면 $18 = 2^1 \times 3^2$이고, 18의 양의 약수는
$2^a \times 3^b (a=0, 1, b=0, 1, 2)$ 꼴로 나타낼 수 있다.
따라서 오른쪽 그림과 같으므로
18의 양의 약수의 개수는 $(1+1)(2+1)=6$

2^a \ 3^b	3^0	3^1	3^2
2^0	1	3	9
2^1	2	6	18

참고 공약수는 최대공약수의 약수이다.

뿌리 1-4 약수의 개수

다음 물음에 답하여라.

1) 420의 양의 약수의 개수를 구하여라.
2) 260과 320의 양의 공약수의 개수를 각각 구하여라.
3) 540의 양의 약수 중 3의 배수의 개수를 구하여라.

풀이 1) 420을 소인수분해하면 $420 = 2^2 \cdot 3 \cdot 5 \cdot 7$
420의 양의 약수의 개수는 $(2+1)(1+1)(1+1)(1+1) = \mathbf{24}$

2) 260과 320의 최대공약수는 20이고 공약수는 최대공약수의 약수이므로
$20 = 2^2 \times 5$에서 양의 공약수의 개수는 $(2+1)(1+1) = \mathbf{6}$

3) 540을 소인수분해하면 $540 = 2^2 \cdot 3^3 \cdot 5$
3의 배수는 3을 소인수로 가지므로 540의 양의 약수 중 3의 배수의 개수는 $2^2 \cdot 3^2 \cdot 5$의 양의 약수의 개수와 같다.
$\therefore (2+1)(2+1)(1+1) = \mathbf{18}$

[줄기1-6] 다음 물음에 답하여라.

1) 540의 양의 약수 중 짝수의 개수를 구하여라.
2) 540의 양의 약수 중 홀수의 개수를 구하여라.
3) 540과 810의 양의 공약수의 개수를 각각 구하여라.

뿌리 1-5 도로망에서의 경우의 수

A 지점에서 B 지점으로 가기 위해서는 P 또는 Q 지점을 거쳐야한다. 각 지점 사이의 길은 오른쪽 그림과 같을 때, 다음 물음에 답하여라.

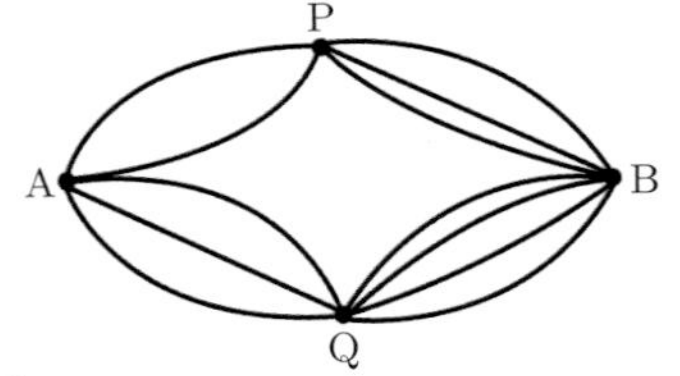

1) A 지점에서 P 지점을 거쳐 B 지점으로 가는 경우의 수를 구하여라.
2) A 지점에서 B 지점으로 가는 경우의 수를 구하여라.
3) A 지점과 B 지점 사이를 왕복하는데, P 지점을 반드시 그리고 오직 한 번만 거치는 경우의 수를 구하여라.
4) 갑, 을 두 사람이 A 지점에서 출발하여 B 지점까지 갈 때, 한 사람이 통과하는 중간 지점을 다른 사람이 통과하지 않으면서 가는 경우의 수를 구하여라.

풀이 1) $A \to P \to B$의 경우의 수는 곱의 법칙에 의하여 $2 \times 3 = \mathbf{6}$

2) i) $A \to P \to B$의 경우의 수는 곱의 법칙에 의하여 $2 \times 3 = 6$

ii) $A \to Q \to B$의 경우의 수는 곱의 법칙에 의하여 $3 \times 4 = 12$

i), ii)는 동시에 일어날 수 없으므로 구하는 경우의 수는 합의 법칙에 의하여 $6 + 12 = \mathbf{18}$

3) i) $A \to \mathbf{P} \to B \to Q \to A$의 경우의 수는 곱의 법칙에 의하여 $2 \times 3 \times 4 \times 3 = 72$

ii) $A \to Q \to B \to \mathbf{P} \to A$의 경우의 수는 곱의 법칙에 의하여 $3 \times 4 \times 3 \times 2 = 72$

i), ii)는 동시에 일어날 수 없으므로 구하는 경우의 수는 합의 법칙에 의하여 $72 + 72 = \mathbf{144}$

4) i) 갑이 P를 거쳐 B로, 을이 Q를 거쳐 B로 가는 경우의 수는 곱의 법칙에 의하여

$(2 \times 3) \times (3 \times 4) = 72$

ii) 갑이 Q를 거쳐 B로, 을이 P를 거쳐 B로 가는 경우의 수는 곱의 법칙에 의하여

$(3 \times 4) \times (2 \times 3) = 72$

i), ii)는 동시에 일어날 수 없으므로 구하는 경우의 수는 합의 법칙에 의하여 $72 + 72 = \mathbf{144}$

[줄기 1-7] A 지점을 출발하여 B, C 지점을 한 번씩만 거쳐 다시 A 지점에 도착하는 경우의 수를 구하여라. (도로망은 오른쪽 그림과 같다.)

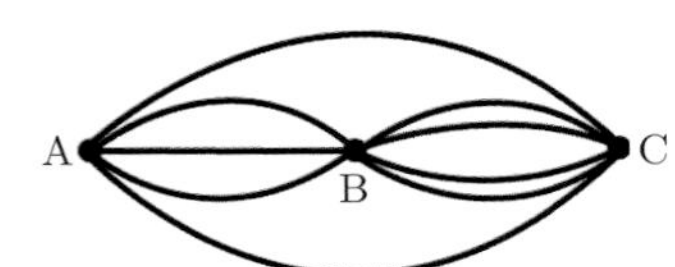

[줄기 1-8] A, B, C, D 네 지점 사이에 오른쪽 그림과 같은 도로망이 있다. A 지점에서 D 지점까지 가는 경우의 수를 구하여라.
(단, 같은 지점은 한 번만 지난다.)

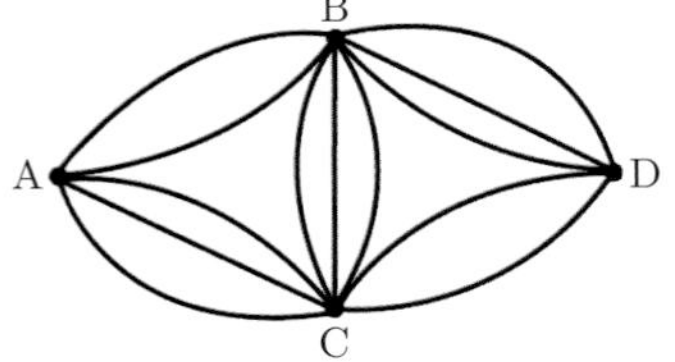

6 색칠하는 방법의 수

같은 색을 중복하여 사용해도 좋으나 인접한 영역은 서로 다른 색으로 칠할 때, 영역을 색칠하는 방법은 **연달아 색칠**하므로 색칠하는 방법의 수는 **곱의 법칙**을 이용한다.
따라서 다음과 같은 두 가지 방법을 이용하여 색칠하는 방법의 수를 구할 수 있다.

1) 가장 바깥 테두리선과 만나는 영역 중에서 **모든 영역에 인접한 영역이 있을 때**
모든 영역에 인접한 영역에 색칠하는 방법의 수를 먼저 구한 후, 이웃한 영역에 색칠하는 방법의 수를 차례대로 곱한다. ⇨ 쉽다. ^^

2) *가장 바깥 테두리선과 만나는 영역 중에서 **모든 영역에 인접하는 영역이 없을 때**
서로 떨어진 두 영역의 색깔이 같은 경우와 색깔이 다른 경우로 각각 나눈 후, 각각의 경우에서 색칠하는 방법의 수를 구하여 합한다. ⇨ 1)번보다 어렵다. ㅠㅠ

주의 1)에서 모든 영역에 인접한 영역의 색깔과 같은 영역은 없다.
2)에서 서로 떨어진 두 영역의 색깔은 같을 수도 있고 다를 수도 있다.

뿌리 1-6 가장 바깥 테두리선과 만나는 영역 중에서 모든 영역에 인접한 영역이 있을 때

우측 그림의 A, B, C, D, E 5개의 영역을 서로 다른 4가지의 색으로 칠하려고 한다. 같은 색을 중복하여 사용해도 좋으나 인접한 영역은 서로 다른 색으로 칠할 때, 칠하는 방법의 수를 구하여라.

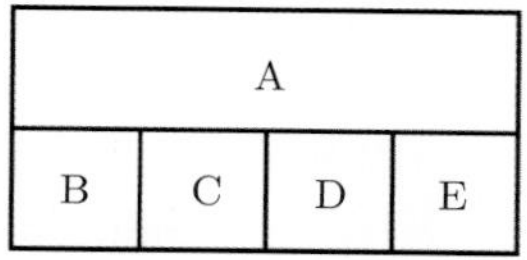

풀이 가장 바깥 테두리선과 만나는 영역은 A, B, C, D, E이다. 이 중에서 모든 영역에 인접한 영역이 A이므로 A영역부터 칠한다.
A에 칠할 수 있는 색은 4가지, B에 칠할 수 있는 색은 A에 칠한 색을 제외한 3가지, C에 칠할 수 있는 색은 A와 B에 칠한 색을 제외한 2가지, D에 칠할 수 있는 색은 A와 C에 칠한 색을 제외한 2가지, E에 칠할 수 있는 색은 A와 D에 칠한 색을 제외한 2가지이다.
따라서 구하는 방법의 수는 $4\cdot3\cdot2\cdot2\cdot2=\mathbf{96}$

[줄기 1-9] 오른쪽 그림의 A, B, C 3개의 영역을 서로 다른 3가지의 색으로 칠하려고 한다. 같은 색을 중복하여 사용해도 좋으나 인접한 영역은 서로 다른 색으로 칠할 때, 칠하는 방법의 수를 구하여라.

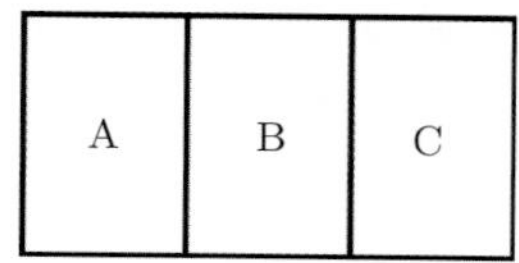

[줄기 1-10] 오른쪽 그림의 A, B, C, D, E 5개의 영역을 서로 다른 5가지의 색으로 칠하려고 한다. 같은 색을 중복하여 사용해도 좋으나 인접한 영역은 서로 다른 색으로 칠할 때, 칠하는 방법의 수를 구하여라.

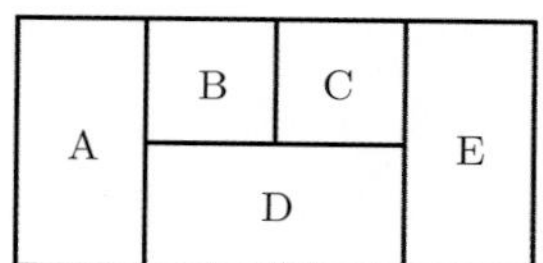

뿌리 1-7 가장 바깥 테두리선과 만나는 영역 중에서 모든 영역에 인접한 영역이 없을 때

오른쪽 그림의 A, B, C, D, E 5개의 영역을 서로 다른 4가지의 색으로 칠하려고 한다. 같은 색을 중복하여 사용해도 좋으나 인접한 영역은 서로 다른 색으로 칠할 때, 칠하는 방법의 수를 구하여라.

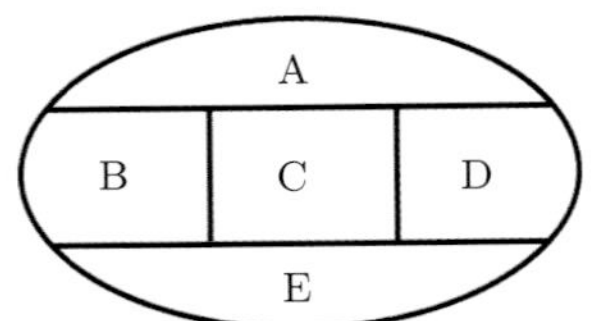

풀이 가장 바깥 테두리선과 만나는 영역은* A, B, D, E이다. 이 중에서 모든 영역에 인접한 영역이 없으므로 서로 떨어진 두 영역 A, E를 잡고 C, A, B, E, D의 순으로 칠할 때,

i) A와 E에 같은 색을 칠하는 방법의 수
C에 칠할 수 있는 색은 4가지, A에 칠할 수 있는 색은 C에 칠한 색을 제외한 3가지, B에 칠할 수 있는 색은 A와 C에 칠한 색을 제외한 2가지, E에 칠할 수 있는 색은 A에 칠한 색과 같으므로 1가지, D에 칠할 수 있는 색은 A(E), C에 칠한 색을 제외한 2가지이므로 방법의 수는 $4\cdot3\cdot2\cdot1\cdot2=48$

ii) A와 E에 다른 색을 칠하는 방법의 수
C에 칠할 수 있는 색은 4가지, A에 칠할 수 있는 색은 C에 칠한 색을 제외한 3가지, B에 칠할 수 있는 색은 A와 C에 칠한 색을 제외한 2가지, E에 칠할 수 있는 색은 A, B, C에 칠한 색을 제외한 1가지, D에 칠할 수 있는 색은 A, C, E에 칠한 색을 제외한 1가지이므로 방법의 수는 $4\cdot3\cdot2\cdot1\cdot1=24$

i), ii)에서 구하는 방법의 수는 $48+24=$ **72**

주의 영역 C는 모든 영역에 인접한 영역이지만 가장 바깥 테두리선과 만나지 않는다.

줄기 1-11 오른쪽 그림의 A, B, C, D 4개의 영역을 서로 다른 4가지의 색으로 칠하려고 한다. 같은 색을 중복하여 사용해도 좋으나 인접한 영역은 서로 다른 색으로 칠할 때, 칠하는 방법의 수를 구하여라.

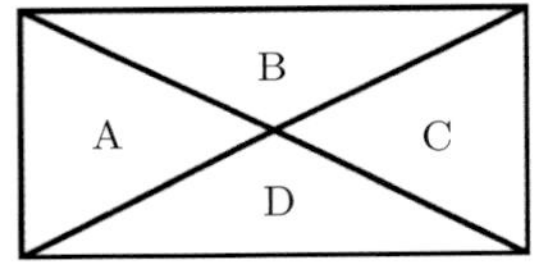

줄기 1-12 오른쪽 그림의 A, B, C, D, E 5개의 영역을 서로 다른 3가지의 색으로 칠하려고 한다. 같은 색을 중복하여 사용해도 좋으나 인접한 영역은 서로 다른 색으로 칠할 때, 칠하는 방법의 수를 구하여라.

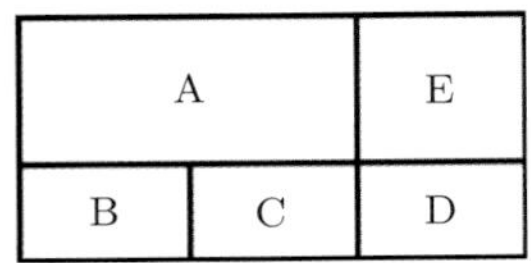

줄기 1-13 오른쪽 그림의 A, B, C, D, E 5개의 영역을 서로 다른 3가지의 색으로 칠하려고 한다. 같은 색을 중복하여 사용해도 좋으나 인접한 영역은 서로 다른 색으로 칠할 때, 칠하는 방법의 수를 구하여라.

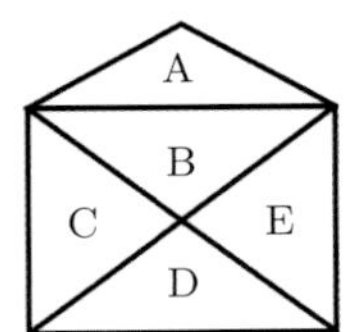

7 지불 방법의 수와 지불 금액의 수

1) 지불할 수 있는 방법의 수

i) x원짜리 동전 n개로 지불할 수 있는 방법의 수

⇨ 0개, 1개, 2개, ⋯ , n개의 $n+1$가지

예) 10원짜리 동전 5개로 지불할 수 있는 방법의 수

⇨ 0개, 1개, 2개, ⋯ , 5개의 6가지

ii) x원짜리 동전 p개, y원짜리 동전 q개, z원짜리 동전 r개로 지불할 수 있는 방법의 수

x원짜리 동전 p개로 지불할 수 있는 방법의 수는 $p+1$가지

y원짜리 동전 q개로 지불할 수 있는 방법의 수는 $q+1$가지

z원짜리 동전 r개로 지불할 수 있는 방법의 수는 $r+1$가지

⇨ $(p+1)(q+1)(r+1)$가지

2) 지불할 수 있는 금액의 수

단위가 다른 화폐들로 지불할 때, 금액이 중복되고 화폐교환이 가능하면 큰 단위의 화폐를 작은 단위의 화폐로 바꾸어 계산한다.

뿌리 1-8 지불 방법의 수와 지불 금액의 수

동전 100원짜리 2개, 50원짜리 3개, 10원짜리 4개의 일부 또는 전부를 사용하여 지불할 때, 다음을 구하여라. (단, 0원을 지불하는 것은 제외한다.)

1) 지불할 수 있는 방법의 수　　　　2) 지불할 수 있는 금액의 수

풀이 1) 100원짜리 2개로 지불할 수 있는 방법은 0, 1, 2개의 3가지

50원 짜리 3개로 지불할 수 있는 방법은 0, 1, 2, 3개의 4가지

10원 짜리 4개로 지불할 수 있는 방법은 0, 1, 2, 3, 4개의 5가지

이때, 0원을 지불하는 것은 제외해야 하므로 지불할 수 있는 방법의 수는

$3\times4\times5-1=$**59**

2) 100원은 50원짜리 2개로 지불하는 금액이므로 100원 짜리를 50원짜리로 바꾼다고 가정할 수 있다. (∵ 50원이 2개 이상 있다.)

주의 50원을 10원으로 바꾼다고 가정하려면 10원이 5개 이상 있어야 한다.
그런데 10원이 4개뿐이므로 50원을 10원으로 바꿀 수 없다.

따라서 50원짜리 7개, 10원짜리 4개로 지불할 수 있는 금액의 수와 같다.

50원짜리 7개로 지불할 수 있는 금액은 0, 50, 100, ⋯ , 350원의 8가지

10원짜리 4개로 지불할 수 있는 금액은 0, 10, 20, 30, 40원의 5가지

이때, 0원을 지불하는 것은 제외해야 하므로 지불할 수 있는 금액의 수는

$8\times5-1=$**39**

줄기 정답 및 풀이 ▶ 116p

뿌리 1-9 지불 금액의 수

다음 물음에 답하여라.

1) 동전 10원짜리 6개, 50원짜리 1개, 500원짜리 2개의 일부 또는 전부를 사용하여 지불할 수 있는 금액의 수를 구하여라. (단, 0원을 지불하는 것은 제외한다.)

2) 동전 10원짜리 6개, 50원짜리 1개, 100원짜리 2개의 일부 또는 전부를 사용하여 지불할 수 있는 금액의 수를 구하여라. (단, 0원을 지불하는 것은 제외한다.)

풀이 1) 50원은 10원짜리 5개로 지불하는 금액이므로 50원짜리를 10원짜리로 바꾼다고 가정할 수 있다. ($\because$ 10원이 5개 이상 있다.)

주의: 500원을 50원으로 바꾼다고 가정하려면 50원이 10개 이상 있어야 한다.
그런데 50원이 1개뿐이므로 500원을 50원으로 바꿀 수 없다.

따라서 10원짜리 11개, 500원 짜리 2개로 지불할 수 있는 금액의 수와 같다.
10원짜리 11개로 지불할 수 있는 금액은 0, 10, 20, ⋯ , 110원의 12가지
500원짜리 2개로 지불할 수 있는 금액은 0, 500, 1000원의 3가지
이때, 0원을 지불하는 것은 제외해야 하므로 지불할 수 있는 금액의 수는
$12\times3-1=\mathbf{35}$

2) 50원은 10원짜리 5개로 지불하는 금액이므로 50원짜리를 10원짜리로 바꾼다고 가정할 수 있다. ($\because$ 10원이 5개 이상 있다.)
따라서 10원짜리 11개, 100원짜리 2개로 지불할 수 있는 금액의 수와 같다.
⇨ *거짓 ($\because$ 금액이 100원에서 중복되고 화폐교환이 가능하다.)
100원짜리를 10원짜리로 바꾼다고 가정한다. ($\because$ 10원 짜리가 11개 있다고 가정할 수 있으므로)
따라서 10원짜리 31개로 지불할 수 있는 금액의 수와 같다.
10원짜리 31개로 지불할 수 있는 금액은 0, 10, 20, ⋯ , 310원의 32가지
이때, 0원을 지불하는 것은 제외해야 하므로 지불할 수 있는 금액의 수는
$32-1=\mathbf{31}$

줄기 1-14 다음 물음에 답하여라.

1) 동전 10원짜리 3개, 50원짜리 2개, 100원짜리 2개의 일부 또는 전부를 사용하여 지불할 수 있는 금액의 수를 구하여라. (단, 0원을 지불하는 것은 제외한다.)

2) 동전 10원짜리 6개, 50원짜리 2개, 100원짜리 2개의 일부 또는 전부를 사용하여 지불할 수 있는 금액의 수를 구하여라. (단, 0원을 지불하는 것은 제외한다.)

8 수형도를 이용한 경우의 수 ※수(樹): 나무 수, 형(形): 형태 형, 도(圖): 그림 도

어떤 사건이 일어날 수 있는 **경우의 수를 구할 때**에는 모든 경우를 ***중복되지 않고 빠짐없이** 생각하는 것이 중요하다.
따라서 **규칙성을 찾기 어려운 경우의 수**를 구할 때, 나뭇가지 모양의 그림의 **수형도**를 이용하면 ***중복되지 않고 빠짐없이** 모든 경우를 나열할 수 있다.

뿌리 1-10 수형도를 이용한 경우의 수

오른쪽 그림과 같이 정육면체에서 꼭짓점 A를 출발하여 한 번 지나간 꼭짓점을 다시 지나지 않고 모서리를 따라 G까지 가는 방법의 수를 구하여라.

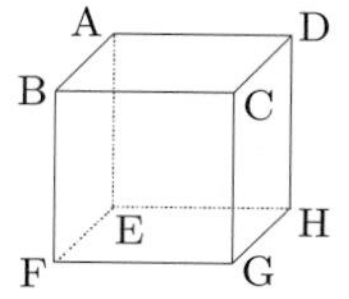

풀이 꼭짓점 A에서 B를 지나 꼭짓점 G까지 가는 경우의 수는 오른쪽 수형도에서 알 수 있듯이 모두 6가지이다.
같은 방법으로 $A \to D \to \cdots \to G$
$A \to E \to \cdots \to G$
도 각각 6가지씩 있으므로 구하는 방법의 수는
$6 \times 3 = 18$

```
              G
          C <
              D — H < G
                      E — F — G
A — B <
              G
          F <
              E — H < G
                      D — C — G
```

줄기 1-15 A, B, C, D 네 명의 학생이 각자 선물을 하나씩 준비하여 상자에 넣고 임의로 하나씩 집었을 때, 네 명 모두가 다른 학생이 준비한 선물을 잡는 방법의 수를 구하여라.

줄기 1-16 1, 2, 3, 4를 일렬로 나열하여 네 자리 자연수 $A_1A_2A_3A_4$를 만들 때, $A_i \neq i$를 만족시키는 자연수의 개수를 구하여라. (단, $i=1,\ 2,\ 3,\ 4$)

줄기 1-17 A, B, C, D 네 지점 사이에 오른쪽 그림과 같은 도로망이 있다.
A지점에서 출발하여 다시 A지점으로 되돌아올 때, B지점, C지점, D지점을 한 번씩만 지나는 방법의 수를 구하여라. (단, 같은 지점은 한 번만 지난다.)

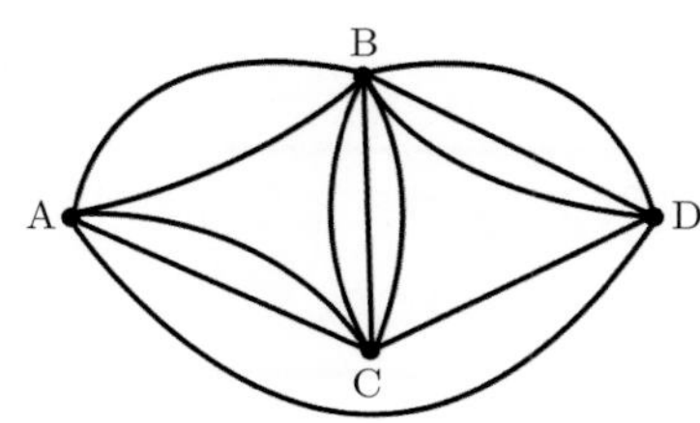

02 순열

1 순열의 정의 (약속) ※ 순(順): 순서 순, 열(列): 배열할 열

서로 다른 n개에서 r $(0<r\le n)$개를 택하여 일렬로 배열하는 것을 **서로 다른 n개에서 r개를 택하는 순열**이라 하고, 이 순열의 수를 기호로 ${}_{n}\mathrm{P}_{r}$과 같이 나타낸다.

${}_{n}\mathrm{P}_{r}$

서로 다른 것의 개수 ↲ (n)　↳ 택하는 것의 개수 (r)

※ ${}_{n}\mathrm{P}_{r}$은 '엔피알'로 읽고, P는 순열을 뜻하는 Permutation의 첫 글자이다.

2 순열의 수

순열의 수 ${}_{n}\mathrm{P}_{r}$은 **서로 다른 n개에서 r개를 택하여 일렬로 배열**하는 방법의 수이다.

즉 서로 다른 n개에서 r개를 택하여 일렬로 배열할 때, 첫 번째의 자리에 n가지가 올 수 있고, 두 번째 자리에 올 수 있는 것은 첫 번째 자리에 놓인 것을 제외한 $(n-1)$가지, 세 번째 자리에 올 수 있는 것은 앞의 두 자리에 놓인 것을 제외한 $(n-2)$가지이다.

이와 같이 생각하면 r번째 자리에 올 수 있는 것은 $\{n-(r-1)\}$가지임을 알 수 있다.

첫 번째	두 번째	세 번째	· · ·	r 번째
⇑	⇑	⇑		⇑
n가지	$(n-1)$가지	$(n-2)$가지	· · ·	$(n-r+1)$가지

따라서 곱의 법칙에 의하여 서로 다른 n개에서 r개를 택하는 순열의 수 ${}_{n}\mathrm{P}_{r}$은

$$ {}_{n}\mathrm{P}_{r}=\underbrace{n(n-1)(n-2)\cdots(n-r+1)}_{r\text{개}} \quad (\text{단, } 0<r\le n) $$

써앗. 1 1, 2, 3, 4, 5에서 서로 다른 세 수를 택하여 만들 수 있는 세 자리의 자연수의 개수를 모두 구하여라.

풀이

백의 자리　십의 자리　일의 자리

5가지 × 4가지 × 3가지 = 60가지

즉, ${}_{5}\mathrm{P}_{3}=5\times4\times3=\mathbf{60}$

써앗. 2 다음 값을 구하여라.

1) ${}_{4}\mathrm{P}_{3}$　2) ${}_{6}\mathrm{P}_{3}$　3) ${}_{7}\mathrm{P}_{4}$　4) ${}_{13}\mathrm{P}_{2}$

풀이 1) $4\times3\times2=\mathbf{24}$　2) $6\times5\times4=\mathbf{120}$　3) $7\times6\times5\times4=\mathbf{840}$　4) $13\times12=\mathbf{156}$

3 $_{n}\mathrm{P}_{n}=n!$ ※'n factorial' 또는 'n의 계승'이라 읽는다.

$_{n}\mathrm{P}_{n}$은 서로 다른 n개에서 n개를 택하여 일렬로 배열하는 방법의 수이므로

$_{n}\mathrm{P}_{n}=n(n-1)(n-2)\cdots 1$

이와 같이 1부터 n까지 연속하는 자연수의 곱을 $n!$ 또는 **n의 계승**이라 한다.

예) $3!, 4!, 5!$의 값을 각각 구하여라.

$3!=3\cdot2\cdot1=6,\ 4!=4\cdot3\cdot2\cdot1=24,\ 5!=5\cdot4\cdot3\cdot2\cdot1=120$

팁 $3!=6,\ \underline{4}!=2\underline{4},\ 5!=120$은 너무 자주 이용되므로 반드시 기억해야 한다.

4 $_{n}\mathrm{P}_{r}$의 계산

$0<r<n$일 때, $_{n}\mathrm{P}_{r}$은 계승을 이용하여 다음과 같이 나타낼 수 있다.

$$_{n}\mathrm{P}_{r}=n(n-1)(n-2)\cdots(n-r+1)$$

$$=\frac{n(n-1)(n-2)\cdots(n-r+1)(n-r)\cdots3\cdot2\cdot1}{(n-r)\cdots3\cdot2\cdot1}=\frac{n!}{(n-r)!}$$

이때, **$0!=1$이라고 정의**(약속)하면 위의 식은 $r=n$일 때에도 성립한다.

또한, $r=0$일 때 $_{n}\mathrm{P}_{0}=\dfrac{n!}{n!}=1$이므로 **$_{n}\mathrm{P}_{0}=1$로 정의**(약속)한다.

이상을 정리하면 다음과 같다.

1) $_{n}\mathrm{P}_{r}=\dfrac{n!}{(n-r)!}$ (단, $0\le r\le n$)

2) $0!=1,\ _{n}\mathrm{P}_{0}=1$

(익히는 방법)

1) $_{☆}\mathrm{P}_{◇}=\dfrac{☆!}{(☆-◇)!}$

2) $0!=1,\ _{n}\mathrm{P}_{0}=1$로 약속한다.

씨앗. 3 다음 값을 계산하여라.

1) $_{1001}\mathrm{P}_{0}$ 2) $3!\times0!$

풀이 1) $_{n}\mathrm{P}_{0}=1$이므로

$_{1001}\mathrm{P}_{0}=\mathbf{1}$

2) $n!=n(n-1)(n-2)\cdots3\cdot2\cdot1,\ 0!=1$이므로

$3!\times0!=(3\cdot2\cdot1)\times1=\mathbf{6}$

씨앗. 4 다음 등식을 만족하는 n, r의 값을 구하여라.

1) ${}_{n}P_{2}=42$ 2) ${}_{n}P_{4}=42{}_{n}P_{2}$ 3) ${}_{7}P_{r}=210$ 4) ${}_{5}P_{r}=120$

풀이 1) $n(n-1)=42=7\cdot6$ $\quad\therefore$ **$n=7$** ($\because n, n-1$은 자연수)

2) $n(n-1)(n-2)(n-3)=42n(n-1)$

이때 $n\geq4$, $n\geq2$에서 $n\geq4$이므로 양변을 $n(n-1)$로 나누면

$n^2-5n+6=42$, $\quad n^2-5n-36=0$, $\quad (n-9)(n+4)=0$ $\quad\therefore$ **$n=9$** ($\because n\geq4$)

3) ${}_{⑦}P_{r}=210$

$=7\times6\times5$

$={}_{7}P_{3}$

⑦ | 210
6 | 30
5

$\therefore$ **$r=3$**

4) ${}_{⑤}P_{r}=120$

$=5\times4\times3\times2={}_{5}P_{4}$

$=5\times4\times3\times2\times1={}_{5}P_{5}$

⑤ | 120
4 | 24
3 | 6
2

$\therefore$ **$r=4$ 또는 $r=5$**

뿌리 2-1 ${}_{n}P_{r}$의 계산

다음 등식을 만족시키는 n, r의 값을 구하여라.

1) ${}_{n}P_{2}=56$ 2) ${}_{8}P_{r}=1680$ 3) ${}_{4}P_{r}\times5!=2880$ 4) ${}_{n}P_{4}={}_{n+1}P_{3}$

풀이 1) $n(n-1)=56=8\cdot7$ $\quad\therefore$ **$n=8$** ($\because n, n-1$은 자연수)

2) ${}_{⑧}P_{r}=1680$이므로

$=8\times7\times6\times5$

$={}_{8}P_{4}$

⑧ | 1680
7 | 210
6 | 30
5

$\therefore$ **$r=4$**

3) ${}_{4}P_{r}\times(5\cdot4\cdot3\cdot2\cdot1)=2880$

${}_{④}P_{r}=24$

$=4\times3\times2={}_{4}P_{3}$

$=4\times3\times2\times1={}_{4}P_{4}$

④ | 24
3 | 6
2

$\therefore$ **$r=3$ 또는 $r=4$**

4) $n(n-1)(n-2)(n-3)=(n+1)n(n-1)$

이때 $n\geq4$, $n+1\geq3$에서 $n\geq4$이므로 양변을 $n(n-1)$로 나누면

$(n-2)(n-3)=n+1$, $\; n^2-6n+5=0$, $\; (n-1)(n-5)=0$ $\quad\therefore$ **$n=5$** ($\because n\geq4$)

[줄기2-1] 다음 등식을 만족시키는 n, r의 값을 구하여라.

1) ${}_{7}P_{r}=840$ 2) ${}_{n}P_{2}=6n$ 3) $20{}_{n}P_{3}={}_{n}P_{4}$ 4) ${}_{n}P_{2}+3{}_{n}P_{1}=8$

뿌리 2-2 ${}_n\mathrm{P}_r = \dfrac{n!}{(n-r)!}$을 이용한 증명

$1 < r \leq n$일 때, $n \cdot {}_{n-1}\mathrm{P}_{r-1} = {}_n\mathrm{P}_r$ 임을 증명하여라.

증명 $n \cdot {}_{n-1}\mathrm{P}_{r-1} = n \cdot \dfrac{(n-1)!}{\{(n-1)-(r-1)\}!} = \dfrac{n \cdot (n-1)!}{(n-r)!} = \dfrac{n!}{(n-r)!} = {}_n\mathrm{P}_r$

$\therefore n \cdot {}_{n-1}\mathrm{P}_{r-1} = {}_n\mathrm{P}_r$ 참고 $10 \cdot {}_9\mathrm{P}_5 = {}_{10}\mathrm{P}_6$

[줄기2-2] $1 < r \leq n$일 때, ${}_n\mathrm{P}_r = {}_{n-1}\mathrm{P}_r + r \cdot {}_{n-1}\mathrm{P}_{r-1}$ 임을 증명하여라.

뿌리 2-3 순열의 수

다음물음에 답하여라.

1) 7명의 학생을 일렬로 세우는 방법의 수를 구하여라.
2) 학생 7명 중 3명을 뽑아 일렬로 세우는 방법의 수를 구하여라.
3) 20개의 터미널이 있는 버스 회사에서 출발지와 종착지를 적은 버스표를 몇 가지 준비해야 하는지 구하여라.
4) 일렬로 놓여진 5개의 의자에 3명이 앉는 방법의 수를 구하여라.

풀이 수학에서 '같다'라는 언급이 없으면 * '다르다'가 전제되어 있다.

1) (서로 다른) 7명의 학생에서 7명을 택한 후, 일렬로 배열하는 방법의 수이므로
${}_7\mathrm{P}_7 = 7 \cdot 6 \cdot 5 \cdot 4 \cdot 3 \cdot 2 \cdot 1 = 7!$ $\therefore$ **5040**

2) (서로 다른) 7명의 학생에서 3명을 택한 후, 일렬로 배열하는 방법의 수이므로
${}_7\mathrm{P}_3 = 7 \cdot 6 \cdot 5 =$ **210**

3) (서로 다른) 20개의 터미널에서 2개의 터미널을 뽑은 후, 출발지와 종착지 순으로 배열하는 방법의 수이므로
${}_{20}\mathrm{P}_2 = 20 \cdot 19 =$ **380**

3) 출발지와 종착지가 20개의 터미널을 선택하는 방법의 수이므로
출발지 종착지
$20 \times 19 =$ **380**

4) 첫번째 사람과 두번째 사람과 세번째 사람이 5개의 의자를 선택하는 방법의 수이므로
첫번째 사람 두번째 사람 세번째 사람
$5 \times 4 \times 3 =$ **60**

[줄기2-3] 다음 물음에 답하여라.

1) 9명의 야구팀에서 타순을 정하는 방법의 수를 구하여라.
2) 50명의 학급에서 반장, 부반장, 서기를 각각 1명씩 선출하는 방법의 수를 구하여라.
3) 7명 중 n명을 뽑아 일렬로 세우는 방법의 수가 840일 때, n의 값을 구하여라.
4) 동네에 있는 6개의 모든 상점에 각각 한 번만 들러서 물건을 구입하고 돌아오는 순서는 몇 가지인지 구하여라.

뿌리 2-4 이웃하거나 이웃하지 않는 순열의 수 (1)

여학생 4명, 남학생 3명을 일렬로 세울 때, 다음을 구하여라.

1) 남학생 3명이 서로 이웃하도록 세우는 방법의 수

2) 남학생끼리 이웃하지 않게 세우는 방법의 수

핵심 $3!=6$, $4!=24$, $5!=120$은 너무 자주 이용되므로 반드시 기억해야 한다.

풀이 수학에서 '같다'라는 언급이 없으면 *'다르다'가 전제되어 있다.

여학생 4명을 a, b, c, d로, 남학생 3명을 A, B, C로 놓으면

1) $a\ b\ c\ d$ (A B C)

남학생 3명을 묶어서 한 사람으로 생각하면 여학생 4명과 함께 모두 5명이므로 5명을 일렬로 배열하는 방법의 수는 $5!=120$

한 묶음 속의 남자 3명을 배열하는 방법의 수는 $3!=6$

따라서 구하는 방법의 수는 $120\times6=$ **720**

2) ○a○b○c○d○, 즉 여학생을 일렬로 세우고 그 사이와 양 끝에 남학생 3명을 세우면 된다.

여학생 4명을 일렬로 세우는 방법의 수는 $4!=24$

여학생 사이사이와 양 끝의 5개의 자리 중 3개의 자리에 남학생 3명을 세우는 방법의 수는 ${}_5P_3=5\cdot4\cdot3=60$

따라서 구하는 방법의 수는 $24\times60=$ **1440**

참고 1) 이웃하는 경우 ⇨ 이웃하는 것을 하나로 묶어서 생각한다.
2) 이웃하지 않는 경우 ⇨ 이웃해도 좋은 것을 먼저 배열한다.

뿌리 2-5 이웃하거나 이웃하지 않는 순열의 수 (2)

소설책 5권, 잡지책 3권, 위인전 2권을 일렬로 꽂을 때, 다음을 구하여라.

1) 잡지책은 잡지책끼리, 위인전은 위인전끼리 이웃하여 꽂는 방법의 수

2) 잡지책끼리 서로 이웃하지 않도록 꽂는 방법의 수

풀이 수학에서 '같다'라는 언급이 없으면 *'다르다'가 전제되어 있다.

소설책 5권을 a, b, c, d, e로, 잡지책 3권을 A, B, C로, 위인전 2권을 α, β로 놓으면

1) $a\ b\ c\ d\ e$ (A B C) ($\alpha\ \beta$)

잡지책과 위인전을 묶어서 각각 한 권으로 생각하면 모두 7권이므로 7권을 일렬로 꽂는 방법의 수는 $7!=7\cdot6\cdot5!=7\cdot6\cdot120=5040$

각 묶음 속의 잡지책 3권을 꽂는 방법의 수는 $3!=6$, 위인전 2권을 꽂는 방법의 수는 $2!=2$

따라서 구하는 방법의 수는 $5040\times6\times2=$ **60480**

2) ○a○b○c○d○e○α○β○

소설책과 위인전 모두 7권을 일렬로 꽂는 방법의 수는 $7!=7\cdot6\cdot5!=7\cdot6\cdot120=5040$

소설책과 위인전 사이사이와 양 끝의 8곳에 잡지책 3권을 꽂는 방법의 수는 ${}_8P_3=336$

따라서 구하는 방법의 수는 $5040\times336=$ **1693440**

5 '적어도'의 조건이 있는 순열의 수

(사건 A가 적어도 한 번 일어나는 경우의 수)
=(전체 경우의 수)−(사건 A가 일어나지 않는 경우의 수)

'적어도'의 조건이 있을 때는 제일 먼저 *'전체 경우의 수'를 구한다.

뿌리 2-6 자리에 대한 조건과 '적어도'의 조건이 있는 경우의 순열

korean의 6개의 문자를 일렬로 나열할 때, 다음을 구하여라.

1) k가 맨 처음에 r이 맨 마지막에 오는 경우의 수
2) k와 r 사이에 2개의 문자가 들어있는 경우의 수
3) 적어도 한쪽 끝에 자음이 오는 경우의 수

풀이 1) k□□□□r와 같이 k를 맨 처음에, r을 맨 마지막에 고정하고, 나머지 4개의 문자를 일렬로 나열하는 경우의 수이므로 $4!=$**24**

2) (k□□r)□□와 같이 k□□r을 한 문자로 생각하여 3개의 문자를 일렬로 나열하는 경우의 수는 $3!=6$
k와 r 사이에 o, e, a, n 중 2개를 택하여 나열하는 경우의 수는 ${}_4P_2=12$
k와 r의 자리를 바꾸는 경우의 수는 $2!=2$
따라서 구하는 경우의 수는 $6\times12\times2=$**144**

참고 '한 줄로 세우기'뿐 아니라 *'자리 바꾸기'도 순열이다.

3) (적어도 한쪽 끝이 자음인 경우의 수)=(전체 경우의 수)−(양 끝이 모두 모음인 경우의 수)
6개의 문자를 일렬로 나열하는 경우의 수는 $6!=720$
i) 양 끝에 모음인 o, e, a 중 2개를 택하여 나열하는 경우의 수는 ${}_3P_2=6$
ii) 가운데 나머지 4개의 문자를 나열하는 경우의 수는 $4!=24$
이상에서 양 끝에 모두 모음이 오는 경우의 수는 $6\times24=144$
따라서 구하는 경우의 수는 $720-144=$**576**

자 □□□□ 자
자 □□□□ 모
모 □□□□ 자
} 적어도 한쪽 끝에 자음이 오는 경우
모 □□□□ 모

참고 영어에서 모음은 a, e, i, o, u이다. 나머지는 자음이다.

[줄기2-4] special의 7개의 문자를 일렬로 나열할 때, 적어도 한쪽 끝에 모음이 있는 경우의 수를 구하여라.

[줄기2-5] republic의 8개의 문자를 일렬로 나열할 때, 다음을 구하여라.

1) r과 b 사이에 3개의 문자가 들어있는 경우의 수
2) 적어도 한쪽 끝에 자음이 오는 경우의 수

뿌리 2-7 자연수의 개수

5개의 숫자 1, 2, 3, 4, 5에서 서로 다른 숫자를 택하여 자연수를 만들 때, 다음을 구하여라.

1) 다섯 자리의 자연수의 개수
2) 34000보다 작은 자연수의 개수
3) 34000보다 작은 자연수 중에서 5의 배수의 개수

풀이 1) 1, 2, 3, 4, 5의 5개의 숫자를 일렬로 배열하는 경우의 수이므로 $5!=$ **120**

2) 34000보다 작은 자연수는 다음과 같다.

1□□□□ 꼴 : 2, 3, 4, 5를 일렬로 나열하면 되므로 $4!=24$
2□□□□ 꼴 : 1, 3, 4, 5를 일렬로 나열하면 되므로 $4!=24$
31□□□ 꼴 : 2, 4, 5를 일렬로 나열하면 되므로 $3!=6$
32□□□ 꼴 : 1, 4, 5를 일렬로 나열하면 되므로 $3!=6$
따라서 34000보다 작은 자연수의 개수는 $24+24+6+6=$ **60**

3) 34000보다 작은 자연수 중에서 5의 배수는 다음과 같다.

5의 배수는 일의 자릿수가 0 또는 5인 수이다.
1□□□5 꼴 : 2, 3, 4를 일렬로 나열하면 되므로 $3!=6$
2□□□5 꼴 : 1, 3, 4를 일렬로 나열하면 되므로 $3!=6$
31□□5 꼴 : 2, 4를 일렬로 나열하면 되므로 $2!=2$
32□□5 꼴 : 1, 4를 일렬로 나열하면 되므로 $2!=2$
따라서 구하는 5의 배수의 개수는 $6+6+2+2=$ **16**

[줄기2-6] 6개의 숫자 0, 1, 2, 3, 4, 5에서 서로 다른 숫자를 택하여 자연수를 만들 때, 다음을 구하여라.

1) 여섯 자리 자연수의 개수
2) 네 자리 자연수의 개수
3) 네 자리 자연수 중 짝수의 개수

[줄기2-7] 5개의 숫자 0, 1, 2, 3, 4에서 서로 다른 숫자를 택하여 자연수를 만들 때, 다음을 구하여라.

1) 네 자리 자연수 중 4의 배수의 개수
2) 세 자리 자연수 중 3의 배수의 개수

뿌리 2-8 사전식으로 배열하는 경우의 수 (1)

5개의 문자 A, B, C, D, E를 모두 한 번씩 사용하여 사전식으로 배열할 때, 다음 물음에 답하여라.

1) CBAED는 몇 번째에 오는지 구하여라.
2) 102번째에 오는 문자열을 구하여라.

풀이 1) A□□□□ 꼴의 개수는 $4!=24$
B□□□□ 꼴의 개수는 $4!=24$
CA□□□ 꼴의 개수는 $3!=6$
CBA□□ 꼴로 시작하는 것은 순서대로
CBADE, CBAED의 2개
따라서 CBAED는 $24+24+6+2=$**56번째**에 온다.

2) A□□□□, B□□□□, C□□□□, D□□□□ 꼴의 개수는 $4!\times4=96$
EAB□□, EAC□□, EAD□□ 꼴의 개수는 $2!\times3=6$
따라서 102번째에 오는 것은 EAD□□ 꼴로 마지막 문자인 **EADCB**이다.
(∵ EAD□□ 꼴로 시작하는 것은 순서대로 EADBC, EADCB이다.)

참고 i) a, b, c의 3개의 문자를 모두 한 번씩 사용하여 사전식으로 배열하면 다음과 같다.
abc, acb / bac, bca / cab, cba
ii) a, b, c, d의 4개의 문자를 모두 한 번씩 사용하여 사전식으로 배열할 때, 16번째에 오는 문자열은 다음과 같다.
a□□□ 꼴: $3!=6$, b□□□ 꼴: $3!=6$, ca□□ 꼴: $2!=2$
$6+6+2=14$이고, $cbad$, $cbda$ 순이므로 16번째에 오는 문자열은 $cbda$이다.

뿌리 2-9 사전식으로 배열하는 경우의 수 (2)

korean의 6개의 문자를 모두 한 번씩 사용하여 사전식으로 배열할 때, norkea는 몇 번째 오는지 구하여라.

풀이 korean을 알파벳 순서로 배열하면 aeknor이다.
a□□□□□, e□□□□□, k□□□□□ 꼴의 개수는 $5!\times3=360$
na□□□□, ne□□□□, nk□□□□ 꼴의 개수는 $4!\times3=72$
noa□□□, noe□□□, nok□□□ 꼴의 개수는 $3!\times3=18$
nora□□, nore□□ 꼴의 개수는 $2!\times2=4$
nork□□ 꼴로 시작하는 것은 순서대로
norkae, norkea의 2개
따라서 norkea는 $360+72+18+4+2=$**456**

[줄기2-8] friend에 있는 6개의 문자를 모두 한 번씩 사용하여 사전식으로 배열할 때, 196번째에 오는 문자열을 구하여라.

03 조합

1 조합의 정의 (약속) ※조(組): 모임 조, 합(合): 모을 합

서로 다른 n개에서 r $(0<r\leq n)$개를 택하여 순서를 생각하지 않는 모임을 만드는 것을 **서로 다른 n개에서 r개를 택하는 조합**이라 하고, 이 조합의 수를 기호로 ${}_nC_r$과 같이 나타낸다.

${}_nC_r$

서로 다른 것의 개수 ↲ (n) ↳ 택하는 것의 개수 (r)

※ ${}_nC_r$은 '엔씨알'로 읽고, C는 조합을 뜻하는 Combination의 첫 글자이다.

2 순열과 조합의 차이

3개의 문자 A, B, C에서 순서를 생각하여 2개를 뽑는 경우는 AB, BA, AC, CA, BC, CB의 6가지 $({}_3\mathrm{P}_2)$가 된다. 그러나 순서를 생각하지 않고 2개를 뽑으면 A와 B를 뽑든지, B와 A를 뽑든지 같은 경우가 되므로 AB, AC, BC의 3가지 $({}_3\mathrm{C}_2)$가 된다.

여기서 $3\times2!=6$, 즉 ${}_3\mathrm{C}_2\times2!={}_3\mathrm{P}_2$임을 알 수 있다.

예) a, b, c의 3명 중에서 반장, 부반장을 각각 1명씩 뽑을 때와 대표 2명을 뽑을 때의 방법의 수를 구해보자.

1) 반장, 부반장을 각각 1명씩 뽑을 때의 방법의 수는

3명 중에서 2명을 선택하여 일렬로(반장, 부반장 순으로) 배열하는 방법의 수이므로 ①, ②, ③, ④, ⑤, ⑥의 6가지의 경우가 있다.

$\therefore {}_3\mathrm{P}_2=6$

2) 대표 2명을 뽑을 때의 방법의 수는

3명 중에서 2명을 선택하는 방법의 수이므로 대표 2명이 a, b이든 b, a이든 순서에는 관계가 없어 ①, ②의 경우는 사실상 같은 경우이다. 즉 ③, ④와 ⑤, ⑥도 같은 경우이다.

따라서 3가지의 경우가 있다.

$\therefore {}_3\mathrm{C}_2=3$

	반장	부반장
①	a	b
②	b	a
③	b	c
④	c	b
⑤	c	a
⑥	a	c

${}_3\mathrm{C}_2$와 ${}_3\mathrm{P}_2$의 관계

${}_3\mathrm{P}_2$는 3명 중에서 2명을 택한 후, 그 2명을 일렬로 배열하는 방법의 수이므로

${}_3\mathrm{P}_2={}_3\mathrm{C}_2\times2!\quad \therefore {}_3\mathrm{C}_2=\dfrac{{}_3\mathrm{P}_2}{2!}=\dfrac{3\cdot2}{2\cdot1}=3$

3 ${}_n\mathrm{C}_r$과 ${}_n\mathrm{P}_r$의 관계

1) ${}_n\mathrm{C}_r\times r!={}_n\mathrm{P}_r$ (단, *$0\leq r\leq n$ ※ $0!=1$, ${}_n\mathrm{P}_0=1$이므로 *$r=0$일 때도 성립한다.)

2) ${}_n\mathrm{C}_r=\dfrac{{}_n\mathrm{P}_r}{r!}={}_n\mathrm{P}_r\cdot\dfrac{1}{r!}=\dfrac{n!}{(n-r)!}\cdot\dfrac{1}{r!}=\dfrac{n!}{(n-r)!\,r!}$ (단, $0\leq r\leq n$)

4 $_{n}C_{0}=1,\ _{n}C_{n}=1,\ _{n}C_{1}=n$

1) $_{n}C_{0}=1$: 서로 다른 n개에서 하나도 뽑지 않는 방법의 수는 1
2) $_{n}C_{n}=1$: 서로 다른 n개에서 n개 모두를 뽑는 방법의 수는 1
3) $_{n}C_{1}=n$: 서로 다른 n개에서 1개를 뽑는 방법의 수는 n

증명 1) $_{n}C_{0}=\dfrac{n!}{(n-0)!\,0!}=1$　　2) $_{n}C_{n}=\dfrac{n!}{(n-n)!\,n!}=1$　　3) $_{n}C_{1}=\dfrac{n!}{(n-1)!\,1!}=n$

참고 $_{n}P_{0}=1,\ {}_{n}\mathbf{P}_{n}=\mathbf{n!},\ _{n}P_{1}=n$

씨앗. 1 다음 값을 구하여라.

1) $_{5}C_{3}$　　2) $_{7}C_{4}$　　3) $_{4}C_{4}$　　4) $_{6}C_{1}$　　5) $_{7}C_{0}$

풀이 1) $_{5}C_{3}=\dfrac{_{5}P_{3}}{3!}=\dfrac{5\cdot4\cdot3}{3\cdot2\cdot1}=\mathbf{10}$

2) $_{7}C_{4}=\dfrac{_{7}P_{4}}{4!}=\dfrac{7\cdot6\cdot5\cdot4}{4\cdot3\cdot2\cdot1}=\mathbf{35}$

3) 4개에서 4개 모두를 뽑는 방법의 수는 1이므로 $_{4}C_{4}=\mathbf{1}$

4) 6개에서 1개를 뽑는 방법의 수는 6이므로 $_{6}C_{1}=\mathbf{6}$

5) 7개에서 하나도 뽑지 않는 방법의 수는 1이므로 $_{7}C_{0}=\mathbf{1}$

뿌리 3-1 $_{n}C_{r}$의 계산

다음 등식을 만족하는 n의 값을 구하여라.

1) $_{n}C_{3}=20$　　2) $_{n}P_{2}+6{}_{n}C_{3}=6{}_{n}C_{2}$

풀이 1) $\dfrac{_{n}P_{3}}{3!}=\dfrac{n(n-1)(n-2)}{3!}=20$

$n(n-1)(n-2)=120=6\cdot5\cdot4$　　$\therefore n=\mathbf{6}$ ($\because n,\ n-1,\ n-2$는 자연수)

2) $n(n-1)+6\cdot\dfrac{n(n-1)(n-2)}{3!}=6\cdot\dfrac{n(n-1)}{2!}$

$n(n-1)+n(n-1)(n-2)=3n(n-1)$

이때 $n\geq2,\ n\geq3$에서 $n\geq3$이므로 양변을 $n(n-1)$로 나누면

$1+(n-2)=3$　　$\therefore n=\mathbf{4}$

[줄기3-1] 다음 등식을 만족시키는 n의 값을 구하여라.

1) $_{n}C_{2}=28$　　2) $_{n}C_{2}+{}_{n}C_{3}=35$　　3) $_{n+3}C_{2}={}_{n}C_{2}+{}_{n-2}C_{2}$

5 ${}_{n}C_{r} = {}_{n}C_{n-r}\ (0 \le r \le n)$

증명 ${}_{n}C_{n-r} = \dfrac{n!}{\{n-(n-r)!\}\,(n-r)!} = \dfrac{n!}{r!\,(n-r)!} = \dfrac{n!}{(n-r)!\,r!} = {}_{n}C_{r}$

(익히는 방법)
${}_{n}C_{p} = {}_{n}C_{q}$이면 i) $p=q$ 또는 ii) $p=n-q$ (즉, *$p+q=n$)

뿌리 3-2 ${}_{n}C_{r} = {}_{n}C_{n-r}$

다음 등식을 만족하는 n 또는 r의 값을 구하여라.

1) ${}_{42}C_{r^2+2} = {}_{42}C_{r-2}$ 2) ${}_{n}C_{3} = {}_{n}C_{5}$

3) ${}_{10}C_{r} = {}_{10}C_{r-4}$ 4) ${}_{12}C_{n+2} = {}_{12}C_{3n+2}$

풀이 ${}_{n}C_{p} = {}_{n}C_{q}$이면 i) $p=q$ 또는 ii) $p=n-q$ (즉, *$p+q=n$)

1) i) $r^2+2=r-2,\quad r^2-r+4=0$
이때 r의 값은 허수이므로 r의 값에 해당되지 않는다.
ii) $r^2+2=42-(r-2)$ ⇨ 비추 (∵ 식을 만들기가 쉽지 않다.)
$r^2+r-42=0,\quad (r-6)(r+7)=0 \quad \therefore r=\mathbf{6}$ (∵ $r-2\ge 0$, 즉 $r\ge 2$)
ii)* $(r^2+2)+(r-2)=42$ ⇨ 강추 (∵ 식을 만들기가 쉽다.)
$r^2+r-42=0,\quad (r-6)(r+7)=0 \quad \therefore r=\mathbf{6}$ (∵ $r-2\ge 0$, 즉 $r\ge 2$)

2) i) $3\ne 5$, ii) $3+5=n \quad \therefore n=\mathbf{8}$

3) i) $r\ne r-4$, ii) $r+(r-4)=10 \quad \therefore r=\mathbf{7}$

4) i) $n+2=3n+2 \quad \therefore n=\mathbf{0}$, ii) $(n+2)+(3n+2)=12 \quad \therefore n=\mathbf{2}$

[줄기3-2] 다음 등식을 만족시키는 n의 값을 구하여라.

1) ${}_{n+2}C_{4} = {}_{n}C_{2}$ 2) ${}_{32}C_{n-7} = {}_{32}C_{2n}$

[줄기3-3] 다음 물음에 답하여라.

1) ${}_{n}P_{3} = 210$일 때, ${}_{n}C_{3}$를 구하여라.

2) ${}_{n}C_{4} = 15$일 때, ${}_{n}P_{4}$를 구하여라.

3) ${}_{n}P_{r} = 110$, ${}_{n}C_{r} = 55$일 때, n, r의 값을 구하여라.

뿌리 3-3 조합의 수

남자 6명과 여자 4명 중에서 대표를 뽑을 때, 다음을 구하여라.

1) 5명을 대표로 뽑는 방법의 수
2) 남자 2명과 여자 3명을 대표로 뽑는 방법의 수
3) 5명을 대표로 뽑을 때, 적어도 여자 1명이 포함되는 방법의 수

풀이 1) 10명 중에서 5명을 뽑는 방법의 수는 ${}_{10}C_5=252$

2) 남자 6명 중에서 2명을 뽑는 방법의 수는 ${}_6C_2=15$
여자 4명 중에서 3명을 뽑는 방법의 수는 ${}_4C_3={}_4C_1=4$ ($\because {}_nC_r={}_nC_{n-r}$)
따라서 구하는 방법의 수는 $15\times4=$ **60**

3) '적어도…'가 있으면 ⇨ 제일 먼저 '전체 경우의 수'를 구한다.
전체 10명 중에서 5명을 뽑는 방법의 수는 ${}_{10}C_5=252$
남자만 5명을 뽑는 방법의 수는 ${}_6C_5={}_6C_1=6$
따라서 구하는 방법의 수는 $252-6=$ **246**

[줄기3-4] 서로 다른 피자 5개, 서로 다른 햄버거 6개, 서로 다른 치킨 4개 중에서 3개를 택할 때, 모두 같은 종류의 음식을 택하는 방법의 수를 구하여라.

[줄기3-5] 서로 다른 소설책 n권과 서로 다른 잡지책 5권 중에서 소설책 3권과 잡지책 2권을 택하는 방법의 수가 560일 때, n의 값을 구하여라.

[줄기3-6] 학생이 10명인 어떤 학급에서 반장 1명과 부반장 2명을 뽑는 방법의 수를 구하여라.

[줄기3-7] 다음 물음에 답하여라.

1) 회원이 7명인 어떤 동아리에서 각 회원이 나머지 회원들과 꼭 한 번씩 악수를 할 때, 회원들끼리 서로 악수를 한 횟수를 구하여라.
2) 10쌍의 부부가 참석한 파티에서 남자는 자신의 부인을 제외한 모든 사람과 악수를 하였고, 여자끼리는 악수를 하지 않았다.
참석한 20명이 나눈 악수의 총 횟수를 구하여라.

6 특정한 것을 포함하거나 포함하지 않는 조합의 수

1) 서로 다른 n개에서 특정한 k개를 포함하여 r개를 뽑는 방법의 수
특정한 것은 이미 뽑았다고 생각하고 나머지에서 필요한 것을 뽑는 방법의 수와 같다.
⇨ $(n-k)$개에서 $(r-k)$개를 뽑는 방법의 수와 같다. $\therefore {}_{n-k}C_{r-k}$

2) 서로 다른 n개에서 특정한 k개를 제외하고 r개를 뽑는 방법의 수
특정한 것은 이미 제외했다고 생각하고 나머지에서 필요한 것을 뽑는 방법의 수와 같다.
⇨ $(n-k)$개에서 r개를 뽑는 방법의 수와 같다. $\therefore {}_{n-k}C_{r}$

뿌리 3-4 조건을 만족시키는 조합의 수

남자 6명과 여자 4명 중에서 대표를 뽑으려고 할 때, 다음 물음에 답하여라.

1) 4명을 대표로 뽑을 때, 적어도 남녀 1명씩 포함되는 방법의 수를 구하여라.
2) 5명을 대표로 뽑을 때, 특정한 3명이 포함되는 방법의 수를 구하여라.
3) 5명을 대표로 뽑을 때, 특정된 3명이 제외되는 방법의 수를 구하여라.

풀이 1) '적어도…'가 있으면 ⇨ 제일 먼저 '전체 경우의 수'를 구한다.
전체 10명 중에서 4명을 뽑는 방법의 수는 ${}_{10}C_4=210$
남자만 4명을 뽑는 방법의 수는 ${}_6C_4={}_6C_2=15$
여자만 4명을 뽑는 방법의 수는 ${}_4C_4={}_4C_0=1$
따라서 구하는 방법의 수는 $210-(15+1)=\mathbf{194}$

2) 특정한 3명을 이미 뽑았다고 생각하고 나머지 7명 중에서 2명을 뽑으면 되므로
구하는 방법의 수는 ${}_7C_2=\mathbf{21}$

3) 특정한 3명을 이미 제외했다고 생각하고 나머지 7명 중에서 5명을 뽑으면 되므로
구하는 방법의 수는 ${}_7C_5={}_7C_2=\mathbf{21}$

[줄기3-8] 10명의 회원 중에서 4명의 청소당번을 뽑을 때, 다음을 구하여라.

1) 특정한 2명이 포함되는 방법의 수 2) 특정한 2명이 제외되는 방법의 수

[줄기3-9] 다음 물음에 답하여라.

1) 9명 중에서 4명을 뽑을 때, 특별한 2명이 동시에 선출되지 않는 방법의 수를 구하여라.
2) 1반과 2반에 학생이 각각 7명씩 14명의 있다. 이 두 반에서 6명의 대표를 뽑을 때, 1반과 2반에 각각 적어도 1명의 학생이 포함되는 경우의 수를 구하여라.

줄기 정답 및 풀이 ▶ 120p

뿌리 3-5 뽑아서 나열하는 방법의 수 (1)

남학생 6명과 여학생 4명 중에서 남학생 3명과 여학생 2명을 뽑아서 일렬로 앉히는 방법의 수를 구하여라.

풀이 남학생 6명 중에서 3명을 뽑는 방법의 수는 ${}_6C_3=20$

여학생 4명 중에서 2명을 뽑는 방법의 수는 ${}_4C_2=6$

이들 남녀 5명을 일렬로 앉히는 방법의 수는 $5!=120$

따라서 구하는 방법의 수는 $20\times6\times120=$ **14400**

뿌리 3-6 뽑아서 나열하는 방법의 수 (2)

남학생 9명 중에서 5명을 뽑아 일렬로 세울 때, 다음 물음에 답하여라.

1) a군과 b군이 모두 포함되고 이들이 이웃하게 세우는 방법의 수를 구하여라.

2) 특정한 2명이 이웃하게 세우는 방법의 수를 구하여라.

3) 특정한 2명이 이웃하지 않도록 세우는 방법의 수를 구하여라.

풀이 1) a군과 b군을 이미 뽑아 놓고, 나머지 7명 중에서 3명을 뽑는 방법의 수는 ${}_7C_3=35$

a군과 b군을 묶어서 1명이라고 생각하면 4명을 일렬로 세우는 방법의 수는 $4!=24$

a군과 b군이 자리를 바꾸는 방법의 수는 $2!=2$

따라서 구하는 방법의 수는 $35\times24\times2=$ **1680**

2) 특정한 2명을 이미 뽑아 놓고, 나머지 7명 중에서 3명을 뽑는 방법의 수는 ${}_7C_3=35$

특정한 2명을 1명이라고 생각하면 4명을 일렬로 세우는 방법의 수는 $4!=24$

특정한 2명이 자리를 바꾸는 방법의 수는 $2!=2$

따라서 구하는 경우의 수는 $35\times24\times2=$ **1680**

3) 특정한 2명을 이미 뽑아 놓고, 나머지 7명 중에서 3명을 뽑는 방법의 수는 ${}_7C_3=35$

특정한 2명을 제외한 3명을 일렬로 세우는 방법의 수는 $3!=6$

3명의 사이사이와 양 끝에 특정한 2명을 세우는 방법의 수는 ${}_4P_2=12$

따라서 구하는 방법의 수는 $35\times6\times12=$ **2520**

줄기 3-10 민지와 철수를 포함한 8명 중에서 5명을 뽑아 일렬로 세울 때, 민지는 포함되고 철수는 포함되지 않는 방법의 수를 구하여라.

7 도형에서 조합의 활용

1) 서로 다른 n개의 점 중에서 어느 세 점도 일직선 위에 있지 않을 때, 두 점을 이어 만들 수 있는 **직선의 개수는** $_{n}C_{2}$이고 세 점을 이어 만드는 **삼각형의 개수는** $_{n}C_{3}$이다.

주의 일직선 위에 있는 3개 이상의 점 중에서 두 점을 이으면 직선은 오직 *1개 만들어진다.
일직선 위에 있는 3개 이상의 점 중에서 세 점을 이으면 삼각형은 만들어지지 않는다.

2) m개의 평행선과 n개의 평행선이 만날 때 생기는 **평행사변형의 개수** ⇨ $_{m}C_{2}\times{}_{n}C_{2}$

3) **볼록 n각형의 대각선의 개수**
n개의 꼭짓점 중에서 2개를 택하여 만들 수 있는 선분의 개수에서 변의 개수인 n을 뺀 것과 같다. ⇨ $_{n}C_{2}-n$

뿌리 3-7 직선의 개수

다음 물음에 답하여라.

1) 한 평면 위에 있는 서로 다른 7개의 점 중에서 어느 세 점도 한 직선 위에 있지 않을 때, 주어진 점을 이어서 만들 수 있는 서로 다른 직선의 개수를 구하여라.

2) 오른쪽 그림과 같이 두 평행한 직선 위에 9개의 점이 있을 때, 주어진 점을 이어서 만들 수 있는 서로 다른 직선의 개수를 구하여라.

3) 우측 그림과 같이 같은 간격으로 배열된 12개의 점이 있을 때, 두 점 이상을 지나는 서로 다른 직선의 개수를 구하여라.

풀이 1) 7개의 점 중에서 어느 세 점도 일직선 위에 있지 않으므로 구하는 직선의 개수는 $_{7}C_{2}=$ **21**

2) 9개의 점 중에서 2개를 택하는 방법의 수는 $_{9}C_{2}=36$
일직선 위에 있는 3개의 점 중에서 2개를 택하는 방법의 수는 $_{3}C_{2}={}_{3}C_{1}=3$
일직선 위에 있는 6개의 점 중에서 2개를 택하는 방법의 수는 $_{6}C_{2}=15$
그런데 일직선 위에 있는 3개의 점과 6개의 점으로는 각각 1개의 직선만이 만들어지므로
구하는 직선의 개수는 $36-3-15+1+1=$ **20**

3) 12개의 점 중에서 2개를 택하는 방법의 수는 $_{12}C_{2}=66$

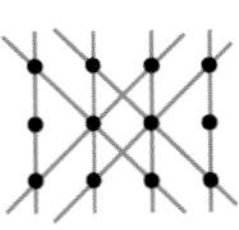

i) 일직선 위에 있는 3개의 점 중에서 2개를 택하는 방법의 수는 $_{3}C_{2}={}_{3}C_{1}=3$이고, 일직선 위에 있는 3개의 점이 있는 직선은 8개이다.

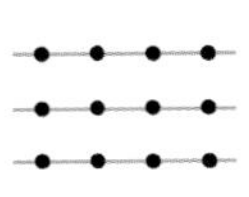

ii) 일직선 위에 있는 4개의 점 중에서 2개를 택하는 방법의 수는 $_{4}C_{2}=6$이고, 일직선 위에 있는 4개의 점이 있는 직선은 3개이다.

따라서 구하는 직선의 개수는 $66-3\cdot8-6\cdot3+8+3=$ **35**

뿌리 3-8 다각형의 개수

다음 물음에 답하여라.

1) 정팔각형의 꼭짓점 중에서 3개의 점을 꼭짓점으로 하는 삼각형의 개수를 구하여라.

2) 오른쪽 그림과 같이 반원 위에 7개의 점이 있다. 이 중 세 점을 꼭짓점으로 하는 삼각형의 개수를 구하여라. [수능 기출]

3) 오른쪽 그림과 같이 정삼각형 위에 같은 간격으로 놓인 9개의 점이 있다. 이들 점 중에서 3개의 점을 꼭짓점으로 하는 삼각형의 개수를 구하여라.

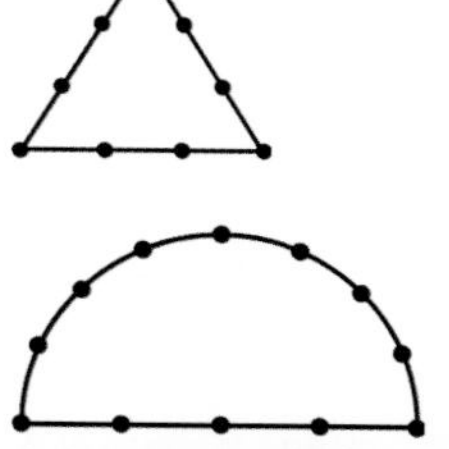

4) 오른쪽 그림과 같이 반원 위에 12개의 점이 있다. 이 중 네 점을 꼭짓점으로 하는 사각형의 개수를 구하여라.

풀이 1) 볼록다각형에서는 어느 세 꼭짓점도 한 직선 위에 있지 않는다.
8개의 점 중에서 어느 세 점도 일직선 위에 있지 않으므로 구하는 삼각형의 개수는 ${}_8C_3=\mathbf{56}$

2) 7개의 점 중에서 3개를 택하는 방법의 수는 ${}_7C_3=35$
일직선 위에 있는 4개의 점 중에서 3개를 택하는 방법의 수는 ${}_4C_3={}_4C_1=4$
그런데 일직선 위에 있는 3개의 점으로는 삼각형을 만들 수 없으므로 구하는 삼각형의 개수는 $35-4=\mathbf{31}$

3) 9개의 점 중에서 3개를 택하는 방법의 수는 ${}_9C_3=84$
일직선 위에 있는 4개의 점 중에서 3개를 택하는 방법의 수는 ${}_4C_3={}_4C_1=4$이고, 일직선 위에 4개의 점이 있는 직선은 3개이다.
그런데 일직선 위에 있는 3개의 점으로는 삼각형을 만들 수 없으므로 구하는 삼각형의 개수는 $84-4\cdot3=\mathbf{72}$

4) 12개의 점 중에서 4개를 택하는 방법의 수는 ${}_{12}C_4=495$
일직선 위에 있는 5개의 점 중에서 4개를 택하는 방법의 수는 ${}_5C_4={}_5C_1=5$
일직선 위에 있는 5개의 점 중에서 3개를 택하고 나머지 점 중에서 1개를 택하는 방법의 수는 ${}_5C_3\cdot{}_7C_1={}_5C_2\cdot{}_7C_1=70$
그런데 일직선 위에 있는 4개의 점 또는 일직선 위에 있는 3개의 점과 나머지 한 점으로는 사각형을 만들 수 없으므로 구하는 사각형의 개수는 $495-5-70=\mathbf{420}$

줄기 3-11 오른쪽 그림과 같이 평행한 두 직선 위에 9개의 점이 있다. 이 중 네 점을 꼭짓점으로 하는 사각형의 개수를 구하여라.

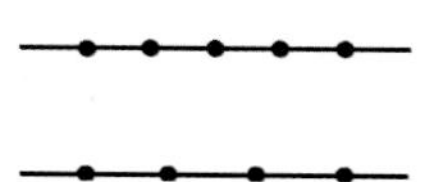

뿌리 3-9 다각형의 대각선의 개수

다음 물음에 답하여라.

1) 오른쪽 그림과 같은 칠각형에서 대각선의 개수를 구하여라.

2) 대각선의 개수가 54인 볼록 다각형의 꼭짓점의 개수를 구하여라.

풀이 1) 구하는 대각선의 개수는 7개의 꼭짓점 중에서 2개를 택하는 방법의 수에서 변의 개수인 7을 빼면 되므로 ${}_7C_2-7=21-7=\mathbf{14}$

2) 볼록 $n\,(n\geq3)$ 각형의 대각선의 개수가 54이므로

${}_nC_2-n=54$에서 $\dfrac{n(n-1)}{2!}-n=54$

$n^2-n-2n=108,\ n^2-3n-108=0,\ (n+9)(n-12)=0$

$\therefore n=\mathbf{12}\,(\because n\geq3)$

뿌리 3-10 평행사변의 개수

오른쪽 그림과 같이 5개의 평행선과 4개의 평행선이 서로 만날 때, 이 평행선으로 만들어지는 평행사변형의 개수를 구하여라.

풀이 가로 방향의 5개의 평행선에서 2개, 세로 방향의 4개의 평행선에서 2개를 택하면 한 개의 평행사변형이 만들어지므로 구하는 평행사변형의 개수는

${}_5C_2\cdot{}_4C_2=10\cdot6=\mathbf{60}$

[줄기3-12] 다음 물음에 답하여라.

1) 평면 위에 9개의 직선이 있다. 이 중 어느 3개도 같은 점에서 만나지 않고 4개는 평행하다. 이때, 이 직선으로 이루어지는 삼각형의 개수를 구하여라.

2) 대각선의 개수가 20인 볼록 다각형의 꼭짓점의 개수를 구하여라.

3) 오른쪽 그림과 같이 평면 위에 5개의 평행선과 6개의 평행선이 만날 때, 이 평행선으로 이루어지는 평행사변형의 개수를 구하여라.

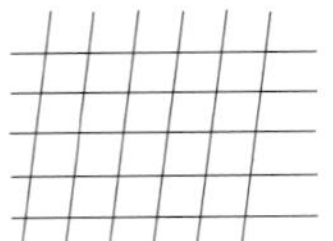

[줄기3-13] 오른쪽 그림과 같이 가로 방향의 평행한 직선 5개와 세로 방향의 평행한 직선 6개가 각각 수직으로 만난다. 직선 사이의 간격이 1로 일정할 때, 다음을 구하여라.

1) 정사각형의 개수

2) 정사각형이 아닌 직사각형의 개수

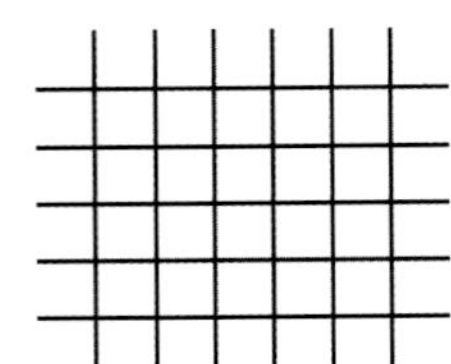

04 「특강」 분할과 분배

1 분할과 분배

1) 분할하는 방법의 수

서로 다른 여러 개의 물건을 몇 개의 묶음으로 나누는 방법의 수이다.

예) 네 개의 물건 a, b, c, d를 두 묶음으로 나누는 방법의 수를 구해 보자.

① 1개, 3개로 나누는 방법의 수는 우측 그림과 같이 a, b, c, d에서 1개를 뽑고, 나머지 3개에서 3개를 뽑으면 되므로

$_4C_1 \times {}_3C_3 = 4$

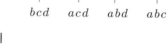

a	b	c	d
bcd	acd	abd	abc

② 2개, 2개로 나누는 방법의 수는 우측 그림과 같이 a, b, c, d에서 2개를 뽑고, 나머지 2개에서 2개를 뽑으면 되므로

$_4C_2 \times {}_2C_2 = 6$

그런데 우측 그림과 같이 같은 것이 2!개씩 있으므로 구하는 방법의 수는

$6 \times \frac{1}{2!} = 3$

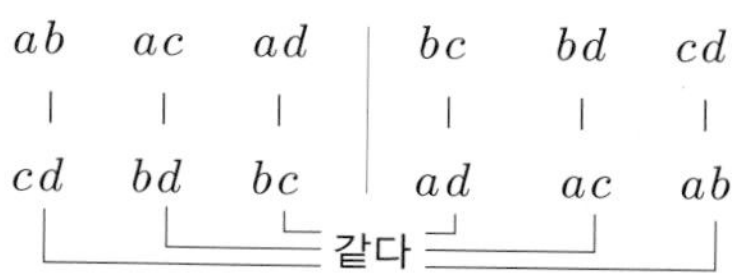

따라서 서로 다른 n개의 물건을 p개, q개, r개$(p+q+r=n)$의 세 묶음으로 나누는 방법의 수는

i) p, q, r이 모두 다른 수일 때 ⇨ $_nC_p \times {}_{n-p}C_q \times {}_rC_r$

ii) p, q, r 중 어느 두 수가 같을 때 ⇨ $_nC_p \times {}_{n-p}C_q \times {}_rC_r \times \frac{1}{2!}$

iii) p, q, r이 모두 같은 수일 때 ⇨ $_nC_p \times {}_{n-p}C_q \times {}_rC_r \times \frac{1}{3!}$

2) 분할한 후 분배하는 방법의 수

n묶음으로 나누어 n명에게 나누어 주는 방법의 수는

⇨ (n묶음으로 나누는 방법의 수)$\times n!$

뿌리 4-1 분할하는 방법의 수

서로 다른 6권의 책을 다음과 같이 세 묶음으로 나누는 방법의 수를 구하여라.

1) 3권, 2권, 1권　　2) 2권, 2권, 2권　　3) 4권, 1권, 1권

풀이 1) $_6C_3 \cdot {}_3C_2 \cdot {}_1C_1 = 60$

2) $_6C_2 \cdot {}_4C_2 \cdot {}_2C_2 \cdot \frac{1}{3!} = 15$

3) $_6C_4 \cdot {}_2C_1 \cdot {}_1C_1 \cdot \frac{1}{2!} = 15$

뿌리 4-2 분배하는 방법의 수

다음 물음에 답하여라.

1) 15명의 학생을 5명씩 3개의 조로 나누어 세 개의 반으로 편성하는 방법의 수를 구하여라.
2) 서로 다른 8권의 책을 3권, 3권, 2권으로 묶음을 만들어 세 명에게 한 묶음씩 주는 방법의 수를 구하여라.
3) 남자 6명, 여자 4명을 5명씩 두 조로 나눈다. 여자는 모두 같은 조로 넣기로 할 때 나누는 방법의 수를 구하여라.
4) 남자 6명, 여자 4명을 5명씩 A, B 두 조로 나눈다. 여자는 모두 같은 조로 넣기로 할 때 나누는 방법의 수를 구하여라.

풀이 1) 15명의 학생을 5명씩 3개의 조로 나누는 방법의 수는

$_{15}C_5 \cdot {_{10}C_5} \cdot {_5C_5} \cdot \frac{1}{3!} = 126126$

이 3개의 조를 세 개의 반으로 분배하는 방법의 수는

$3! = 6$

따라서 구하는 방법의 수는

$126126 \times 6 = \mathbf{756756}$

2) 8권의 책을 3, 3, 2권씩 3개의 묶음으로 나누는 방법의 수는

$_8C_3 \cdot {_5C_3} \cdot {_2C_2} \cdot \frac{1}{2!} = 280$

이 3개의 묶음을 세 명에게 분배하는 방법의 수는

$3! = 6$

따라서 구하는 방법의 수는

$6 \times 280 = 1680$

3) 남자 6명, 여자 4명을 5명씩 2조로 나누는 방법의 수는 모든 여자를 남자가 1명인 조에 넣는다고 가정하면 남자 6명을 5명, 1명으로 나누는 방법의 수와 같으므로

$_6C_5 \cdot {_1C_1} = 6$

4) 남자 6명, 여자 4명을 5명씩 2조로 나누는 방법의 수는 모든 여자를 남자가 1명인 조에 넣는다고 가정하면 남자 6명을 5명, 1명으로 나누는 방법의 수와 같으므로

$_6C_5 \cdot {_1C_1} = 6$

이 2개의 조를 A, B에 분배하는 방법의 수는

$2! = 2$

2 대진표를 작성하는 방법의 수 ※빨간색 선이 key이다.

최고 높은 단계에서 절단한다. (빨간색 선 참조)

1) 오른쪽 그림과 같은 **한 단계의 대진표**를 작성하는 방법의 수

key

2명을 1명, 1명의 2개의 조로 나누는 방법의 수는 ${}_2C_1 \cdot {}_1C_1 \cdot \frac{1}{2!} = 1$

와 을 작성하는 방법의 수는 각각 1, 1

따라서 구하는 방법의 수는 $1 \times 1 \times 1 = 1$

2) 오른쪽 그림과 같은 **두 단계의 대진표**를 작성하는 방법의 수

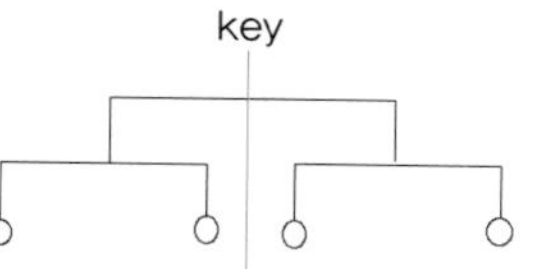

4명을 2명, 2명의 2개의 조로 나누는 방법의 수는 ${}_4C_2 \cdot {}_2C_2 \cdot \frac{1}{2!} = 3$

와 을 작성하는 방법의 수는 각각 1, 1

따라서 구하는 방법의 수는 $3 \times 1 \times 1 = 3$

3) 오른쪽 그림과 같은 **두 단계의 대진표**를 작성하는 방법의 수

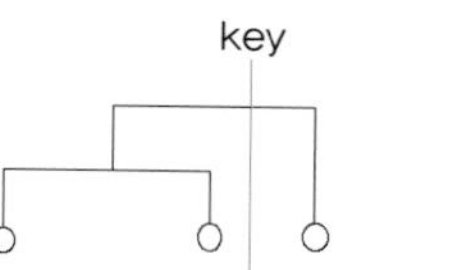

3명을 2명, 1명의 2개의 조로 나누는 방법의 수는 ${}_3C_2 \cdot {}_1C_1 = 3$

와 을 작성하는 방법의 수는 각각 1, 1

따라서 구하는 방법의 수는 $3 \times 1 \times 1 = 3$

(익히는 방법)

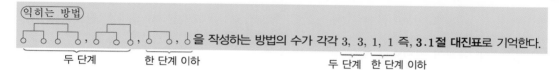

, , , 을 작성하는 방법의 수가 각각 3, 3, 1, 1 즉, **3.1절 대진표**로 기억한다.

두 단계 한 단계 이하 두 단계 한 단계 이하

뿌리 4-3 세 단계의 대진표를 작성하는 방법의 수 (1)

탁구 대회에 참가한 6명의 대진표가 다음과 같을 때, 대진표를 작성하는 방법의 수를 구하여라.

1) 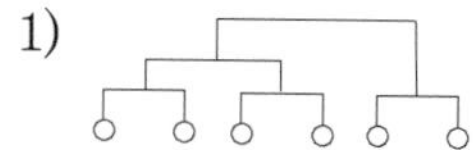

2) 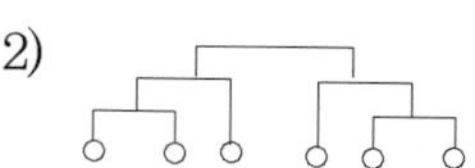

핵심 빨간색 선이 key이다.

풀이 1) 6명을 4명, 2명의 2개의 조로 나누는 방법의 수는 ${}_6C_4 \cdot {}_2C_2 = 15$

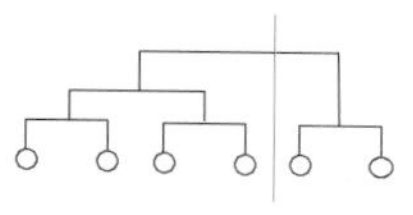

와 을 작성하는 방법의 수는 각각 3, 1

따라서 구하는 방법의 수는 $15 \times 3 \times 1 = $ **45**

2) 6명을 3명, 3명의 2개의 조로 나누는 방법의 수는 ${}_6C_3 \cdot {}_3C_3 \cdot \frac{1}{2!} = 10$

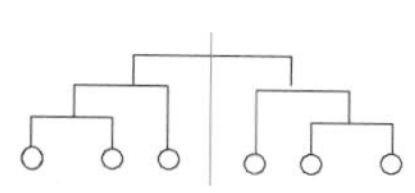

와 을 작성하는 방법의 수는 각각 3, 3

따라서 구하는 방법의 수는 $10 \times 3 \times 3 = $ **90**

뿌리 4-4 세 단계의 대진표를 작성하는 방법의 수 (2)

유도 대회에 참가한 8명이 오른쪽 그림과 같이 토너먼트 방식으로 시합을 할 때, 대진표를 작성하는 방법의 수를 구하여라.

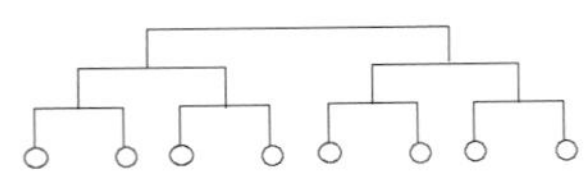

풀이 8명을 4명, 4명의 2개의 조로 나누는 방법의 수는

$_8C_4 \cdot {_4C_4} \cdot \frac{1}{2!} = 35$

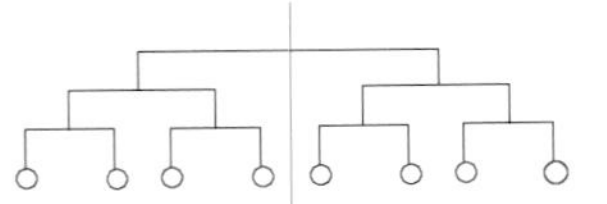

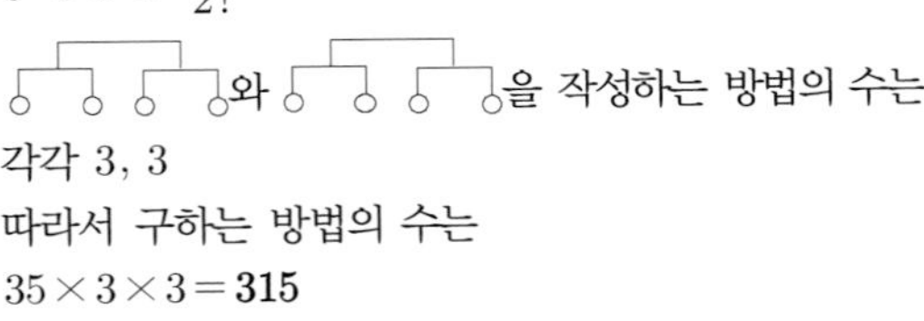

와 을 작성하는 방법의 수는

각각 3, 3

따라서 구하는 방법의 수는

$35 \times 3 \times 3 =$ **315**

뿌리 4-5 네 단계의 대진표를 작성하는 방법의 수

태권도 대회에 참가한 9명이 오른쪽 그림과 같이 토너먼트 방식으로 시합을 할 때, 대진표를 작성하는 방법의 수를 구하여라.

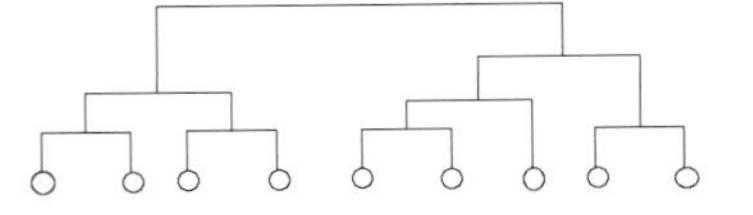

풀이 9명을 4명, 5명의 2개의 조로 나누는 방법의 수는

$_9C_4 \cdot {_5C_5} = 126$ ($\because$ 1st)

5명을 3명, 2명의 2개의 조로 나누는 방법의 수는

$_5C_3 \cdot {_2C_2} = 10$ ($\because$ 2nd)

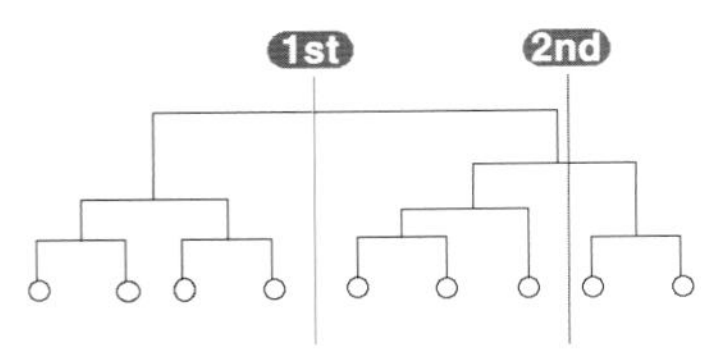

와 와 을 작성하는 방법의 수는 각각 3, 3, 1

따라서 구하는 방법의 수는

$126 \times 10 \times 3 \times 3 \times 1 =$ **11340**

연습문제

10 순열과 조합

평가일	점수

정답 및 풀이 121p

잎 10-1

오른쪽 그림과 같이 한 변의 길이가 1인 정삼각형 9개를 이어 붙여 만든 도형이 있다. 이 도형의 선들로 이루어지는 평행사변형의 개수를 구하여라. [교육청 기출]

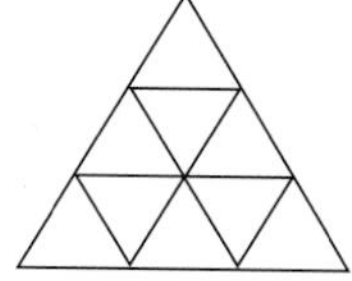

잎 10-2

오른쪽 그림의 A, B, C, D 4개의 영역을 서로 다른 5가지의 색으로 칠하려고 한다. 같은 색을 중복하여 사용해도 좋으나 인접한 영역은 서로 다른 색으로 칠할 때, 칠하는 방법의 수를 구하여라.

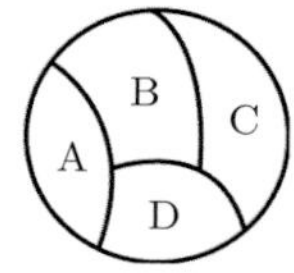

잎 10-3

오른쪽 그림의 A, B, C, D 4개의 영역을 서로 다른 4가지의 색으로 칠하려고 한다. 같은 색을 중복하여 사용해도 좋으나 인접한 영역은 서로 다른 색으로 칠할 때, 칠하는 방법의 수를 구하여라.

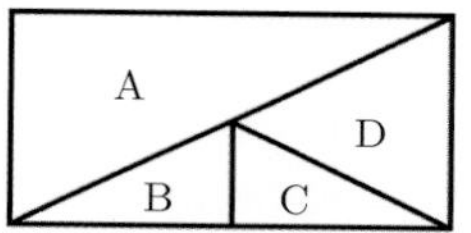

잎 10-4

오른쪽 그림의 A, B, C, D, E 5개의 영역을 서로 다른 5가지의 색으로 칠하려고 한다. 같은 색을 중복하여 사용해도 좋으나 인접한 영역은 서로 다른 색으로 칠할 때, 칠하는 방법의 수를 구하여라.

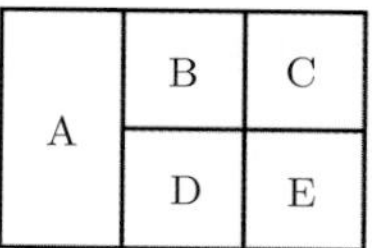

잎 10-5

오른쪽 그림과 같이 9개의 영역으로 구분된 원에 서로 다른 세 가지 색 A, B, C를 칠하려고 한다. 어두운 부분에 색 A를 칠할 때, 9개의 영역을 구분하기 위하여 이웃하고 있는 영역을 서로 다른 색으로 칠하는 방법의 수는? (단, 같은 색은 여러 번 사용할 수 있고, 한 영역에는 한 가지 색을 칠한다.) [교육청 기출]

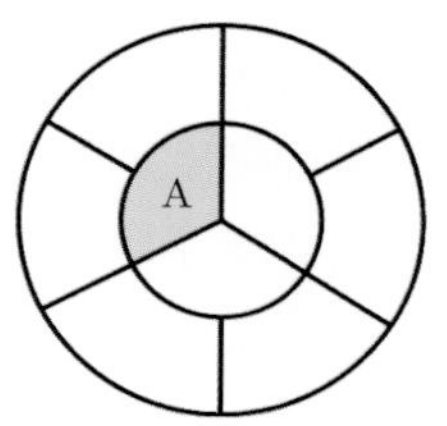

① 8 ② 9 ③ 10 ④ 11 ⑤ 12

• 잎 10-6

2000보다 크고 7000보다 작은 짝수 중에서 각 자리의 숫자가 모두 다른 수의 개수는? [교육청 기출]

① 1230 ② 1232 ③ 1234 ④ 1236 ⑤ 1238

• 잎 10-7

다음 물음에 답하여라.

1) 남자 4명과 여자 3명을 교대로 일렬로 앉히는 방법의 수를 구하여라.
2) 남자, 여자 각각 4명을 교대로 일렬로 앉히는 방법의 수를 구하여라.
3) 남자 3명과 여자 2명을 일렬로 앉힐 때, 여자가 홀수 번째에 앉도록 하는 방법의 수를 구하여라.

• 잎 10-8

오른쪽 그림과 같이 의자 6개가 나란히 설치되어 있다. 여학생 2명과 남학생 3명이 모두 의자에 앉을 때, 여학생이 이웃하지 않게 앉는 경우의 수를 구하여라. (단, 두 학생 사이에 빈 의자가 있는 경우는 이웃하지 않는 것으로 한다.) [교육청 기출]

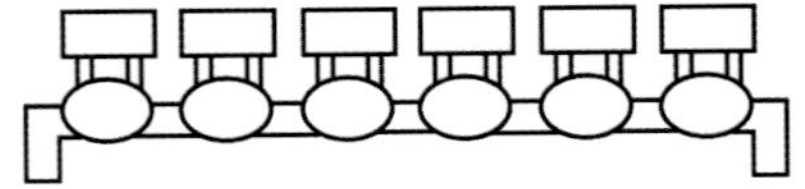

• 잎 10-9

n명의 회원이 모인 모임에서 서로 꼭 한 번씩 악수를 하였더니 총 55회의 악수가 이루어졌다고 한다. 이때, n의 값을 구하여라.

• 잎 10-10

오른쪽 그림과 같이 경계가 구분된 6개 지역의 인구조사를 조사원 5명이 담당하려고 한다. 5명 중에서 1명은 서로 이웃한 2개 지역을, 나머지 4명은 남은 4개 지역을 각각 1개씩 담당한다. 이 조사원 5명의 담당 지역을 정하는 경우의 수는? (단, 경계가 일부라도 닿은 두 지역은 서로 이웃한 지역으로 본다.) [평가원 기출]

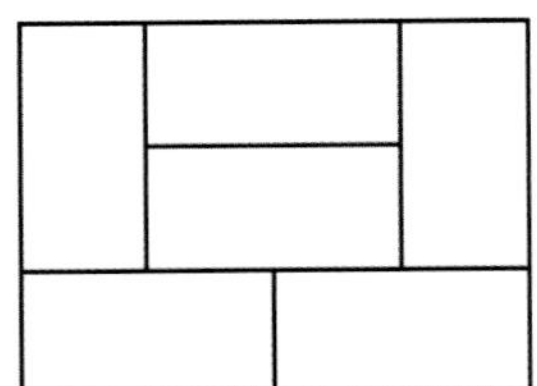

① 720 ② 840 ③ 960 ④ 1080 ⑤ 1200

1 ${}_{n-1}C_{r-1}+{}_{n-1}C_{r}={}_{n}C_{r}$

증명 n개 중에서 r개를 뽑는 방법의 수 ${}_{n}C_{r}$은

i) 특정한 1개를 이미 뽑아 놓고, 나머지 $n-1$개 중에서 $r-1$개를 뽑는 방법의 수 ${}_{n-1}C_{r-1}$

ii) 특정한 1개를 이미 제외해 놓고, 나머지 $n-1$개 중에서 r개를 뽑는 방법의 수 ${}_{n-1}C_{r}$

i), ii)에서 ${}_{n}C_{r}={}_{n-1}C_{r-1}+{}_{n-1}C_{r}$

• 잎 10-11

어느 동아리 회원 모집 공고를 보고 철수를 포함하여 10명이 지원하였다. 이 지원자들 중에서 철수를 포함하여 4명을 뽑는 방법의 수를 a, 철수를 포함하지 않고 4명을 뽑는 방법의 수를 b라 할 때, $a+b$의 값은? [교육청 기출]

① ${}_{10}P_{2}$ ② ${}_{10}P_{4}$ ③ ${}_{10}C_{4}$ ④ $2\times{}_{9}C_{3}$ ⑤ $2\times{}_{9}C_{4}$

• 잎 10-12

2 이상의 자연수 n에 대하여 등식 ${}_{n}C_{1}+{}_{n}C_{2}+{}_{n+1}C_{3}+{}_{n+2}C_{4}+{}_{n+3}C_{5}={}_{11}C_{5}$를 만족시키는 n의 값을 구하여라.

• 잎 10-13

남학생 5명과 여학생 4명이 연극반에 지원하였다. 지원자 9명 중에 4명을 선발할 때, 남학생과 여학생이 적어도 한 명씩은 포함되도록 하는 방법의 수를 구하여라. [교육청 기출]

• 잎 10-14

A, B 두 사람이 서로 다른 4개의 동아리 중에서 2개씩 가입하려 한다. A와 B가 공통으로 가입하는 동아리가 1개 이하가 되도록 하는 경우의 수를 구하여라. (단, 가입순서는 고려하지 않는다.)

[평가원 기출]

• 잎 10-15

지수는 다음 규칙에 따라 월요일부터 금요일까지 5일 동안 하루에 한 가지씩 운동을 하는 계획을 세우려 한다.

> (가) 5일 중 3일을 선택하여 요가를 한다.
> (나) 요가를 하지 않는 2일 중 하루를 선택하여 수영, 줄넘기 중 한 가지를 하고, 하루는 농구, 축구 중 한 가지를 한다.

지수가 세울 수 있는 계획의 가짓수는? [평가원 기출]

① 50 ② 60 ③ 70 ④ 80 ⑤ 90

「특강」 **• 잎 10-16**

서로 다른 6개의 공을 두 바구니 A, B에 3개씩 담을 때, 그 결과로 나올 수 있는 경우의 수를 구하여라. [수능 기출]

「특강」 **• 잎 10-17**

우리나라에서 7명의 외교관을 2명, 2명, 3명으로 나누어 A, B, C 세 나라에 파견하기로 하였다. 파견 가능한 방법의 수는? [교육청 기출]

① 105 ② 210 ③ 420 ④ 630 ⑤ 1260

「특강」 **• 잎 10-18**

5층짜리 건물의 엘리베이터에 1층에서 모두 5명이 탄 후 5층까지 올라가는 동안 2개의 층에서 각각 2명, 3명이 내리는 방법의 수를 구하여라. (단, 새로 타는 사람은 없다.)

「특강」 **• 잎 10-19**

8층짜리 건물의 엘리베이터에 1층에서 모두 6명이 탄 후 8층까지 올라가는 동안 3개의 층에서 각각 2명, 2명, 2명이 내리는 방법의 수를 구하여라. (단, 새로 타는 사람은 없다.)

MATH

11. 행렬

01 행렬

1 행
2 행렬의 뜻
3 행렬의 (i, j) 성분
4 서로 같은 행렬
5 주대각선

02 행렬의 덧셈, 뺄셈과 실수배

1 행렬의 덧셈과 뺄셈
2 행렬의 덧셈의 성질
3 영행렬
4 행렬의 실수배

03 행렬의 곱셈

1 행렬의 곱셈의 정의 (약속)

04 행렬의 곱셈의 성질

1 행렬의 거듭제곱
2 행렬의 곱셈의 성질
3 행렬의 곱셈이 수의 곱셈과 다른 점
4 단위 행렬
5 단위 행렬 E의 성질
6 케일리－해밀턴의 정리

연습문제

1 케일리－해밀턴 정리의 정확한 개념

01 행렬

1 행

'수고제'로 삼행시를 준비했습니다.

수 : 수학의
고 : 고통을
제 : 제로로 만들어 드립니다.

(익히는 방법)
행은 가로줄이다.

2 행렬의 뜻

오른쪽 표는 세 학생 A, B, C의 수학, 영어 성적을 나타낸 것이다. 이 표에서 숫자만 뽑아 같은 배열로 나열하고 양쪽에 괄호를 붙여 한 묶음으로 나타내면 오른쪽과 같이 간단히 나타낼 수 있다.

	A	B	C
수학	75	91	88
영어	80	68	95

$$\begin{pmatrix} 75 & 91 & 88 \\ 80 & 68 & 95 \end{pmatrix}$$

1) 이와 같이 수 또는 문자를 직사각형 모양으로 배열하여 괄호로 묶은 것을 **행렬**이라 한다.
2) 행렬을 구성하고 있는 각각의 수 또는 문자를 **성분**이라 한다.
3) 행렬에서 성분을 가로로 배열한 줄을 **행**이라 하고, 위에서부터 차례로 제1행, 제2행, ⋯ 이라 한다.
4) 행렬에서 성분을 세로로 배열한 줄을 **열**이라 하고, 왼쪽에서부터 차례로 제1열, 제2열, ⋯ 이라 한다.
5) 행의 개수가 m, 열의 개수가 n인 행렬을 $\boldsymbol{m\times n}$ **행렬**이라 한다.
   ※ $m\times n$ 행렬을 'm by n 행렬'이라 읽는다.
6) 행의 개수와 열의 개수가 같은 행렬을 **정사각행렬**이라 하고, $n\times n$ 행렬을 n차 정사각행렬이라 한다.

	제1열	제2열	제3열
제1행	75	91	88
제2행	80	68	95

씨앗. 1 다음 각 행렬의 꼴을 말하고 정사각행렬인 것은 몇 차 정사각행렬인지 말하여라.

① $\begin{pmatrix} 2 \\ 3 \end{pmatrix}$ ② $\begin{pmatrix} 2 & 3 \end{pmatrix}$ ③ $\begin{pmatrix} 1 & -1 \\ 0 & 2 \end{pmatrix}$ ④ $\begin{pmatrix} 1 & 2 & 3 \\ 5 & 7 & 9 \end{pmatrix}$ ⑤ $\begin{pmatrix} 1 & 2 \\ 0 & 4 \\ -1 & 6 \end{pmatrix}$ ⑥ $\begin{pmatrix} 2 & 4 & 0 \\ 3 & 0 & 2 \\ 0 & 1 & 3 \end{pmatrix}$

정답 ① 2×1행렬 ② 1×2행렬 ③ 2×2행렬 ⇨ 2차 정사각행렬
④ 2×3행렬 ⑤ 3×2행렬 ⑥ 3×3행렬 ⇨ 3차 정사각행렬

3 행렬의 (i, j) 성분

1) 행렬은 보통 알파벳의 대문자 $A, B, C, \cdots$로 나타내고,
그 성분은 알파벳의 소문자 $a, b, c, \cdots$로 나타낸다.

2) 행렬 A의 제 i 행과 제 j 열이 만나는 위치에 있는 성분을
그 행렬에서 **(i, j) 성분**이라 하고 a_{ij}로 나타낸다.
즉, a_{ij}는 (i, j) 성분을 의미한다.

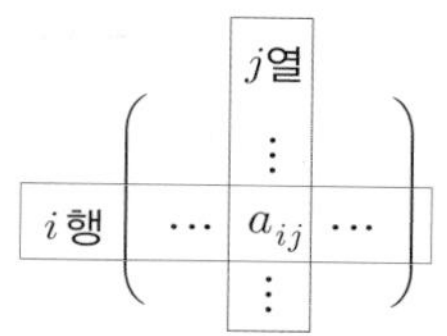

예를 들어 2×3 행렬 A는 $A=\begin{pmatrix} a_{11} & a_{12} & a_{13} \\ a_{21} & a_{22} & a_{23} \end{pmatrix}$과 같이 나타내고, 이것을 간단히
$A=(a_{ij})\ (i=1,\ 2,\ j=1,\ 2,\ 3)$으로 나타내기도 한다.
또 행렬의 꼴을 말할 필요가 없을 때에는 $A=(a_{ij})$와 같이 나타내기도 한다.

씨앗. 2 행렬 $A=\begin{pmatrix} -1 & 2 & -3 \\ 1 & 0 & 4 \end{pmatrix}$에 대하여 다음 물음에 답하여라.

1) $(1, 2)$ 성분과 $(2, 3)$ 성분을 각각 말하여라.
2) $A=(a_{ij})\ (i=1,\ 2,\ j=1,\ 2,\ 3)$일 때, a_{11}, a_{13}, a_{21}, a_{22}를 각각 구하여라.

정답 1) $(1, 2)$ 성분 : 2, $(2, 3)$ 성분 : 4 2) $a_{11}=-1$, $a_{13}=-3$, $a_{21}=1$, $a_{22}=0$

씨앗. 3 3×2 행렬 A의 (i, j) 성분 a_{ij}가 $a_{ij}=i+2j-1$일 때, 행렬 A를 구하여라.

풀이 $a_{11}=1+2\cdot1-1=2$, $a_{12}=1+2\cdot2-1=4$
$a_{21}=2+2\cdot1-1=3$, $a_{22}=2+2\cdot2-1=5$
$a_{31}=3+2\cdot1-1=4$, $a_{32}=3+2\cdot2-1=6$
$\therefore A=\begin{pmatrix} 2 & 4 \\ 3 & 5 \\ 4 & 6 \end{pmatrix}$

4 서로 같은 행렬

1) 두 행렬 A, B의 행의 개수와 열의 개수가 각각 같을 때, A와 B는 같은 꼴이라 한다.

2) 두 행렬 A, B가 같은 꼴이고 대응하는 모든 성분이 같을 때,
두 행렬 A, B는 **서로 같다**고 하며 이것을 기호로 $A=B$로 나타낸다.

두 행렬 $A=\begin{pmatrix} a_{11} & a_{12} \\ a_{21} & a_{22} \end{pmatrix}$, $B=\begin{pmatrix} b_{11} & b_{12} \\ b_{21} & b_{22} \end{pmatrix}$에 대하여 $A=B$이면 $\begin{cases} a_{11}=b_{11},\ a_{12}=b_{12} \\ a_{21}=b_{21},\ a_{22}=b_{22} \end{cases}$

씨앗. 4 등식 $\begin{pmatrix} -1 & x+1 \\ 2y-1 & 4 \end{pmatrix}=\begin{pmatrix} -1 & 4 \\ 3 & 4 \end{pmatrix}$을 만족하는 x, y의 값을 구하여라.

풀이 두 행렬의 대응하는 성분이 서로 같아야 하므로
$x+1=4$, $2y-1=3$
$\therefore x=3, y=2$

뿌리 1-1 행렬과 그 성분 (1)

행렬 $A=\begin{pmatrix}1 & 3 & 4\\ 2 & -1 & 0\\ 2 & 1 & 8\end{pmatrix}$에 대하여 다음을 구하여라.

1) 제3 행의 성분과 제2 열의 성분
2) $(2, 3)$ 성분과 $(3, 3)$ 성분
3) $a_{13}, a_{22}, a_{32}, a_{31}$
4) $i=j$인 성분 a_{ij}

풀이 1) 제3 행의 성분 : **2, 1, 8**, 제2 열의 성분 : **3, −1, 1**
2) $(2, 3)$성분 : **0**, $(3, 3)$성분 : **8**
3) $\mathbf{a_{13}=4, a_{22}=-1, a_{32}=1, a_{31}=2}$
4) $\mathbf{a_{11}=1, a_{22}=-1, a_{33}=8}$

[줄기1-1] 행렬 $A=\begin{pmatrix}4 & 3 & 1\\ 2 & -5 & 6\end{pmatrix}$에 대하여 다음을 구하여라.

1) 제2 행의 모든 성분의 곱
2) $(2, 3)$ 성분과 $(1, 2)$ 성분의 합
3) $a_{11}+a_{13}-a_{22}+a_{23}$의 값
4) $i=j$인 성분 a_{ij}

뿌리 1-2 행렬과 그 성분 (2)

행렬 A의 (i, j) 성분 a_{ij}가 다음과 같을 때, 행렬 A를 구하여라.

1) $a_{ij}=(-1)^{i+j}$ $(i=1, 2, j=1, 2, 3)$
2) $a_{ij}=3i-j^2$ $(i, j=1, 2)$

풀이 1) $a_{11}=(-1)^{1+1}=1, a_{12}=(-1)^{1+2}=-1, a_{13}=(-1)^{1+3}=1$
$a_{21}=(-1)^{2+1}=-1, a_{22}=(-1)^{2+2}=1, a_{23}=(-1)^{2+3}=-1$
$\therefore A=\begin{pmatrix}\mathbf{1} & \mathbf{-1} & \mathbf{1}\\ \mathbf{-1} & \mathbf{1} & \mathbf{-1}\end{pmatrix}$

2) $a_{11}=3\cdot1-1^2=2, a_{12}=3\cdot1-2^2=-1$
$a_{21}=3\cdot2-1^2=5, a_{22}=3\cdot2-2^2=2$
$\therefore A=\begin{pmatrix}\mathbf{2} & \mathbf{-1}\\ \mathbf{5} & \mathbf{2}\end{pmatrix}$

[줄기1-2] 오른쪽 그림은 세 도시 1, 2, 3 사이의 통신망을 나타낸 것이다. 행렬 A의 (i, j) 성분 a_{ij}를 i도시에서 j도시로 직접 연결한 통신망의 수로 정의할 때, 행렬 A를 구하여라. (단, $i, j=1, 2, 3$)

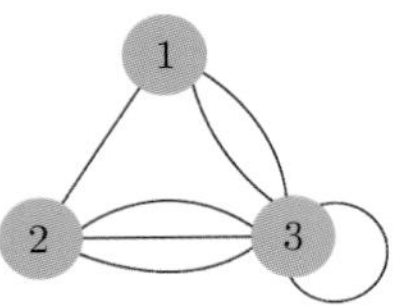

5 주대각선

행렬 $A=(a_{ij})$에서 행의 값과 열의 값이 같은 성분을 연결한 선을 **주대각선**이라 한다.
이것을 이용하면 행렬 $A=(a_{ij})$를 $\boldsymbol{i=j}$, $i>j$, $i<j$의 세 구역으로 나누어 생각할 수 있다.

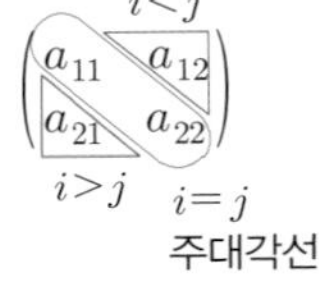

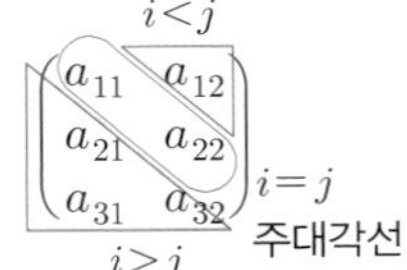

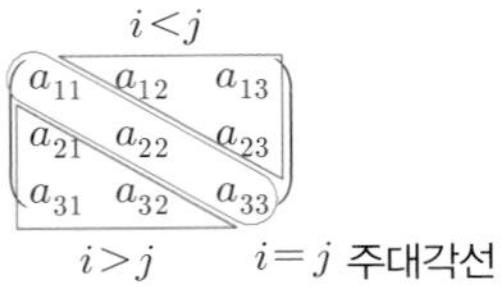

뿌리 1-3 주대각선(1)

행렬 A의 (i, j) 성분 a_{ij}가 다음과 같을 때, 행렬 A를 구하여라.

1) $i>j$일 때 $a_{ij}=i$, $i \le j$일 때 $a_{ij}=j$ $(i=1, 2, j=1, 2, 3)$

2) $i<j$일 때 $a_{ij}=i+1$, $i=j$일 때 $a_{ij}=i+j$, $i>j$일 때 $a_{ij}=i^2-2j$ $(i, j=1, 2, 3)$

핵심 주대각선을 이용하면 행렬 $A=(a_{ij})$를 $i=j$, $i>j$, $i<j$의 세 구역으로 나누어 생각할 수 있다.

풀이 1) $\begin{pmatrix} a_{11} & a_{12} & a_{13} \\ a_{21} & a_{22} & a_{23} \end{pmatrix}$ ($i<j$, $i>j$, $i=j$) 이므로 $A=\begin{pmatrix} 1 & 2 & 3 \\ 2 & 2 & 3 \end{pmatrix}$

2) $\begin{pmatrix} a_{11} & a_{12} & a_{13} \\ a_{21} & a_{22} & a_{23} \\ a_{31} & a_{32} & a_{33} \end{pmatrix}$ ($i<j$, $i>j$, $i=j$) 이므로 $A=\begin{pmatrix} 2 & 2 & 2 \\ 2 & 4 & 3 \\ 7 & 5 & 6 \end{pmatrix}$

뿌리 1-4 주대각선(2)

다음 물음에 답하여라.

1) 행렬 A의 (i, j) 성분 a_{ij} $(i, j=1, 2, 3)$가 $i \ge j$일 때 $a_{ij}=i$, $i<j$일 때 $a_{ij}=-a_{ji}$이다. 이때 행렬 A를 구하여라.

2) 행렬 A의 (i, j) 성분 a_{ij}가 $a_{ij}=-a_{ji}$ $(i, j=1, 2)$일 때 행렬 A가 될 수 있는 것을 모두 골라라.

① $\begin{pmatrix} 0 & 2 \\ -2 & 0 \end{pmatrix}$ ② $\begin{pmatrix} 1 & 3 \\ -3 & 1 \end{pmatrix}$ ③ $\begin{pmatrix} 1 & 0 \\ 0 & -1 \end{pmatrix}$ ④ $\begin{pmatrix} 0 & -1 \\ 1 & 0 \end{pmatrix}$ ⑤ $\begin{pmatrix} 0 & 0 \\ 0 & 0 \end{pmatrix}$

핵심 정사각행렬에서 $a_{ij}=a_{ji}$인 경우는 주대각선에 대하여 대칭이다.

풀이 1) $i \ge j$일 때 $a_{ij}=i$에서

$\begin{pmatrix} a_{11} & a_{12} & a_{13} \\ a_{21} & a_{22} & a_{23} \\ a_{31} & a_{32} & a_{33} \end{pmatrix}$ ($i<j$, $i>j$, $i=j$) 이므로 $A=\begin{pmatrix} 1 & ○ & ○ \\ 2 & 2 & ○ \\ 3 & 3 & 3 \end{pmatrix}$

$i<j$일 때 $a_{ij}=-a_{ji}$에서 주대각선에 대하여 대칭이면서 부호는 반대이므로

$A=\begin{pmatrix} 1 & -2 & -3 \\ 2 & 2 & -3 \\ 3 & 3 & 3 \end{pmatrix}$

2) i) $a_{ij}=-a_{ji}$인 경우는 주대각선에 대하여 대칭이면서 부호는 반대이다.

ii) 주대각선일 때,

$a_{11}=-a_{11}$에서 $2a_{11}=0$ $\quad \therefore a_{11}=0$

$a_{22}=-a_{22}$에서 $2a_{22}=0$ $\quad \therefore a_{22}=0$

정답 ①, ④, ⑤

[줄기 1-3] 삼차 정사각행렬 A의 (i, j) 성분 a_{ij}가 $a_{ij}=3i-j^2$일 때, $b_{ij}=a_{ji}$를 만족시키는 b_{ij}를 (i, j) 성분으로 하는 행렬 B를 구하여라.

뿌리 1-5 두 행렬이 서로 같을 조건

두 행렬 A, B가 다음과 같이 주어질 때, $A=B$가 성립하도록 상수 a, b, c, d의 값을 구하여라.

1) $A=\begin{pmatrix} a+b & 2b-a \\ 2a+3b & 4a-b \end{pmatrix}$, $B=\begin{pmatrix} 0 & 6 \\ c & d \end{pmatrix}$ 2) $A=\begin{pmatrix} a^2 & -6 \\ 1 & b^2 \end{pmatrix}$, $B=\begin{pmatrix} 4 & ab \\ a+b & 9 \end{pmatrix}$

핵심 두 행렬 A, B가 $A=B$이면 두 행렬의 대응하는 성분이 서로 같다.

풀이 1) $a+b=0$ …㉠ $2b-a=6$ …㉡
$2a+3b=c$ …㉢ $4a-b=d$ …㉣
㉠, ㉡을 연립하여 풀면 $\mathbf{a=-2, b=2}$
$a=-2, b=2$를 ㉢, ㉣에 대입하면
$\mathbf{c=2, d=-10}$

2) $a^2=4$ …㉠ $-6=ab$…㉡
$1=a+b$ …㉢ $b^2=9$ …㉣
㉠, ㉣에서 $a=\pm 2, b=\pm 3$
그런데 ㉡에서 a, b는 서로 다른 부호이고 ㉢에서 $a+b=1$이므로
$\mathbf{a=-2, b=3}$

[줄기1-4] 두 행렬 $A=(x+2y-1 \quad 2x+y+5)$, $B=(-2x+y+4 \quad x-3y+3)$에 대하여 $A=B$가 성립할 때, 상수 x, y의 값을 정하여라.

[줄기1-5] 등식 $\begin{pmatrix} \alpha+\beta & -3 \\ 0 & 4 \end{pmatrix}=\begin{pmatrix} 2 & -3 \\ 0 & \alpha\beta \end{pmatrix}$가 성립할 때, $\frac{\beta^2}{\alpha}+\frac{\alpha^2}{\beta}$의 값을 정하여라.

(단, α, β는 상수이다.)

[줄기1-6] 두 행렬 $A=\begin{pmatrix} x^2 & -3 \\ 2 & y^2 \end{pmatrix}$, $B=\begin{pmatrix} a & x+y \\ xy & b \end{pmatrix}$에 대하여 $A=B$일 때, 상수 a, b, x, y에 대하여 a^3+b^3의 값을 정하여라.

02 행렬의 덧셈, 뺄셈과 실수배

1 행렬의 덧셈과 뺄셈

두 행렬 A, B가 같은 꼴일 때, A, B에서 같은 위치에 있는 각 성분의 합을 성분으로 하는 행렬을 A와 B의 합이라 하며 기호로 $A+B$와 같이 나타낸다.
또 행렬 A의 각 성분에서 이에 대응하는 행렬 B의 각 성분을 뺀 값을 성분으로 하는 행렬을 A에서 B를 뺀 차라 하며 기호로 $A-B$와 같이 나타낸다.

참고 행렬의 덧셈과 뺄셈은 두 행렬이 같은 꼴일 때 정의된다.

두 행렬 $A=\begin{pmatrix} a_{11} & a_{12} \\ a_{21} & a_{22} \end{pmatrix}$, $B=\begin{pmatrix} b_{11} & b_{12} \\ b_{21} & b_{22} \end{pmatrix}$일 때,

1) $A+B=\begin{pmatrix} a_{11}+b_{11} & a_{12}+b_{12} \\ a_{21}+b_{21} & a_{22}+b_{22} \end{pmatrix}$ 2) $A-B=\begin{pmatrix} a_{11}-b_{11} & a_{12}-b_{12} \\ a_{21}-b_{21} & a_{22}-b_{22} \end{pmatrix}$

2 행렬의 덧셈의 성질

같은 꼴의 행렬 A, B, C에 대하여
1) **교환법칙**: $A+B=B+A$
2) **결합법칙**: $(A+B)+C=A+(B+C)$ ⇨ 이를 간단히 $A+B+C$로 나타낼 수 있다.

씨앗. 1 세 행렬 $A=\begin{pmatrix} 4 & 1 \\ 3 & 2 \end{pmatrix}$, $B=\begin{pmatrix} -2 & 3 \\ 4 & 1 \end{pmatrix}$, $C=\begin{pmatrix} 0 & 1 \\ 2 & 3 \end{pmatrix}$에 대하여 다음이 성립함을 보여라.

1) $A+B=B+A$ 2) $(A+B)+C=A+(B+C)$

풀이 1) $A+B=\begin{pmatrix} 4 & 1 \\ 3 & 2 \end{pmatrix}+\begin{pmatrix} -2 & 3 \\ 4 & 1 \end{pmatrix}=\begin{pmatrix} 2 & 4 \\ 7 & 3 \end{pmatrix}$

$B+A=\begin{pmatrix} -2 & 3 \\ 4 & 1 \end{pmatrix}+\begin{pmatrix} 4 & 1 \\ 3 & 2 \end{pmatrix}=\begin{pmatrix} 2 & 4 \\ 7 & 3 \end{pmatrix}$

$\therefore A+B=B+A$

2) $(A+B)+C=\left\{\begin{pmatrix} 4 & 1 \\ 3 & 2 \end{pmatrix}+\begin{pmatrix} -2 & 3 \\ 4 & 1 \end{pmatrix}\right\}+\begin{pmatrix} 0 & 1 \\ 2 & 3 \end{pmatrix}$

$=\begin{pmatrix} 2 & 4 \\ 7 & 3 \end{pmatrix}+\begin{pmatrix} 0 & 1 \\ 2 & 3 \end{pmatrix}=\begin{pmatrix} 2 & 5 \\ 9 & 6 \end{pmatrix}$

$A+(B+C)=\begin{pmatrix} 4 & 1 \\ 3 & 2 \end{pmatrix}+\left\{\begin{pmatrix} -2 & 3 \\ 4 & 1 \end{pmatrix}+\begin{pmatrix} 0 & 1 \\ 2 & 3 \end{pmatrix}\right\}$

$=\begin{pmatrix} 4 & 1 \\ 3 & 2 \end{pmatrix}+\begin{pmatrix} -2 & 4 \\ 6 & 4 \end{pmatrix}=\begin{pmatrix} 2 & 5 \\ 9 & 6 \end{pmatrix}$

$\therefore (A+B)+C=A+(B+C)$

3 영행렬

행렬의 모든 성분이 0일 때, 이 행렬은 영행렬이라 하며 기호로 O와 같이 나타낸다. 예로

$(0\ \ 0)$, $\begin{pmatrix} 0 \\ 0 \end{pmatrix}$, $\begin{pmatrix} 0 & 0 \\ 0 & 0 \end{pmatrix}$, $\begin{pmatrix} 0 & 0 & 0 \\ 0 & 0 & 0 \end{pmatrix}$, $\begin{pmatrix} 0 & 0 \\ 0 & 0 \\ 0 & 0 \end{pmatrix}$, $\begin{pmatrix} 0 & 0 & 0 \\ 0 & 0 & 0 \\ 0 & 0 & 0 \end{pmatrix}$, … 은 모두 영행렬이다.

따라서 임의의 행렬 A와 영행렬 O가 같은 꼴일 때, $A+O=O+A$가 성립한다.

또 행렬 A에 대하여 A의 모든 성분의 부호를 바꾼 것을 기호로 $-A$와 같이 나타낸다. 즉

$A=\begin{pmatrix} a_{11} & a_{12} \\ a_{21} & a_{22} \end{pmatrix}$일 때, $-A=\begin{pmatrix} -a_{11} & -a_{12} \\ -a_{21} & -a_{22} \end{pmatrix}$

따라서 임의의 행렬 A와 같은 꼴인 영행렬 O에 대하여 $A+(-A)=(-A)+A=O$가 성립한다.

그리고 같은 꼴의 두 행렬 A, B에 대하여 $A+(-B)=A-B$가 성립한다.

씨앗. 2 ▟ 두 행렬 $A=\begin{pmatrix} -2 & 3 \\ 4 & 1 \end{pmatrix}$, $B=\begin{pmatrix} 0 & 1 \\ 2 & 3 \end{pmatrix}$에 대하여 다음 물음에 답하여라.

1) $-A$를 구하여라.

2) $A+X=B$를 만족시키는 행렬 X를 구하여라.

풀이 1) $-A=\begin{pmatrix} 2 & -3 \\ -4 & -1 \end{pmatrix}$

2) $A+X=B$에서 $X=B-A=\begin{pmatrix} 0 & 1 \\ 2 & 3 \end{pmatrix}-\begin{pmatrix} -2 & 3 \\ 4 & 1 \end{pmatrix}=\begin{pmatrix} 2 & -2 \\ -2 & 2 \end{pmatrix}$

4 행렬의 실수배

임의의 실수 k에 대하여 행렬 A의 각 성분에 k를 곱한 것을 성분으로 하는 행렬을 행렬 A의 k배라 하며 기호로 kA와 같이 나타낸다.

$A=\begin{pmatrix} a_{11} & a_{12} \\ a_{21} & a_{22} \end{pmatrix}$이고 k가 실수일 때, $kA=k\begin{pmatrix} a_{11} & a_{12} \\ a_{21} & a_{22} \end{pmatrix}=\begin{pmatrix} ka_{11} & ka_{12} \\ ka_{21} & ka_{22} \end{pmatrix}$

두 행렬 A, B가 같은 꼴이고, k, l이 실수일 때

1) $1\cdot A=A$, $(-1)\cdot A=-A$, $0\cdot A=O$, $kO=O$

2) **결합법칙** : $(kl)A=k(lA)$

3) **분배법칙** : $(k+l)A=kA+lA$, $k(A+B)=kA+kB$

씨앗. 3 ▟ 두 행렬 $A=\begin{pmatrix} 1 & 2 \\ 2 & 4 \end{pmatrix}$, $B=\begin{pmatrix} 2 & 1 \\ -3 & -2 \end{pmatrix}$에 대하여 행렬 $3A-2(A-B)$를 구하여라.

풀이 $3A-2(A-B)=3A-2B+2B=A+2B$

$=\begin{pmatrix} 1 & 2 \\ 2 & 4 \end{pmatrix}+\begin{pmatrix} 4 & 2 \\ -6 & -4 \end{pmatrix}=\begin{pmatrix} 5 & 4 \\ -4 & 0 \end{pmatrix}$

뿌리 2-1 행렬의 덧셈, 뺄셈과 실수배 (1)

두 행렬 $A=\begin{pmatrix} 2 & 1 \\ 1 & -3 \end{pmatrix}$, $B=\begin{pmatrix} 1 & 2 \\ 2 & 0 \end{pmatrix}$에 대하여 다음 등식을 만족하는 행렬 X, Y를 구하여라.

1) $3X-2(A+2X)-B=2X+A+5B$

2) $\begin{cases} X-Y=A & \cdots ㉠ \\ 2X+Y=B & \cdots ㉡ \end{cases}$

풀이 1) $3X-2A-4X-B=2X+A+5B$에서 $-3X=3A+6B$

$\therefore \boldsymbol{X}=-A-2B=-\begin{pmatrix} 2 & 1 \\ 1 & -3 \end{pmatrix}-2\begin{pmatrix} 1 & 2 \\ 2 & 0 \end{pmatrix}=\begin{pmatrix} -2 & -1 \\ -1 & 3 \end{pmatrix}-\begin{pmatrix} 2 & 4 \\ 4 & 0 \end{pmatrix}=\begin{pmatrix} \boldsymbol{-4} & \boldsymbol{-5} \\ \boldsymbol{-5} & \boldsymbol{3} \end{pmatrix}$

2) ㉠+㉡을 하면 $3X=A+B$

$\therefore \boldsymbol{X}=\frac{1}{3}(A+B)=\frac{1}{3}\left\{\begin{pmatrix} 2 & 1 \\ 1 & -3 \end{pmatrix}+\begin{pmatrix} 1 & 2 \\ 2 & 0 \end{pmatrix}\right\}=\frac{1}{3}\begin{pmatrix} 3 & 3 \\ 3 & -3 \end{pmatrix}=\begin{pmatrix} \boldsymbol{1} & \boldsymbol{1} \\ \boldsymbol{1} & \boldsymbol{-1} \end{pmatrix}$

$2\times$㉠$-$㉡을 하면 $-3Y=2A-B$

$\therefore \boldsymbol{Y}=\frac{1}{3}(B-2A)=\frac{1}{3}\left\{\begin{pmatrix} 1 & 2 \\ 2 & 0 \end{pmatrix}-2\begin{pmatrix} 2 & 1 \\ 1 & -3 \end{pmatrix}\right\}=\frac{1}{3}\begin{pmatrix} -3 & 0 \\ 0 & 6 \end{pmatrix}=\begin{pmatrix} \boldsymbol{-1} & \boldsymbol{0} \\ \boldsymbol{0} & \boldsymbol{2} \end{pmatrix}$

[줄기2-1] 두 행렬 $A=\begin{pmatrix} 2 & 1 & 0 \\ 1 & -3 & -2 \end{pmatrix}$, $B=\begin{pmatrix} -1 & -2 & 1 \\ 2 & 1 & 0 \end{pmatrix}$일 때, $\frac{1}{3}(A-2B)=\frac{1}{2}(-X+B)$를 만족하는 행렬 X를 구하여라.

[줄기2-2] 두 이차 정사각행렬 A, B에 대하여
$A+B=\begin{pmatrix} 3 & 4 \\ 5 & 6 \end{pmatrix}$, $A-B=\begin{pmatrix} 1 & 0 \\ 3 & 2 \end{pmatrix}$일 때, 행렬 $A-3B$의 $(1,\ 2)$ 성분을 구하여라.

뿌리 2-2 행렬의 덧셈, 뺄셈과 실수배 (2)

세 행렬 $A=\begin{pmatrix} 1 & 2 \\ 2 & -1 \end{pmatrix}$, $B=\begin{pmatrix} 2 & 1 \\ 2 & -3 \end{pmatrix}$, $C=\begin{pmatrix} 3 & 0 \\ 2 & -5 \end{pmatrix}$에 대하여
$xA+yB=C$를 만족시키는 실수 x, y의 값을 구하여라.

풀이 $xA+yB=C$에서 $x\begin{pmatrix} 1 & 2 \\ 2 & -1 \end{pmatrix}+y\begin{pmatrix} 2 & 1 \\ 2 & -3 \end{pmatrix}=\begin{pmatrix} 3 & 0 \\ 2 & -5 \end{pmatrix}$ $\quad\therefore \begin{pmatrix} x+2y & 2x+y \\ 2x+2y & -x-3y \end{pmatrix}=\begin{pmatrix} 3 & 0 \\ 2 & -5 \end{pmatrix}$

두 행렬이 서로 같을 조건에서

$x+2y=3$, $2x+y=0$, $2x+2y=2$, $-x-3y=-5$

위의 식을 연립하여 풀면 $\boldsymbol{x=-1}$, $\boldsymbol{y=2}$

[줄기2-3] 두 행렬 $A=\begin{pmatrix} 2 & 0 \\ 0 & 2 \end{pmatrix}$, $B=\begin{pmatrix} -1 & 1 \\ 3 & 1 \end{pmatrix}$일 때, 행렬 $\begin{pmatrix} 5 & -1 \\ -3 & 3 \end{pmatrix}$을 실수 x, y를 사용하여 $xA+yB$의 꼴로 나타내어라.

[줄기2-4] 등식 $2\begin{pmatrix} a & 1 \\ 3 & 2b \end{pmatrix}-3\begin{pmatrix} -1 & c \\ 2 & 0 \end{pmatrix}=\begin{pmatrix} 7 & 8 \\ d & 12 \end{pmatrix}$가 성립할 때, 상수 a, b, c, d의 값을 구하여라.

03 행렬의 곱셈

1 행렬의 곱셈의 정의 (약속)

두 행렬 A, B에 대하여 행렬 A의 열의 개수와 행렬 B의 행의 개수가 같을 때, 행렬 A의 제 i행과 행렬 B의 제 j열의 성분을 차례로 각각 곱하여 더한 것을 (i, j) 성분으로 하는 행렬을 두 행렬 A, B의 곱이라 하며 기호로 AB와 같이 나타낸다.
따라서 행렬 A가 $m\times n$ 행렬이고 행렬 B가 $n\times l$ 행렬이면 행렬 AB는 $m\times l$ 행렬이 된다.

1) $\begin{pmatrix} a & b \end{pmatrix}\begin{pmatrix} x \\ y \end{pmatrix}=(ax+by)$ ← (1×2행렬)×(2×1행렬)=(1×1행렬)

※ $(ax+by)$와 같이 1×1행렬은 괄호를 없애고 $ax+by$라고 써도 된다.

2) $\begin{pmatrix} a & b \end{pmatrix}\begin{pmatrix} x & u \\ y & v \end{pmatrix}=(ax+by \quad au+bv)$ ← (1×2행렬)×(2×2행렬)=(1×2행렬)

3) $\begin{pmatrix} a \\ b \end{pmatrix}\begin{pmatrix} x & y \end{pmatrix}=\begin{pmatrix} ax & ay \\ bx & by \end{pmatrix}$ ← (2×1행렬)×(1×2행렬)=(2×2행렬)

4) $\begin{pmatrix} a & b \\ c & d \end{pmatrix}\begin{pmatrix} x \\ y \end{pmatrix}=\begin{pmatrix} ax+by \\ cx+dy \end{pmatrix}$ ← (2×2행렬)×(2×1행렬)=(2×1행렬)

5) $\begin{pmatrix} a & b \\ c & d \end{pmatrix}\begin{pmatrix} x & u \\ y & v \end{pmatrix}=\begin{pmatrix} ax+by & au+bv \\ cx+dy & cu+dv \end{pmatrix}$ ← (2×2행렬)×(2×2행렬)=(2×2행렬)

씨앗. 1 다음을 계산하여라.

1) $\begin{pmatrix} 1 & 2 \end{pmatrix}\begin{pmatrix} 3 \\ 4 \end{pmatrix}$
2) $\begin{pmatrix} 1 & -2 \end{pmatrix}\begin{pmatrix} 1 & 2 \\ 2 & 1 \end{pmatrix}$
3) $\begin{pmatrix} -2 \\ -3 \end{pmatrix}\begin{pmatrix} 2 & 5 \end{pmatrix}$
4) $\begin{pmatrix} -2 & 3 \\ 3 & -1 \end{pmatrix}\begin{pmatrix} 1 \\ -1 \end{pmatrix}$
5) $\begin{pmatrix} 1 & 3 \\ -4 & -2 \end{pmatrix}\begin{pmatrix} 1 & 2 \\ 3 & -1 \end{pmatrix}$
6) $\begin{pmatrix} 1 & 3 & -1 \\ 2 & -2 & 0 \end{pmatrix}\begin{pmatrix} 1 & 2 \\ 3 & -1 \end{pmatrix}$

핵심 보조선을 미리 그어 놓은 후에 곱하기를 하면 쉽다. (∵(행 →)(열 ↓)로 곱한다.)

풀이 1) $\begin{pmatrix} 1 & 2 \end{pmatrix}\begin{pmatrix} 3 \\ 4 \end{pmatrix}=(1\cdot 3+2\cdot 4)=(11)=\mathbf{11}$

2) $\begin{pmatrix} 1 & -2 \end{pmatrix}\begin{pmatrix} 1 & 2 \\ 2 & 1 \end{pmatrix}=(1\cdot 1+(-2)\cdot 2 \quad 1\cdot 2+(-2)\cdot 1)=\mathbf{(-3 \quad 0)}$

3) $\begin{pmatrix} -2 \\ -3 \end{pmatrix}\begin{pmatrix} 2 & 5 \end{pmatrix}=\begin{pmatrix} (-2)\cdot 2 & (-2)\cdot 5 \\ (-3)\cdot 2 & (-3)\cdot 5 \end{pmatrix}=\begin{pmatrix} -4 & -10 \\ -6 & -15 \end{pmatrix}$

4) $\begin{pmatrix} -2 & 3 \\ 3 & -1 \end{pmatrix}\begin{pmatrix} 1 \\ -1 \end{pmatrix}=\begin{pmatrix} (-2)\cdot 1+3\cdot(-1) \\ 3\cdot 1+(-1)\cdot(-1) \end{pmatrix}=\begin{pmatrix} -5 \\ 4 \end{pmatrix}$

5) $\begin{pmatrix} 1 & 3 \\ -4 & -2 \end{pmatrix}\begin{pmatrix} 1 & 2 \\ 3 & -1 \end{pmatrix}=\begin{pmatrix} 1\cdot 1+3\cdot 3 & 1\cdot 2+3\cdot(-1) \\ (-4)\cdot 1+(-2)\cdot 3 & (-4)\cdot 2+(-2)\cdot(-1) \end{pmatrix}=\begin{pmatrix} 10 & -1 \\ -10 & -6 \end{pmatrix}$

6) ($2\times$③행렬)(②$\times 2$행렬)
앞 행렬의 열의 개수 3과 뒤 행렬의 행의 개수 2가 같지 않으므로 곱셈이 정의되지 않는다.
(∵ 두 행렬의 곱은 앞 행렬의 열의 개수와 뒤 행렬의 행의 개수가 같을 때만 정의된다.)

뿌리 3-1 행렬의 곱셈 (1)

두 행렬 $A=\begin{pmatrix} 2 & x \\ -3 & y \end{pmatrix}$, $B=\begin{pmatrix} 3 & -3 \\ 2 & -2 \end{pmatrix}$에서 행렬 A, B가 $AB=O$일 때, 상수 x, y의 값을 구하여라.

풀이 $AB=O$에서 $\begin{pmatrix} 2 & x \\ -3 & y \end{pmatrix}\begin{pmatrix} 3 & -3 \\ 2 & -2 \end{pmatrix}=\begin{pmatrix} 0 & 0 \\ 0 & 0 \end{pmatrix}$

$\begin{pmatrix} 6+2x & -6-2x \\ -9+2y & 9-2y \end{pmatrix}=\begin{pmatrix} 0 & 0 \\ 0 & 0 \end{pmatrix}$

두 행렬이 서로 같을 조건에 의하여

$6+2x=0,\ -6-2x=0,\ -9+2y=0,\ 9-2y=0$

$\therefore \boldsymbol{x=-3,\ y=\frac{9}{2}}$

[줄기3-1] 등식 $\begin{pmatrix} 3 & -1 \\ a & 5 \end{pmatrix}\begin{pmatrix} 1 & 0 \\ -2 & b \end{pmatrix}=2\begin{pmatrix} 3 & b \\ 0 & 3 \end{pmatrix}+\begin{pmatrix} -1 & -3 \\ -8 & c \end{pmatrix}$을 만족시키는 실수 a ,b, c의 값을 구하여라.

뿌리 3-2 행렬의 곱셈 (2)

이차 정사각행렬 A에 대하여 $A\begin{pmatrix} a \\ b \end{pmatrix}=\begin{pmatrix} 1 \\ 3 \end{pmatrix}$, $A\begin{pmatrix} c \\ d \end{pmatrix}=\begin{pmatrix} 2 \\ -2 \end{pmatrix}$일 때, $A\begin{pmatrix} 2a+3c \\ 2b+3d \end{pmatrix}$를 구하여라.

핵심 이차 정사각행렬 A에 대하여 $A\begin{pmatrix} a \\ b \end{pmatrix}+A\begin{pmatrix} c \\ d \end{pmatrix}=A\begin{pmatrix} a+c \\ b+d \end{pmatrix}$

증명 $A\begin{pmatrix} a \\ b \end{pmatrix}=\begin{pmatrix} a_{11} & a_{12} \\ a_{21} & a_{22} \end{pmatrix}\begin{pmatrix} a \\ b \end{pmatrix}=\begin{pmatrix} a\cdot a_{11}+b\cdot a_{12} \\ a\cdot a_{21}+b\cdot a_{22} \end{pmatrix}$, $A\begin{pmatrix} c \\ d \end{pmatrix}=\begin{pmatrix} a_{11} & a_{12} \\ a_{21} & a_{22} \end{pmatrix}\begin{pmatrix} c \\ d \end{pmatrix}=\begin{pmatrix} c\cdot a_{11}+d\cdot a_{12} \\ c\cdot a_{21}+d\cdot a_{22} \end{pmatrix}$

$A\begin{pmatrix} a+c \\ b+d \end{pmatrix}=\begin{pmatrix} a_{11} & a_{12} \\ a_{21} & a_{22} \end{pmatrix}\begin{pmatrix} a+c \\ b+d \end{pmatrix}=\begin{pmatrix} (a+c)a_{11}+(b+d)a_{12} \\ (a+c)a_{21}+(b+d)a_{22} \end{pmatrix}=\begin{pmatrix} a\cdot a_{11}+b\cdot a_{12} \\ a\cdot a_{21}+b\cdot a_{22} \end{pmatrix}+\begin{pmatrix} c\cdot a_{11}+d\cdot a_{12} \\ c\cdot a_{21}+d\cdot a_{22} \end{pmatrix}$

풀이 $2A\begin{pmatrix} a \\ b \end{pmatrix}=A\begin{pmatrix} 2a \\ 2b \end{pmatrix}=\begin{pmatrix} 2 \\ 6 \end{pmatrix}$, $3A\begin{pmatrix} c \\ d \end{pmatrix}=A\begin{pmatrix} 3c \\ 3d \end{pmatrix}=\begin{pmatrix} 6 \\ -6 \end{pmatrix}$

$\therefore A\begin{pmatrix} 2a+3c \\ 2b+3d \end{pmatrix}=A\begin{pmatrix} 2a \\ 2b \end{pmatrix}+A\begin{pmatrix} 3c \\ 3d \end{pmatrix}=\begin{pmatrix} 2 \\ 6 \end{pmatrix}+\begin{pmatrix} 6 \\ -6 \end{pmatrix}=\boldsymbol{\begin{pmatrix} 8 \\ 0 \end{pmatrix}}$

[줄기3-2] 이차 정사각행렬 A에 대하여 $A\begin{pmatrix} 2a \\ b \end{pmatrix}=\begin{pmatrix} 8 \\ -1 \end{pmatrix}$, $A\begin{pmatrix} 3a \\ 4b \end{pmatrix}=\begin{pmatrix} 2 \\ 6 \end{pmatrix}$일 때, $A\begin{pmatrix} a \\ b \end{pmatrix}$를 구하여라.

[줄기3-3] 이차 정사각행렬 A에 대하여 $A\begin{pmatrix} a \\ b \end{pmatrix}=\begin{pmatrix} 1 \\ 4 \end{pmatrix}$, $A\begin{pmatrix} 2a-3c \\ 2b-3d \end{pmatrix}=\begin{pmatrix} 5 \\ 2 \end{pmatrix}$일 때, $A\begin{pmatrix} c \\ d \end{pmatrix}$를 구하여라.

[줄기3-4] 이차 정사각행렬 A에 대하여 $A\begin{pmatrix} a \\ b \end{pmatrix}=\begin{pmatrix} 1 \\ 3 \end{pmatrix}$, $A\begin{pmatrix} c \\ d \end{pmatrix}=\begin{pmatrix} 2 \\ -2 \end{pmatrix}$일 때, $A\begin{pmatrix} 2a & 3c \\ 2b & 3d \end{pmatrix}$를 구하여라.

04 행렬의 곱셈의 성질

1 행렬의 거듭제곱

행렬 A가 정사각행렬이고, m, n이 자연수일 때

1) $A^2 = AA,\ A^3 = A^2A,\ A^4 = A^3A, \cdots, A^{n+1} = A^nA$

2) $A^mA^n = A^{m+n},\ (A^m)^n = A^{mn}$

참고 행렬의 거듭제곱은 정사각행렬에서만 정의된다.

참고 주대각선과 부대각선

$\begin{pmatrix} a_{11} & a_{12} \\ a_{21} & a_{22} \end{pmatrix}$ 주대각선 $\begin{pmatrix} a_{11} & a_{12} & a_{13} \\ a_{21} & a_{22} & a_{23} \\ a_{31} & a_{32} & a_{33} \end{pmatrix}$ 주대각선 $\begin{pmatrix} a_{11} & a_{12} \\ a_{21} & a_{22} \end{pmatrix}$ 부대각선 $\begin{pmatrix} a_{11} & a_{12} & a_{13} \\ a_{21} & a_{22} & a_{23} \\ a_{31} & a_{32} & a_{33} \end{pmatrix}$ 부대각선

※ A^n의 추정

정사각행렬 A에 대하여 $A^2 = AA,\ A^3 = A^2A, \cdots$을 차례로 구하여 규칙을 찾는다. 이때, 주대각선의 성분이 모두 1인 경우 또는 부대각선의 성분이 모두 0인 경우는 다음과 같은 특수한 규칙을 따른다.

1) $\begin{pmatrix} a & 0 \\ 0 & 1 \end{pmatrix}^n = \begin{pmatrix} a^n & 0\times n \\ 0\times n & 1^n \end{pmatrix} = \begin{pmatrix} a^n & 0 \\ 0 & 1 \end{pmatrix}$

$\begin{pmatrix} 1 & 0 \\ 0 & b \end{pmatrix}^n = \begin{pmatrix} 1^n & 0\times n \\ 0\times n & b^n \end{pmatrix} = \begin{pmatrix} 1 & 0 \\ 0 & b^n \end{pmatrix}$

$\begin{pmatrix} a & 0 \\ 0 & b \end{pmatrix}^n = \begin{pmatrix} a^n & 0\times n \\ 0\times n & b^n \end{pmatrix} = \begin{pmatrix} a^n & 0 \\ 0 & b^n \end{pmatrix}$

2) $\begin{pmatrix} 1 & a \\ 0 & 1 \end{pmatrix}^n = \begin{pmatrix} 1^n & a\times n \\ 0\times n & 1^n \end{pmatrix} = \begin{pmatrix} 1 & an \\ 0 & 1 \end{pmatrix}$

$\begin{pmatrix} 1 & 0 \\ b & 1 \end{pmatrix}^n = \begin{pmatrix} 1^n & 0\times n \\ b\times n & 1^n \end{pmatrix} = \begin{pmatrix} 1 & 0 \\ bn & 1 \end{pmatrix}$ 주의 $\begin{pmatrix} 1 & a \\ b & 1 \end{pmatrix}^n \neq \begin{pmatrix} 1^n & an \\ bn & 1^n \end{pmatrix}$

(익히는 방법)

1) 부대각선의 성분이 모두 0일 때, 주대각선의 성분은 n제곱을 하고 부대각선의 성분은 $\times n$을 한다.
2) 주대각선의 성분이 모두 1일 때, 주대각선의 성분은 n제곱을 하고 부대각선의 성분은 $\times n$을 한다.

씨앗. 1 행렬 $A = \begin{pmatrix} 1 & 0 \\ -2 & 1 \end{pmatrix}$일 때, 행렬 A^n을 구하여라. (단, n은 자연수이다.)

방법Ⅰ $A^2 = AA = \begin{pmatrix} 1 & 0 \\ -2 & 1 \end{pmatrix}\begin{pmatrix} 1 & 0 \\ -2 & 1 \end{pmatrix} = \begin{pmatrix} 1 & 0 \\ -4 & 1 \end{pmatrix},\ A^3 = A^2A = \begin{pmatrix} 1 & 0 \\ -4 & 1 \end{pmatrix}\begin{pmatrix} 1 & 0 \\ -1 & 1 \end{pmatrix} = \begin{pmatrix} 1 & 0 \\ -6 & 1 \end{pmatrix}$

$A^4 = A^3A = \begin{pmatrix} 1 & 0 \\ -6 & 1 \end{pmatrix}\begin{pmatrix} 1 & 0 \\ -1 & 1 \end{pmatrix} = \begin{pmatrix} 1 & 0 \\ -8 & 1 \end{pmatrix}, \cdots$

$\therefore A^n = \begin{pmatrix} 1 & 0 \\ -2n & 1 \end{pmatrix}$

방법Ⅱ 「강추」 행렬 A의 주대각선의 성분이 모두 1이므로

$A^n = \begin{pmatrix} 1 & 0 \\ -2 & 1 \end{pmatrix}^n = \begin{pmatrix} 1^n & 0\times n \\ -2\times n & 1^n \end{pmatrix} = \begin{pmatrix} 1 & 0 \\ -2n & 1 \end{pmatrix}$

뿌리 4-1 행렬의 거듭제곱

다음 물음에 답하여라.

1) 행렬 $A=\begin{pmatrix}1 & a\\0 & 1\end{pmatrix}$일 때, $A^n=\begin{pmatrix}1 & 19a\\0 & 1\end{pmatrix}$을 만족하는 자연수 n의 값을 구하여라. (단, $a\neq 0$)

2) 행렬 $A=\begin{pmatrix}2 & 0\\0 & 3\end{pmatrix}$일 때, $A^n=\begin{pmatrix}32 & 0\\0 & 243\end{pmatrix}$을 만족하는 자연수 n의 값을 구하여라.

3) 행렬 $A=\begin{pmatrix}1 & 2\\2 & 1\end{pmatrix}$일 때, 행렬 A^5을 구하여라.

풀이 1) 행렬 A의 주대각선의 성분이 모두 1이므로

$$A^n=\begin{pmatrix}1 & a\\0 & 1\end{pmatrix}^n=\begin{pmatrix}1^n & a\times n\\0\times n & 1^n\end{pmatrix}\quad \therefore A^n=\begin{pmatrix}1 & an\\0 & 1\end{pmatrix}$$

따라서 $an=19a$이므로 $\boldsymbol{n=19}$

2) 행렬 A의 부대각선의 성분이 모두 0이므로

$$A^n=\begin{pmatrix}2 & 0\\0 & 3\end{pmatrix}^n=\begin{pmatrix}2^n & 0\times n\\0\times n & 3^n\end{pmatrix}\quad \therefore A^n=\begin{pmatrix}2^n & 0\\0 & 3^n\end{pmatrix}$$

따라서 $2^n=32$, $(-3)^n=-243$이므로 $\boldsymbol{n=5}$

3) $A^2=AA=\begin{pmatrix}1 & 2\\2 & 1\end{pmatrix}\begin{pmatrix}1 & 2\\2 & 1\end{pmatrix}=\begin{pmatrix}5 & 4\\4 & 5\end{pmatrix}$

$A^3=A^2A=\begin{pmatrix}5 & 4\\4 & 5\end{pmatrix}\begin{pmatrix}1 & 2\\2 & 1\end{pmatrix}=\begin{pmatrix}13 & 14\\14 & 13\end{pmatrix}$

$A^4=A^3A=\begin{pmatrix}13 & 14\\14 & 13\end{pmatrix}\begin{pmatrix}1 & 2\\2 & 1\end{pmatrix}=\begin{pmatrix}41 & 40\\40 & 41\end{pmatrix}$

$A^5=A^4A=\begin{pmatrix}41 & 40\\40 & 41\end{pmatrix}\begin{pmatrix}1 & 2\\2 & 1\end{pmatrix}=\begin{pmatrix}121 & 122\\122 & 121\end{pmatrix}$

$\therefore A^5=\begin{pmatrix}\mathbf{121} & \mathbf{122}\\\mathbf{122} & \mathbf{121}\end{pmatrix}$

[줄기4-1] 행렬 $A=\begin{pmatrix}a & 0\\0 & -2\end{pmatrix}$일 때, $A^5=\begin{pmatrix}-1 & 0\\0 & -32\end{pmatrix}$를 만족하는 실수 a의 값을 구하여라.

[줄기4-2] 행렬 $A=\begin{pmatrix}1 & 1\\0 & 0\end{pmatrix}$일 때, 행렬 $A+A^2+A^3+\cdots+A^{10}$의 $(2, 1)$ 성분을 구하여라.

[줄기4-3] 두 이차 정사각행렬 A, B에 대하여

$2A-B=\begin{pmatrix}1 & 1\\-3 & 1\end{pmatrix}$, $A+2B=\begin{pmatrix}-2 & 3\\1 & -7\end{pmatrix}$일 때, 행렬 $4A^2-B^2$을 구하여라.

2 행렬의 곱셈의 성질

합과 곱이 정의되는 세 행렬 A, B, C와 실수 k에 대하여

1) **결합법칙** : $(AB)C=A(BC)$

※ $(AB)C=A(BC)$이므로 괄호를 생략하여 간단히 ABC로 나타낼 수 있다.

2) **분배법칙** : $A(B+C)=AB+AC$, $(A+B)C=AC+BC$

3) $k(AB)=(kA)B=A(kB)$

4) $AO=OA=O$

5) $AB\neq BA$ ⇦ ***교환법칙이 성립하지 않는다.**

예) $A=\begin{pmatrix}1 & 2\\3 & 4\end{pmatrix}$, $B=\begin{pmatrix}-2 & 1\\1 & 3\end{pmatrix}$에 대하여 $AB\neq BA$임을 보여라.

$AB=\begin{pmatrix}1 & 2\\3 & 4\end{pmatrix}\begin{pmatrix}-2 & 1\\1 & 3\end{pmatrix}=\begin{pmatrix}0 & 7\\-2 & 15\end{pmatrix}$, $BA=\begin{pmatrix}-2 & 1\\1 & 3\end{pmatrix}\begin{pmatrix}1 & 2\\3 & 4\end{pmatrix}=\begin{pmatrix}1 & 0\\10 & 14\end{pmatrix}$

$\therefore AB\neq BA$

행렬의 곱셈은 수의 곱셈과는 다르게 교환법칙은 성립하지 않는다.

3 행렬의 곱셈이 수의 곱셈과 다른 점

A, B가 같은 꼴의 정사각행렬이고, O가 같은 꼴의 영행렬일 때

1) 행렬의 곱셈은 교환법칙이 성립하지 않기 때문에 지수법칙이나 곱셈 공식이 성립하지 않는다.

$(AB)^n\neq A^nB^n$ ⇨ $(AB)^n=ABABAB\cdots$

$(A+B)(A-B)\neq A^2-B^2$ ⇨ $(A+B)(A-B)=A^2+BA-AB-B^2$

$(A+B)^2\neq A^2+2AB+B^2$ ⇨ $(A+B)^2=(A+B)(A+B)=A^2+BA+AB+B^2$

$(A-B)^2\neq A^2-2AB+B^2$ ⇨ $(A-B)^2=(A-B)(A-B)=A^2-BA-AB+B^2$

2) 행렬의 곱셈에서는 다음이 성립하지 않는다.

① $A\neq O$, $AB=AC$이면 $B=C$이다.

⇨ $A=\begin{pmatrix}3 & 0\\1 & 0\end{pmatrix}$, $B=\begin{pmatrix}1 & 2\\2 & 3\end{pmatrix}$, $C=\begin{pmatrix}1 & 2\\4 & -1\end{pmatrix}$일 때,

$AB=\begin{pmatrix}3 & 0\\1 & 0\end{pmatrix}\begin{pmatrix}1 & 2\\2 & 3\end{pmatrix}=\begin{pmatrix}3 & 6\\1 & 2\end{pmatrix}$, $AC=\begin{pmatrix}3 & 0\\1 & 0\end{pmatrix}\begin{pmatrix}1 & 2\\4 & -1\end{pmatrix}=\begin{pmatrix}3 & 6\\1 & 2\end{pmatrix}$

이와 같이 $A\neq O$, $AB=AC$이지만 $B\neq C$인 행렬도 존재함을 알 수 있다.

② $AB=O$이면 $A=O$ 또는 $B=O$이다.

⇨ $A=\begin{pmatrix}-2 & 4\\1 & -2\end{pmatrix}$, $B=\begin{pmatrix}4 & 2\\2 & 1\end{pmatrix}$일 때, $AB=\begin{pmatrix}-2 & 4\\1 & -2\end{pmatrix}\begin{pmatrix}4 & 2\\2 & 1\end{pmatrix}=\begin{pmatrix}0 & 0\\0 & 0\end{pmatrix}$

이와 같이 $AB=O$이지만 $A\neq O$, $B\neq O$인 행렬도 존재함을 알 수 있다. (*영인자)

※ 영인자

수의 곱셈에서는 $a\neq 0$, $b\neq 0$이면 $ab\neq 0$이지만 행렬의 곱셈에서는 $A\neq O$, $B\neq O$이지만 $AB=O$인 경우가 있다. 이때 A, B를 영인자라고 한다. (수학에서 , 는 and를 의미한다.)

a, b가 실수일 때, $ab=0$인 경우	A, B가 행렬일 때, $AB=O$인 경우
$a=0$ 또는 $b=0$	$A=O$ 또는 $B=O$
	$A\neq O, B\neq O$ ⇨ 영인자

뿌리 4-2 행렬의 곱셈의 성질

두 행렬 $A=\begin{pmatrix}1 & -2\\ 3 & -1\end{pmatrix}$, $B=\begin{pmatrix}1 & 2\\ x & y\end{pmatrix}$에 대하여 $(A+B)(A-B)=A^2-B^2$이 성립할 때, 상수 x, y의 값을 구하여라.

핵심 행렬에서 곱셈 공식 (인수분해 공식)이 성립하면 곱셈의 교환 법칙 $(AB=BA)$이 성립한다.
행렬에서 곱셈의 교환 법칙 $(AB=BA)$이 성립하면 곱셈 공식 (인수분해 공식)이 성립한다.

풀이 곱셈공식이 성립한다. $\therefore AB=BA$

즉 $\begin{pmatrix}1 & -2\\ 3 & -1\end{pmatrix}\begin{pmatrix}1 & 2\\ x & y\end{pmatrix}=\begin{pmatrix}1 & 2\\ x & y\end{pmatrix}\begin{pmatrix}1 & -2\\ 3 & -1\end{pmatrix}$이므로 $\begin{pmatrix}1-2x & 2-2y\\ 3-x & 6-y\end{pmatrix}=\begin{pmatrix}7 & -4\\ x+3y & -2x-y\end{pmatrix}$

두 행렬이 서로 같을 조건에 의하여 $1-2x=7$, $2-2y=-4$, $3-x=x+3y$, $6-y=-2x-y$

$\therefore \boldsymbol{x=-3,\ y=3}$

참고 $(A+B)(A-B)=A^2-B^2$에서
$A^2-AB+BA-B^2=A^2-B^2 \quad \therefore AB=BA$

[줄기4-4] 두 행렬 $A=\begin{pmatrix}1 & 2\\ 1 & 3\end{pmatrix}$, $B=\begin{pmatrix}0 & x\\ y & 4\end{pmatrix}$에 대하여 $(A+B)^2=A^2+2AB+B^2$이 성립한다. 이때 상수 x, y의 값을 구하여라.

뿌리 4-3 영인자 때문에 거짓인 명제 (1)

세 이차 정사각행렬 A, B, C에 대하여 다음 중 옳은 것을 골라라.

ㄱ. $AB=O$이면 $A=O$ 또는 $B=O$
ㄴ. $A\neq O$, $AB=AC$이면 $B=C$
ㄷ. $A^2=O$이면 $A=O$
ㄹ. $(A-B)^2=O$이면 $A=B$
ㅁ. $AB=O$이면 $BA=O$

핵심 $AB=O \Leftrightarrow A=O$ 또는 $B=O$ 또는 영인자 $(A\neq O, B\neq O)$

풀이 ㄱ. $AB=O$이면 $A=O$ 또는 $B=O$ (거짓)
$AB=O$이면 $A=O$ 또는 $B=O$ 또는 영인자$(A\neq O, B\neq O)$ (참)
ㄴ. $A\neq O$, $AB=AC$이면 $B=C$ (거짓)
$A\neq O$, $A(B-C)=O$이면 $B-C=O$ 또는 영인자$(B-C\neq O)$ (참)
$A\neq O$, $A(B-C)=O$이면 $B=C$ 또는 영인자$(B\neq C)$ (참)
ㄷ. $A^2=O$이면 $A=O$ (거짓)
$AA=O$이면 $A=O$ 또는 영인자$(A\neq O)$ (참)
ㄹ. $(A-B)^2=O$이면 $A=B$ (거짓)
$(A-B)(A-B)=O$이면 $A=B$ 또는 영인자$(A\neq B)$ (참)
ㅁ. $AB=O$이면 $BA=O$ (거짓)
$\because AB=O$이면 영인자$(A\neq O, B\neq O)$일 때, $BA\neq O$인 경우도 있다.

정답 없다.

4 단위 행렬

오른쪽과 같이 n차 정사각행렬 중에서 주대각선의 성분은 모두 1, 즉 $a_{11}=a_{22}=a_{33}=\cdots=a_{nn}=1$이고 그 외의 성분은 모두 0인 행렬을 n차 **단위행렬**이라 하고, 기호로 $\boldsymbol{E}$와 같이 나타낸다.

일차 단위행렬	이차 단위행렬	삼차 단위행렬	$\cdots$
(1)	$\begin{pmatrix}1&0\\0&1\end{pmatrix}$ 주대각선	$\begin{pmatrix}1&0&0\\0&1&0\\0&0&1\end{pmatrix}$ 주대각선	$\cdots$

5 단위 행렬 E의 성질

A, E가 같은 꼴의 정사각행렬일 때

1) $AE=EA=A$

2) $E^2=E, E^3=E, \cdots, E^n=E$ (단, n은 자연수)

3) $AE=EA$, 즉 곱셈의 교환법칙이 성립하므로 곱셈 공식이 성립한다. 따라서

$(A\pm E)^2=A^2\pm 2AE+E^2=A^2\pm 2A+E$ (복부호동순)

$(A\pm E)^3=A^3\pm 3A^2E+3AE^2\pm E^3=A^3\pm 3A^2+3A\pm E$ (복부호동순)

$(A+E)(A-E)=A^2-E^2=A^2-E$

$(A\pm E)(A^2\mp A+E)=(A\pm E)(A^2\mp AE+E^2)=A^3-E^3=A^3-E$ (복부호동순)

증명 1) 두 행렬 $A=\begin{pmatrix}a&b\\c&d\end{pmatrix}, E=\begin{pmatrix}1&0\\0&1\end{pmatrix}$에 대하여

$AE=\begin{pmatrix}a&b\\c&d\end{pmatrix}\begin{pmatrix}1&0\\0&1\end{pmatrix}=\begin{pmatrix}a&b\\c&d\end{pmatrix}=A,\ EA=\begin{pmatrix}1&0\\0&1\end{pmatrix}\begin{pmatrix}a&b\\c&d\end{pmatrix}=\begin{pmatrix}a&b\\c&d\end{pmatrix}=A$

이와 같이 E가 n차 단위행렬일 때, 임의의 n차 정사각행렬 A에 대하여 $AE=EA=A$가 성립한다.

2) $E^2=EE=\begin{pmatrix}1&0\\0&1\end{pmatrix}\begin{pmatrix}1&0\\0&1\end{pmatrix}=E$

$E^3=E^2E=EE=E,\ E^4=E^3E=EE=E, \cdots \quad \therefore E^n=E$

참고 행렬의 곱셈에서 수의 곱셈의 1과 같은 역할을 하는 행렬을 단위행렬이라 한다.

씨앗. 2 단위행렬 $E=\begin{pmatrix}1&0\\0&1\end{pmatrix}$에 대하여 다음을 구하여라.

1) $-E$ 2) E^{100} 3) $(-E)^{2001}$

풀이 1) $-E=(-1)E=(-1)\begin{pmatrix}1&0\\0&1\end{pmatrix}=\begin{pmatrix}-1&0\\0&-1\end{pmatrix}$

2) $E^{100}=E=\begin{pmatrix}1&0\\0&1\end{pmatrix}$

3) $(-E)^{2001}=-E=\begin{pmatrix}-1&0\\0&-1\end{pmatrix}$

뿌리 4-4 단위행렬 E의 성질 (1)

다음 물음에 답하여라.

1) 이차 정사각행렬 A, B에 대하여 $A+B=2E$, $AB=O$일 때, A^3+B^3을 간단히 하여라.

2) 이차 정사각행렬 A, B에 대하여 $A+B=2E$, $AB=O$일 때, BA를 간단히 하여라.

방법 I 1) $A+B=2E$에서 $B=2E-A$이므로
$AB=O$, $A(2E-A)=O$, $2A-A^2=O$ $\therefore A^2=2A$
$\therefore A^3=A^2A=2AA=2A^2=2\cdot 2A=4A$
또 $B^2=(2E-A)^2=4E-4A+A^2=4E-2A=2(2E-A)$ $\therefore B^2=2B$
$\therefore B^3=B^2B=2BB=2B^2=2\cdot 2B=4B$
따라서 $A^3+B^3=4A+4B=4(A+B)=4\cdot 2E=\mathbf{8E}$

방법 II 「강추」 1) $A+B=2E$의 양변의 오른쪽에 행렬 B를 곱하면
$(A+B)B=2EB$, $AB+B^2=2B$ $\therefore B^2=2B$ ($\because AB=O$)
$\therefore B^3=B^2B=2BB=2B^2=2\cdot 2B=4B$
$A+B=2E$의 양변의 왼쪽에 행렬 A를 곱하면
$A(A+B)=A\cdot 2E$, $A^2+AB=2A$ $\therefore A^2=2A$ ($\because AB=O$)
따라서 $A^3+B^3=4A+4B=4(A+B)=4\cdot 2E=\mathbf{8E}$

2) $A+B=2E$의 양변의 오른쪽에 행렬 B를 곱하면
$(A+B)B=2EB$, $AB+B^2=2B$ ⋯ ㉠
$A+B=2E$의 양변의 왼쪽에 행렬 B를 곱하면
$B(A+B)=B\cdot 2E$, $BA+B^2=2B$ ⋯ ㉡
㉠ − ㉡을 하면 $AB-BA=O$ $\therefore AB=BA$ $\therefore BA=\mathbf{O}$ ($\because AB=O$)

참고 방법 II를 강추한 이유
줄기 4-6)을 풀어보면 알 수 있다.

[줄기 4-5] 이차 정사각행렬 A, B에 대하여 다음 물음에 답하여라.

1) $A+B=O$, $2AB+3E=O$일 때, A^4+B^4을 간단히 하여라.

2) $3A+B=O$, $AB=-3E$일 때, $A^{14}+B^{14}=kE$이다. 이때, 실수 k의 값을 골라라.

① $1+3^{14}$ ② $1+3^{21}$ ③ $1+3^{28}$ ④ $1+3^{35}$ ⑤ $1+3^{41}$

[줄기 4-6] 이차 정사각행렬 A, B에 대하여 다음 물음에 답하여라.

1) $A+B=E$, $AB=E$일 때, $A^{101}+B^{101}=kE$이다. 이때, 실수 k의 값을 구하여라.

2) $(A+E)^2=O$, $AB=-2E$일 때, B^2을 A와 E로 나타내어라.

뿌리 4-5 단위행렬 E의 성질 (2)

이차 정사각행렬 A가 $A^2+3A+9E=O$를 만족시킬 때, 행렬 A^{12}을 구하여라.

풀이 $A^2+3A+9E=O$의 양변에 행렬 $A-3E$를 곱하면
$(A-3E)(A^2+3A+9E)=O$
$A^3-27E=O \quad \therefore A^3=27E$
$\therefore A^{12}=(A^3)^4=(3^3E)^4=3^{12}E=\begin{pmatrix} 3^{12} & 0 \\ 0 & 3^{12} \end{pmatrix}$

줄기 4-7 이차 정사각행렬 A에 대하여 $A=\begin{pmatrix} 0 & 1 \\ -1 & 0 \end{pmatrix}$일 때, 행렬 $(A^5+E)^3-3A^5(A^5+E)$의 $(2,\ 2)$ 성분을 구하여라.

6 케일리-해밀턴의 정리

세 행렬 $A=\begin{pmatrix} a & b \\ c & d \end{pmatrix}$, $E=\begin{pmatrix} 1 & 0 \\ 0 & 1 \end{pmatrix}$, $O=\begin{pmatrix} 0 & 0 \\ 0 & 0 \end{pmatrix}$에 대하여
$A^2-(a+d)A+(ad-bc)E=O$가 성립한다.

참고 행렬 $A=\begin{pmatrix} 1 & 1 \\ 2 & 4 \end{pmatrix}$에서 케일리-해밀턴의 정리에 의해서 $A^2-5A+2E=O$가 성립한다.
역으로 $A^2-5A+2E=O$를 만족하는 A에는 $\begin{pmatrix} 1 & 1 \\ 2 & 4 \end{pmatrix}$뿐 아니라 $\begin{pmatrix} 1 & 2 \\ 1 & 4 \end{pmatrix}$, $\begin{pmatrix} 2 & 2 \\ 2 & 3 \end{pmatrix}$, $\begin{pmatrix} 3 & 4 \\ 1 & 2 \end{pmatrix}$, ⋯ 등 수도 없이 많다.
따라서 케일리-해밀턴의 정리의 역은 성립하지 않는다.

※ 정리 : 수학적 경험으로써 확인이 끝난 완벽한 기본 성질 ex) 피타고라스의 정리, 케일리-해밀턴의 정리

씨앗. 3 행렬 $A=\begin{pmatrix} 1 & 2 \\ 3 & 4 \end{pmatrix}$에 대하여 $A^2+2A-3E$를 구하여라.

핵심 $A^2-(a+d)A+(ad-bc)E=O$
$A^2=(a+d)A-(ad-bc)E$
$\therefore$ 케일리-해밀턴의 정리는 행렬 A에 대한 식의 차수를 낮추는 데 이용할 수 있다.

방법 I 「강추」 케일리-해밀턴의 정리에 의하여
$A^2-(1+4)A+(1\cdot4-2\cdot3)E=O$, 즉 $A^2-5A-2E=O$
$A^2=5A+2E$이므로
$A^2+2A-3E=(5A+2E)+2A-3E=7A-E=7\begin{pmatrix} 1 & 2 \\ 3 & 4 \end{pmatrix}-\begin{pmatrix} 1 & 0 \\ 0 & 1 \end{pmatrix}=\begin{pmatrix} 6 & 14 \\ 21 & 27 \end{pmatrix}$

방법 II $A^2=AA=\begin{pmatrix} 1 & 2 \\ 3 & 4 \end{pmatrix}\begin{pmatrix} 1 & 2 \\ 3 & 4 \end{pmatrix}=\begin{pmatrix} 7 & 10 \\ 15 & 22 \end{pmatrix}$
$A^2+2A-3E=\begin{pmatrix} 7 & 10 \\ 15 & 22 \end{pmatrix}+2\begin{pmatrix} 1 & 2 \\ 3 & 4 \end{pmatrix}-3\begin{pmatrix} 1 & 0 \\ 0 & 1 \end{pmatrix}=\begin{pmatrix} 6 & 14 \\ 21 & 27 \end{pmatrix}$

뿌리 4-6 케일리-해밀턴의 정리 (1)

행렬 $A=\begin{pmatrix}2 & -1\\1 & -1\end{pmatrix}$에 대하여 A^3+2A^2-3A+E를 구하여라.

풀이 케일리-해밀턴의 정리에 의하여

$A^2-\{2+(-1)\}A+\{2\cdot(-1)-(-1)\cdot 1\}E=O,\ A^2-A-E=O$

$\therefore A^2=A+E$

$\therefore A^3+2A^2-3A+E=(A+E)A+2(A+E)-3A+E=A^2+A+2A+2E-3A+E$

$=(A+E)+3E=A+4E=\begin{pmatrix}2 & -1\\1 & -1\end{pmatrix}+4\begin{pmatrix}1 & 0\\0 & 1\end{pmatrix}=\begin{pmatrix}\mathbf{6} & \mathbf{-1}\\\mathbf{1} & \mathbf{3}\end{pmatrix}$

[줄기4-8] 행렬 $A=\begin{pmatrix}a & b\\1 & 2\end{pmatrix}$가 $A^2-A+E=O$을 만족할 때, 상수 a, b의 값을 구하여라.

뿌리 4-7 케일리-해밀턴의 정리 (2)

행렬 $A=\begin{pmatrix}-3 & -1\\7 & 2\end{pmatrix}$에 대하여 A^{40}을 구하여라.

핵심 $A^2+A+E=O \Rightarrow (A-E)(A^2+A+E)=O \Rightarrow A^3=E$

$A^2-A+E=O \Rightarrow (A+E)(A^2-A+E)=O \Rightarrow A^3=-E$

풀이 케일리-해밀턴의 정리에 의하여 $A^2+A+E=O$

양변에 $A-E$를 곱하면 $(A-E)(A^2+A+E)=O \quad \therefore A^3-E=O$

즉, $A^3=E$이므로 $A^{40}=(A^3)^{13}A=(E)^{13}A=\mathbf{A}$

[줄기4-9] 행렬 $A=\begin{pmatrix}3 & 1\\-7 & -2\end{pmatrix}$에 대하여 A^{200}을 구하여라.

뿌리 4-8 케일리-해밀턴의 정리 (3)

행렬 $A=\frac{1}{2}\begin{pmatrix}1 & 1\\-3 & 1\end{pmatrix}$에 대하여 $A+A^2+A^3+\cdots+A^{50}=\begin{pmatrix}a & b\\c & d\end{pmatrix}$일 때, $b+c$의 값을 구하여라.

풀이 케일리-해밀턴의 정리에 의하여 $\quad A=\begin{pmatrix}\frac{1}{2} & \frac{1}{2}\\-\frac{3}{2} & \frac{1}{2}\end{pmatrix}$

$A^2-A+E=O \quad \therefore A^2=A-E$

$(A+E)(A^2-A+E)=O$

$\therefore A^3=-E$

$\therefore A^6=E \Rightarrow A+A^2+A^3+A^4+A^5+A^6=O$ (비슷한 예) p.180 열매 7-1)

$(\because A+A^2+A^3-A-A^2-A^3=O)$

$A+A^2+A^3+\cdots+A^{50}$

$=A+A^2+\cdots+A^6+A^6(A+A^2+\cdots+A^6)+\cdots+A^{42}(A+A^2+\cdots+A^6)+A^{49}+A^{50}$

$=A^{49}+A^{50}=A+A^2=A+(A-E)=2A-E=\begin{pmatrix}1 & 1\\-3 & 1\end{pmatrix}-\begin{pmatrix}1 & 0\\0 & 1\end{pmatrix}=\begin{pmatrix}0 & 1\\-3 & 0\end{pmatrix}\quad \therefore b+c=\mathbf{-2}$

뿌리 4-9 영인자 때문에 거짓인 명제 (2)

세 이차 정사각행렬 A, B, C에 대하여 다음 중 옳은 것을 모두 골라라.

ㄱ. $(A-E)^2=O$이면 $A=E$
ㄴ. $A^2=A$이면 $A=O$ 또는 $A=E$
ㄷ. $A^2=E$이면 $A=E$ 또는 $A=-E$
ㄹ. $B=C$이면 $AB=AC$
ㅁ. $AB=AC$이면 $B=C$
ㅂ. $AB=A$, $BA=B$이면 $A^2=A$
ㅅ. $A+B=O$이면 $AB=BA$
ㅇ. $A^2-B^2=O$이면 $A=B$ 또는 $A=-B$

핵심 $AB=O \Leftrightarrow A=O$ 또는 $B=O$ 또는 영인자$(A\neq O, B\neq O)$

풀이 ㄱ. $(A-E)^2=O$이면 $A=E$ (거짓)
$(A-E)(A-E)=O$이면 $A=E$ 또는 영인자$(A\neq E)$ (참)
ㄴ. $A^2=A$이면 $A=O$ 또는 $A=E$ (거짓)
$A^2-A=O \Leftrightarrow A(A-E)=O$이면 $A=O$ 또는 $A=E$ 또는 영인자$(A\neq O, A-E\neq O)$ (참)
$A^2-A=O \Leftrightarrow A(A-E)=O$이면 $A=O$ 또는 $A=E$ 또는 영인자$(A\neq O, A\neq E)$ (참)
ㄷ. $A^2=E$이면 $A=E$ 또는 $A=-E$ (거짓)
$A^2-E=O \Leftrightarrow (A-E)(A+E)=O$이면 $A=E$ 또는 $A=-E$ 또는 영인자$(A\neq E, A\neq -E)$ (참)
ㄹ. $B=C$의 양변의 왼쪽에 행렬 A를 곱하면 $AB=AC$ (참)
ㅁ. $AB=AC$이면 $B=C$ (거짓)
$AB-AC=O \Leftrightarrow A(B-C)=O$이면 $A=O$ 또는 $B=C$ 또는 영인자$(A\neq O, B\neq C)$ (참)
ㅂ. $AB=A$의 양변의 오른쪽에 행렬 A를 곱하면 $ABA=A^2$
$BA=B$이므로 $AB=A^2$
이때 $AB=A$이므로 $A^2=A$ (참)
ㅅ. $A+B=O$이면 $B=-A$
$AB=A(-A)=-A^2$, $BA=(-A)A=-A^2$ $\quad \therefore AB=BA$ (참)
ㅇ. $A=\begin{pmatrix} 0 & 0 \\ 0 & 0 \end{pmatrix}$, $B=\begin{pmatrix} -1 & 1 \\ -1 & 1 \end{pmatrix}$이면
$A^2=O$, $B^2=O$이므로 $A^2-B^2=O$이지만 $A\neq B$, $A\neq -B$ (거짓)

정답 ㄹ, ㅂ, ㅅ

줄기 4-10 다음 물음에 답하여라.

1) 행렬 $A=\begin{pmatrix} 6 & 9 \\ -2 & -3 \end{pmatrix}$일 때, $A+A^2+A^3+A^4+A^5=kA$를 만족시키는 실수 k의 값을 구하여라.

2) 행렬 $A=\begin{pmatrix} 3 & -4 \\ 3 & -3 \end{pmatrix}$일 때, A^{100}을 구하여라.

연습문제

11 행렬

평가일	점수

정답 및 풀이 ▶ 131p

잎 11-1

두 행렬 $A=\begin{pmatrix}1 & -1\\ 1 & -1\end{pmatrix}$, $B=\begin{pmatrix}0 & 1\\ 1 & 0\end{pmatrix}$에 대하여 $X+AB=B$를 만족시키는 행렬 X의 모든 성분의 합은? [교육청 기출]

① 1 ② 2 ③ 3 ④ 4 ⑤ 5

잎 11-2

다음 물음에 답하여라.

1) 행렬 A의 (i, j) 성분 a_{ij}가 $a_{ij}=2i+ij-3$ $(i=1,\ 2,\ j=1,\ 2,\ 3)$일 때, 행렬 A의 모든 성분의 합을 구하여라.

2) 삼차 정사각행렬 A의 (i, j) 성분 a_{ij}가 $a_{ij}=\begin{cases} i+1 & (i>j) \\ 2i-j & (i=j) \\ i-3j & (i<j) \end{cases}$ 일 때, 행렬 A의 모든 성분의 합을 구하여라.

잎 11-3

두 행렬 $A=\begin{pmatrix}-2\\ 4\end{pmatrix}$, $B=\begin{pmatrix}1 & \frac{3}{2} & 5\end{pmatrix}$에 대하여 행렬 AB의 모든 성분의 합은? [평가원 기출]

① 5 ② 10 ③ 15 ④ 20 ⑤ 25

잎 11-4

이차 정사각행렬 A의 (i, j)성분 a_{ij}와 이차 정사각행렬 B의 (i, j)성분 b_{ij}를 각각 $a_{ij}=i-j+1$, $b_{ij}=i+j+1$ $(i=1,\ 2,\ j=1,\ 2)$라 할 때, 행렬 AB의 $(2, 2)$ 성분을 구하여라.

[평가원 기출]

잎 11-5

두 상수 a, b에 대하여 행렬 $A=\begin{pmatrix}-1 & a\\ b & 2\end{pmatrix}$가 $A^2=A$이고 $a^2+b^2=10$일 때, $(a+b)^2$의 값은?

[평가원 기출]

① 6 ② 7 ③ 8 ④ 9 ⑤ 10

• 잎 11-6

행렬 $M=\begin{pmatrix} 4 \\ -5 \end{pmatrix}$에 대하여 $MA+B=\begin{pmatrix} -1 & -2 \\ 3 & -6 \end{pmatrix}$이다. 행렬 B의 모든 성분의 합이 18일 때, 행렬 A의 모든 성분의 합을 구하여라. [교육청 기출]

• 잎 11-7

이차 정사각행렬 A에 대하여 $A\begin{pmatrix} 2 \\ 1 \end{pmatrix}=\begin{pmatrix} 4 \\ 3 \end{pmatrix}$, $A\begin{pmatrix} -1 \\ 1 \end{pmatrix}=\begin{pmatrix} 2 \\ 1 \end{pmatrix}$일 때, $A\begin{pmatrix} 5 \\ 7 \end{pmatrix}$의 모든 성분의 합을 구하여라.

• 잎 11-8

자연수 n과 8 이하의 자연수 a에 대하여 $\begin{pmatrix} a & 3 \\ 0 & a \end{pmatrix}^n$의 $(1,\ 1)$ 성분과 $(1,\ 2)$ 성분이 같을 때, 가능한 모든 a의 곱을 구하여라. [평가원 기출]

• 잎 11-9

행렬 $A=\begin{pmatrix} a & b \\ c & d \end{pmatrix}$에 대하여 $A\begin{pmatrix} 2 \\ 3 \end{pmatrix}=\begin{pmatrix} 3 \\ 4 \end{pmatrix}$, $A^2\begin{pmatrix} 2 \\ 3 \end{pmatrix}=\begin{pmatrix} 5 \\ 7 \end{pmatrix}$일 때, $abcd$의 값을 구하여라. [교육청 기출]

1 케일리-해밀턴 정리의 정확한 개념

행렬 $A=\begin{pmatrix} a & b \\ c & d \end{pmatrix}$에 대하여 $A^2-pA+qE=O$ (p,q는 실수)일 때,

i) $A\neq kE$ (k는 실수)일 때, $a+d=p$, $ad-bc=q$이다.

ii) $A=kE$ (k는 실수)일 때, $A=kE$를 $A^2-pA+qE=O$에 대입하여 k의 값을 구한다.

※ 1의 내용은 p.304에 있는 '6 케일리-해밀턴의 정리'에 추가되어야 할 내용이다. 하지만 그때 언급했으면 개념이 불확실한 상태에서 혼란이 가중되므로 어쩔 수 없이 여기서 언급했다.

• 잎 11-10

행렬 $A=\begin{pmatrix} 0 & -4 \\ 1 & a \end{pmatrix}$가 $A^2+2A+4E=O$를 만족시킬 때, 행렬 A^8를 구하여라.

• 잎 11-11

행렬 $A=\begin{pmatrix} a & b \\ c & d \end{pmatrix}$가 $A^2-5A+6E=O$를 만족시킬 때, 상수 $a,b,\ c,d$에 대하여 $a+d$의 최댓값을 구하여라.

• 잎 11-12

행렬 $A=\begin{pmatrix} 1 & 1 \\ -1 & 0 \end{pmatrix}$에 대하여 $(A^n)^2=E$를 만족시키는 100 이하의 자연수 n의 개수를 구하여라.

[교육청 기출]

• 잎 11-13

다음 물음에 답하여라.

1) 이차 정사각행렬 A, B가 $A+B=\begin{pmatrix} 3 & 1 \\ 1 & -1 \end{pmatrix}$, $A^2+B^2=\begin{pmatrix} -2 & 1 \\ 1 & -6 \end{pmatrix}$을 만족시킬 때, $(A-B)^2$의 모든 성분의 합을 구하여라.

2) 이차 정사각행렬 A, B가 $A^2+B^2=\begin{pmatrix} 5 & 0 \\ \frac{3}{2} & 1 \end{pmatrix}$, $AB+BA=\begin{pmatrix} -4 & 0 \\ -\frac{1}{2} & 0 \end{pmatrix}$을 만족시킬 때, $(A+B)^{100}$의 모든 성분의 합을 구하여라. [교육청 기출]

• 잎 11-14

이차 정사각행렬 A의 (i, j) 성분 a_{ij}가 $a_{ij}=i-j$ $(i=1, 2, j=1, 2)$이다.
행렬 $A+A^2+A^3+\cdots+A^{2010}$의 $(2, 1)$성분을 구하여라. [수능 기출]

① -2010 ② -1 ③ 0 ④ 1 ⑤ 2010

• 잎 11-15

행렬 $\begin{pmatrix} 2 & 1 \\ 0 & -4 \end{pmatrix}^n$의 $(1, 2)$ 성분은 $2^4-2^5+2^6-2^7+2^8$이고, $(1, 1)$ 성분은 a이다.
$a+n$의 값을 구하여라. (단, n은 자연수이다.) [평가원 기출]

• 잎 11-16

두 행렬 $A=\frac{1}{\sqrt[4]{2}}\begin{pmatrix} 1 & -1 \\ 1 & 1 \end{pmatrix}$, $B=\frac{1}{\sqrt[3]{4}}\begin{pmatrix} 1 & -\sqrt{3} \\ \sqrt{3} & 1 \end{pmatrix}$에 대하여 행렬 $A^{12}+B^{12}$의 모든 성분의 합은?

[교육청 기출]

① 0 ② 4 ③ 8 ④ 16 ⑤ 32